VDE-Schriftenreihe **43**

D1694289

VDE-Schriftenreihe Normen verständlich **43**

VDE-Prüfung nach VBG 4

Erläuterungen zu DIN VDE 0100, 0105, 0113, 0404, 0413, 0701, 0702, 0751 und 0804

Dipl.-Ing. Werner Rosenberg

4. Auflage 1999

VDE VERLAG GMBH • Berlin • Offenbach

Die Deutsche Bibliothek – CIP-Einheitsaufnahme

Rosenberg, Werner: VDE-Prüfung nach VBG 4 : Erläuterungen zu DIN VDE 0100, 0105, 0113, 0404, 0413, 0701, 0702, 0751 und 0804 / Werner Rosenberg. - 4. Aufl. - Berlin ; Offenbach : VDE-VERLAG, 1999
(VDE-Schriftenreihe Normen verständlich ; 43)
ISBN 3-8007-2375-1

ISSN 0506-6719

© 1999 VDE-VERLAG GMBH, Berlin und Offenbach
Bismarckstraße 33, D-10625 Berlin

Alle Rechte vorbehalten

Druck: Druckhaus Beltz, Hemsbach 9906

Vorwort

Die Verbesserung unseres Lebensstandards, die zunehmende Automatisierung bedingen eine weiter fortschreitende Elektrifizierung. Es werden immer mehr Verbraucherstellen installiert und immer mehr Geräte in Betrieb genommen. Um gegen Unfälle mit elektrischem Strom sicher zu sein, sind eine fachgerechte Erstellung und vor der Inbetriebnahme sowie in angemessenen Abständen Überprüfungen erforderlich. Die Unfallverhütungsvorschrift VBG 4 der Berufsgenossenschaft der Feinmechanik und Elektrotechnik gibt hierfür Anweisungen und eine detaillierte Regelung für die Prüfung elektrischer Anlagen und Betriebsmittel.
In der Unfallstatistik stehen Unfälle mit elektrischem Strom trotz ihrer Gefährlichkeit an letzter Stelle. Dies ist nicht zuletzt darauf zurückzuführen, daß erhebliche Sicherheitsvorkehrungen getroffen werden. Die Tatsache, daß leider immer wieder auch tödliche Unfälle geschehen, verpflichtet aber jeden Fachmann um so mehr, die Sicherheitsbestimmungen genau einzuhalten, d. h., nicht nur die entsprechenden Schutzmaßnahmen vorzusehen, sondern auch ihre Wirksamkeit zu prüfen bzw. durch Messungen nachzuweisen. Dies wird besonders im § 5 der VBG 4 gefordert.
In dem vorliegenden Buch werden einmal die Forderungen des Gesetzgebers und der Berufsgenossenschaft aufgezeigt und weiterhin die Schutzmaßnahmen nach VDE, deren Prüfung, die Meßverfahren und Meßgeräte beschrieben.
Im Oktober 1996 ist die letzte Durchführungsanweisung zur VBG 4 erschienen. Sie enthält wesentliche Änderungen: im § 2 Abs. 3 zur Definition der Elektrofachkraft, im § 3 bezüglich Änderung bestehender Anlagen und Betriebsmittel beim Erscheinen neuer VDE-Bestimmungen, und im § 5 werden bezüglich der Prüffristen ausführlichere Angaben gemacht. Die vorliegende 4. Auflage enthält und erläutert diese Änderungen.
Die Bestimmungen sollen nicht nur als Vorschriften angesehen werden, sondern stellen auch einen Erfahrungsschatz dar, der sich aus Untersuchungen der Unfälle ergeben hat.
Ziel soll sein, dem Praktiker eine Anleitung in die Hand zu geben, mit der er schnell und einfach die geforderten Prüfungen, die einzuhaltenden Werte und die Meßverfahren und Meßgeräte kennenlernen kann. Hierzu dient besonders eine Reihe von Tabellen. Mit Erscheinen von DIN VDE 0100-410:1983-11 und 1997-01, bei einer Übergangsfrist von zwei Jahren, werden Werte gefordert, die teilweise von älteren Anlagen nicht eingehalten werden. Es wird dann nach den geforderten Werten aus VDE 0100:1973-05 bzw. VDE 0100 g:1976-07 geprüft. Die aufgeführten Tabellen haben deshalb meist zwei Teile, einen für die alten und einen für die neuen Forderungen.

Das vorliegende Buch ist entstanden aus Unterlagen von VDE-Seminaren mit Praktikum, die der Autor gehalten hat. Viele der Teilnehmer haben durch ihre Diskussionen zum Umfang und zur Darstellung des Stoffs beigetragen. Mein Dank gilt auch den Herren Franz Klempfner, Günter Grajetzky, Hans Bolland, Dr. Johannes Löw und besonders Herrn Wilfried Hennig, die als Referenten oder als Assistenten im Praktikum mitgewirkt und wertvolle Anregungen gegeben haben. Besonderer Dank gebührt auch meiner Frau Ingeburg, die mir bei der Erstellung des Manuskripts sehr behilflich war.

Der erste Elektro-Unfall

Eine Geschichte aus der guten alten Zeit …

1879 berichtete die Zeitschrift fuer angewandte Elektrizitaetslehre: "Im Reichstagsgebaeude zu Berlin fand am 4. November abends die Probe der neu eingerichteten elektrischen Erleuchtung statt. Es waren im ganzen acht Flammen in Thaetigkeit gesetzt." Folgende Geschichte in Zusammenhang mit diesem Ereignis ging in die Chronik ein:

"Ein bemerkenswerter Vorgang trug sich im Reichstagsgebaeude zu, kurz nachdem die Anlage in Betrieb gesetzt war. Ein Angestellter wollte einigen Herren erklaeren, wie die Lampen arbeiten. Zu diesem Zweck hatte er eine von den Laternen heruntergelassen, die an Aufziehvorrichtungen hingen. Dabei war er unvorsichtig, beruehrte bei geoeffnetem Stromkreise beide Pole und fiel infolge des Schlages zu Boden.

Einer der umstehenden Herren machte den Vorschlag, den in den Koerper eingedrungenen Strom unschaedlich in die Erde abzuleiten. Der Verunglueckte wurde sofort in den Garten geschafft, wo beide Haende in den Erdboden gesteckt wurden. Dort lag der Elektrisierte, bis er sich erholt hatte."

Das also war der erste Unfall durch Elektrizitaet und die wundersame Heilung.

Aus dem Informationsbrief „Die Sicherheitsfachkraft“ 3/82 der Bau-Berufsgenossenschaft

Inhalt

Teil A Gefahren, Gesetze, VDE-Bestimmungen, Netzsysteme 13

1 Gefahren bei Anwendung der elektrischen Energie 13
1.1 Unfälle mit elektrischem Strom 13
1.2 Statistik über Fehler in Anlagen 16
1.3 Körperströme und Berührungsspannung 17

2 Gesetzliche Forderungen und die VBG 4 25
2.1 Unfallverhütungsvorschrift: „Elektrische Anlagen und Betriebsmittel“ – VBG 4, Vorbetrachtung 25
2.2 Der Inhalt der VBG 4 und der Durchführungsanweisungen sowie Erläuterungen 29
2.3 Weitere gesetzliche Vorschriften 66
2.3.1 Energie-Wirtschaftsgesetz (EnWG) 66
2.3.2 Gesetz über technische Arbeitsmittel (Geräte-Sicherheitsgesetz GSG) 67
2.3.3 Gewerbeordnung (GewO) 67
2.3.4 Gesetzliche Unfall-Versicherung (GUV 2.10) 68
2.3.5 Arbeitsschutzgesetz (ArbSchG) 68
2.4 Rechtliche Konsequenzen 71
2.4.1 Ordnungswidrigkeiten 71
2.4.2 Strafrechtliches Verfahren 71
2.4.3 Zivilrechtliches Verfahren 72

3 Die VDE-Bestimmungen DIN VDE 0100 bis 0899 73
3.1 Allgemeines 73
3.2 Gliederung des VDE-Vorschriftenwerks 74
3.3 Information 79
3.4 Netzsysteme (Netzformen, Netzerdung) 80
3.4.1 TN-System 81
3.4.2 TT-System 83
3.4.3 IT-System 83
3.4.4 Vergleich der einzelnen Netzsysteme 84

Teil B Schutz gegen elektrischen Schlag nach DIN VDE 0100 Teil 410:1997-01, HD 384.4.41 S1
(bis 1996 Schutzmaßnahmen gegen gefährliche Körperströme nach DIN VDE 0100 Teil 410:1983-11) 85

4 **Schutz gegen elektrischen Schlag unter normalen und bei Fehlerbedingungen**
(bis 1996 Schutzmaßnahmen gegen direktes Berühren und bei indirektem Berühren) 86
4.1 Schutz durch Kleinspannung SELV und PELV 86
4.2 Schutz durch Begrenzung der Entladungsenergie 88
4.3 Schutz bei Funktionskleinspannung FELV 88

5 **Schutz gegen elektrischen Schlag unter normalen Bedingungen**
(bis 1996 Schutz gegen direktes Berühren oder Basisschutz) 89
5.1 Isolierung aktiver Teile 90
5.2 Abdeckung oder Umhüllung 90
5.2.1 Schutzarten durch Gehäuse (IP-Code) 91
5.3 Explosionsschutz, Ex 96
5.4 Hindernisse 96
5.5 Abstand 96
5.6 Zusätzlicher Schutz durch RCD (Fehlerstrom-Schutzeinrichtung FI) 97

6 **Schutz gegen elektrischen Schlag unter Fehlerbedingungen**
(bis 1996 Schutz bei indirektem Berühren oder Fehlerschutz) 99
6.1 Schutz durch Abschaltung oder Meldung – Schutzmaßnahmen in den drei Netzsystemen 99
6.1.1 Allgemeines, Schutzleiter 99
6.1.2 Hauptpotentialausgleich 102
6.1.3 Schutzmaßnahmen im TN-System 103
6.1.3.1 TN-System mit Überstromschutz (früher Nullung) 103
6.1.3.2 TN-System mit Fehlerstromschutz FI (RCD) (früher schnelle Nullung) 111
6.1.4 Schutzmaßnahmen im TT-System 111
6.1.4.1 TT-System mit Überstromschutz (früher Schutzerdung) 112
6.1.4.2 TT-System mit Fehlerstromschutz FI (RCD) (früher FI-Schutzschaltung) 114
6.1.5 Schutzmaßnahmen im IT-System 114
6.1.6 Zusätzlicher Potentialausgleich 117
6.1.7 Schutzeinrichtungen 117
6.1.8 Spannungsbegrenzung bei Erdschluß eines Außenleiters 122
6.2 Schutz durch Verwendung von Betriebsmitteln der Schutzklasse II oder durch gleichwertige Isolierung „Schutzisolierung“ 122
6.3 Nicht leitende Räume 123
6.4 Erdfreier örtlicher Potentialausgleich 124

6.5 Schutztrennung ... 124
6.6 Vor- und Nachteile der Netzsysteme und der Schutzmaßnahmen ... 125

Teil C Prüfungen ... 129

7 Prüfung von Anlagen nach DIN VDE 0100 ... 131
7.1 Allgemeine Anforderungen und Begriffe ... 132
7.1.1 Besichtigung allgemein ... 132
7.1.2 Erprobung allgemein ... 133
7.1.3 Messung allgemein ... 133
7.2 Prüfung netzsystemunabhängiger Schutzmaßnahmen (meist ohne Schutzleiter) ... 137
7.2.1 Schutzkleinspannung ... 137
7.2.2 Funktionskleinspannung ... 137
7.2.3 Schutzisolierung ... 137
7.2.4 Schutz durch nicht leitende Räume ... 138
7.2.5 Schutztrennung ... 138
7.3 Prüfung des Hauptpotentialausgleichs ... 138
7.4 Prüfung des zusätzlichen Potentialausgleichs ... 139
7.5 Prüfung netzsystemabhängiger Schutzmaßnahmen (mit Schutzleiter) ... 139
7.5.1 Prüfung für alle Netzsysteme, Prüfung des Schutzleiters ... 139
7.5.2 Prüfung im TN-System ... 139
7.5.3 Prüfung im TT-System ... 140
7.5.4 Prüfung im IT-System ... 141
7.5.4.1 Prüfung der Wirksamkeit der Schutzmaßnahme beim ersten Fehler ... 141
7.5.4.2 Prüfung der Wirksamkeit der Schutzmaßnahme beim Doppelfehler (erster und zweiter Fehler) ... 142
7.5.5 Spannungsbegrenzung bei Erdschluß eines Außenleiters ... 144
7.6 Hochspannungsprüfung, Prüfung der Spannungsfestigkeit ... 144
7.7 Kurzfassung der Prüfung nach DIN VDE 0100 ... 146

8 Prüfung von Anlagen nach DIN VDE 0105 Teil 100:1997-10 ... 155
8.1 Erhaltung des ordnungsgemäßen Zustands ... 156
8.1.1 Messen ... 156
8.1.2 Erproben ... 156
8.1.3 Prüfen ... 157
8.2 Wiederkehrende Prüfungen ... 158
8.2.1 Wiederkehrende Prüfung durch Besichtigen ... 158
8.2.2 Wiederkehrende Prüfung durch Erproben ... 160
8.2.3 Wiederkehrende Prüfung durch Messen ... 160

8.2.4 Wiederkehrende Prüfungen sonstiger Art ... 162
8.3 Kurzfassung der Prüfung nach DIN VDE 0105 Teil 100:1997-10 ... 163

9 Messung und Meßgeräte zur Anlagenprüfung ... 165
9.1 Messung des Isolationswiderstands ... 166
9.1.1 Isolationswiderstände ... 167
9.1.2 Isolationsmeßgeräte, DIN VDE 0413 Teil 2 ... 169
9.1.3 Isolations-Überwachungsgeräte, DIN VDE 0413 Teil 8 ... 174
9.2 Messung des Widerstands von isolierenden Fußböden und Wänden ... 174
9.2.1 Isolationswiderstand von isolierenden Fußböden und Wänden ... 174
9.2.2 Messung mit Vorwiderstand als Spannungsteiler ... 175
9.2.3 Messung nach dem Strom-Spannung-Verfahren ... 177
9.3 Prüfung der Ableitfähigkeit von Bodenbelägen nach DIN 51953 ... 177
9.3.1 Begriffe ... 177
9.3.2 Prüfung an Proben ... 178
9.3.3 Prüfung an verlegtem Bodenbelag ... 178
9.4 Messung des Erdungswiderstands ... 179
9.4.1 Erdungswiderstände, geforderte Werte ... 179
9.4.2 Erder; Ausführung, entstehende Werte ... 181
9.4.3 Meßverfahren ... 186
9.4.4 Messung des spezifischen Erdwiderstands ... 192
9.4.5 Erdungsmeßgeräte ... 195
9.5 Prüfung der Schleifenimpedanz und des Kurzschlußstroms ... 199
9.5.1 Meßverfahren ... 200
9.5.2 Schleifenwiderstandsmeßgeräte ... 203
9.6 Messung des Leitungswiderstands nach DIN VDE 0413 Teil 4 ... 212
9.7 Prüfungen bei Verwendung von Fehlerstrom-Schutzeinrichtungen, FI, RCD ... 214
9.7.1 Prüfverfahren – FI (RCD) ... 216
9.7.2 FI (RCD)-Prüfgeräte ... 222
9.7.3 Fehler in Anlagen mit Fehlerstrom-Schutzeinrichtungen ... 227
9.8 Prüfung des Drehfelds von Drehstromsteckdosen ... 229
9.9 Prüftafel zur Netznachbildung ... 229
9.10 Strommessung mit Zangenstromwandlern ... 231

10 Prüfung von Betriebsmitteln ... 237
10.1 Allgemeines ... 237
10.2 Prüfung nach DIN VDE 0701 und DIN VDE 0702 ... 240
10.2.1 Schutzleiterwiderstand ... 240
10.2.2 Isolationswiderstand ... 243
10.2.3 Ersatzableitstrommessung ... 244

10.2.4 Messung des Schutzleiterstroms nach DIN VDE 0702 Teil 1:1995-11 245
10.2.5 Messen des Berührungsstroms nach DIN VDE 0702 Teil 1: 1995-11 246
10.2.6 Sonstige Prüfungen 247
10.2.7 Meß- und Prüfgeräte für Betriebsmittel bzw. Geräte 249
10.2.8 Auswertung (Beurteilung) 256
10.3 Prüfung nach DIN VDE 0105 256
10.4 Prüfung elektromedizinischer Geräte nach DIN VDE 0751 256
10.4.1 Schutzleiterwiderstand 258
10.4.2 Isolationswiderstand 258
10.4.3 Ersatzableitstrom 259
10.4.4 Meßgeräte für medizinische Geräte 259
10.5 Prüfung von Betriebsmitteln nach weiteren VDE-Bestimmungen 263
10.5.1 Die Prüfung elektrischer Ausrüstung von Maschinen nach VDE 0113/EN 60204 265

11 Werkstattausrüstung 267

12 Wartung und Kontrolle bzw. Kalibrierung von Meß- und Prüfgeräten 271
12.1 Wartung 271
12.2 Kontrolle, Kalibrierung, Justierung, Eichen 271
12.3 Werkskalibrierung 272

Teil D Anlage 275

1 VDE-Vorschriftenwerk, Gliederung 275

2 Übersicht über DIN VDE 0100 (Stand Anfang 1999) 281

3 Verzeichnis der Unfallverhütungsvorschriften (UVV) der Berufsgenossenschaften, VBG-Vorschriften (Kurzfassung) (Stand 4.98) 283

4 Aufstellung der VDE-Bestimmungen, die in der VBG 4 herangezogen werden und auf die verwiesen wird (Kurzfassung) 285

5 Muster von Prüfprotokollen 293

6 Bestätigung nach § 5 Absatz 4 der Unfallverhütungsvorschrift VBG 4 299

7 **Bestätigung über Unterweisung von Mitarbeitern** ... 301
Übertragung von Unternehmerpflichten zur Arbeitssicherheit ... 301
Erklärung für elektrotechnisch unterwiesene Personen ... 303

8 **Literatur** ... 305

9 **Zusammenstellung wichtiger Gesetze, Verordnungen und Vorschriften** ... 309

10 **Abkürzungen** ... 313
10.1 Gesetze, Vorschriften, Verordnungen, Richtlinien ... 313
10.2 Normensetzende deutsche Organisationen, Fachverbände, Einrichtungen usw. ... 313
10.3 Normensetzende ausländische und internationale Organisationen ... 314

11 **Tabellenverzeichnis** ... 319
Bezugsquellenverzeichnis ... 321

Stichwortverzeichnis ... 323

Die Normen sind wiedergegeben mit Erlaubnis des DIN Deutsches Institut für Normung e. V. und des VDE Verband der Elektrotechnik Elektronik Informationstechnik e. V. Maßgebend für das Anwenden der Normen sind deren Fassungen mit dem neuesten Ausgabedatum, die bei der VDE-VERLAG GMBH, Bismarckstraße 33, 10625 Berlin, und der Beuth-Verlag GmbH, Burggrafenstraße 6, 10787 Berlin, erhältlich sind.

Teil A Gefahren, Gesetze, VDE-Bestimmungen, Netzsysteme

1 Gefahren bei Anwendung der elektrischen Energie

Die Anwendung von Elektrizität kann mit Gefahren verbunden sein. Sachgerechte Errichtung elektrischer Anlagen trägt dazu bei, das Risiko auf ein Minimum zu reduzieren. Als wesentliche Gefahren lassen sich nennen:

- elektrochemische Korrosion durch Gleichstrom;
- elektrodynamische Wirkung, insbesondere durch Kurzschlußströme;
- Explosionsgefahr in explosionsfähiger Atmosphäre, z. B. bereits durch kleine Schaltfunken;
- Brandgefahr durch unzulässig hohe Entwicklung von Verlustwärme an nicht vorgesehenen Stellen;
- Verbrennung des menschlichen Körpers durch äußere Einwirkungen von Lichtbögen;
- gefährlicher Stromfluß durch den menschlichen Körper, kurz gefährlicher Körperstrom genannt.

Von der Vielzahl dieser möglichen Gefahren wird hier nur der Stromfluß durch den menschlichen Körper behandelt. Dieser Gefahrenaspekt ist Grundlage der Teile 410 und 540 der VDE-Bestimmung 0100.

Die meisten der nachstehend genannten Unfälle, insbesondere der Todesfälle, werden durch gefährlichen Körperstrom verursacht. Diese besondere Gefahr wird im Abschnitt 1.3 näher behandelt.

1.1 Unfälle mit elektrischem Strom

Im Jahre 1997 starben durch Unfälle in der Bundesrepublik Deutschland, laut Angaben des Statistischen Bundesamtes in Wiesbaden, insgesamt 21963 Menschen, davon 8592 (39 %) im Straßenverkehr, 6320 (29 %) im Haushalt und 692 (3,15 %) am Arbeitsplatz. 1997 gab es bei Unfällen mit elektrischem Strom 110 Todesfälle zu beklagen, das ist ein Anteil von etwa 0,45 %. Damit stehen Unfälle mit elektrischem Strom in der Statistik mit an letzter Stelle. Dies ist nicht in allen Ländern so, sondern nur dort, wo hohe Sicherheitsvorschriften bestehen. Auch in der Bundesrepublik Deutschland war das nicht immer so. In früheren Jahren waren die Todesfälle absolut und vor allem relativ viel höher. **Bild 1** zeigt die Entwicklung der Stromerzeugung, der Einwohnerzahl und der Todesfälle durch elektrischen Strom seit 1950.

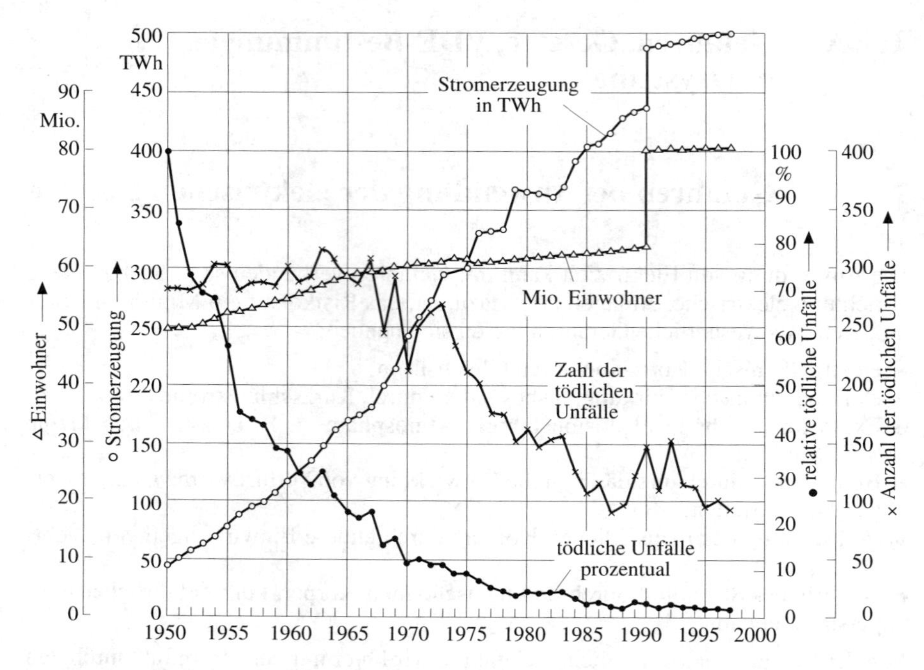

Bild 1 Die Entwicklung der Unfälle mit elektrischem Strom in der Bundesrepublik Deutschland (bis 1990 alte Bundesländer) seit 1950 (Quellen: Statistisches Bundesamt Wiesbaden und VDEW Frankfurt a. M.)

–Δ– Millionen Einwohner
–o– Stromerzeugung brutto in TWh
–x– Anzahl der tödlichen Unfälle durch elektrischen Strom
–•– Tödliche Unfälle in %, bezogen auf Erzeugung und Einwohner, 1950 = 100 %

Relativ ist der Todesfallanteil, bezogen auf Stromerzeugung und Einwohnerzahl, wenn man ihn im Jahr 1950 mit 100 % ansetzt, im Jahre 1997 auf 2,4 % zurückgegangen.

Dies ist der Erfolg der Sicherheitsbestimmungen und deren Einhaltung. Es darf aber nicht vergessen werden, daß hinter jedem Unfall stets tragische Einzelschicksale stehen. Dies verpflichtet Fachkräfte und Verantwortliche, die Einhaltung und Verbesserung der Sicherheitsbestimmungen zu garantieren. Elektrischer Strom ist bei Nichtbeachten der Sicherheitsmaßnahmen, außer bei leistungsschwachen Kleinspannungen, sehr gefährlich, 230 V wirken absolut tödlich, wenn zwei unter Spannung stehende leitfähige Teile mit den Händen umfaßt werden! Von einem Institut zur Erforschung von Unfällen durch elektrischen Strom, das von der Berufsgenossenschaft für Feinmechanik und Elektrotechnik in Köln unterhalten wird, werden

Unfallursachen	Anzahl der Unfälle	Anteil der tödlichen Unfälle	
		Anzahl	Anteil in %
Steckvorrichtung oder Isolation defekt	3641	47	1,3
Kupplung verkehrt zusammensteckbar	353	8	2,3
Schutzleiterdefekte	1695	81	4,8
mangelhafter Schutz gegen Berühren	1291	32	2,5
zu hohe Berührungsspannung	694	50	7,2
Aufsicht fehlte, beging Fehler	2030	275	13,6
Verschulden Dritter bei Instandsetzung	1797	64	3,6
ungenügende Ausbildung und Belehrung	544	8	1,5
sonstige Unfallursachen	7875	162	2,1
Gesamtzahl der Unfälle	**19920**	**727**	**3,6**

Tabelle 1a Unfälle nach Unfallursachen

vorwiegend die Arbeitsunfälle von Arbeitnehmern untersucht. Hier waren von 19920 gemeldeten Unfällen durch elektrischen Strom 727 Unfälle tödlich. Das ist ein relativ hoher Anteil von 3,6 %! **Tabelle 1a** zeigt in der letzten Zeile diese Zahlen. Hier sind auch die einzelnen Unfallursachen aufgezeigt. Ein hoher Anteil an Todesfällen wird durch fehlende Schutzmaßnahmen und fehlende Aufsicht verursacht. Der gewerblichen Berufsgenossenschaft wurden 1989 insgesamt 1234634 Arbeitsunfälle angezeigt, wovon 1130 Unfälle tödlich waren, das sind nur 0,085 %! Auch hieraus wird offensichtlich, wie gefährlich der elektrische Strom ist. Daß wir vielfach nur mit einem Schrecken davonkommen, liegt daran, daß wir meist isoliert stehen oder nicht umfassen. Unser Nervensystem wirkt wie ein Schutzschalter, wir zucken zurück. Im Bereich der Hochspannung liegt der Anteil der Todesfälle mit 13,8 % wohl an der Spitze aller Geschehnisse (**Tabelle 1b**). Deshalb sind hier besonders strenge Sicherheitsvorkehrungen erforderlich.

Spannungshöhe	Anzahl der Unfälle	Anteil der tödlichen Unfälle	
		Anzahl	Anteil in %
Niederspannung insgesamt	37724	547	1,5
Hochspannung insgesamt	3540	487	13,8

Tabelle 1b Unfälle nach Höhe der Nennspannung

Zusammenfassend ist zu erkennen: Die gesteigerten Sicherheitsvorkehrungen bei elektrischen Anlagen und Betriebsmitteln haben in den vergangenen Jahrzehnten zu einem erheblichen Rückgang der Todesfälle geführt. Es lohnt sich also, Sicherheit zu praktizieren, und das sollte in angemessenem Maße weiter fortgesetzt werden.

1.2 Statistik über Fehler in Anlagen

Unsere hektische Zeit verleitet Fachleute immer wieder dazu, die Kontrolle der erforderlichen Schutzmaßnahmen unvollständig oder gar nicht durchzuführen. Anfang der siebziger Jahre wurde eine Prüfung von 1000 elektrischen Anlagen vorgenommen (**Tabelle 2**). Die genannten drei Schutzmaßnahmen (Nullung, Schutzerdung, FI-Schutz) entsprechen der alten Darstellung nach VDE 0100:1973-05. Die Hälfte aller Anlagen mit Schutzerdung war nicht in Ordnung; meist durch zu großen Erdungswiderstand, der nur durch eine Messung geprüft werden kann. Weiter ist hier zu erkennen, daß die Schutzmaßnahme „Nullung" die wenigsten Fehler aufweist. Offenbar wegen ihrer Einfachheit und vielleicht auch deshalb, weil die Messungen hier einfacher sind.

Die Fehlerstatistiken haben Ende der siebziger Jahre Anlaß gegeben, die VBG 4 zu überarbeiten, besondere Prüfungen zu fordern und Fristen zu nennen.

Die meßtechnische Prüfung der Schutzmaßnahmen ist unbedingt erforderlich und durch die VBG 4 und die VDE-Bestimmungen vorgeschrieben. Erfreulicherweise ist die Anzahl der Beanstandungen in den vergangenen Jahren geringer geworden. So sind z. B. im Baugewerbe die kontrollierten Anlagen mit FI-Schutzschaltungen von 25 % fehlerhaften im Jahr 1968 auf heute 5 % zurückgegangen.

Die Bestimmung VDE 0100*) existiert als letzte geschlossene Broschüre aus dem Jahr 1973. Sie wird seit 1980 nach und nach durch einzelne Teile abgelöst. Den derzeitigen Stand zeigt eine Übersicht im Abschnitt 3.

festgestellte Fehler	Nullung 500 Anlagen	Schutzerdung 250 Anlagen	FI-Schutz 250 Anlagen
Schutzleiter unterbrochen	7,1 %	13,4 %	9,5 %
Schutzleiter vertauscht	0,4 %	0,1 %	0,1 %
Erdung im Nullungsgebiet bzw. Nullung im Erdungsgebiet	–	3,9 %	1,9 %
Erdungswiderstand zu groß	–	33,0 %	5,7 %
FI-Schalter defekt	–	–	1,3 %
Summe der unwirksamen Schutzmaßnahmen	7,5 %	51,4 %	18,5 %

Tabelle 2 DIN VDE 0100; unwirksame Schutzmaßnahmen in 1000 überprüften Anwesen

*) alte Bezeichnung VDE 0100:1973-05 (und Ergänzung, siehe Teil D, Anlagen, Abschnitt 2)
neue Bezeichnung bis 1984 DIN 57 100 Teil .../VDE 0100 Teil ...
neue Bezeichnung ab 1985 DIN VDE 0100 Teil ...
Die zusätzliche Bezeichnung „DIN" gilt für alle VDE-Bestimmungen.

1.3 Körperströme und Berührungsspannung

Elektrische Anlagen und Betriebsmittel müssen gegen direktes Berühren der spannungführenden Teile geschützt sein. Dies geschieht durch Isolation oder Abdekkung. Weiterhin muß ein Schutz gegeben sein gegen Gefahr bei indirektem Berühren. Diese Gefahr besteht, wenn leitfähige Teile des Gehäuses eines Betriebsmittels durch einen Körperschluß unter Spannung geraten (**Bild 2**).
Eine **Fehlerspannung** (U_F) tritt zwischen Körpern und Bezugserder auf, wenn ein Fehler eine leitende Verbindung zwischen spannungführenden Teilen und Körpern (Körperschluß) zur Folge hat, siehe Bild 2 und **Bild 3**. Diese kann auch zwischen verschiedenen Betriebsmitteln auftreten und wird mit einem Spannungsmesser von 40 kΩ Innenwiderstand gemessen.
Der **Bezugserder** (in Bild 2 und Bild 3 das Erdungszeichen) ist derjenige Bereich der Erde, in dem das niedrigste Potential herrscht, d. h., daß zwischen beliebigen Punkten keine merkliche, vom Erdungsstrom herrührende Spannung auftritt. Er ist gegeben durch einen Erdspieß, der in hinreichendem Abstand von der Anlage in das neutrale Erdreich gesteckt wird.

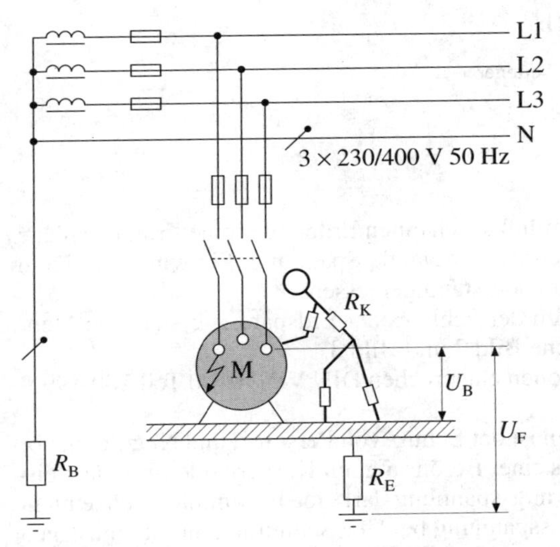

Bild 2 Fehlerspannung (U_F) und Berührungsspannung (U_B) bei nicht isolierendem Fußboden;
Nennspannung bisher:
3 × 380/220 V 50 Hz
international einzuführen bis zum Jahr 2003:
3 × 400/230 V 50 Hz
R_B Summe der Erdungswiderstände des Verteilernetzes
R_E Erdungswiderstand am Standort
R_K Körperwiderstand

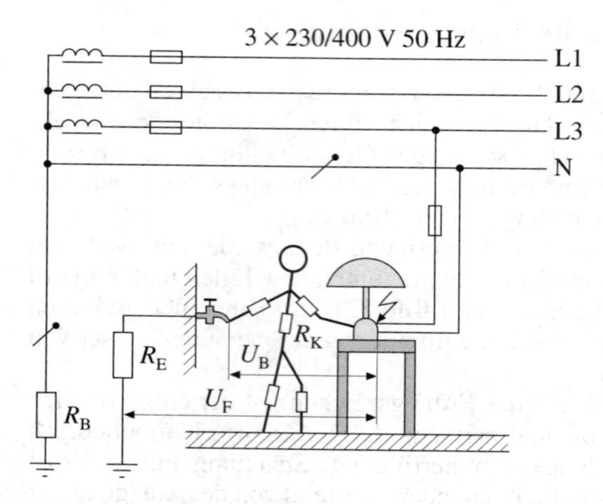

Bild 3 Fehlerspannung (U_F) und Berührungsspannung (U_B) bei isolierendem Fußboden;
Nennspannung bisher:
3 × 380/220 V 50 Hz
international einzuführen bis zum Jahr 2003:
3 × 400/230 V 50 Hz
R_B Summe der Erdungswiderstände des Verteilernetzes
R_E Erdungswiderstand am Standort
R_K Körperwiderstand

Die **Erdspannung** ist die bei Stromfluß durch einen Erder oder eine Erdungsanlage zwischen diesen und dem Bezugserder auftretende Spannung. Sie wird mit einem Spannungsmesser von 40 kΩ Innenwiderstand gemessen.
Die Berührungsspannung ist der Teil der Fehler- oder Erdspannung, der vom Menschen überbrückt werden kann, siehe Bild 2 und Bild 3.
Die vorstehend genannten Definitionen entsprechen DIN VDE 0100 Teil 200:1993-11.
Der Schutz bei indirektem Berühren ist der Schutz von Personen und Nutztieren vor Gefahren, die sich im Fehlerfall aus einer Berührung mit Körpern oder fremden leitfähigen Teilen ergeben. Die Berührungsspannung darf eine bestimmte Grenze nicht überschreiten bzw. muß die Betriebsspannung bei Überschreitung dieser zulässigen Grenze der Berührungsspannung automatisch abschalten. Dies geschieht durch **Schutzmaßnahmen**.
Die **dauernd** zulässige Berührungsspannung U_L ist in den vergangenen Jahren mit internationaler Abstimmung neu festgelegt worden. Sie beträgt für Wechselspannungen im Niederfrequenzbereich zwischen 10 Hz und 1000 Hz:

- für normale Betriebsräume U_L = 50 V
- für besondere Betriebsbedingungen U_L = 25 V

(Schwimmbäder, elektromedizinisch genutzte Räume, Stallungen, Spielzeug)

- für Badewannen und Duschen*) (DIN VDE 0100 Teil 701) — $U_L = 12\ V$
- für medizinische Geräte, die in den Körper des Patienten eingeführt werden — $U_L = 6\ V$

für Gleichspannung:

- in normalen Betriebsräumen — $U_L = 120\ V$

Die genannten Werte von 50 V bzw. 25 V gelten nach DIN VDE 0100 Teil 410:1983-11 für Anlagen, die ab November 1985 in Betrieb gesetzt wurden. Für die Anlagen mit Inbetriebnahme vor November 1985 gelten die Werte der alten VDE 0100:1973-05 von 65 V für normale Betriebsräume und 24 V für besondere Betriebsräume.

Die vorgenannten Spannungen resultieren aus Untersuchungen über die zulässigen Körperströme, wobei man den Weg des Körperstroms von der linken Hand zu beiden Füßen annimmt.

Körperstromstärke mA bei 50 Hz	~ 0,5	~ 10	0,5 bis 25	25 bis 80	80 bis 3000	> 3000
erforderliche Berührungsspannung ungefähr V			bis 50	50 bis 100	100 bis 3000	3000
Wahrnehmbarkeitsschwelle	+					
Loslaßschwelle; Unfähigkeit, den spannungführenden Leiter loszulassen		+				
Muskelreizung			(+)	+	+	+
Schmerz			(+)	+	+	+
Vorhofflimmern, zusätzliche Herzschläge				(+)	+	+
lebensgefährliches Herzkammerflimmern					+	+
lebensgefährliche Verbrennungen						+
Alle Angaben sind Näherungswerte. Ein (+) besagt, daß die Erscheinung unter ungünstigen Umständen eintreten kann.						

Tabelle 3 Überblick der Wirkungen von 50-Hz-Körperströmen in Anlehnung an Koeppen und IEC-Publikation 479, gültig für dauernd anliegende Spannung ($t \geq 5$ s)

*) In DIN VDE 0100 Teil 702:1992-06 „Schwimmbecken" wird 12 V gefordert. Die niedrigere Berührungsspannung ist immer anzuraten, wenn nackte Körperteile großflächig mit Erde Verbindung haben können.

Allgemein sind folgende Aspekte zu berücksichtigen:

- Stromstärke,
- Einwirkdauer des Stroms,
- Stromweg durch den Körper,
- Stromform bezüglich Wechselstrom, Gleichstrom und Frequenz sowie Impulsdauer.

Tabelle 3 gibt einen Überblick über die Wirkung verschiedener Stromstärken auf den Körper, wenn die Spannung dauernd anliegt.

Die Einwirkdauer des Stroms spielt eine sehr wesentliche Rolle. Für kurze Impulse von 10 ms bis 20 ms sind bis 500 mA zulässig, bevor eine Gefährdung eintritt; andererseits kann für dauernd anliegenden Strom bereits ein Wert von über 30 mA gefährlich sein. **Bild 4** zeigt die Loslaßschwelle für verschiedene Einwirkdauern des

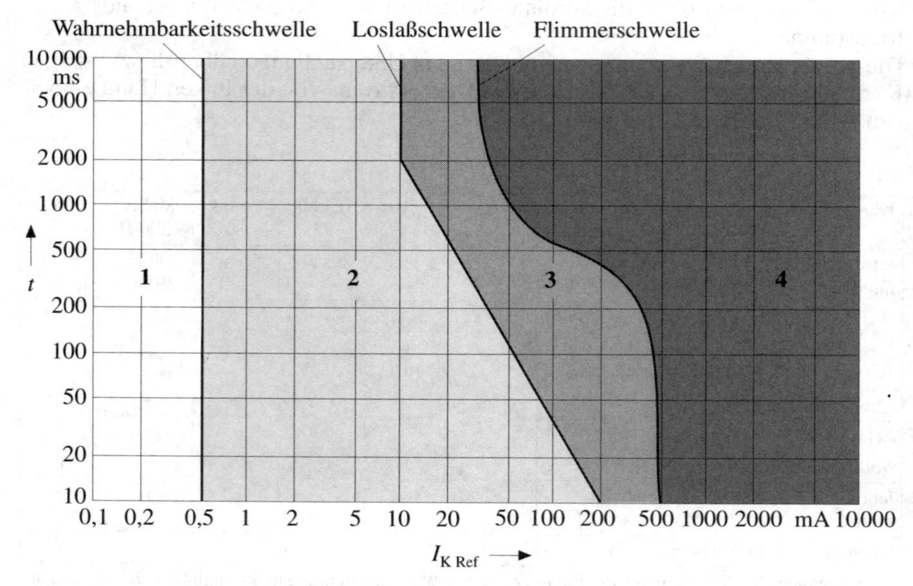

Bild 4 Zeit-Strom-Gefährdungsbereiche von Körperwechselströmen (50 Hz bzw. 60 Hz) gemäß VDE V 0140 Teil 479: 1996-02; gültig für Erwachsene bei einem Stromweg „linke Hand zu beiden Füßen"

1 Gewöhnlich keine Reaktion bis zur Wahrnehmbarkeitsschwelle.

2 Gewöhnlich keine schädliche Wirkung bis zur Loslaßschwelle.

3 Gewöhnlich kein organischer Schaden zu erwarten. Mit zunehmenden Strom- und Zeitwerten sind Störungen bei Bildung und Weiterleitung der Impulse im Herzen, Vorhofflimmern und Herzstillstand ohne Herzkammerflimmern möglich. Ebenso können für die Zeiten $t > 10$ s oberhalb der Loslaßschwelle Muskelverkrampfungen und Atembeschwerden auftreten.

4 Herzkammerflimmern wahrscheinlich. Ferner können die Auswirkungen des Bereichs 3 und mit zunehmenden Strom- und Zeitwerten krankhafte Veränderungen auftreten. Als Beispiele lassen sich Herzstillstand, Atemstillstand und schwere Verbrennungen nennen.

Stroms. Bei der Flimmerschwelle tritt Herzkammerflimmern ein. Darunter versteht man, daß der normale periodische Herzschlag zunächst in eine höhere, meist doppelte Frequenz übergeht und danach in ein völlig unregelmäßiges chaotisches Schlagen. Damit verliert das Herz die Fähigkeit, hinreichend Blut zu pumpen. Die Folge ist Sauerstoffmangel im Gehirn, und dies führt wiederum innerhalb weniger Minuten zum Tod. Während dieses kurzen Zeitabschnitts kann das Herz durch Wiederbelebung und z. B. mittels eines Stromimpulses des Defibrillators wieder zur normalen Tätigkeit angeregt werden. Erste Hilfe, siehe VBG 109.

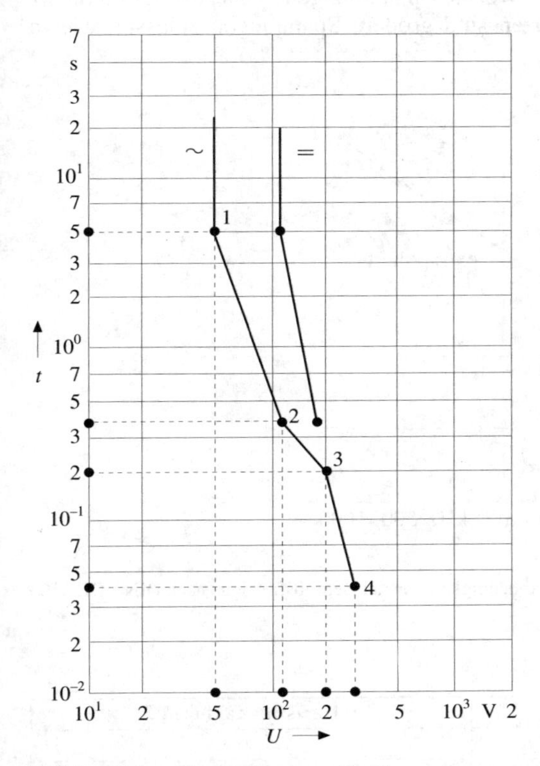

Bild 5a Höchstzulässige Dauer von Berührungsspannungen
Nach HD 384.4.41, DIN VDE 0100 Teil 410: 1997-01 werden bei der Schutzmaßnahme „TN-System mit Überstromschutz" Abschaltzeiten nach Tabelle 15a, Seite 104, gefordert. Geht man davon aus, daß bei Körperschluß am Körper gegen Erde höchstens die halbe Nennspannung anliegt (Spannungsfall am Außenleiter = Spannungsfall am Schutzleiter), ergeben sich folgende zulässige Berührungsspannungen U_B:
1 für Zeiten ab **5 s** $U_B \leq 50$ V ~ oder ≤ 120 V –
2 für Zeiten bis **0,4 s** $U_B \leq 115$ V ~ oder ≤ 180 V –
3 für Zeiten bis **0,2 s** $U_B \leq 200$ V ~
4 für Zeiten bis **40 ms** $U_B \leq 250$ V ~ aus VDE 0100 Teil 410:1980-02

Kurzzeitig sind höhere Berührungsspannungen zulässig. Die wichtigsten Eckpunkte sind mit 1, 2, 3 und 4 in **Bild 5a** dargestellt. Hiervon machen die Meßgeräte Gebrauch, die Prüfimpulse von 0,2 s bzw. 0,02 s aussenden, die auch im Fehlerfall keine Gefahr darstellen.
Nach der neuen Fassung von DIN VDE 0100-410:1997-01 sind für die Schutzmaßnahme TN-System mit Überstromschutz längere Zeiten zulässig, z. B. für die Spannung in Punkt 2 (115 V~) anstelle von 0,2 s, eine Abschaltzeit von 0,4 s, siehe Abschnitt 6.1.3, Tabelle 15a.
Alle vorstehend genannten Werte für Wechselspannung gelten bis zu einer Frequenz von 1000 Hz. Für höhere Frequenzen sind größere Spannungen zulässig, wie in **Bild 5b** gezeigt.

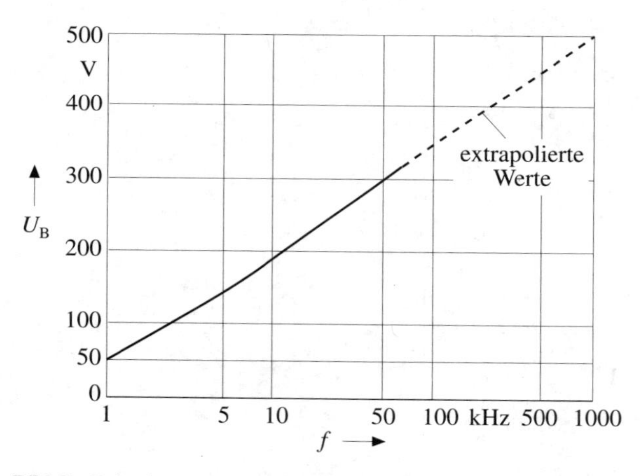

Bild 5b Zulässige Berührungsspannung in Abhängigkeit von der Betriebsfrequenz nach DIN VDE 0160

Stromweg	Herzstromfaktor F_1
linke Hand zu Füßen	1,0
linke Hand zur rechten Hand	0,4
rechte Hand zu Füßen	0,8
Rücken zur linken Hand	0,7
Brustkorb zur linken Hand	1,5
Gesäß zu Händen	0,7

Tabelle 4 Herzstromfaktoren F_1 für verschiedene Wege von Körperströmen nach VDE V 0140 Teil 479: 1996-02

Für andere Stromwege können die Werte in Bild 4 und Bild 5 größer oder kleiner sein. Dies wird durch den Herzstromfaktor F_1 definiert.

$$F_1 = \frac{I_{\mathrm{K\,Ref.}}}{I_{\mathrm{K}}}. \qquad (1)$$

Darin bedeuten:

$I_{\mathrm{kRef.}}$ Referenzkörperstrom für Stromweg „linke Hand zu beiden Füßen", wie die Werte in Bild 4 und Bild 5

I_{K} Körperstrom für einen anderen Stromweg, der die gleiche Wirkung wie der Referenzkörperstrom hervorruft.

Für verschiedene Stromwege sind die zugehörigen Herzstromfaktoren in **Tabelle 4** aufgeführt. Sie dürfen nur als grobe Abschätzung angesehen werden.

2 Gesetzliche Forderungen und die VBG 4

Sowohl das DIN*) als auch der VDE**) sind eingetragene Vereine und somit privatrechtlich organisierte Institutionen. Trotzdem haben DIN-Normen und VDE-Bestimmungen für den Praktiker Gesetzescharakter. Diese Bedeutung erlangen sie erst durch die Einbeziehung in Gesetze und in andere Rechtsvorschriften.
Geschichtlich gewachsen ist eine Vielzahl von Rechtsvorschriften, die Anforderungen an die Sicherheit im Bereich der Elektrotechnik stellen. Die wichtigsten davon sind in den folgenden Abschnitten erläutert.
Besondere Bedeutung haben dabei die Unfallverhütungsvorschriften der Berufsgenossenschaften.
Nach der Reichsversicherungsordnung (RVO) und dem Siebten Sozialgesetzbuch (SGB VII) ist ein Arbeitgeber verpflichtet, seine Arbeitnehmer gegen Betriebsunfälle zu versichern. Der Versicherungsträger ist die zuständige Berufsgenossenschaft. Sie hat das Recht und die Pflicht, Unfallverhütungsvorschriften herauszugeben und auf deren Einhaltung zu dringen.
Im Laufe der Jahre ist von den verschiedenen Berufsgenossenschaften eine Reihe von Unfallverhütungsvorschriften entstanden. Eine kurzgefaßte Aufstellung hierüber ist im Teil D, Abschnitt 3, zu finden. Bei Verstößen gegen diese Vorschriften findet eine Bestrafung nach der Reichsversicherungsordnung oder dem 7. Sozialgesetzbuch statt, wie in der VBG 4 im § 9 genannt. Weiterhin wird in den nachstehend genannten und in weiteren Gesetzen die „Einhaltung der anerkannten Regeln der Technik sowie der Arbeitsschutz- und Unfallverhütungsvorschriften" gefordert. Sie sind rechtsverbindlich. Hierdurch erhalten diese Unfallverhütungsvorschriften und auch die VDE-Bestimmungen indirekt Gesetzescharakter.
Für den Bereich der Elektrotechnik ist die Unfallverhütungsvorschrift „Elektrische Anlagen und Betriebsmittel", VBG 4, bindend.

2.1 Unfallverhütungsvorschrift: „Elektrische Anlagen und Betriebsmittel" – VBG 4, Vorbetrachtung

Im Grundgesetz ist das Recht auf Leben und körperliche Unversehrtheit verankert.
Der Verbrauch an elektrischer Energie hat sich seit 1950 verzehnfacht, seit 1970 verdoppelt! Die Anzahl der elektrischen Geräte, vor allem der Handgeräte, hat sich in den letzten Jahrzehnten mehr als verzehnfacht. Auch in anderen Bereichen der Technik ist der Gebrauch von Geräten stark angestiegen. Dies erfordert, daß:

---

*) DIN Deutsches Institut für Normung e. V.
**) VDE Verband der Elektrotechnik Elektronik Informationstechnik e. V.

- der Gesetzgeber entsprechende Vorschriften erläßt, siehe Abs. 2.3:
  - Energie-Wirtschaftsgesetz (EnWG),
  - Gesetz über technische Arbeitsmittel (GSG),
  - Gewerbeordnung (GewOZ),
  - Arbeitsschutzgesetz (ArbSchG),
- die VDE-Bestimmungen an den technischen Fortschritt angepaßt werden,
- die Unfallverhütungsvorschriften ergänzt und erweitert werden.

Die Unfallverhütungsvorschriften sind rechtsverbindlich. Deren Einhaltung wird in vielen Gesetzen, die für Bereiche gelten, in denen Gefahren für Leib und Leben auftreten können, vom Gesetzgeber gefordert.

Die Unfallverhütungsvorschriften der Berufsgenossenschaften basieren auf den Forderungen des Gesetzgebers in verschiedenen Gesetzen. Auch aus versicherungsrechtlichen Gründen ist nach der Reichsversicherungsordnung (RVO) und dem Siebten Sozialgesetzbuch (SGB VII) jeder Arbeitgeber verpflichtet, seine Arbeitnehmer gegen Betriebsunfälle zu versichern. Der Versicherungsträger ist die fachlich zuständige Berufsgenossenschaft. Sie hat das Recht und die Pflicht, Unfallverhütungsvorschriften herauszugeben und auf deren Einhaltung zu dringen. Derzeit gibt es die Vorschriften VBG 1 bis VBG 125. Für den Bereich der Elektrotechnik ist die Unfallverhütungsvorschrift „Elektrische Anlagen und Betriebsmittel" VBG 4 bindend. Von der Berufsgenossenschaft der Feinmechanik und Elektrotechnik mit Sitz in Köln ist die Unfallverhütungsvorschrift VBG 4 mit Gültigkeit ab 1.4.1979 neu herausgegeben worden. Hierzu sind noch Durchführungsanweisungen vom Oktober 1980, überarbeitet April 1986 und Oktober 1996, erschienen.

In den **Paragraphen** der Unfallverhütungsvorschriften wird ein **Sicherheitsstandard** vorgeschrieben. Er stellt **Grundsätze für die Gefahrenabwehr** dar und ist zwingend einzuhalten.

In der **Durchführungsanweisung** werden beispielhafte Lösungen genannt, mit denen das in der Unfallverhütungsvorschrift angegebene Schutzziel erreicht werden kann. Sie sollen Erkenntnisquellen und Entscheidungshilfen für den Anwender sein. Die Unfallverhütungsvorschrift läßt Abweichungen von allgemein anerkannten Regeln der Technik zu, wenn die **gleiche Sicherheit auf andere Weise** gewährleistet ist. Dies gilt auch für die beispielhaften Lösungen in den Durchführungsanweisungen.

- **Die VBG 1 und VBG 4**

  Die VBG 1 ist eine Basis-Unfallverhütungsvorschrift. Sie enthält allgemeine Regelungen, die für alle technischen Bereiche gelten. Dies sind z. B.:
  - Organisation in den Betrieben, Pflichten der Vorgesetzten und Versicherten, Beauftragte,
  - Definition der allgemeinen Begriffe.

  Bei der Anwendung jeder speziellen Unfallverhütungsvorschrift ist die VBG 1 ergänzend heranzuziehen.

Die VBG 4 ist eine Vorschrift für den Bereich der Elektrotechnik. Sie regelt Spezielles. Die VBG 1 gilt auch für den Fall, daß eine spezielle Unfallverhütungsvorschrift keine besondere Regelung enthält, d. h.:
- wenn die VBG 4 spezielle Regelungen enthält, gilt diese in vollem Umfang;
- wenn die VBG 4 keine Regelung enthält, gilt die VBG 1.

- **Die VBG 4 und die VDE-Bestimmungen**

Die VBG 4 nimmt Bezug auf die allgemein anerkannten Regeln der Technik, besonders auf die VDE-Bestimmungen, die in der Fachwelt seit Jahrzehnten eingeführt sind und sich bewährt haben. Die Einhaltung der VDE-Bestimmungen wird gefordert.
Mit dem Begriff **„elektrotechnische Regel"** ist eine enge Verknüpfung zwischen Unfallverhütungsvorschrift und Normenwerk hergestellt worden. Damit werden auch die in VDE-Bestimmungen enthaltenen Normen **zur Unfallverhütungsvorschrift erhoben** und rechtlich aufgewertet.

- **Die Forderungen aus dem Unfallgeschehen**

Die Forderungen der Unfallverhütungsvorschriften resultieren aus den Erfahrungen und dem Studium von Unfällen. Die Berufsgenossenschaft der Feinmechanik und Elektrotechnik unterhält in Köln ein **Institut zur Erforschung elektrischer Unfälle**.
Das Institut hat festgestellt, daß folgende Ursachen häufig zu Unfällen führen:
- **Nicht fachgerechtes Arbeiten** bei der Erstellung und Instandsetzung von Anlagen und Betriebsmitteln. Hieraus resultiert die Forderung, daß bestimmte Arbeiten nur von Elektrofachkräften ausgeführt werden dürfen, § 3.
- **Schäden an elektrischen Betriebsmitteln** sind vielfach Ursache für elektrische Unfälle. Durch eine regelmäßige Prüfung können Schäden rechtzeitig erkannt und anschließend beseitigt werden. In der VBG 4 wurde deshalb eine **detaillierte Regelung** für die **Prüfung** elektrischer Anlagen und Betriebsmittel aufgenommen.
- **Personen verunglücken** besonders häufig, wenn Arbeiten in der Nähe unter Spannung stehender aktiver Teile durchgeführt werden. Deshalb muß künftig durch **technische Maßnahmen** dafür gesorgt werden, daß die **Berührung** unter Spannung stehender aktiver Teile bei Tätigkeiten in deren Nähe **verhindert** wird.

- **Die Gliederung der VBG 4**

Die VBG 4 besteht aus folgenden Hauptabschnitten:

A Die Paragraphen 1 bis 10, die Grundsatzforderungen für die Gefahrenabwehr enthalten. Sie sind, wie im Juristischen üblich, zwingend ohne Ausnahme einzuhalten. Dieser Teil ist langlebig und besteht meist mehrere Jahrzehnte. Der Umfang dieses Abschnitts beträgt im Original vier Seiten im Format DIN A5, letzte Fassung 4/1979.

B Die Durchführungsanweisung zu den Paragraphen. – zu § ...:
Sie sind Erkenntnisquellen, Erläuterungen und sollten eine Entscheidungshilfe für die verantwortlichen Personen sein. Dieser Teil ist in Abständen von

mehreren Jahren überarbeitet worden, z. B. 1980, 1986 und 1996. Der Umfang dieses Abschnitts beträgt im Original 16 Seiten im Format DIN A5.

C Erläuterungen zu den Paragraphen und Durchführungsanweisungen:
In dem Buch „VBG 4 Elektrische Anlagen und Betriebsmittel" von Helmut Gothsch, herausgegeben von der Berufsgenossenschaft der Feinmechanik und Elektrotechnik, werden 1998 erstmals Erläuterungen zu den unter A und B genannten Abschnitten gegeben.

D Anhänge 1 bis 3 und Anhang A:
In einem Anhang werden Gebiete benannt, in denen eine Anpassung älterer Anlagen an neue Normen gefordert wird. Es werden Bezugsquellen und Rechtsverordnungen gegeben. Im Anhang A werden Kriterien für die Ausbildung von Mitarbeitern für „festgelegte Tätigkeiten" aufgezeigt.

E Die herangezogenen Normen:
Hier werden in einem Abschnitt die VDE-Bestimmungen aufgeführt, die einzuhalten sind. Der Umfang dieses Abschnitts beträgt im Original 56 Seiten im Format DIN A5. Hier müssen die jährlichen Änderungen einzelner Bestimmungen berücksichtigt werden. Der aktuelle, verbindliche Stand ist zu ersehen aus dem Band 2 der VDE-Schriftenreihe „Katalog der Normen 1999", Berlin u. Offenbach: VDE-VERLAG, 1999.

Im nachfolgenden Abschnitt 2.2 werden die vorgenannten Abschnitte A, B und C der VBG 4 mit Zustimmung des Herausgebers, der Berufsgenossenschaft, aufgeführt. Zu den jeweiligen Paragraphen werden gleich die zugehörigen Durchführungsanweisungen und Erläuterungen genannt.

- **Geltungsbereich der VBG 4**

  Die Gültigkeit der VBG 4 erstreckt sich nicht nur auf den Bereich der Berufsgenossenschaft der Feinmechanik und Elektrotechnik, d. h. auf den Bereich des Herausgebers, sondern gilt für alle anderen Berufsgenossenschaften. Die Unfallverhütungsvorschriften der Berufsgenossenschaften gelten grundsätzlich überall dort, wo Arbeitnehmer bei der Berufsgenossenschaft versichert sind.

  Die VBG 4 kann auch in anderen Bereichen als Unfallverhütungsvorschrift gültig sein. So haben die Bundesdienststellen, z. B. das Bundesamt Zivilschutz und die Wasser- und Schiffahrtsverwaltung des Bundes, per Verordnung die Gültigkeit der VBG 4 für ihren Bereich erklärt. Auch ist die VBG 4 nahezu identisch mit der Gesetzlichen Unfallverhütungsvorschrift GUV 2.10, die für kommunale Bereiche gilt.

2.2 Der Inhalt der VBG 4 und der Durchführungsanweisungen sowie Erläuterungen*)

§ 1 Geltungsbereich

(1) Diese Unfallverhütungsvorschrift gilt für elektrische Anlagen und Betriebsmittel.

(2) Diese Unfallverhütungsvorschrift gilt auch für nicht elektrotechnische Arbeiten in der Nähe elektrischer Anlagen und Betriebsmittel.

*Durchführungsanweisung***)

DA zu § 1 Absatz 2:

Zu den nicht elektrotechnischen Arbeiten zählen z. B. das Errichten von Bauwerken in der Nähe von Freileitungen und Kabelanlagen (siehe § 7) sowie Annäherungen bei anderen Arbeiten, wie Bau-, Montage-, Transport-, Anstrich- und Ausbesserungsarbeiten.

Erläuterungen zu § 1 Abs. 1

Der Geltungsbereich dieser Unfallverhütungsvorschrift umfaßt alle elektrischen Anlagen und Betriebsmittel, unabhängig von der Höhe oder Art der in ihnen erzeugten Spannung oder der Spannung, mit der sie betrieben werden. Sie enthält Anforderungen an elektrische Anlagen und die einzelnen Betriebsmittel und regelt den Umgang mit ihnen, wie auch das Arbeiten an diesen.

Da in allen Betrieben zumindest elektrische Energie genutzt wird, muß diese Unfallverhütungsvorschrift in jedem Unternehmen berücksichtigt werden. In jedem Betrieb muß geprüft werden, welche Paragraphen dieser Unfallverhütungsvorschrift von den Vorgesetzten und Versicherten beachtet werden müssen.

Erläuterungen zu § 1 Abs. 2

Auch bei Arbeiten, die nur in der Nähe einer elektrischen Anlage durchgeführt werden, kann von der benachbarten Anlage eine Gefahr ausgehen. Solche Arbeiten können z. B. Transport- und Baggerarbeiten unter und neben Freileitungen sein. Die

---

*) Der Inhalt der VBG 4 in den folgenden Abschnitten: „Paragraphen 1 bis 10", „Durchführungsanweisungen DA zu § 1 bis § 8" und „Erläuterungen zu Durchführungsanweisungen, wurde mit Genehmigung der Berufsgenossenschaft der Feinmechanik und Elektrotechnik, Köln, und des Autors dem in [2] aufgeführten Werk entnommen.

**) DA zu § … betrifft die Durchführungsanweisung zur VBG 4 vom Oktober 1996

Die Paragraphen sind dunkel angelegt.

Die Durchführungsanweisungen sind hell angelegt.

Die nicht angelegten Abschnitte sind Erläuterungen zu den Paragraphen und Begriffen.

Unfallverhütungsvorschrift gilt deshalb auch für solche und andere nicht elektrotechnischen Arbeiten in der Nähe elektrischer Anlagen.

§ 2 Begriffe

(1) **Elektrische Betriebsmittel** im Sinne dieser Unfallverhütungsvorschrift sind alle Gegenstände, die als Ganzes oder in einzelnen Teilen dem Anwenden elektrischer Energie (z. B. Gegenstände zum Erzeugen, Fortleiten, Verteilen, Speichern, Messen, Umsetzen und Verbrauchen) oder dem Übertragen, Verteilen und Verarbeiten von Informationen (z. B. Gegenstände der Fernmelde- und Informationstechnik) dienen. Den elektrischen Betriebsmitteln werden gleichgesetzt Schutz- und Hilfsmittel, soweit an diese Anforderungen hinsichtlich der elektrischen Sicherheit gestellt werden. Elektrische Anlagen werden durch Zusammenschluß elektrischer Betriebsmittel gebildet.

(2) **Elektrotechnische Regeln** im Sinne dieser Unfallverhütungsvorschrift sind die allgemein anerkannten Regeln der Elektrotechnik, die in den VDE-Bestimmungen enthalten sind, auf die die Berufsgenossenschaft in ihrem Mitteilungsblatt verwiesen hat. Eine elektrotechnische Regel gilt als eingehalten, wenn eine ebenso wirksame andere Maßnahme getroffen wird; der Berufsgenossenschaft ist auf Verlangen nachzuweisen, daß die Maßnahme ebenso wirksam ist.

(3) Als **Elektrofachkraft** im Sinne dieser Unfallverhütungsvorschrift gilt, wer aufgrund seiner fachlichen Ausbildung, Kenntnisse und Erfahrungen sowie Kenntnis der einschlägigen Bestimmungen die ihm übertragenen Arbeiten beurteilen und mögliche Gefahren erkennen kann.

Erläuterungen zu § 2 Abs. 1

Dadurch, daß Schutz- und Hilfsittel elektrischen Betriebsmitteln gleichgesetzt werden, wird der Geltungsbereich dieser Unfallverhütungsvorschrift auch auf diese ausgeweitet. Schutz- und Hilfsmittel sind z. B. persönliche Schutzausrüstungen und spezielle Werkzeuge, wie z. B. Isolierstangen oder isolierte Werkzeuge. Um mit ihnen an elektrischen Anlagen sicher arbeiten zu können, müssen sie bestimmten Anforderungen hinsichtlich der Sicherheit entsprechen.

Elektrische Anlagen werden aus elektrischen Betriebsmitteln „zusammengesetzt“. Für elektrische Anlagen gelten deshalb eventuelle zusätzliche Sicherheitsanforderungen, die nicht von jedem dieser elektrischen Betriebsmittel erfüllt werden.

Durchführungsanweisung

DA zu § 2 Absatz 2:

Die Berufsgenossenschaft verweist in ihrem Mitteilungsblatt auf die im Anhang 3 (siehe hier Teil D Anlage 4) aufgeführten elektrotechnischen Regeln in der jeweils gültigen Fassung.

Erläuterungen zu § 2 Abs. 2
Entsprechen elektrische Anlagen oder Betriebsmittel den hierfür geltenden elektrotechnischen Regeln, kann davon ausgegangen werden, daß sie dann auch der Unfallverhütungsvorschrift entsprechen.
Wird andererseits eine elektrotechnische Regel nicht eingehalten, muß im Zweifelsfall der Nachweis erbracht werden, daß die gleiche Sicherheit auf andere Weise erreicht wurde.

DA zu § 2 Absatz 3:
Die fachliche Qualifikation wird im Regelfall durch den erfolgreichen Abschluß einer Ausbildung, z. B. als Elektroingenieur, Elektrotechniker, Elektromeister, Elektrogeselle, nachgewiesen. Sie kann auch durch eine mehrjährige Tätigkeit mit Ausbildung in Theorie und Praxis nach Überprüfung durch eine Elektrofachkraft nachgewiesen werden. Der Nachweis ist zu dokumentieren.
Sollen Mitarbeiter, die die obigen Voraussetzungen nicht erfüllen, für festgelegte Tätigkeiten, z. B. nach § 5 Handwerksordnung, bei der Inbetriebnahme und Instandhaltung von elektrischen Betriebsmitteln eingesetzt werden, können diese durch eine entsprechende Ausbildung eine Qualifikation als „Elektrofachkraft für festgelegte Tätigkeiten“ erreichen. Diese Qualifikation wird nicht als Nachweis der erforderlichen Kenntnisse und Fertigkeiten zur Erteilung der Ausübungsberechtigung gemäß § 7a Handwerksordnung angesehen.
Festgelegte Tätigkeiten sind gleichartige, sich wiederholende Arbeiten an Betriebsmitteln, die vom Unternehmer in einer Arbeitsanweisung beschrieben sind. In eigener Fachverantwortung dürfen nur solche festgelegten Tätigkeiten ausgeführt werden, für die die Ausbildung nachgewiesen ist.
Diese festgelegten Tätigkeiten dürfen nur in Anlagen mit Nennspannungen bis zu 1000 V AC bzw. 1500 V DC und grundsätzlich nur im frei geschalteten Zustand durchgeführt werden. Unter Spannung sind Fehlersuche und Feststellen der Spannungsfreiheit erlaubt.
Die Ausbildung muß Theorie und Praxis umfassen. Die theoretische Ausbildung kann innerbetrieblich oder außerbetrieblich in Absprache mit dem Unternehmer erfolgen. In der theoretischen Ausbildung müssen, zugeschnitten auf die festgelegten Tätigkeiten, die Kenntnisse der Elektrotechnik, die für das sichere und fachgerechte Durchführen dieser Tätigkeiten erforderlich sind, vermittelt werden.
Die praktische Ausbildung muß an den in Frage kommenden Betriebsmitteln durchgeführt werden. Sie muß die Fertigkeiten vermitteln, mit denen die in der theoretischen Ausbildung erworbenen Kenntmisse für die festgelegten Tätigkeiten sicher angewendet werden können.
Die Ausbildungsdauer muß ausreichend bemessen sein. Je nach Umfang der festgelegten Tätigkeiten kann eine Ausbildung über mehrere Monate erforderlich sein. Die Ausbildung entbindet den Unternehmer nicht von seiner Führungsverantwortung. In jedem Fall hat er zu prüfen, ob die in der o.g. Ausbildung erworbenen Kenntnisse und Fertigkeiten für die festgelegten Tätigkeiten ausreichend sind.

Erläuterungen zu § 2 Abs. 3

Um als Elektrofachkraft angesehen zu werden, bedarf es einer besonderen fachlichen Qualifikation. Diese wird im Regelfall durch eine Ingenieur-, Techniker-, Meister- oder Facharbeiterprüfung (Gesellenprüfung) in einem elektrotechnischen Ausbildungsberuf nachgewiesen. Auch eine mehrjährige Tätigkeit kann zur Qualifikation einer Elektrofachkraft führen, in der die erforderlichen theoretischen Kenntnisse und praktischen Fertigkeiten vermittelt werden. Hiermit wird ein neuer Weg zur Erlangung der Qualifikation aufgezeigt, der bei noch laufender bzw. jetzt oder in Zukunft stattfindender Ausbildung berücksichtigt werden soll.

Es ist stets dabei zu berücksichtigen, daß immer nur ein begrenzter Teil der Elektrotechnik abgedeckt wird. Eine Ausbildung ist dann ausreichend, wenn die Kenntnisse und Fertigkeiten vermittelt werden, die für die übertragenen Aufgaben benötigt werden. Das heißt aber auch, daß die Ausbildung eventuell ergänzt werden muß, wenn andere Arbeiten übertragen werden.

Eine, wenn auch mehrjährige, bloße Ausübung von Tätigkeiten führt nicht zur Qualifikation einer Elektrofachkraft.

Im Jahre 1994 wurde die Handwerksordnung mit dem Ziel geändert, daß Handwerker auch eine Tätigkeit in Fremdgewerken ausüben können. Diese Tätigkeiten müssen mit dem eigenen Gewerk zusammenhängen oder es wirtschaftlich ergänzen.

Auch in Betrieben, die nicht zum Handwerk gehören, fallen Arbeiten an, die nur in zeitlicher Reihenfolge von unterschiedlich ausgebildeten Fachleuten erledigt werden können.

Zunehmend besteht aus Gründen der Wirtschaftlichkeit besonders in der Industrie das Verlangen, diese starre „Aufgabenteilung“ aufzuheben.

Bei der Inbetriebnahme von elektrischen Betriebsmitteln, bei Instandhaltung und beim Kundendienst in Verbindung mit nicht elektrotechnischen Gewerken werden daher elektrotechnische Arbeiten, die nach der Unfallverhütungsvorschrift „Elektrische Anlagen und Betriebsmittel“ (VBG 4) grundsätzlich Elektrofachkräften vorbehalten sind, zunehmend von „Nichtelektrikern“ durchgeführt.

Eine Legalisierung, daß auch diese Personen bisher nur Elekrofachkräften vorbehaltene Tätigkeiten eigenständig ausführen dürfen, kann nur in Verbindung mit einem Nachweis für eine entsprechende Zusatzausbildung erfolgen. In Abhängigkeit von der Vorbildung kann diese mitunter mehrere Monate dauern.

In die DA zu § 2 wurde zur Eingliederung des oben genannten Personenkreises in das Vorschriftenwerk der Begriff „Elektrofachkraft für festgelegte Tätigkeiten“ aufgenommen. Dadurch soll ein Weg aufgezeigt werden, der den Erfordernissen in Handwerk und Industrie unter Einhaltung der Unfallverhütungsvorschriften gerecht wird.

Der Tätigkeitsbereich einer „Elektrofachkraft festgelegte Tätigkeiten“ ist stark eingeschränkt. So sind Arbeiten an elektrischen Anlagen, wie z. B. Versorgungsnetzen oder Anlagen in Gebäuden, ausgeschlossen. Auch kann z. B. ein Hausmeister durch eine solche Ausbildung nicht in die Lage versetzt werden, Instandhaltungsarbeiten an einer elektrischen Anlage durchzuführen. Die Tätigkeiten sind vielmehr auf sol-

che beschränkt, die in engem Zusammenhang mit der eigentlichen handwerklichen Tätigkeit stehen.
Typische Tätigkeiten sind Arbeiten eines Kundendienstmonteurs wie das Anschließen elektrischer Geräte über vorhandene Klemmen oder das Austauschen von Baugruppen. Ausgeschlossen sind Arbeiten zur Erweiterung einer elektrischen Anlage, auch wenn sie nur dem Anschluß eines elektrischen Betriebsmittels dienen.
Eine weitere Einschränkung wurde auch mit folgendem Satz getroffen: „Diese festgelegten Tätigkeiten dürfen nur in Anlagen mit Nennspannungen bis 1000 V AC bzw. 1500 V DC und grundsätzlich nur im freigeschalteten Zustand durchgeführt werden. Unter Spannung sind die Fehlersuche und das Feststellen der Spannungsfreiheit erlaubt."
Aber auch die festgelegten Tätigkeiten stellen hohe Anforderungen an die Personen, die diese eigenständig durchführen sollen. Es gilt daher folgende Definition, die sich nur hinsichtlich des erlaubten Tätigkeitsumfangs von der für die Elektrofachkraft unterscheidet:
Elektrofachkraft für festgelegte Tätigkeiten ist, wer aufgrund seiner fachlichen Ausbildung in Theorie und Praxis, Kenntnisse und Erfahrungen sowie Kenntnisse der bei diesen Tätigkeiten zu beachtenden Bestimmungen die ihm übertragenen Arbeiten beurteilen und mögliche Gefahren erkennen kann.
In der Definition wird einerseits deutlich ausgedrückt, daß die erforderliche Qualifikation durch die erlaubten Tätigkeiten bestimmt wird. Andererseits darf nicht unbeachtet bleiben, daß die erforderliche Ausbildung dazu befähigen muß, die übertragenen Arbeiten zu beurteilen.
Es ist daher eine ausreichende und umfassende Ausbildung, die Theorie und praktische Übungen umfassen muß, erforderlich (zum Umfang der Ausbildung siehe Anhang A). In diesem Zusammenhang wird in den DA auch noch ein Wort an den Unternehmer gerichtet: „Die Ausbildung entbindet den Unternehmer nicht von seiner Führungsverantwortung. In jedem Fall hat er zu prüfen, ob die in der o. g. Ausbildung erworbenen Kenntnisse und Fertigkeiten für die festgelegten Tätigkeiten ausreichend sind." Deshalb ist es auch erforderlich, daß in einer Ausbildungsbestätigung, die dem Teilnehmer nach bestandener Abschlußprüfung ausgehändigt wird, klar angegeben wird, welche Tätigkeiten Gegenstand der Ausbildung waren. In Anhang A sind Kriterien aufgeführt, die bei entsprechenden Kursen berücksichtigt werden müssen.
Da nur Elektrotechkräfte die Ausbildung zur Elektrofachkraft für festgelegte Tätigkeiten durchführen können, ist es nicht erlaubt, daß nach erfolgreicher Teilnahme an einem Kurst die Teilnehmer selbst solche Kurse abhalten (siehe hierzu **Bild 6**).

Elektrotechnisch unterwiesene Personen
Die Elektrofachkraft muß mögliche Gefahren erkennen und ihr übertragene Arbeiten eigenverantwortlich beurteilen, also Fachverantwortung tragen.
Die elektrotechnisch unterwiesene Person gilt als **ausreichend qualifiziert**, wenn sie **angelernt** und **unterwiesen** ist über:

- die Durchführung der ihr übertragenen Arbeiten und die fachliche Ausführung,
- die möglichen Gefahren bei unsachgemäßem Handeln sowie
- die notwendigen Schutzeinrichtungen und Schutzmaßnahmen bei den Arbeiten.

Man kann aber von der unterwiesenen Person **fachgerechtes Verhalten** und ordnungsgemäßes Ausführen der Arbeiten verlangen. Sie darf **nicht selbständig** elektrische Anlagen und Betriebsmittel errichten, ändern und instandhalten (§ 3, Abs. 1, VBG 4). Dies darf nur unter Leitung und Aufsicht einer Elektrofachkraft geschehen.

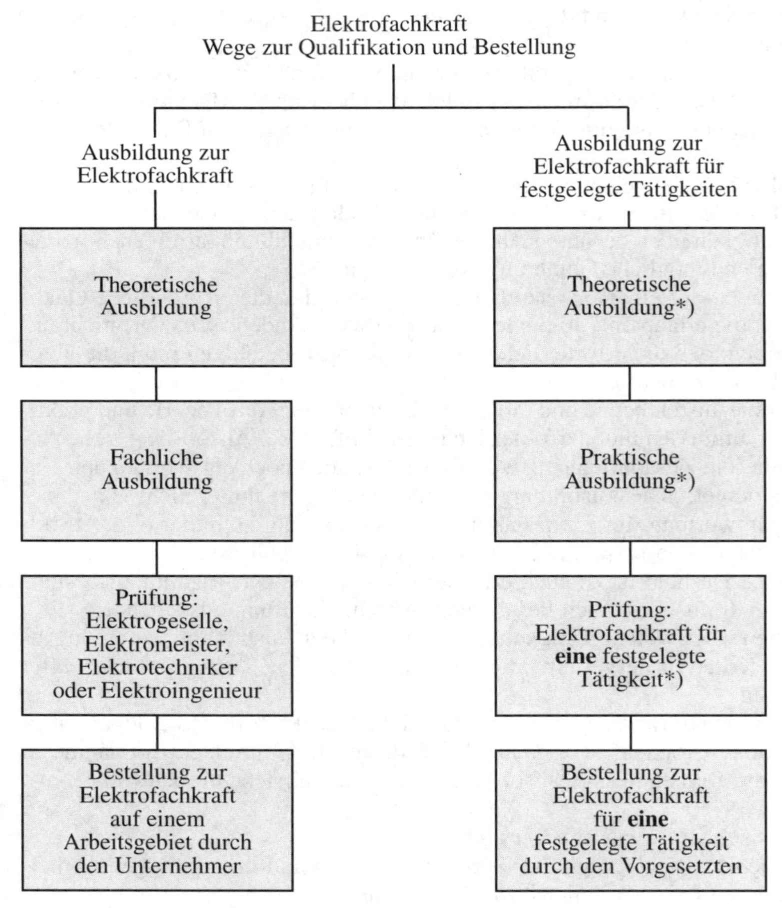

Bild 6 Elektrofachkraft – Wege zur Qualifikation und Bestellung
*) auf die konkrete, festgelegte Tätigkeit bezogen

Die Elektrofachkraft ist also höher qualifiziert als die elektrotechnisch unterwiesene Person.

Elektrotechnischer Laie
Elektrotechnische Laien dürfen nach VBG 4 im Zusammenhang mit elektrischen Anlagen und Betriebsmitteln **nur folgende Tätigkeiten** ausführen:

- **Bestimmungsgemäßes Verwenden** elektrischer Anlagen und Betriebsmittel mit **vollständigem Berührungsschutz** (z. B. Verwenden von Bohrmaschinen, Elektrowärmegeräten, Beleuchtungseinrichtungen etc.).
- **Austauschen von Teilen** ist nach VDE 0105:1997-10, Abs. 7.4.1, Laien gestattet, wenn Personen gegen direktes Berühren und vor den Auswirkungen eines möglichen Kurzschlusses geschützt sind, z. B. Sicherungen bis 35 A und Glühlampen bis 200 W.
- **Mitwirken beim Errichten, Ändern und Instandhalten** elektrischer Anlagen und Betriebsmittel **unter Leitung und Aufsicht einer Elektrofachkraft**.
- **Durchführen** von Tätigkeiten in der Nähe unter Spannung stehender aktiver Teile, z. B. Freileitungen, **unter ständiger Leitung und Aufsicht** einer Elektrofachkraft.

§ 3 Grundsätze

(1) Der Unternehmer hat dafür zu sorgen, daß elektrische Anlagen und Betriebsmittel nur von einer Elektrofachkraft oder unter Leitung und Aufsicht einer Elektrofachkraft den elektrotechnischen Regeln entsprechend errichtet, geändert und instandgehalten werden. Der Unternehmer hat ferner dafür zu sorgen, daß die elektrischen Anlagen und Betriebsmittel den elektrotechnischen Regeln entsprechend betrieben werden.

(2) Ist bei einer elektrischen Anlage oder einem elektrischen Betriebsmittel ein Mangel festgestellt worden, d. h., entsprechen sie nicht oder nicht mehr den elektrotechnischen Regeln, so hat der Unternehmer dafür zu sorgen, daß der Mangel unverzüglich behoben wird und, falls bis dahin eine dringende Gefahr besteht, dafür zu sorgen, daß die elektrische Anlage oder das elektrische Betriebsmittel im mangelhaften Zustand nicht verwendet wird.

Durchführungsanweisung

DA zu § 3 Absatz 1:

Leitung und Aufsicht durch eine Elektrofachkraft sind alle Tätigkeiten, die erforderlich sind, damit Arbeiten an elektrischen Anlagen und Betriebsmitteln von Personen, die nicht die Kenntnisse und Erfahrungen einer Elektrofachkraft haben, sachgerecht und sicher durchgeführt werden können.

Die Forderung „unter Leitung und Aufsicht einer Elektrofachkraft“ bedeutet die Wahrnehmung von Führungs- und Fachverantwortung, insbesondere:

- das Überwachen der ordnungsgemäßen Errichtung, Änderung und Instandhaltung elektrischer Anlagen und Betriebsmittel,
- das Anordnen, Durchführen und Kontrollieren der zur jeweiligen Arbeit erforderlichen Sicherheitsmaßnahmen einschließlich des Bereitstellens von Sicherheitseinrichtungen,
- das Unterrichten elektrotechnisch unterwiesener Personen,
- das Unterweisen von elektrotechnischen Laien über sicherheitsgerechtes Verhalten, erforderlichenfalls das Einweisen,
- das Überwachen, erforderlichenfalls das Beaufsichtigen der Arbeiten und der Arbeitskräfte, z. B. bei nicht elektrotechnischen Arbeiten in der Nähe unter Spannung stehender Teile.

Das Betreiben umfaßt alle Tätigkeiten (Bedienen und Arbeiten) an und in elektrischen Anlagen sowie an und mit elektrischen Betriebsmitteln. Zum Instandhalten (siehe DIN 31051) gehören die Inspektion (Kontrolle), die Wartung und Instandsetzung.

Erläuterungen zu § 3 Abs. 1

Die Verantwortung dafür, daß die elektrischen Anlagen und Betriebsmittel im Unternehmen den elektrotechnischen Regeln entsprechen, liegt beim Unternehmer. Deshalb muß er, wenn er die Arbeiten nicht selbst ausführt, eine geeignete Elektrofachkraft auswählen, der er die Durchführung der Arbeiten überträgt.

Der Unternehmer muß also zunächst eine Elektrofachkraft einsetzen, die über die spezielle Fachkunde verfügt. So wird z. B. eine Elektrofachkraft, die im Bereich der Niederspannungsinstallation gearbeitet hat, nicht über die Fachkunde verfügen, die für Arbeiten in Hochspannungsanlagen erforderlich sind. Auch ist zu bedenken, daß eine Elektrofachkraft, die längere Zeit nicht mit elektrotechnischen Arbeiten betraut wurde, Defizite in Kenntnissen und Fertigkeiten haben kann. Diese Defizite können, bevor eine solche Fachkraft wieder als Elektrofachkraft tätig wird, in entsprechenden Kursen ausgeglichen werden.

Sollen für die Arbeiten an elektrischen Anlagen auch Personen eingesetzt werden, die selbst nicht Elektrofachkraft sind, muß eine Elektrofachkraft über sie Leitung und Aufsicht ausüben. Inwieweit Leitung und Aufsicht gehen, kann nicht generell angegeben werden. Wichtig ist das Ziel, das durch Leitung und Aufsicht erreicht werden muß. Hierbei ist zu berücksichtigen, daß die unter Leitung und Aufsicht arbeitenden Personen unterschiedliche Kenntnisse und Erfahrungen haben können. Der Umfang der Leitung und Aufsicht muß sich an deren Kenntnisstand orientieren. Insbesondere, wenn Arbeiten einige Jahre durchgeführt werden und eine begleitende theoretische Ausbildung erfolgt, kann der Umfang der Leitung und Aufsicht zurückgenommen werden. Andererseits zeigt dies aber auch, daß bei noch unerfahrenen Personen eine intensive Leitung und Aufsicht erforderlich sind. Weiter ist auch zu berücksichtigen, welche Arbeiten schon gefahrlos durchgeführt werden können. Eine Elektrofachkraft, die Leitung und Aufsicht ausübt, übernimmt all die Pflichten, die einem Vorgesetzten obliegen. Bei der Auswahl einer Elektrofachkraft, die Leitung und Aufsicht ausüben soll, hat der Unternehmer deshalb zu prüfen, ob sie zum Vorgesetzten geeignet ist.

DA zu § 3 Absatz 2:
Im allgemeinen liegt ein Mangel nicht vor, wenn beim Erscheinen neuer elektrotechnischer Regeln an neue Anlagen oder Betriebsmittel andere Anforderungen gestellt werden.
Die Berufsgenossenschaft verweist in ihrem Mitteilungsblatt auf die im Anhang 1 aufgeführten Anpassungen vorhandener elektrischer Anlagen und Betriebsmittel an elektrotechnische Regeln.

Erläuterungen zu § 3 Abs. 2
Bei einem Mangel entspricht eine elektrische Anlage oder ein elektrisches Betriebsmittel nicht mehr den einschlägigen elektrotechnischen Regeln, die bei der Errichtung oder Herstellung gültig waren. In der Regel besteht dann eine Gefahr, der sofort begegnet werden muß. Dabei ist zu unterscheiden, ob durch provisorische Maßnahmen die akute Gefahr beseitigt werden kann und für einen begrenzten Zeitraum die elektrische Anlage oder das elektrische Betriebsmittel weiter benutzt werden können, falls dies aus betrieblichen Gründen erforderlich ist. Natürlich ist eine umgehende Beseitigung des Mangels sofort einzuleiten.
Kann der bestehenden Gefahr nicht durch provisorische Maßnahmen begegnet werden, muß die elektrische Anlage oder das elektrische Betriebsmittel stillgelegt und gegen Benutzung gesichert werden.
Aufgrund eines in der Vergangenheit festgestellten Unfallgeschehens kann es erforderlich sein, daß elektrische Anlagen und Betriebsmittel an geänderte elektrotechnische Regeln angepaßt werden.
In der Vergangenheit waren in den elektrotechnischen Regeln selbst die Anpassungsforderungen aufgeführt. Wegen der Europäischen Normen, die bestehende Anlagen nicht berücksichtigen, ist dies in Zukunft nicht mehr der Fall. Die Berufsgenossenschaft verweist deshalb im Anhang 1 zur Unfallverhütungsvorschrift „Elektrische Anlagen und Betriebsmittel“ auf die zur Anwendung vermeidbarer Unfallgefahren erforderlichen Nachrüstungen und greift so auch in älteren VDE-Bestimmungen erhobene Nachrüstungsforderungen auf.

Hinweis: Nach § 62 Abs. 2 UVV „Allgemeine Vorschriften“ (VBG 1) kann die Berufsgenossenschaft eine Anpassung vorhandener Anlagen und Betriebsmittel fordern, wenn:
- sie wesentlich erweitert oder umgebaut werden,
- ihre Nutzung wesentlich geändert wird oder
- nach der Art des Betriebs vermeidbare Gefahren für Leben oder Gesundheit der Versicherten zu befürchten sind.

Anhang 1
der Durchführungsanweisung der VBG 4 vom Oktober 1996: Anpassung elektrischer Anlagen und Betriebsmittel an elektrotechnische Regeln

Eine Anpassung an neu erschienene elektrotechnische Regeln ist nicht allein schon deshalb erforderlich, weil in ihnen andere, weitergehende Anforderungen an neue elektrische Anlagen und Betriebsmittel erhoben werden. Sie enthalten aber mitunter Bau- und Ausrüstungsbestimmungen, die wegen besonderer Unfallgefahren oder auch eingetretener Unfälle neu in VDE-Bestimmungen aufgenommen wurden. Eine Anpassung bestehender elektrischer Anlagen an solche elektrotechnischen Regeln kann dann gefordert werden.

Wegen vermeidbarer besonderer Unfallgefahren werden die folgenden Anpassungen gefordert:

- Realisierung des teilweisen Berührungsschutzes für Bedienvorgänge nach DIN VDE 0106 Teil 100:1983-03 bis zum 31.12.1999
- Sicherstellen des Schutzes beim Bedienen von Hochspannungsanlagen nach DIN VDE 0101:1989-05 Abschnitt 4.4 bis zum 31.10.2000
- Anpassung elektrischer Anlagen auf Baustellen an die „Regeln für Sicherheit und Gesundheitsschutz – Auswahl und Betrieb elektrischer Anlagen und Betriebsmittel auf Baustellen" bis zum 31.12.1997
- Sicherstellen des Zusatzschutzes in Prüfanlagen nach DIN VDE 0104:1989-10 Abschnitte 3.2 und 3.3 bis zum 31.12.1997
- Kennzeichnung ortsveränderlicher elektrischer Betriebsmittel gemäß Auswahl und Betrieb ortsveränderlicher elektrischer Betriebsmittel nach Einsatzbereichen (ZH 1/249) bis zum 30.6.1998

Insbesondere für die neuen Bundesländer gilt:

- Umstellen von Drehstromsteckvorrichtungen nach der alten Norm DIN 49450/451 (Flachsteckvorrichtung) auf das Rundsteckvorrichtungssystem nach DIN 49462/463 bis zum 31.12.1997
- Anpassung von Innenraumschaltanlagen ISA 2000 an die „Regeln für Sicherheit und Gesundheitsschutz – Sicherer Betrieb von Niederspannungsinnenraumschaltanlagen ISA 2000" bis zum 31.12.1999
- Anpassung von Schutz- und Hilfsmitteln, sofern an diese elektrotechnische Anforderungen gestellt werden, an die elektrotechnischen Regeln bis zum 31.12.1997
- Trennung von Erdungsanlagen in elektrischen Verteilungsnetzen und Verbraucheranlagen von Wasserrohrnetzen bis zum 31.12.1997
- Ausrüstung von Leuchtenvorführständen mit Zusatzschutz nach DIN VDE 0100 Teil 559:1993-03 Abschnitt 6 bis zum 31.12.1997

§ 4 Grundsätze beim Fehlen elektrotechnischer Regeln

(1) Soweit hinsichtlich bestimmter elektrischer Anlagen und Betriebsmittel keine oder zur Abwendung neuer oder bislang nicht festgestellter Gefahren nur unzureichende elektrotechnische Regeln bestehen, hat der Unternehmer dafür zu sorgen, daß die Bestimmungen der nachstehenden Absätze eingehalten werden.

(2) Elektrische Anlagen und Betriebsmittel müssen sich in sicherem Zustand befinden und sind in diesem Zustand zu erhalten.

(3) Elektrische Anlagen und Betriebsmittel dürfen nur benutzt werden, wenn sie den betrieblichen und örtlichen Sicherheitsanforderungen im Hinblick auf Betriebsart und Umgebungseinflüsse genügen.

(4) Die aktiven Teile elektrischer Anlagen und Betriebsmittel müssen entsprechend ihrer Spannung, Frequenz, Verwendungsart und ihrem Betriebsort durch Isolierung, Lage, Anordnung oder fest angebrachte Einrichtungen gegen direktes Berühren geschützt sein.

(5) Elektrische Anlagen und Betriebsmittel müssen so beschaffen sein, daß bei Arbeiten und Handhabungen, bei denen aus zwingenden Gründen der Schutz gegen direktes Berühren nach Absatz 4 aufgehoben oder unwirksam gemacht werden muß,

- der spannungsfreie Zustand der aktiven Teile hergestellt und sichergestellt werden kann oder
- die aktiven Teile unter Berücksichtigung von Spannung, Frequenz, Verwendungsart und Betriebsort durch zusätzliche Maßnahmen gegen direktes Berühren geschützt werden können.

(6) Bei elektrischen Betriebsmitteln, die in Bereichen bedient werden müssen, wo allgemein ein vollständiger Schutz gegen direktes Berühren nicht gefordert wird oder nicht möglich ist, muß bei benachbarten aktiven Teilen mindestens ein teilweiser Schutz gegen indirektes Berühren vorhanden sein.

(7) Die Durchführung der Maßnahmen nach Absatz 5 muß ohne eine Gefährdung z. B. durch Körperdurchströmung oder durch Lichtbogenbildung möglich sein.

(8) Elektrische Anlagen und Betriebsmittel müssen entsprechend ihrer Spannung, Frequenz, Verwendungsart und ihrem Betriebsort Schutz bei indirektem Berühren aufweisen, so daß auch im Fall eines Fehlers in der elektrischen Anlage oder in dem elektrischen Betriebsmittel Schutz gegen gefährliche Berührungsspannungen vorhanden ist.

Durchführungsanweisung
DA zu § 4 Absatz 2:
Der sichere Zustand ist vorhanden, wenn elektrische Anlagen und Betriebsmittel so beschaffen sind, daß von ihnen bei ordnungsgemäßem Bedienen und bestimmungsgemäßer Verwendung weder eine unmittelbare (z. B. Berührungsspannung) noch eine mittelbare (z. B. durch Strahlung, Explosion, Lärm) Gefährdung für den Menschen auftreten kann.
Die Forderung nach dem sicheren Zustand beinhaltet auch den Schutz gegen zu erwartende äußere Einwirkungen (z. B. mechanische Einwirkungen, Feuchtigkeit, Eindringen von Fremdkörpern), wenn als Folge einer solchen Einwirkung Menschen unmittelbar oder mittelbar gefährdet werden können.

Erläuterungen zu § 4 Abs. 2
Absatz 2 und die folgenden Absätze des § 4 enthalten Schutzziele, nach denen elektrische Anlagen und Betriebsmittel ausgewählt werden können, wenn es keine hierfür geltenden elektrotechnischen Regeln gibt und somit eine Beurteilung hinsichtlich der Eignung anhand solcher nicht möglich ist.

DA zu § 4 Absatz 3:
Elektrische Anlagen und Betriebsmittel können in ihrer Funktion und Sicherheit durch Umgebungseinwirkungen (z. B. Staub, Feuchtigkeit, Wärme, mechanische Beanspruchung) nachteilig beeinflußt werden. Daher sind sowohl die einzelnen Betriebsmittel als auch die gesamte Anlage so auszuwählen und zu gestalten, daß ein ausreichender Schutz gegen diese Einwirkungen über die üblicherweise zu erwartende Lebensdauer gewährleistet ist. Hierzu zählen unter anderem die Auswahl der Schutzart, der Isolationsklasse sowie der Kriech- und Luftstrecken. Bei der Auswahl sind in jedem Fall die speziellen Einsatzbedingungen zu berücksichtigen, z. B. auf Baustellen oder in aggressiver Umgebung.
Einflüsse, die den Schutz gegen direktes Berühren unwirksam machen können, sind z. B. in feuchten oder nassen Räumen und auf Baustellen zu erwarten.

DA zu § 4 Absatz 5:
Als zusätzliche Maßnahmen, die bei der Aufhebung des betriebsmäßigen Schutzes gegen direktes Berühren anzuwenden sind, gelten z. B. das Abdecken oder Abschranken.

DA zu § 4 Absatz 6:
Ein vollständiger Schutz gegen direktes Berühren ist häufig die einfachste und in jedem Fall die wirkungsvollste Schutzmaßnahme. Dies gilt vor allem für Betriebsmittel, die für betriebsmäßige Vorgänge bedient werden müssen, aber auch an und in der Nähe von Betriebsmitteln, zu denen nur Elektrofachkräfte und elektrotechnisch unterwiesene Personen Zutritt oder Zugriff haben, z. B. in abgeschlossenen elektrischen Betriebsstätten, in verschlossenen Umhüllungen.
Ist ein vollständiger Schutz aus technischen Gründen nur schwer durchführbar oder handelt es sich um Betriebsmittel, die nicht betriebsmäßig, sondern nur zum Wiederherstellen des Soll-Zustands bedient werden, z. B. Einstellen oder Entsperren eines Relais, Auswechseln von Lampen oder Sicherungseinsätzen, genügt bei Nennspannungen bis 1000 V ein teilweiser Schutz gegen direktes Berühren nach DIN VDE 0106 Teil 100 „Schutz gegen elektrischen Schlag; Anordnung von Betätigungselementen in der Nähe berührungsgefährlicher Teile", z. B. Abdeckung. Eine solche Abdeckung erfüllt ihren Zweck, wenn sie gegen unbeabsichtigtes Verschieben oder Entfernen gesichert ist oder nur mit Werkzeug oder Schlüssel entfernt werden kann.

DA zu § 4 Absatz 7:
Diese Forderung ist erfüllt, wenn:

- die Anlage oder genügend kleine Abschnitte der Anlage frei geschaltet werden können,
- die erforderlichen Hilfsmittel und Einrichtungen zum Sichern gegen Wiedereinschalten sowie ein Verbotszeichen mit der Aussage „Nicht schalten" und erforderlichenfalls der zusätzlichen Aussage „Es wird gearbeitet/Ort …/Entfernen des Schildes nur durch …" oder bei ferngesteuerten Anlagen eine entsprechende Einrichtung vorhanden sind und angebracht werden können,
- am frei geschalteten Anlageteil das Feststellen der Spannungsfreiheit möglich ist,
- die Anlageteile, soweit erforderlich, mit Einrichtungen zum Erden und Kurzschließen (z. B. Erdungsschalter, Erdungswagen, Anschließstellen) ausgerüstet sind oder Einrichtungen zum Erden und Kurzschließen (z. B. Seile oder Schienen mit ausreichendem Querschnitt) vorhanden sind und angebracht werden können und
- Hilfsmittel zum Abdecken und Abschranken (z. B. Abdecktücher, Isolierplatten, Führungsschienen für isolierende Schutzplatten) vorhanden sind.
- In Anlagen mit Nennspannungen über 1 kV müssen zum Freischalten die erforderlichen Trennstrecken hergestellt werden können.

Einrichtungen zum Sichern gegen Wiedereinschalten sind z. B. ein- oder mehrfach verschließbare Schalter, Schalterabdeckungen, Steckkappen für Schalter, abnehmbare Schalthebel, Blindeinsätze für Schraubsicherungen, Absperr- und Entlüftungseinrichtungen für Druckluft, Mittel zum Unwirksammachen der Federkraft, Mittel zum Unterbrechen der Hilfsspannung.
Bei ferngesteuerten Anlagen müssen Kennzeichnungen, Hinweise und Anweisungen so gestaltet sein, daß der Schaltzustand der Anlage und die Zuständigkeiten und Möglichkeiten für eine Schaltung, z. B. von der zentralen Fernsteuerstelle aus, eindeutig erkennbar sind.
Einschiebbare isolierende Schutzplatten werden im allgemeinen nur in Führungsschienen sicher gehalten.

Erläuterung der Begriffe

Schutz gegen direktes Berühren (neue Bezeichnung: Schutz gegen elektrischen Schlag unter normalen Bedingungen, siehe hier Abs. 5, Seite 89) ist gegeben, wenn die Berührung von aktiven Teilen elektrischer Betriebsmittel mit Köperteilen, bei Handgeräten mindestens mit einem kleinen Finger, nicht möglich ist.

Fingersicher: Mit Prüffinger (nach DIN VDE Teil 1, festgelegt in DIN VDE 0106 Teil 100) dürfen aktive Teile nicht berührt werden können.
Durch Isolierung, Abdeckung, Bauart oder Anordnung müssen die aktiven Teile gegen direktes Berühren geschützt sein, siehe Abschnitte 4 und 5.

Handrückensicher (siehe Abschnitt 5.2.1, Tabelle 10a)
wird erreicht, wenn aktive Teile mit einer Kugel von einem Durchmesser von 50 mm unter den in VDE 0106 Teil 100 festgelegten Bedingungen nicht berührt weden können.

Schutz bei direktem Berühren (siehe hier Abschnitt 5.6, Seite 97)
wird erreicht, indem beim Berühren unter Spannung stehender aktiver Teile die Spannung sofort abgeschaltet wird, z. B. durch RCD-Schutz (FI-Schutzeinrichtung).

Schutz bei indirektem Berühren (siehe hier Abschnitt 6, Seite 99, neue Bezeichnung: Schutz gegen elektrischen Schlag unter Fehlerbedingungen)
wird durch Schutzmaßnahmen erreicht, die bei Auftreten gefährlicher Berührungsspannungen (meist durch Fehler) an Körpern (Gehäusen) sofort abschalten oder sie überhaupt nicht auftreten lassen.

§ 5 Prüfungen

(1) Der Unternehmer hat dafür zu sorgen, daß die elektrischen Anlagen und Betriebsmittel auf ihren ordnungsgemäßen Zustand geprüft werden:

1. vor der ersten Inbetriebnahme und nach einer Änderung oder Instandsetzung vor der Wiederinbetriebnahme durch eine Elektrofachkraft oder unter Leitung und Aufsicht einer Elektrofachkraft und
2. in bestimmten Zeitabständen.

   Die Fristen sind so zu bemessen, daß entstehende Mängel, mit denen gerechnet werden muß, rechtzeitig festgestellt werden.

(2) Bei der Prüfung sind die sich hierauf beziehenden elektrotechnischen Regeln zu beachten.

(3) Auf Verlangen der Berufsgenossenschaft ist ein Prüfbuch mit bestimmten Eintragungen zu führen.

(4) Die Prüfung vor der ersten Inbetriebnahme nach Absatz 1 ist nicht erforderlich, wenn dem Unternehmer vom Hersteller oder Errichter bestätigt wird, daß die elektrischen Anlagen und Betriebsmittel den Bestimmungen dieser Unfallverhütungsvorschrift entsprechend beschaffen sind.

Durchführungsanweisung

DA zu § 5 Absatz 1 Nr. 1:

Elektrische Anlagen und Betriebsmittel dürfen nur in ordnungsgemäßem Zustand in Betrieb genommen werden und müssen in diesem Zustand erhalten werden. Diese Forderung ist erfüllt, wenn vor Inbetriebnahme, nach Änderung oder Instandsetzung (Erstprüfung) sichergestellt wird, daß die Anforderungen der elektrotechnischen Regeln eingehalten werden. Hierzu sind Prüfungen nach Art und Umfang der in den elektrotechnischen Regeln festgelegten Maßnahmen durchzuführen. Nur unter bestimmten Voraussetzungen dürfen Erstprüfungen elektrischer Anlagen und Betriebsmittel entfallen (siehe DA zu § 5 Absatz 4).

Erläuterungen zu § 5 Abs. 1 Nr. 1

Prüfung vor der ersten Inbetriebnahme

Der Unternehmer ist dafür verantwortlich, daß neue elektrische Anlagen und Betriebsmittel sicher betrieben und benutzt werden können. Er ist daher gut beraten, wenn er sich vom Errichter oder Hersteller ausdrücklich bestätigen läßt, daß die von ihm errichteten Anlagen und hergestellten Betriebsmittel den Bestimmungen der Unfallverhütungsvorschrift entsprechen.

Um diese Bestätigung abgeben zu können, werden elektrische Niederspannungsanlagen (bis 1000 V Wechselspannung) deshalb vor der Inbetriebnahme entsprechend der VDE 0100 Teil 610 „Prüfungen, Erstprüfungen" geprüft.

Bei elektrischen Betriebsmitteln ist durch Prüfungen, die in den jeweiligen elektrotechnischen Regeln aufgeführt sind, festzustellen, ob sie den elektrotechnischen Regeln entsprechen.
Als Ersatz für eine Bestätigung des Herstellers kann für anschlußfertige elektrische Betriebsmittel ein Prüfzeichen wie das GS-Zeichen angesehen werden. Gleiches gilt für das CE-Zeichen, wenn in der zugehörigen Konformitätserklärung auf die eingehaltenen Normen verwiesen wird.

Prüfung nach Änderung und Instandsetzung
Eine Prüfung des ordnungsgemäßen Zustands ist auch nach Änderung und Instandsetzung erforderlich. Immer dann, wenn Arbeiten ausgeführt wurden, die in den Funktionsablauf der Einrichtung eingreifen und darum die Kenntnisse einer Elektrofachkraft erfordern, müssen die Schutzmaßnahmen überprüft werden.
Elektrische Anlagen werden danach entsprechend den Bestimmungen, die für das Errichten gelten, geprüft, Niederspannungsanlagen also nach VDE 0100 Teil 610.
Für elektrische Betriebsmittel, z. B. Elektrohandwerkzeuge, Büromaschinen, gilt für die Prüfung nach Änderung und Instandsetzung die VDE 0701 „Instandsetzung, Änderung und Prüfung“.

DA zu § 5 Absatz 1 Nr. 2:
Zur Erhaltung des ordnungsgemäßen Zustands sind elektrische Anlagen und Betriebsmittel wiederholt zu prüfen.
Anhand der folgenden Tabellen können Prüffristen festgelegt werden, wenn die elektrischen Anlagen und Betriebsmittel normalen Beanspruchungen durch Umgebungstemperatur, Staub, Feuchtigkeit oder dergleichen ausgesetzt sind. Dabei wird unterschieden zwischen ortsveränderlichen und ortsfesten elektrischen Betriebsmitteln und stationären und nicht stationären Anlagen.
Ortsveränderliche elektrische Betriebsmittel sind solche, die während des Betriebs bewegt werden oder die leicht von einem Platz zum anderen gebracht werden können, während sie an den Versorgungsstromkreis angeschlossen sind (siehe auch DIN VDE 0100 Teil 200 Abschnitte 2.7.4 und 2.7.5).
Ortsfeste elektrische Betriebsmittel sind fest angebrachte Betriebsmittel oder Betriebsmittel, die keine Tragevorrichtung haben und deren Masse so groß ist, daß sie nicht leicht bewegt werden können. Dazu gehören auch elektrische Betriebsmittel, die vorübergehend fest angebracht sind und über bewegliche Anschlußleitungen betrieben werden (siehe auch Abschnitte 2.7.6 und 2.7.7 DIN VDE 0100 Teil 200).
Stationäre Anlagen sind solche, die mit ihrer Umgebung fest verbunden sind, z. B. Installationen in Gebäuden, Baustellenwagen, Containern und auf Fahrzeugen.
Nicht stationäre Anlagen sind dadurch gekennzeichnet, daß sie entsprechend ihrem bestimmungsgemäßen Gebrauch nach dem Einsatz wieder abgebaut (zerlegt) und am neuen Einsatzort wieder aufgebaut (zusammengeschaltet) werden. Hierzu gehören z. B. Anlagen auf Bau- und Montagestellen, fliegende Bauten.

Die Verantwortung für die ordnungsgemäße Durchführung der Prüfungen obliegt einer Elektrofachkraft.
Stehen für die Meß- und Prüfaufgaben geeignete Meß- und Prüfgeräte zur Verfügung, dürfen auch elektrotechnisch unterwiesene Personen unter Leitung und Aufsicht einer Elektrofachkraft prüfen.

Ortsfeste elektrische Anlagen und Betriebsmittel

Für ortsfeste elektrische Anlagen und Betriebsmittel sind die Forderungen hinsichtlich Prüffrist und Prüfer erfüllt, wenn die in **Tabelle 5a** genannten Festlegungen eingehalten werden.
Die Forderungen sind für ortsfeste elektrische Anlagen und Betriebsmittel auch erfüllt, wenn diese von einer Elektrofachkraft ständig überwacht werden.
Ortsfeste elektrische Anlagen und Betriebsmittel gelten als ständig überwacht, wenn sie:

- von Elektrofachkräften instandgehalten und
- durch meßtechnische Maßnahmen im Rahmen des Betreibens (z. B. Überwachen des Isolationswiderstands) geprüft werden.

Die ständige Überwachung als Ersatz für die Wiederholungsprüfung gilt nicht für die elektrischen Betriebsmittel der **Tabelle 5b** und **Tabelle 5c**.

Anlage/Betriebsmittel	**Prüffrist**	**Art der Prüfung**	**Prüfer**
elektrische Anlagen und ortsfeste Betriebsmittel	vier Jahre	auf ordnungsgemäßen Zustand mit einem Prüfgerät (meist FI-Prüfung)	Elektrofachkraft
elektrische Anlagen und ortsfeste elektrische Betriebsmittel in „Betriebsstätten, Räumen und Anlagen besonderer Art“ (DIN VDE 0100 Gruppe 700)	ein Jahr		
Fehlerstrom-Schutzschaltungen in nichtstationären Anlagen	ein Monat	auf Wirksamkeit mit einem Prüfgerät	Elektrofachkraft oder elektrotechnisch unterwiesene Person bei Verwendung geeigneter Meß- und Prüfgeräte
Fehlerstrom-, Differenzstrom- und Fehlerspannungs-Schutzschalter: • in stationären Anlagen • in nicht stationären Anlagen	 sechs Monate arbeitstäglich	auf einwandfreie Funktion durch Betätigen der Prüfeinrichtung (Prüftaste)	Benutzer auch Laie

Tabelle 5a Wiederholungsprüfungen ortsfester elektrischer Anlagen und Betriebsmittel

Ortsveränderliche elektrische Betriebsmittel
Tabelle 5b enthält Richtwerte für Prüffristen. Als Maß, ob die Prüffristen ausreichend bemessen sind, gilt die bei den Prüfungen in bestimmten Betriebsbereichen festgestellte Quote von Betriebsmitteln, die Abweichungen von den Grenzwerten aufweisen (Fehlerquote). Beträgt die Fehlerquote höchstens 2 %, kann die Prüffrist als ausreichend angesehen werden.
Die Verantwortung für die ordnungsgemäße Durchführung der Prüfung ortsveränderlicher elektrischer Betriebsmittel darf auch eine elektrotechnisch unterwiesene Person übernehmen, wenn geeignete Meß- und Prüfgeräte verwendet werden.
Schutz- und Hilfsmittel
Die Prüffristen für Schutz- und Hilfsmittel zum sicheren Arbeiten in elektrischen Anlagen sind in Tabelle 5c angegeben.

Anlage/Betriebsmittel	**Prüffrist Richt- und Maximalwerte**	**Art der Prüfung**	**Prüfer**
• ortsveränderliche elektrische Betriebsmittel (soweit benutzt) • Verlängerungs- und Geräteanschlußleitungen mit Steckvorrichtungen • Anschlußleitungen mit Stecker, bewegliche • bewegliche Leitungen mit Stecker und Festanschluß	Richtwert sechs Monate, auf Baustellen drei Monate*). Wird bei den Prüfungen eine Fehlerquote < 2 % erreicht, kann die Prüffrist entsprechend verlängert werden. Auf Baustellen, in Fertigungsstätten und Werkstätten oder unter ähnlichen Bedingungen ein Jahr. In Büros oder unter ähnlichen Bedingungen zwei Jahre.	auf ordnungsgemäßen Zustand	Elektrofachkraft, bei Verwendung geeigneter Meß- und Prüfgeräte auch elektrotechnisch unterwiesene Person.

*) Konkretisierung siehe „Regeln für Sicherheit und Gesundheitsschutz – Auswahl und Betrieb elektrischer Anlagen und Betriebsmittel auf Baustellen“, Bau-Berufsgenossenschaft, ZH 1/271

Tabelle 5b Wiederholungsprüfungen ortsveränderlicher elektrischer Betriebsmittel

Prüfobjekt	Prüffrist	Art der Prüfung	Prüfer
isolierende Schutzbekleidung (soweit benutzt)	vor jeder Benutzung	auf augenfällige Mängel	Benutzer
	12 Monate	auf Einhaltung der in den elektrotechnischen Regeln vorgegebenen Grenzwerte	Elektrofachkraft
isolierende Handschuhe	6 Monate		
isolierte Werkzeuge, Kabelschneidgeräte; isolierende Schutzvorrichtungen, Betätigungs- und Erdungsstangen	vor jeder Benutzung	auf äußerlich erkennbare Schäden und Mängel	Benutzer
Spannungsprüfer, Phasenvergleicher		auf einwandfreie Funktion	
Spannungsprüfer, Phasenvergleicher und Spannungsprüfsysteme (kapazitive Anzeigesysteme) über 1 kV	6 Jahre	auf Einhaltung der in den elektrotechnischen Regeln vorgegebenen Grenzwerte	Elektrofachkraft

Tabelle 5c Prüfungen für Schutz- und Hilfsmittel

Erläuterungen zu § 5 Abs. 1 Nr. 2

Die Gefahren des elektrischen Stroms erfordern besondere Schutzmaßnahmen. Ob diese Schutzmaßnahmen immer wirksam sind, kann ein Laie und auch eine Elektrofachkraft bei der Benutzung elektrischer Betriebsmittel nicht immer erkennen.
Auch kann sich ein Mangel, der zunächst nicht erkannt wird und noch nicht eine Gefährdung zur Folge hat, ausweiten. Es sind deshalb regelmäßige Prüfungen erforderlich, die ein rechtzeitiges Erkennen eines sich einstellenden Mangels ermöglichen.
In der Unfallverhütungsvorschrift „Elektrische Anlagen und Betriebsmittel" wird deshalb gefordert, daß regelmäßig in solchen Zeitabständen geprüft wird, daß zu erwartende Mängel rechtzeitig festgestellt werden.
Hierbei ist zu berücksichtigen, daß bei den Prüfungen nur die Schutzmaßnahmen gegen Gefahren durch elektrischen Strom kontrolliert werden. Das heißt, daß andere Prüfungen, die zum Beispiel in anderen Unfallverhütungsvorschriften gefordert werden, zusätzlich durchgeführt werden müssen.
Die Unfallverhütungsvorschrift gibt keine festen Prüffristen vor, sondern verpflichtet den Unternehmer, die für sein Unternehmen richtigen Prüffristen selbst festzulegen.
Die Länge der Prüffristen ist abhängig vom Grad der Beanspruchung und muß daher für die einzelnen Bereiche in einem Betrieb spezifisch festgelegt werden.
In den Durchführungsanweisungen zu § 5 findet man Angaben, die bei der Festlegung der Prüffrist hilfreich sind. So wird zunächst einmal zwischen ortsfesten und ortsveränderlichen Betriebsmitteln unterschieden.

Wiederholungsprüfungen verursachen Kosten, und einem Unternehmen wird daran gelegen sein, die Prüffristen so festzulegen, daß das Schutzziel des Paragraphen erreicht wird, aber andererseits auch nicht zu häufig geprüft wird.
Ein Hilfsmittel hierfür ist die Fehlerquote. Die Fehlerquote sagt aus, an wie vielen Betriebsmitteln bei der Wiederholungsprüfung Mängel festgestellt wurden. Unter Mangel wird hier nicht ein in jedem Fall schon für den Benutzer gefährlicher Zustand verstanden. Ein Mangel liegt schon dann vor, wenn ein Abweichen von den festgelegten Grenzwerten festgestellt wurde.
Eine Prüffrist ist dann nicht zu lang, wenn die Fehlerquote 2 % nicht überschritten wird. Hierbei muß natürlich darauf geachtet werden, daß bei der Berechnung der Fehlerquote nur Betriebsmittel aus gleichen Betriebsbereichen herangezogen wurden. Es dürfen also nicht Betriebsmittel aus dem Bürobereich, aus der Fertigung und von Baustellen für die Ermittlung einer gesamten Fehlerquote ausgewählt werden, sondern für jeden dieser Bereiche ist die Fehlerquote festzustellen. Auch muß beachtet werden, daß eine ausreichend große Anzahl von Betriebsmitteln betrachtet wird oder die Fehlerquote über einen langen Zeitraum ermittelt wird.
Wiederholungsprüfungen sind auch beschrieben in VDE-Bestimmungen für den Betrieb elektrischer Anlagen.
Für die Prüfung elektrischer Betriebsmittel kann meist VDE 0702 „Wiederholungsprüfungen elektrischer Geräte“ herangezogen werden.
Bei der Wiederholungsprüfung elektrischer Betriebsmittel wird das Gehäuse nicht geöffnet. Es können daher auch elektrotechnisch unterwiesene Personen diese Betriebsmittel prüfen, wenn Prüfgeräte zur Verfügung stehen, an denen das Ergebnis leicht abgelesen werden kann und ein automatischer Funktionsablauf gewährleistet ist.
Die Wiederholungsprüfungen elektrischer Anlagen sind wegen der teilweise komplexen Verhältnisse ausschließlich Elektrofachkräften vorbehalten.
Für die Einhaltung der Prüffristen muß gesorgt werden. Dies ist durch Registrierung in Prüfbüchern und Karteien möglich. Auch das Anbringen von Prüfmarken hat sich bewährt. Hierbei sollte jedoch darauf geachtet werden, daß nicht jeder Benutzer die erforderliche Prüffrist kennt. Es ist deshalb besser, nicht das Datum der Prüfungen, sondern den zukünftigen Termin einzutragen.
Auf Wiederholungprüfungen kann nur unter bestimmten Bedingungen verzichtet werden. Diese Ausnahme gilt nur für ortsfeste elektrische Anlagen und Betriebsmittel. Es muß gewährleistet sein, daß die laufenden Instandhaltungsarbeiten zusammen mit den im Rahmen des Betreibers erforderlichen Messungen ähnlich wie Wiederholungsprüfungen vorhandene Mängel aufzeigen. Diese Bedingungen sind in der Regel in den Netzen der Energieversorgungsunternehmen erfüllt. Anders ist die Situation in Betrieben zu beurteilen, wenn zwar ein Betriebselektriker beschäftigt wird, dieser aber nicht laufend Instandhaltungsarbeiten am innerbetrieblichen Versorgungsnetz durchführt.

Zu Tabelle 5a: Betriebsstätten, Räume und Anlagen besonderer Art (DIN VDE 0100 Gruppe 700):
Die in Tabelle 5a genannten Prüffristen beziehen sich auf die in den folgenden VDE-Bestimmungen genannten Anlagen und Betriebsmittel:

VDE 0100 Teil 701:	Räume mit Badewanne oder Dusche
VDE 0100 Teil 702:	Überdachte Schwimmbäder und Schwimmbäder im Freien
VDE 0100 Teil 703:	Räume mit elektrischen Sauna-Heizgeräten
VDE 0100 Teil 704:	Baustellen
VDE 0100 Teil 706:	Leitfähige Bereiche mit begrenzter Bewegungsfreiheit
VDE 0100 Teil 722:	Fliegende Bauten, Wagen und Wohnwagen nach Schaustellerart
VDE 0100 Teil 723:	Unterrichtsräume mit Experimentierständen
VDE 0100 Teil 726:	Hebezeuge
VDE 0100 Teil 737:	Feuchte und nasse Bereiche und Räume; Anlagen im Freien
VDE 0100 Teil 738:	Springbrunnen

Zur Prüfung von Schutz-Hilfsmitteln nach Tabelle 5c:
Die für isolierte Schutzbekleidung geltenden VDE-Bestimmungen liegen zum Teil noch nicht als Weißdrucke vor. Die folgenden Auszüge aus Normen oder Normentwürfen enthalten Angaben zur Durchführung der Prüfungen.

Zur Prüfung von Handschuhen: Auszug aus EN 60903 Anhang G:
G. 4 Wiederholungsprüfungen
Handschuhe der Klassen 1, 2, 3 und 4 sowie dem Lager entnommene Handschuhe dieser Klassen sollten ohne vorherige Prüfung nicht benutzt werden, sofern die letzte elektrische Prüfung länger als sechs Monate zurückliegt.
Die Prüfungen bestehen aus dem Aufblasen mit Luft, um zu prüfen, ob Löcher vorhanden sind, einer Sichtprüfung am aufgeblasenen Handschuh und einer elektrischen Prüfung nach den Abschnitten 6.4.2.1 und 6.4.2.2.
Für Handschuhe der Klassen 00 und 0 sind eine Prüfung auf Luftlöcher und eine Sichtprüfung ausreichend.

Zur Prüfung von isolierenden Anzügen der Klasse 00 (bis 500 V): Auszug aus einem Normentwurf des CLC/TC 78, Anhang A:
Die elektrischen Prüfungen müssen mit der Prüfvorrichtung und dem Prüfablauf entsprechend 5.3.3, jedoch mit den folgenden Abweichungen, vorgenommen werden:

- Die Kapuze muß an ihrer obersten Stelle geprüft werden.
- Die Jacke oder der Overall muß unterhalb einer Achselhöhle sowie an beiden Ellbogen geprüft werden.
- Die Hose muß am Gesäß und an beiden Knien geprüft werden.

Diese Prüfstellen dürfen keine Nähte enthalten.
Die Prüfung muß mit den in **Bild 6a** dargestellten Elektroden an der kompletten Schutzkleidung vorgenommen werden. Anmerkung: Die Prüfspannung soll zu-

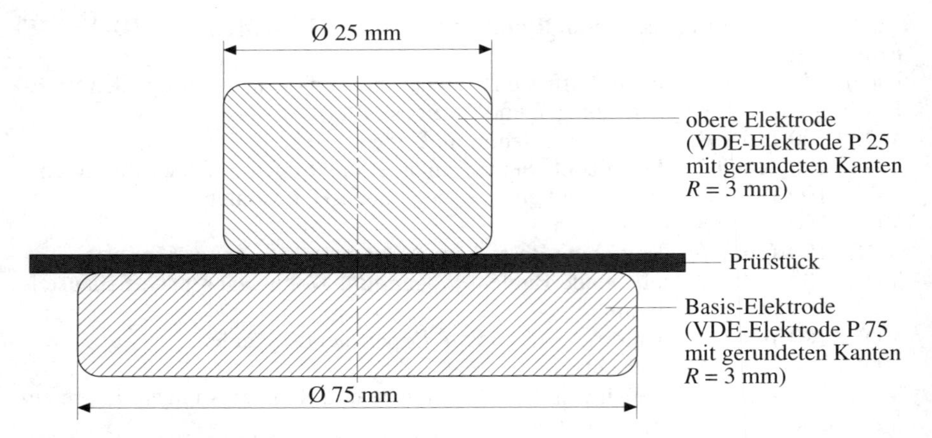

Bild 6a Beispiele einer Anordnung von Prüfelektroden für Stückprüfungen und Wiederholungsprüfungen

nächst mit 50 % des Prüfwerts aufgebracht werden und wird dann gleichmäßig erhöht und nach Abschluß der Prüfperiode auf 50 % des Prüfwerts abgesenkt und dann abgeschaltet.
Die Prüfung ist bestanden, wenn kein Durchschlag erfolgt. Sollte irgendein Fehler auftreten, muß die Schutzkleidung ausgesondert werden.
Monat, Jahr und Prüfinstitut müssen dauerhaft auf dem entsprechenden Kennzeichnungsetikett vermerkt werden, wenn die Wiederholungsprüfung bestanden wurde.

Zur Prüfung von isolierender Fußbekleidung: Auszug aus Entwurf DIN VDE 0680 Teil 1

3.15.3.2 Fußbekleidung
Die Prüfung ist nach Abschnitt 3.4.2.1, jedoch in Leitungswasser, mit einer Spannung von 5,0 kV während einer Minute durchzuführen. Die Prüfung gilt als bestanden, wenn kein Durchschlag bzw. Überschlag aufgetreten ist.

DA zu § 5 Absatz 4:
Die Bestätigung des Herstellers oder Errichters bezieht sich auf betriebsfertig installierte oder angeschlossene Anlagen, Betriebsmittel und Ausrüstungen und kann in der Regel nur vom Errichter abgegeben werden, da nur er die für den sicheren Einsatz der Anlage maßgebenden Umgebungs- und Einsatzbedingungen kennt.
Zu unterscheiden von der hier geforderten Bestätigung ist die Lieferbestätigung des Herstellers oder Lieferers bei der Lieferung von anschlußfertigen elektrischen Betriebsmitteln. Für diese Lieferbestätigung reicht es aus, wenn der Hersteller oder Lieferer auf Verlangen nachweist, daß der gelieferte Gegenstand den Verordnungen zum Gerätesicherheitsgesetz entspricht (z. B. durch eine Konformitätserklärung, in der die Einhaltung der einschlägigen elektrotechnischen Regeln bestätigt wird.)

Erläuterung der Begriffe

Ortsfest
sind elektrische Betriebsmittel, wenn sie entweder **fest** in eine elektrische Anlage **eingebaut** sind oder **betriebsmäßig nicht bewegt** werden. Letztere können über eine Steckvorrichtung angeschlossen sein.

Nicht ortsfeste oder ortsveränderliche Betriebsmittel
können nach Art und üblicher Verwendung **unter Spannung** stehend **bewegt** werden. Nach DIN VDE 0100 Teil 200 wird als Grenze eine **Masse** von **18 kg** genannt.

Nichtstationäre Anlagen
können entsprechend ihrem bestimmungsgemäßen Gebraucht nach dem Einsatz wieder abgebaut (zerlegt) werden. Hierzu gehören z. B. Anlagen auf Bau- und Montagestellen, fliegende Bauten, Schaustelleranlagen, Messestände.

Stationäre Anlagen
sind mit ihrer Umgebung fest verbunden, z. B. Installationen in Gebäuden.

Weitere Prüffristen
Sie sind z. B. gegeben durch:

- Gesetzliche Unfall-Versicherung GUV, siehe Abschnitt 2.3.4, Tabelle 5d, S. 69,
- Gerätesicherheitsgesetz GSG (Gewerbeordnung Gewo § 24, ist 1993 gestrichen und auf GSG verwiesen worden),
- Bauordnung des jeweiligen Landes,
- Zusatzbedingungen der Sachversicherer,
- 2. Durchführungsverordnung zum Energie-Wirtschaftsgesetz.

In der Gewerbeordnung, § 24 Absatz 3, wurden für überwachungsbedürftige oder überwachungspflichtige Anlagen z. B. folgende Prüffristen für wiederkehrende Sachverständigenprüfung angegeben. Sie gelten heute als Empfehlung:

- dampf- und drucktechnische Anlagen — 1 bis 3 Jahre
- Hebezeuge, Aufzüge, Seilbahnen für Personenbeförderung — 1 Jahr
- elektrotechnische Anlagen ohne besondere Anforderung — 4 Jahre
- elektrotechnische Anlagen in Messehallen und Warenhäusern — 2 Jahre

Werden danach kürzere Prüffristen als in § 5 der VBG 4 gefordert, ist dies zu beachten. Zum Beispiel fordern die Sachversicherer für feuergefährdete Betriebsstätten kürzere Prüffristen.

§ 6 Arbeiten an aktiven Teilen

(1) An unter Spannung stehenden aktiven Teilen elektrischer Anlagen und Betriebsmittel darf, abgesehen von den Festlegungen in § 8, nicht gearbeitet werden.

(2) Vor Beginn der Arbeiten an aktiven Teilen elektrischer Anlagen und Betriebsmittel muß der spannungsfreie Zustand hergestellt und für die Dauer der Arbeiten sichergestellt werden.

(3) Absatz 2 gilt auch für benachbarte aktive Teile der elektrischen Anlage oder des elektrischen Betriebsmittels, wenn diese:
- nicht gegen direktes Berühren geschützt sind, oder
- nicht für die Dauer der Arbeiten unter Berücksichtigung von Spannung, Frequenz, Verwendungsart und Betriebsort durch Abdecken oder Abschranken gegen direktes Berühren geschützt worden sind.

(4) Absatz 2 gilt auch für das Bedienen elektrischer Betriebsmittel, die aktiven, unter Spannung stehenden Teilen benachbart sind, wenn diese nicht gegen direktes Berühren geschützt sind.

Durchführungsanweisung

DA zu § 6 Absatz 1:

Bei Arbeiten an aktiven Teilen elektrischer Anlagen, deren spannungsfreier Zustand nicht hergestellt und sichergestellt ist, sowie beim Arbeiten in der Nähe unter Spannung stehender aktiver Teile gemäß § 7, kann es sich um gefährliche Arbeiten im Sinne des § 36 UVV „Allgemeine Vorschriften“ (VBG 1) sowie des § 22 Absatz 1 Nr. 3 „Gesetz zum Schutze der arbeitenden Jugend (Jugendarbeitsschutzgesetz)“ handeln.

§ 22 „Jugendarbeitsschutzgesetz“ lautet: „Gefährliche Arbeiten“

(1) Jugendliche dürfen nicht beschäftigt werden

1. …
2. …

3. mit Arbeiten, die mit Unfallgefahren verbunden sind, von denen anzunehmen ist, daß Jugendliche sie wegen mangelnden Sicherheitsbewußtseins oder mangelnder Erfahrung nicht erkennen oder nicht abwenden können,
4. …
5. …

(2) Absatz 1 Nr. 3 bis 5 gilt für die Beschäftigung Jugendlicher über 16 Jahre, soweit
1. dies zur Erreichung ihres Ausbildungsziels erforderlich ist und
2. ihr Schutz durch die Aufsicht eines Fachkundigen gewährleistet ist.

Erläuterungen zu § 6 Abs. 1
Die Forderung der Unfallverhütungsvorschrift ist eindeutig: Das Freischalten und Sichern der Arbeitsstellen (Fünf Sicherheitsregeln) vor Aufnahme der Arbeiten ist der „Normalfall".
Unter welchen Voraussetzungen Arbeiten an unter Spannung stehenden Teilen erlaubt ist, ist in § 8 festgelegt. Die Entscheidung, ob diese Voraussetzungen vorliegen, muß vom Unternehmer getroffen werden (siehe auch DA zu § 8).

DA zu § 6 Absatz 2:
Das Arbeiten in spannungsfreiem Zustand setzt voraus, daß die betroffenen Anlagenteile festgelegt und die Beschäftigten entsprechend auf den zulässigen Arbeitsbereich hingewiesen werden. Dazu gehört die Kennzeichnung der Arbeitsstelle bzw. des Arbeitsbereichs und, falls erforderlich, des Weges zur Arbeitsstelle innerhalb der elektrischen Anlage.
Das Herstellen des spannungsfreien Zustands vor Beginn der Arbeiten und dessen Sicherstellen an der Arbeitsstelle für die Dauer der Arbeiten geschieht unter Beachtung der nachfolgenden fünf Sicherheitsregeln, deren Anwendung der Regelfall sein muß:

- Freischalten,
- Gegen Wiedereinschalten sichern,
- Spannungsfreiheit feststellen, – wiederholt!
- Erden und Kurzschließen,
- benachbarte, unter Spannung stehende Teile abdecken oder abschranken.

Die unter besonderer Berücksichtigung der betrieblichen und örtlichen Verhältnisse, z. B. bei Hoch- oder Niederspannungs-Freileitungen, -Kabel oder -Schaltanlagen, durchzuführenden Maßnahmen sind im einzelnen in den elektrotechnischen Regeln (siehe Anhang 3; im Buch Teil D, Anlage 4) festgelegt.
Bei Arbeiten mit Kabelbeschußgeräten oder Kabelschneidgeräten kann nach dem Beschießen oder Schneiden eines Kabels am Gerät im ungünstigsten Fall Spannung anstehen. Diese Spannung ist mit herkömmlichen, für die Nennspannung der Anlage bemessenen Spannungsprüfern häufig nicht feststellbar.

Daher ist durch geeignete organisatorische Maßnahmen (z. B. Rückfrage bei der netzführenden Stelle) vor der Freigabe zur Arbeit festzustellen, ob am Kabelbeschuß- oder Kabelschneidgerät Spannung anstehen kann.
Anmerkung: Messen ist in gewissem Sinne auch Arbeiten an Anlagen oder Betriebsmitteln. Angaben hierüber werden in § 8 gemacht.

DA zu § 6 Absatz 3:
Sind der Arbeitsstelle benachbarte Anlagenteile nicht freigeschaltet, müssen vor Arbeitsbeginn Sicherheitsmaßnahmen wie beim Arbeiten in der Nähe unter Spannung stehender Teile getroffen werden (siehe DA zu § 7).

Anmerkung: Messen an Anlagen oder Betriebsmitteln ist in gewissem Sinne auch Arbeiten unter Spannung. Angaben hierüber werden in § 8 gemacht, siehe S. 65.

Erläuterungen zu § 6 Abs. 3
Der Begriff „benachbart“ darf nicht zu eng ausgelegt werden. Es geht schließlich darum, die Gefahr des Berührens unter Spannung stehender Teile im Arbeitsbereich zu beseitigen. Diese Gefahr wird häufig unterschätzt. Es wird deshalb in den Durchführungsanweisungen ein Maß nicht mehr genannt, da immer am Arbeitsplatz unter Berücksichtigung der örtlichen Gegebenheiten entschieden werden muß, in welchem Umfang unter Spannung stehende Teile abgedeckt werden müssen. Großflächiges Abdecken, wie es beim Arbeiten an unter Spannung stehenden Teilen, z. B. mit isolierten Tüchern, üblich ist, wird beim Arbeiten in der Nähe unter Spannung stehender Teile nur selten durchgeführt, obwohl die Gefahren wegen der Arbeitsweise und Ausrüstung eher größer sind. Es muß sich die Erkenntnis durchsetzen, daß „Aufpassen“ ein Abdecken unter Spannung stehender Teile nicht ersetzen kann.

Erläuterung der Begriffe

Arbeiten an elektrischen Anlagen
Als Arbeiten an und in elektrischen Anlagen und an elektrischen Betriebsmitteln gelten: Errichten, Instandhalten, Ändern und Inbetriebnehmen. Diese Arbeiten (außer teilweise Inbetriebnahme) dürfen nur durch Elektrofachkräfte oder unter deren Leitung und Aufsicht durchgeführt werden, besonders dann, wenn Teile, die spannungsführend sein können, freiliegen.

Aktive Teile
sind Leiter und leitfähige Teile der Betriebsmittel, die unter normalen Betriebsbedingungen **unter Spannung** stehen.

§ 7 Arbeiten in der Nähe aktiver Teile

In der Nähe aktiver Teile elektrischer Anlagen und Betriebsmittel, die nicht gegen direktes Berühren geschützt sind, darf, abgesehen von den Festlegungen in § 8, nur gearbeitet werden, wenn:

- deren spannungsfreier Zustand hergestellt und für die Dauer der Arbeiten sichergestellt ist, oder
- die aktiven Teile für die Dauer der Arbeiten, insbesondere unter Berücksichtigung von Spannung, Betriebsort, Art der Arbeit und der verwendeten Arbeitsmittel, durch Abdecken oder Abschranken geschützt worden sind, oder
- bei Verzicht auf vorstehende Maßnahmen die zulässigen Annäherungen nicht unterschritten werden.

Durchführungsanweisung

DA zu § 7:

Arbeiten in der Nähe unter Spannung stehender Teile sind Tätigkeiten aller Art, bei denen eine Person mit Körperteilen oder Gegenständen die Schutzabstände nach Tabelle 8 von unter Spannung stehenden Teilen, gegen deren direktes Berühren kein vollständiger Schutz besteht, unterschreiten kann, ohne unter Spannung stehende Teile zu berühren oder bei Nennspannungen über 1 kV, die Gefahrenzone zu erreichen.

Die Forderung des Schutzes durch Abdecken oder Abschranken ist erfüllt:

- bei Nennspannung bis 1000 V, wenn aktive Teile isolierend abgedeckt oder umhüllt werden, so daß mindestens teilweiser Schutz gegen direktes Berühren erreicht wird.
- bei Nennspannungen über 1 kV, wenn aktive Teile abgedeckt oder abgeschrankt werden. Es muß sichergestellt sein, daß die in Tabelle 6 angegebene äußere Begrenzung der Gefahrenzone D_L nicht erreicht werden kann. Die äußere Begrenzung der Gefahrenzone ist der Mindestabstand in Luft. Ein Erreichen der äußeren Begrenzung der Gefahrenzone ist mit einer Berührung des unter Spannung stehenden Teils gleichzusetzen.

Schutzeinrichtungen müssen mechanisch ausreichend fest bemessen sein. Bei Einengung der Gefahrenzone durch Schutzeinrichtungen (z. B. Trennwände, isolierende Schutzplatten) ist die elektrische Festigkeit zu beachten.

Die Forderung hinsichtlich der zulässigen Annäherungen (Schutz durch Abstand) ist erfüllt, wenn sichergestellt ist, daß:

- bei Nennspannungen bis 1000 V unter Spannung stehende aktive Teile nicht berührt werden können,
- bei Nennspannungen über 1 kV die äußere Begrenzung der Gefahrenzone nach **Tabelle 6** nicht erreicht werden kann,
- bei bestimmten elektrotechnischen Arbeiten die Schutzabstände nach **Tabelle 7** nicht unterschritten werden.

Netz-Nennspannung U_n (Effektivwert) in kV	äußere Begrenzung der Gefahrenzone D_L 1) in mm, Abstand in Luft		Bemessungs-Steh-Blitz-/ Schaltstoßspannung U_{imp} (Scheitelwert) in kV
	Innenraumanlage	Freiluftanlage	
< 1	keine Berührung		4
3	60	120	40
6	90	120	60
10	120	150	75
15	160		95
20	220		125
30	320		170
36	380		200
45	480		250
66	630		325
70	750		380
110	1100		550
132	1300		650
150	1500		750
220	2100		1050
275	2400		850
380	2900/3400		950/1050
480	4100		1175
700	6400		1550

Tabelle 6 Äußere Begrenzung der Gefahrenzone D_L, abhängig von der Nennspannung (DIN VDE 0105 Teil 100)

1) Werte D_L sind für die höchste Bemessungs-Stehstoßspannung (Blitz- oder Schaltstoßspannung) angegeben; weitere Werte für niedrige Bemessungsspannungen siehe prEN 50179 (DIN VDE 0101)

Netz-Nennspannung U_0 (Effektivwert)	Schutzabstand (Abstand in Luft von ungeschützten, unter Spannung stehenden Teilen)
bis 1000 V	0,5 m
über 1 kV bis 30 kV	1,5 m
über 30 kV bis 110 kV	2,0 m
über 110 kV bis 220 kV	3,0 m
über 220 kV bis 380 kV	4,0 m

Tabelle 7 Schutzabstände bei bestimmten elektrotechnischen Arbeiten, abhängig von der Nennspannung in der Nähe aktiver Teile

Die Schutzabstände nach Tabelle 7 gelten für die folgenden Tätigkeiten, wenn diese durch Elektrofachkräfte oder durch elektrotechnisch unterwiesene Personen oder unter deren Aufsicht ausgeführt werden:

- Bewegen von Leitern und sperrigen Gegenständen in der Nähe von Freileitungen,
- Hochziehen und Herablassen von Werkzeugen, Material und dergleichen, sofern Freileitungen oder Leitungen in Freiluftanlagen unterhalb einer Arbeitsstelle unter Spannung bleiben müssen,
- Arbeiten an einem Stromkreis von Freileitungen, wenn mehrere Stromkreise (Systeme) mit Nennspannungen über 1 kV auf einem gemeinsamen Gestänge liegen,
- Anstrich- und Ausbesserungsarbeiten an Masten, Portalen und dergleichen von Freileitungen unter besonderen, in den elektrotechnischen Regeln beschriebenen Voraussetzungen,
- Arbeiten an Freiluftanlagen.

Aufsichtsführung
ist die ständige Überwachung der gebotenen Sicherheitsmaßnahmen bei der Durchführung der Arbeiten an der Arbeitsstelle. Der Aufsichtführende darf dabei nur Arbeiten ausführen, die ihn in der Aufsichtführung nicht beeinträchtigen.
Bei der Bemessung der Abdeckung oder Abschrankung oder des Abstands ist besonders zu berücksichtigen, daß Beschäftigte auch durch unbeabsichtigte und unbewußte Bewegungen, die z. B. von

- der Art der Arbeit,
- dem zur Verfügung stehenden Bewegungsbereich,
- dem Standort,
- den benutzten Werkzeugen,
- den Hilfsmitteln und Materialien

abhängig sind, oder
durch unkontrollierte Bewegungen von Werkzeugen, Hilfsmitteln, Materialien und Abfallstücken, z. B. durch

- Abrutschen,
- Herabfallen,
- Wegschnellen,
- Abstoßen

bei Nennspannungen bis 1000 V unter Spannung stehende aktive Teile nicht berühren bzw. bei Nennspannungen über 1 kV die äußere Begrenzung der Gefahrenzone nach Tabelle 6 nicht erreichen können.
Bei nicht elektrotechnischen Arbeiten (z. B. bei Bau-, Montage-, Transport-, Anstrich- und Ausbesserungsarbeiten), bei Gerüstbauarbeiten, Arbeiten mit Hebezeugen, Baumaschinen, Fördergeräten oder sonstigen Geräten und Bauhilfsmitteln sind die Forderungen hinsichtlich der zulässigen Annäherungen erfüllt, wenn die Schutzabstände nach Tabelle 8 nicht unterschritten werden.

In Ausnahmefällen dürfen die Schutzabstände der Tabelle 8 auf die Abstände von Tabelle 7 reduziert werden, wenn die Arbeiten unter ständiger Aufsicht durch Elektrofachkräfte oder elektrotechnisch unterwiesene Personen der Betreiber der entsprechenden elektrischen Anlagen ausgeführt werden.

Beaufsichtigung
erfordert die ständige, ausschließliche Durchführung der Aufsicht. Daneben dürfen keine weiteren Tätigkeiten durchgeführt werden.
Die Schutzabstände nach **Tabelle 8** müssen auch beim Ausschwingen von Lasten, Tragmitteln und Lastaufnahmemitteln eingehalten werden. Dabei muß ein Ausschwingen des Leiterseils berücksichtigt werden.

Netz-Nennspannung U_0 (Effektivwert)	**Schutzabstand (Abstand in Luft von ungeschützten, unter Spannung stehenden Teilen)**
bis 1000 V	1,0 m
über 1 kV bis 110 kV	3,0 m
über 110 kV bis 220 kV	4,0 m
über 220 kV bis 380 kV	5,0 m

Tabelle 8 Schutzabstände bei nicht elektrotechnischen Arbeiten, abhängig von der Nennspannung

Erläuterungen zu § 7

Die Bestimmungen dieses Paragraphen gelten sowohl für elektrotechnische Arbeiten als auch nicht elektrotechnische Arbeiten, sofern sie in gefährlicher Nähe zu elektrischen Anlagen, die über keinen Berührungsschutz verfügen, durchgeführt werden.
Können die Abstände nach Tabelle 8 nicht sicher eingehalten werden, sind zunächst technische Maßnahmen zu ergreifen. An erster Stelle wird das Freischalten der aktiven Teile nach § 6 genannt (Fünf Sicherheitsregeln). Durch isolierende Abdeckungen oder Abschrankungen kann das Berühren der unter Spannung stehenden Teile oder ein Erreichen der Gefahrenzone verhindert werden.
Als letzte Maßnahme wird das Einhalten der Schutzabstände nach Tabelle 7 und Tabelle 8 genannt.
Für nicht elektrotechnische Arbeiten gelten die Abstände nach Tabelle 4. Sie dürfen in Ausnahmefällen auf die Werte der Tabelle 3 reduziert werden, wenn eine Elektrofachkraft oder elektrotechnisch unterwiesene Person des Anlagenbetreibers die Arbeiten **beaufsichtigt** oder sie selbst durchführt. Neben der Beaufsichtigung sind keine weiteren Tätigkeiten erlaubt, da sie von der eigentlichen Aufgabe ablenken bzw. sie unmöglich machen.
Für bestimmte elektrotechnische Arbeiten können die Abstände auf die der Tabelle 7 reduziert werden, wenn diese von Elektrofachkräften oder elektrotechnisch unter-

wiesenen Personen durchgeführt werden oder sie die Aufsicht führen. Arbeiten, die die Aufsichtführung nicht beeinträchtigen, sind erlaubt. Hierzu gehört z. B. sicher nicht ein Mithelfen beim Transport sperriger Gegenstände.
Von besonderer Bedeutung ist bei Arbeiten in der Nähe unter Spannung stehender Teile die Kennzeichnung des Arbeitsbereichs.
In Freiluftanlagen wird zwischen Bereichen, die nicht betreten werden dürfen, und Arbeitsbereichen (Bereiche, in denen bestimmte Arbeiten durchgeführt werden) unterschieden. Solche Bereiche müssen mit Sicherheitszeichen gekennzeichnet werden. Eindeutigkeit wird erreicht, wenn folgendermaßen vorgegangen wird:
Arbeitsbereiche werden mit Warnzeichen W08 (siehe VBG 125) mit dem Zusatzzeichen „Grenze Arbeitsbereich“ gekennzeichnet und mit gelb-schwarzen Ketten abgegrenzt. Das Warnzeichen ist innerhalb des Arbeitsbereichs erkennbar. Die Bereiche (Gefahrenzone) in elektrischen Anlagen, die nicht betreten werden dürfen, werden mit Verbotszeichen P06 (siehe VBG 125) gekennzeichnet und deren Grenzen werden mit rot-weißen Ketten markiert.
Wegen der gleichen Farbenkombination wird so eine **eindeutige Zuordnung von Sicherheitszeichen und Grenzmarkierung** erreicht.
Zunächst sollten beim Abgrenzen des Arbeitsbereichs weitere Maßnahmen ergriffen werden. Dazu gehören:

- Es muß verboten sein, Kennzeichen, die den Arbeitsbereich abgrenzen, zu über- oder unterschreiten.
- Es muß bekannt sein, daß nur der Anlagenverantwortliche Kennzeichen, die den Arbeitsbereich abgrenzen, verändern oder entfernen darf.
- Der Arbeitsbereich muß unverwechselbar gekennzeichnet sein:
  - Eingrenzen mit Ketten oder Seilen, eventuell auch Höhenbegrenzung.
  - Bei der Festlegung des Ketten- oder Seilverlaufs die Schutzabstände beachten.
  - Ketten oder Seile in ausreichender Höhe spannen (etwa 1,10 m).
  - Ketten oder Seile sichern (z. B. in Freiluftanlagen an Erdspießen) und nicht an Teilen elektrischer Betriebsmittel befestigen, damit eindeutig ist, ob diese Betriebsmittel innerhalb oder außerhalb des Arbeitsbereichs liegen.
  - Eindeutig erkennbaren Zugang zum Arbeitsbereich schaffen, über den ausschließlich das Betreten und Verlassen des Arbeitsbereichs zu erfolgen hat.

Je nach Arbeitsstelle und benachbarten Betriebsmitteln ist zu prüfen, ob die folgenden Maßnahmen geboten und sinnvoll sind:

- An benachbarten Betriebsmitteln außerhalb des Arbeitsbereichs durch ein Verbotsschild zusätzlich darauf hinweisen, daß an diesem Anlagenteil das Arbeiten nicht erlaubt ist.
- Handgeführte Erdungsvorrichtungen (Arbeitserden) innerhalb des abgegrenzten Arbeitsbereichs anbringen, um einer Verwechslung des Arbeitsbereichs mit benachbarten, unter Spannung stehenden Anlagenteilen vorzubeugen.
- Arbeitsmittel innerhalb des Arbeitsbereichs oder neben Verkehrswegen lagern.
- Den Zugang so legen, daß er über frei zugängliche Verkehrswege zu erreichen ist.

§ 8 Zulässige Abweichungen

Von den Forderungen der §§ 6 und 7 darf abgewichen werden, wenn:

1. durch die Art der Anlage eine Gefährdung durch Körperdurchströmung oder durch Lichtbogenbildung ausgeschlossen ist, oder
2. aus zwingenden Gründen der spannungsfreie Zustand nicht hergestellt und sichergestellt werden kann, soweit dabei

- durch die Art der bei diesen Arbeiten verwendeten Hilfsmittel oder Werkzeuge eine Gefährdung durch Körperdurchströmung oder durch Lichtbogenbildung ausgeschlossen ist, und
- der Unternehmer mit diesen Arbeiten nur Personen beauftragt, die für diese Arbeiten an unter Spannung stehenden aktiven Teilen fachlich geeignet sind, und
- der Unternehmer weitere technische, organisatorische und persönliche Sicherheitsmaßnahmen festlegt und durchführt, die einen ausreichenden Schutz gegen eine Gefährdung durch Körperdurchströmung oder durch Lichtbogenbildung sicherstellen.

Durchführungsanweisung

DA zu § 8 Nr. 1:

Eine Gefährdung durch Körperdurchströmung oder Lichtbogenbildung ist ausgeschlossen, wenn:

- der bei einer Berührung durch den menschlichen Körper fließende Strom oder die Energie an der Arbeitsstelle unter den durch die elektrotechnischen Regeln festgelegten Grenzwerten bleiben, oder
- die Spannung die in den elektrotechnischen Regeln für die jeweilige Verwendungsart und den Betriebsort als zulässig angegebenen Grenzwerte für das Arbeiten an unter Spannung stehenden Teilen nicht überschreitet.

Soweit in elektrotechnischen Regeln keine Grenzwerte festgelegt sind, darf gearbeitet werden, wenn:

- der Kurzschlußstrom an der Arbeitsstelle höchstens 3 mA bei Wechselstrom (Effektivwert) oder 12 mA bei Gleichstrom beträgt,
- die Energie an der Arbeitsstelle nicht mehr als 350 mJ beträgt,
- durch Isolierung des Standorts oder der aktiven Teile oder durch Potentialausgleich eine Potentialüberbrückung verhindert ist,
- die Berührungsspannung weniger als AC 50 V oder DC 120 V beträgt, oder
- bei den verwendeten Prüfeinrichtungen die in den vergleichbaren elektrotechnischen Regeln festgelegten Werte für den Ableitstrom nicht überschritten werden.

Erläuterungen zu § 8 Abs. 1

Von den in den §§ 6 und 7 festgelegten Forderungen, vor Beginn der Arbeiten den spannungsfreien Zustand herzustellen und für die Dauer der Arbeiten sicherzustellen, darf abgewichen werden, wenn wegen der Eigenschaften der elektrischen Anlage eine Gefährdung durch Körperdurchströmung oder Lichtbogenbildung ausgeschlossen ist. Im allgemeinen wird dies erreicht, wenn die Spannung oder ein möglicher Körperstrom auf die genannten Werte reduziert wird. Zu berücksichtigen ist jedoch auch, daß solche Ströme und auch ein Lichtbogen zu schreckhaften Reaktionen und somit zu Sekundärunfällen führen kann.

Es gibt jedoch auch Arbeitsverfahren, die in sich sicher sind und deshalb eine Gefährdung nicht zu erwarten ist. Dies sind die erlaubten Arbeiten unter Spannung. Hierzu gehören z. B. das Abspritzen zum Reinigen und Reinigungsarbeiten mit geeigneten Staubsaugern in Mittelspannungsanlagen. Dies schließt allerdings nicht aus, daß für die sichere Durchführung der Arbeiten eine besondere Ausbildung erforderlich sein kann (siehe Erläuterungen zu Abs. 2).

DA zu § 8 Nr. 2:

Zwingende Gründe können z. B. vorliegen, wenn durch Wegfall der Spannung:

- eine Gefährdung von Leben und Gesundheit von Personen zu befürchten ist,
- in Betrieben ein erheblicher wirtschaftlicher Schaden entstehen würde,
- bei Arbeiten in Netzen der öffentlichen Stromversorgung, besonders beim Herstellen von Anschlüssen, Umschalten von Leitungen oder beim Auswechseln von Zählern, Rundsteuerempfängern oder Schaltuhren die Stromversorgung einer größeren Zahl von Verbrauchern unterbrochen würde (siehe DIN VDE 0105 Teil 1),
- bei Arbeiten an oder in der Nähe von Fahrleitungen der Bahnbetrieb behindert oder unterbrochen würde,
- Fernmeldeanlagen einschließlich Informations-Verarbeitungsanlagen oder wesentliche Teile davon wegen Arbeiten an der Stromversorgung stillgesetzt werden müßten und dadurch Gefahr für Leben und Gesundheit von Personen hervorgerufen werden könnte,
- Störungen in Verkehrsanlagen hervorgerufen werden, die zu einer Gefahr für Leben und Gesundheit von Personen sowie Schäden an Sachwerten führen könnten.

Beim Arbeiten unter Spannung besteht eine erhöhte Gefahr der Körperdurchströmung und der Lichtbogenbildung. Dieses erfordert besondere technische und organisatorische Maßnahmen. Das verbleibende Risiko (Eintrittswahrscheinlichkeit und Verletzungsschwere, siehe DIN VDE 31000 Teil 2) muß damit auf ein zulässiges Maß reduziert werden. Dies wird erreicht, wenn die nachfolgenden Anforderungen erfüllt und die elektrotechnischen Regeln eingehalten werden.

Sollen Arbeiten unter Spannung durchgeführt werden, ist vom Unternehmer schriftlich für jede der vorgesehenen Arbeiten festzulegen, welche Gründe als zwingend angesehen werden. Hierbei muß das jeweilig gewählte Arbeitsverfahren, die Häufigkeit der Arbeiten und die Qualifikation der mit der Durchführung der Arbeiten betrauten Personen berücksichtigt werden. Für die Durchführung der Arbeiten ist eine Arbeitsanweisung zu erstellen, und geeignete Schutz- und Hilfsmittel für das Arbeiten unter Spannung sind zur Verfügung zu stellen.
Beim Herausnehmen und Einsetzen von unter Spannung stehenden Sicherungseinsätzen des NH-Systems ohne Berührungsschutz und ohne Lastschalteigenschaften wird eine Gefährdung durch Körperdurchströmung und durch Lichtbögen weitgehend ausgeschlossen, wenn NH-Sicherungsaufsteckgriffe mit fest angebrachter Stulpe verwendet werden sowie Gesichtsschutz (Schutzschirm) getragen wird.

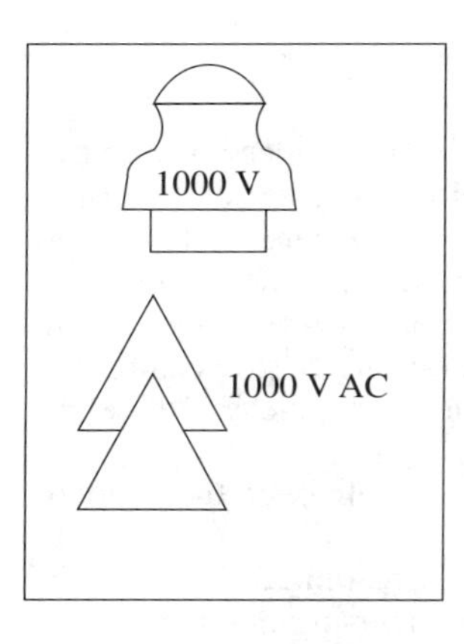

Isolierte Werkzeuge und isolierende Hilfsmittel zum Arbeiten an unter Spannung stehenden Teilen sind geeignet, wenn sie mit dem Symbol des Isolators oder mit einem Doppeldreieck und der zugeordneten Spannungs- oder Spannungsbereichsangabe oder der Klasse gekennzeichnet sind.
Die Forderungen hinsichtlich der fachlichen Eignung für Arbeiten an unter Spannung stehenden Teilen sind erfüllt, wenn die Festlegungen in **Tabelle 9** beachtet werden und eine Ausbildung für die unter Spannung durchzuführenden Arbeiten erfolgt ist. Die Kenntnisse und Fertigkeiten müssen in regelmäßigen Abständen (etwa ein Jahr) überprüft werden und, wenn erforderlich, die Ausbildung muß wiederholt oder ergänzt werden.

Im Rahmen der organisatorischen Sicherheitsmaßnahmen sollen die Arbeiten von einer in der Ersten Hilfe ausgebildeten und mindestens elektrotechnisch unterwiesenen Person überwacht werden (siehe § 7 UVV „Erste Hilfe“ [VBG 109]).
Die Sicherheitsmaßnahmen sind für den Einzelfall oder für bestimmte, regelmäßig wiederkehrende Fälle schriftlich festzulegen. Dabei sind die Festlegungen in den elektrotechnischen Regeln zu beachten.

Nennspannungen	Arbeiten	EF	EUP	L
bis AC 50 V bis DC 120 V	alle Arbeiten, soweit eine Gefährdung, z. B. durch Lichtbogenbildung, ausgeschlossen ist	X	X	X
über AC 50 V über DC 120 V	1. Heranführen von Prüf-, Meß- und Justiereinrichtungen, z. B. Spannungsprüfern, von Werkzeugen zum Bewegen leichtgängiger Teile, von Betätigungsstangen.	X	X	
	2. Heranführen von Werkzeugen und Hilfsmitteln zum Reinigen sowie das Anbringen von geeigneten Abdekkungen und Abschrankungen.	X	X	
	3. Herausnehmen und Einsetzen von nicht gegen direktes Berühren geschützten Sicherungseinsätzen mit geeigneten Hilfsmitteln, wenn dies gefahrlos möglich ist.	X	X	
	4. Anspritzen von unter Spannung stehenden Teilen bei der Brandbekämpfung oder zum Reinigen.	X	X	
	5. Arbeiten an Akkumulatoren und Photovoltaikanlagen unter Beachtung geeigneter Vorsichtsmaßnahmen.	X	X	
	6. Arbeiten in Prüfanlagen und Laboratorien unter Beachtung geeigneter Vorsichtsmaßnahmen, wenn es die Arbeitsbedingungen erfordern.	X	X	
	7. Abklopfen von Rauhreif mit isolierenden Stangen.	X	X	
	8. Fehlereingrenzung in Hilfsstromkreisen (z. B. Signalverfolgung in Stromkreisen, Überbrückung von Teilstromkreisen) sowie Funktionsprüfung von Geräten und Schaltungen.	X		
	9. Sonstige Arbeiten, wenn: 1. zwingende Gründe durch den Betreiber festgestellt wurden, und 2. Weisungsbefugnis, Verantwortlichkeiten, Arbeitsmethoden und Arbeitsablauf (Arbeitsanweisung) schriftlich für speziell ausgebildetes Personal festgelegt worden sind.	X		
bei allen Nennspannungen	Alle Arbeiten, wenn die Stromkreise mit ausreichender Strom- oder Energiebegrenzung versehen sind und keine besonderen Gefährdungen (z. B. Explosionsgefahr) bestehen.	X	X	X
	Arbeiten zum Abwenden erheblicher Gefahren, z. B. für Leben und Gesundheit von Personen oder Brand- und Explosionsgefahren.	X		
	Arbeiten an Fernmeldeanlagen mit Fernspeisung, wenn der Strom kleiner als AC 10 mA oder DC 30 mA ist.	X	X	X

Tabelle 9 Randbedingungen für das Arbeiten an unter Spannung stehenden Teilen hinsichtlich des Personals in Abhängigkeit von der Nennspannung
Elektrofachkraft: **EF**
Elektrotechnisch unterwiesene Person: **EUP**
Elektrotechnischer Laie: **L**

Erläuterungen zu § 8 Abs. 2
Wenn die Sicherheit bei Arbeiten an unter Spannung stehenden Teilen nicht durch die Eigenschaften der elektrischen Anlage erreicht wird, darf bei Vorliegen zwingender Gründe ohne vorheriges Freischalten gearbeitet werden.
Der Begriff „zwingende Gründe“ wird weder im Paragraphentext noch in den Durchführungsanweisungen definiert, er wird nur durch Beispiele erläutert. In der gültigen Fassung der Durchführungsanweisungen wird als zwingender Grund angesehen, wenn die Stromversorgung unabhängig von der Anzahl der Kunden unterbrochen wird. Hiermit wird die Praxis in Energieversorgungsunternehmen berücksichtigt.
Allerdings können keine Abstriche im Hinblick auf die Sicherheit bei den Arbeiten hingenommen werden. Deshalb sind, wie in den Durchführungsanweisungen dargelegt, besondere technische und organisatorische Maßnahmen erforderlich.
In jedem Unternehmen sind die Arbeiten, die unter Spannung ausgeführt werden sollen, festzulegen. Hierbei ist festzulegen, ob es für diese Arbeiten geeignete Verfahren gibt oder diese entwickelt werden können. Es muß sich dabei um Verfahren handeln, die bei sachgerechter Durchführung sicher sind. Es ist auch Fehlverhalten zu berücksichtigen, das trotz aufmerksamen Arbeitens auftreten kann, z. B. das Abrutschen mit einem Werkzeug oder das Herunterfallen von leitfähigen Teilen.
Besondere Bedeutung kommt der Ausbildung der Personen zu, die Arbeiten unter Spannung durchführen sollen. Ziel der Ausbildung ist, einer Elektrofachkraft die für Arbeiten an unter Spannung stehenden Teilen erforderlichen speziellen Kenntnisse und Fertigkeiten zu vermitteln.
Im Rahmen der praktischen Ausbildung muß die Durchführung der Montagearbeiten erläutert werden, und diese Arbeiten sind auch unter Spannung zu üben. Die Arbeitsabläufe müssen auf die später auszuführenden Tätigkeiten abgestimmt sein. Dabei sind erforderliche Arbeitstechniken zu vermitteln.
Es ist erforderlich, in den genannten Zeitabständen zu prüfen, ob eine ergänzende Ausbildung erfolgen muß. Diese Überprüfung befreit aber nicht von der mindestens jährlichen Unterweisung.
Die in Tabelle 9 geforderte Mindest-Qualifikation ist in der Regel bei den aufgeführten Arbeiten ausreichend. Es ist jedoch zu prüfen, ob bei einem speziellen Verfahren nicht höhere Anforderungen an die ausführenden Personen gestellt werden müssen. Ein Beispiel ist das Reinigen in Mittelspannungsanlagen unter Spannung mit einem besonderen Staubsauger. Für diese Tätigkeit ist die Qualifikation zur Elektrofachkraft erforderlich.
Den Nachweis der zwingenden Gründe hat der Betreiber (Unternehmer) der elektrischen Anlage zu erbringen.
Die Sicherheitsmaßnahmen sind für den Einzelfall oder für bestimmte, regelmäßig wiederkehrende Fälle schriftlich festzulegen.

Messungen
Bei Spannungsmessung ist zwangsläufig ein Freischalten nicht möglich. Hier müssen die Forderungen nach § 8 Nr. 2 erfüllt werden. Dies ist gegeben, wenn Meßspitzen verwendet werden, die den erforderlichen Sicherheitsabstand vom aktiven Leiter garantieren, und nur fachlich geeignete Personen beauftragt werden. Müssen Leiter aufgetrennt werden, z. B. bei Strommessung, so ist vorher der spannungsfreie Zustand herzustellen.

§ 9 Ordnungswidrigkeiten
Ordnungswidrig im Sinne des § 209 Abs. 1 Nr. 1 Siebtes Sozialgesetzbuch (SGB VII) handelt, wer vorsätzlich oder fahrlässig den Vorschriften der:
§ 3,
§ 5 Abs. 1 bis 3,
§§ 6 und 7
zuwider handelt.

§ 10 Inkrafttreten
Diese Unfallverhütungsvorschrift tritt am 1. April 1979 in Kraft. Gleichzeitig tritt die Unfallverhütungsvorschrift „Elektrische Anlagen und Betriebsmittel" (VBG 4) in der Fassung vom 1. März 1962 außer Kraft.

Wie vorstehend in § 10 genannt, ist die letzte Fassung der VBG 4 vom April 1979. Dies bezieht sich auf die §§ 1 bis 10. Die Durchführungsanweisung ist in dritter Fassung im April 1997 erschienen und hat einige wesentliche Erweiterungen. Bezüglich der Fachkraft wird zu § 3 eine mit spezieller Ausbildung, für „Festgelegte Tätigkeit" definiert. Zu den §§ 4 bis 8 werden ausführlichere Anweisungen gegeben. Die Berufsgenossenschaft der Feinmechanik und Elektrotechnik gibt noch Richtlinien und Sicherheitsregeln heraus, die wertvolle Hinweise zur Unfallverhütung geben und beachtet werden sollen. Dies sind z. B. folgende:

Richtlinie Nr. MBL 5
Richtlinien für die Auswahl und das Betreiben von ortsveränderlichen Betriebsmitteln nach Einsatzbereichen.

Sicherheitsregel Nr. MBL 6
Sicherheitsregeln für den Einsatz von elektrischen Betriebsmitteln bei erhöhter elektrischer Gefährdung.

2.3 Weitere gesetzliche Vorschriften

Während die VBG 4 primär für die Bereiche Gewerbe, Handel, Industrie gilt, gibt es noch weitere Gesetze, deren Geltung alle Bereiche, also auch den privaten Bereich, d. h. Haushalte und Wohnungen, umfaßt. Die wichtigsten sind in den folgenden Abschnitten aufgeführt. Weiterhin sind noch Forderungen in den Bauordnungen der Länder, der Gewerbeordnung, den Zusatzbedingungen der Sachversicherer und andere gegeben, siehe Teil D Anlage, Abschnitt 9.
Im allgemeinen unterscheiden wir der Wertigkeit nach folgende rechtliche Begriffe:

- EU-Vorschriften, Verordnungen, Richtlinien (Europäische Union).
  Für alle Mitgliedstaaten unmittelbar geltendes Recht. Richtlinien können in nationale Fassungen umgesetzt werden.
- Staatliche Gesetze, Verordnungen, Richtlinien (Bund und Länder).
  Sie sind das geltende Recht für Bund und Länder. Die Gesetze enthalten grundsätzliche Forderungen und bilden die Grundlage für Verordnungen, Richtlinien, Unfallverhütungs- und andere Vorschriften.
- Unfallverhütungsvorschriften von verschiedenen Stellen.
  Deren Einhaltung wird vom Gesetzgeber in verschiedenen Rechtsvorschriften gefordert.
- Technische Normen sind meist „Anerkannte Regeln der Technik“.
  Wenn bei Nichteinhaltung Gefahr für Leben und Gesundheit besteht, schreibt der Gesetzgeber die Einhaltung meist in verschiedenen Rechtsvorschriften vor.
- Technische Richtlinien sind eine Vorstufe zur Norm.
  Wenn sich technische Richtlinien in der Wirtschaft als brauchbar erwiesen haben, werden sie meist in verkürzter Form als Norm herausgegeben.

Die nachstehend aufgeführten fünf Gesetze in den Abschnitten 2.3.1 bis 2.3.5 sind neben der VBG 4 für die hier behandelte Thematik wichtig.

2.3.1 Energie-Wirtschaftsgesetz (EnWG)

Dieses Gesetz stammt bereits aus den dreißiger Jahren und wurde in den fünfziger Jahren von der Bundesregierung überarbeitet. Die 2. Durchführungsverordnung (DVO) zum Energie-Wirtschaftsgesetz bestimmt, daß elektrische Betriebsmittel und zu elektrischen Anlagen zusammengeschaltete elektrische Betriebsmittel (Energieanlagen und Energieverbrauchsgeräte sowie Teile davon) ordnungsgemäß, d. h. nach den anerkannten Regeln der Technik einzurichten und zu unterhalten sind. Die Vorschrift bezieht sich auf die Beschaffenheit und die Installation der elektrischen Betriebsmittel sowie die Unterhaltung der elektrischen Betriebsmittel, die die Wartung, Prüfung und Instandsetzung einschließt. Unter den anerkannten Regeln der Elektrotechnik werden hier die VDE-Bestimmungen genannt.

Bisher wurde manchmal behauptet, daß die Einhaltung der 2. DVO lediglich einen sogenannten Prima-facie-Beweis – Beweis ersten Anscheins – hat. Der VDE aber vertrat stets die Auffassung, daß die 2. DVO eine echte Beweisvermutung begründe, die nur durch einen vollständigen Gegenbeweis zu widerlegen sei.

Diese Streitfrage ist nunmehr eindeutig zu Gunsten der vom VDE vertretenen Auffassung geklärt. Denn es heißt in § 1 Absatz 2 der 2. DVO zum Energie-Wirtschaftsgesetz: „Die Einhaltung der allgemein anerkannten Regeln der Technik oder der in der Europäischen Gemeinschaft gegebenen Studien der Sicherheitstechnik wird vermutet, wenn die technischen Regeln des Verbandes Deutscher Elektrotechniker (VDE) e. V. beachtet worden sind."

Dies hat zur Folge, daß für alle diejenigen, die sich an die VDE-Bestimmungen halten, ein sehr viel größeres Maß an Rechtssicherheit gegeben ist, als dies bei der Annahme eines bloßen Prima-facie-Beweises der Fall wäre.

2.3.2 Gesetz über technische Arbeitsmittel (Geräte-Sicherheitsgesetz GSG)

Das Gesetz gilt für fast alle technischen Geräte (ausgenommen sind z. B. Fahrzeuge). Die erste Fassung stammt von 1968, die letzte geltende Fassung vom Mai 1995. Es schreibt in § 3 vor, daß der Hersteller oder Einführer von Geräten diese nur in den Verkehr bringen darf, wenn sie nach den allgemein anerkannten Regeln der Technik sowie den Arbeitsschutz- und Unfallverhütungsvorschriften so beschaffen sind, daß Benutzer oder Dritte bei ihrer bestimmungsgemäßen Verwendung gegen Gefahren aller Art für Leben und Gesundheit soweit geschützt sind, wie es die Art der bestimmungsgemäßen Verwendung gestattet.
Der Hersteller oder Einführer dieses Geräts darf es mit dem Zeichen GS (= geprüfte Sicherheit) versehen, wenn es von einer zugelassenen Prüfstelle einer Bauartprüfung unterzogen worden ist. Diese Stelle hat zu prüfen, ob das Gerät den Sicherheitsbestimmungen entspricht. Für elektrische Geräte gelten hier die VDE-Bestimmungen (VDE-Prüfstelle).
Mit der verstärkten Einführung und Durchsetzung der „EN-Normen" (Europäischen Normen) wird das CE-Zeichen häufiger auf Industrieerzeugnissen zu finden sein. Es deutet darauf hin, daß das Erzeugnis allen einschlägigen Gemeinschaftsvorschriften entspricht. Das CE-Zeichen gibt es bereits für Produkte, die nach den EU-Richtlinien gefertigt wurden. Seit 1.1.1996 ist es das Normen-Konformitätszeichen für europäische Erzeugnisse, d. h., alle Erzeugnisse der EU müssen der EN-Norm entsprechen.

2.3.3 Gewerbeordnung (GewO)

Nach § 120a (Betriebssicherheit, mit Erscheinen des Arbeitsschutzgesetzes im August 1996 ist dieser Paragraph hier gestrichen worden und erscheint in diesem, siehe Abschnitt 2.3.5) ist der Gewerbeunternehmer verpflichtet, die Arbeitsräume, Betriebsvorrichtungen, Maschinen und Gerätschaften so einzurichten und zu unterhalten und den Betrieb so zu regeln, daß die Arbeitnehmer gegen Gefahren für

Leben und Gesundheit so weit geschützt sind, wie es die Natur des Betriebs gestattet. Die Gewerbeaufsichtsbehörde ist nach § 120 d befugt, im Wege der Verfügung Maßnahmen anzuordnen, die die Sicherheit gewährleisten.
Nach § 147 kann eine Ordnungswidrigkeit mit einem Bußgeld bis 10000 DM belegt werden.

2.3.4 Gesetzliche Unfall-Versicherung (GUV 2.10)

Die VBG gilt vorwiegend für den gewerblichen Bereich: Betriebe – Handwerk – Handel. Für den kommunalen Bereich: Verwaltung – Behörden – gilt die GUV 2.10. Für den Bereich der elektrischen Anlagen und Betriebsmittel ist diese Vorschrift fast identisch mit der VBG 4. Bezüglich der Prüffristen nach § 5 werden ausführliche Angaben gemacht, die in **Tabelle 5d** aufgezeigt sind. Hier werden besonders auch die kommunalen Bereiche genannt.

2.3.5 Arbeitsschutzgesetz (ArbSchG)

Das Arbeitsschutzgesetz ist, wie sein Titel schon aussagt, vorwiegend ausgerichtet, wie auch VBG 4 und GUV, auf Forderungen zur Unfallverhütung, während die anderen aufgeführten Gesetze noch andere Bereiche ansprechen.
Das Arbeitsschutzgesetz ist eine Rechtsvorschrift der deutschen Bundesregierung und in seiner letzten Fassung vom 7. August 1996 auch ein Gesetz zur Umsetzung der EG-Rahmenrichtlinie Arbeitsschutz und weiterer Arbeitsschutzrichtlinien[*)]. Es beinhaltet die §§ 1 bis § 26, von denen für unsere Thematik die wichtigsten sind (Auszug):

Artikel 1

Erster Abschnitt, §§ 1 und 2:
Das Gesetz verpflichtet die Arbeitgeber, für Sicherheit und Gesundheitsschutz der Beschäftigten bei der Arbeit in allen Bereichen zu sorgen. Ausgenommen sind private Hausangestellte, Beschäftigte auf Seeschiffen und solche, die dem Bundesbergungsgesetz unterliegen.

Zweiter Abschnitt, §§ 3 bis 14:
Der Arbeitgeber hat bei Maßnahmen des Arbeitsschutzes von folgenden allgemeinen Grundsätzen auszugehen:

---

*) Richtlinie 89/391/EWG des Rates vom 12. Juni 1989
Richtlinie 91/383/EWG des Rates vom 25. Juni 1991

Prüffrist	nicht ortsfeste elektrische Betriebsmittel
6 Monate	**Bäder** Flüssigkeitsstrahler, Wassersauger (Saugschrubbgeräte), Verlängerungs- und Geräteanschlußleitungen, Unterwassersauger, Zentrifugen usw.
	Schlachthöfe Betäubungszangen, elektrisch betriebene Sägen, elektrisch betriebene Messer usw.
	Küchen für Gemeinschaftsverpflegung Aufschnittmaschinen, Kaffeeautomaten, Kochplatten, Toaster, Rührgeräte, Wärmewagen/Warmhaltegeräte, Verlängerungs- und Geräteanschlußleitungen, elektrische Handgeräte usw. **Ausnahmen: sonstige Küchen = 12 Monate**
12 Monate	**Feuerwehren/Technische Hilfeleistung (für Betriebsmittel, die bei Übung und Einsatz benutzt worden sind)** elektrische Handgeräte, Handleuchten, Flutlichtscheinwerfer, Umfüllpumpen, Verlängerungs- und Geräteanschlußleitungen usw.
12 Monate	**Unterrichtsräume in Schulen** elektrische Betriebsmittel im Bereich Medien: Dia-, Film-, Tageslichtprojektoren, Videogeräte usw., Verlängerungs- und Geräteanschlußleitungen usw. elektrische Betriebsmittel im Bereich textiles Gestalten: Bügeleisen, Verlängerungs- und Geräteanschlußleitungen usw.elektrische Betriebsmittel im Bereich Hauswirtschaft: Toaster, Handrührgeräte, Warmhalteplatten, Verlängerungs- und Geräteanschlußleitungen usw. elektrische Betriebsmittel im Bereich Technikunterricht: Lötkolben, Dekupiergeräte, Handbohrmaschinen, Schwingschleifer, mobile Holzbearbeitungsgeräte, Verlängerungs- und Geräteanschlußleitungen elektrische Betriebsmittel im naturwissenschaftlichen Unterricht: Heizplatten, Elektrolysegeräte, Netzgeräte, Signalgeneratoren, Oszilloskope, Verlängerungs- und Geräteanschlußleitungen elektrische Betriebsmittel im Werkstattbereich von berufsbildenden Schulen: Geräte → Abschnitt Werkstätten
12 Monate	**Wäschereien** Bügelmaschinen, mobile Bügelmaschinen, Nähmaschinen, Verlängerungs- und Geräteanschlußleitungen usw.
12 Monate	**Gebäudereinigung** Staubsauger, Bohner- und Bürstengeräte, Teppichreinigungsgeräte, Verlängerungs- und Geräteanschlußleitungen usw.
12 Monate	**Laboratorien** Rotationsverdampfer, bewegliche Analysegeräte, Heizgeräte, Meßgeräte, netzbetriebene Laborgeräte, Tischleuchten, Rührgeräte, Verlängerungs- und Geräteanschlußleitungen usw.
12 Monate	**Werkstätten/Baustellen** Hand- und Baustellenleuchten, Handbohrmaschinen, Winkelschleifer, Band- und Schwingschleifer, Handkreissägen, Stichsägen, Lötkolben, Schweißgeräte, Belüftungsgeräte, Flüssigkeitsstrahler, mobile Tischkreissägen, mobile Abrichthobelmaschinen, Späneabsaugung, Mischmaschinen, Bohrhämmer, Heckenscheren, Rasenmäher, Häcksler, Verlängerungs- und Geräteanschlußleitungen usw.
24 Monate	**Bürobetriebe** Text- und Datenverarbeitungsgeräte, Diktiergeräte, Overheadprojektoren, Tischleuchten, Belegstempelmaschinen, Ventilatoren, Buchungsautomaten, Verlängerungs- und Geräteanschlußleitungen, mobile Kopiergeräte
	Pflegestationen/Heime Föne, Frisierstäbe, Rotlichtleuchten, Rasiergeräte, Flaschenwärmer, Heizöfen, elektrische Handgeräte, Tischleuchten, Stehleuchten, Verlängerungs- und Geräteanschlußleitungen, Heizkissen, Radios usw.

Tabelle 5d Prüffristen für nicht ortsfeste elektrische Betriebsmittel nach GUV 2.10

- Die Arbeit ist so zu gestalten, daß eine Gefährdung für Leben und Gesundheit möglichst vermieden und die verbleibende Gefährdung möglichst gering gehalten wird,
- Gefahren sind an ihrer Quelle zu bekämpfen,
- bei den Maßnahmen sind der Stand der Technik, Arbeitsmedizin und Hygiene sowie sonstige gesicherte arbeitswissenschaftliche Erkenntnisse zu berücksichtigen,
- den Beschäftigten sind geeignete Anweisungen zu erteilen.

Dokumentation: Der Arbeitgeber muß über die je nach Art der Tätigkeiten und der Zahl der Beschäftigten erforderlichen Unterlagen verfügen, aus denen das Ergebnis der Gefährdungsbeurteilung, die von ihm festgelegten Maßnahmen des Arbeitsschutzes und das Ergebnis ihrer Überprüfung ersichtlich sind.
Besondere Gefahren: Der Arbeitgeber hat Maßnahmen zu treffen, damit nur Beschäftigte, die zuvor geeignete Anweisungen erhalten haben, Zugang zu besonders gefährlichen Arbeitsbereichen haben.
Unterweisung: Der Arbeitgeber hat die Beschäftigten über Sicherheit und Gesundheitsschutz bei der Arbeit während ihrer Arbeitszeit ausreichend und angemessen zu unterweisen.
Der Arbeitgeber kann zuverlässige und fachkundige Personen schriftlich beauftragen, ihm obliegende Aufgaben nach diesem Gesetz in eigener Verantwortung wahrzunehmen.

Dritter Abschnitt, §§ 15 bis 17:
Pflichten der Beschäftigten:
Die Beschäftigten sind verpflichtet, nach ihren Möglichkeiten sowie gemäß der Unterweisung und Weisung des Arbeitgebers für ihre Sicherheit und Gesundheit bei der Arbeit Sorge zu tragen. Sie haben insbesondere Maschinen und Geräte und sonstige Arbeitsmittel sowie Schutzvorrichtungen und Schutzausrüstungen bestimmungsgemäß zu verwenden.
Sie haben dem Arbeitgeber jede von ihnen festgestellte unmittelbare erhebliche Gefahr sowie an den Schutzsystemen festgestellte Defekte unverzüglich zu melden.

Fünfter Abschnitt, §§ 21 bis 26:
Die für den Arbeitsschutz zuständige Landesbehörde kann mit Trägern der gesetzlichen Unfallversicherung vereinbaren, daß diese die Einhaltung dieses Gesetzes überwachen.
Ordnungswidrig handelt, wer vorsätzlich oder fahrlässig der Rechtsverordnung als Arbeitgeber oder als Beschäftigter zuwider handelt.
Die Ordnungswidrigkeit kann mit einer Geldbuße bis zu fünfzigtausend Deutsche Mark geahndet werden. Mit Freiheitsstrafe bis zu einem Jahr oder mit Geldstrafe wird bestraft, wer Verstöße beharrlich wiederholt oder Leben oder Gesundheit eines Beschäftigten gefährdet.

Artikel 4
Änderung der Gewerbeordnung
Die Gewerbeordnung in der Fassung der Bekanntmachung vom 1. Januar 1987 (BGBl: I S. 425), zuletzt geändert durch Artikel 1 des Gesetzes vom 23. November 1994 (BGBl: I S. 3475), wird wie folgt geändert: Die §§ 120a, 139b Abs. 5a, die §§ 139g, 139h und 139m werden aufgehoben.
Die Forderungen von §120a werden hier im Artikel 1, Abschnitt 2 § 4 gestellt.

2.4 Rechtliche Konsequenzen

Die Einhaltung der VDE-Bestimmungen wird durch die in den Abschnitten 2.1 und 2.3 genannten Gesetze und Vorschriften gefordert.

Ein Nichteinhalten kann rechtliche Konsequenzen haben, auch wenn keine Sachschäden oder Personenschäden vorliegen. Die rechtlichen Konsequenzen können sein:

2.4.1 Ordnungswidrigkeiten

Für Ordnungswidrigkeiten können Bußgelder verhängt werden. Fälle, die als Ordnungswidrigkeiten gelten, sind unter anderen in den Landesbauordnungen dargestellt. Dafür kann z. B. nach § 79 der Landesbauordnung Nordrhein-Westfalen (BAUO NW) von 1984 ein Bußgeld bis zu 100000 DM verhängt werden.

Ähnliches gilt bei Verstößen gegen die Landesbauordnungen anderer Länder, die Gewerbeordnung und die Unfallverhütungsvorschriften.
Bei Verstoß gegen die VBG 4 wird ein Bußgeld, wie in § 9 genannt, nach der Reichsversicherungsverordnung (RVO) § 710 oder dem Siebten Sozialgesetzbuch (SGB VII) verhängt.
Ein Bußgeld wird auferlegt, wenn ein Verstoß gegen die Unfallverhütungsvorschrift bzw. die VDE-Bestimmung vorliegt, ohne daß ein Schaden eintritt. Im Falle eines Sach- oder Personenschadens wird ein strafrechtliches Verfahren eingeleitet.

2.4.2 Strafrechtliches Verfahren

Das strafrechtliche Verfahren steht auf der Basis des Strafgesetzbuchs (StGB). Die Verstöße gegen die Interessen der Allgemeinheit sind im Strafgesetzbuch niedergelegt. Der Staatsanwalt vertritt die Belange der Allgemeinheit und geht gegen strafrechtliche Tatbestände vor. Davon können beim Umgang mit elektrischer Energie z. B. zum Tragen kommen:

- § 222 StGB Fahrlässige Tötung,
- § 230 StGB Fahrlässige Körperverletzung,
- § 303 StGB Sachbeschädigung,
- § 309 StGB Fahrlässige Brandstiftung,
- § 330 StGB Baugefährdung.

Wichtig für den Verantwortlichen ist, daß man ihm nicht den Vorwurf der Fahrlässigkeit machen kann, der Vorfall also ein Unfall ohne persönliches Verschulden war. Hierzu ist erforderlich, daß:

- die Verantwortlichen entsprechend informiert, ausgebildet und zuverlässig sind,
- die erforderlichen Arbeitsmittel, Sicherheits- und Prüfeinrichtungen sowie Meßgeräte vorhanden sind,
- die Anlagen und Betriebsmittel fristgerecht geprüft werden und dies zumindest in einer Notiz in den Akten festgehalten wird.

Eine Fahrlässigkeit besteht, wenn die erforderlichen Sorgfaltspflichten nicht erfüllt sind und, ohne es zu wollen, ein Schaden verursacht wird. Die Elektrofachkraft ist auch verpflichtet, sich ständig fortzubilden, d. h., sich über den neuesten Stand der Vorschriften und der Technik zu informieren. Wird dies unterlassen, dann ist regelmäßig Fahrlässigkeit anzunehmen.

2.4.3 Zivilrechtliches Verfahren

Dem zivilrechtlichen Verfahren liegt das Bürgerliche Gesetzbuch (BGB) zugrunde. Im Gegensatz zum strafrechtlichen behandelt das zivilrechtliche Verfahren den Interessenausgleich zwischen Privatpersonen. Die wichtigsten Klagepunkte können sein:

- § 276 BGB Haftung für Vorsatz und Fahrlässigkeit,
- § 459 BGB Haftung für Sachmängel und zugesicherte Eigenschaften,
- § 633 BGB Anspruch des Bestellers auf Mängelbeseitigung,
- § 823 BGB Verletzung von Lebensgütern und ausschließlichen Rechten.

3 Die VDE-Bestimmungen DIN VDE 0100 bis 0899

3.1 Allgemeines

Wie in § 2 der VBG 4 genannt, unterscheiden wir in der Elektrotechnik zwischen den beiden Hauptgruppen Anlagen und Betriebsmittel:

Anlagen und Betriebsmittel

Die Anlage ist der Zusammenschluß mehrerer Betriebsmittel. Diese Gliederung ist auch für den Verantwortungsbereich sinnvoll. Betriebsmittel werden in Fabriken hergestellt und müssen ordnungsgemäß ausgeliefert werden. Die Verantwortung hierfür trägt der Hersteller, § 3 Absatz 1 der VBG 4. Viele Anwender machen trotzdem in der Eingangskontrolle auch eine sicherheitstechnische Prüfung. Anlagen werden meist vor Ort aus Betriebsmitteln erstellt. Die Verantwortung für ordnungsgemäße Funktion und Sicherheit trägt der Anlagenbauer oder Hersteller. Teilweise werden Anlagenteile auch vorgefertigt, z. B. Schaltschränke und -Tafeln.

In früherer Zeit, als der Errichter noch nicht durch die VDE-Bestimmungen ausdrücklich verpflichtet wurde, Prüfungen vor Inbetriebnahme der Anlage durchzuführen, hatten die EVU im Interesse der Anlagenbenutzer diese Prüfungen übernommen. Nachdem aber der Errichter nun hierzu verpflichtet wurde, hat sich in der Praxis ein Inbetriebsetzungsverfahren eingeführt, das die Rechte und Pflichten von EVU und Errichter berücksichtigt, und zwar:

- Der Errichter bestätigt, daß er alle vorgeschriebenen Prüfungen durchgeführt hat und die Anlage anschlußfähig ist.
- Das EVU montiert die Zähler.
- Das EVU prüft alle Anlagenteile zwischen Hausanschluß und Zählerstation und setzt diese Teile durch Einsetzen der Hauptsicherungen unter Spannung.
- Das EVU verweist die Anlagenbenutzer zwecks weiterer und endgültiger Inbetriebsetzung der Anlage an den Errichter.

Nach der VBG 4 § 3 muß der Errichter eine für den entsprechenden Fachbereich ausgebildete und erfahrene Fachkraft sein. Nach den Anschlußbedingungen für Tarifkunden, AVBEltV § 12 des Bundesministers für Wirtschaft, muß der selbständige Errichter im Installateurverzeichnis des EVU eingetragen sein. Danach muß er mindestens ein Elektromeister sein und weiterhin verschiedene Bedingungen erfüllen, siehe auch Abschnitt 11 Werkstattausrüstung. Die Bedingungen für die Fachkraft sind auch in DIN VDE 1000 Teil 10 und in DIN VDE 0105 festgelegt.

Grundsätzlich wird gefordert (siehe Energie-Wirtschaftsgesetz, hier Abschnitt 2.31 Absatz 3 und VBG 4 § 3 Absatz 1), daß beim:

- Errichten bzw. Herstellen,
- Ändern,
- Instandhalten und
- Betreiben

von elektrischen Anlagen und Betriebsmitteln die VDE-Bestimmungen einzuhalten sind. Die Arbeiten nach den ersten drei Aufzählungspunkten sind von Elektrofachkräften bzw. elektrotechnisch unterwiesenen Personen unter Leitung und Aufsicht auszuführen.
Laien dürfen zweifellos auch elektrische Geräte betreiben. Aber auch hier muß die „Bestimmungsgemäße Verwendung" beachtet werden. Der Hersteller ist zu entsprechenden Angaben verpflichtet und haftet im Unterlassungsfall für eventuelle Schäden.

3.2 Gliederung des VDE-Vorschriftenwerks

Die ersten VDE-Bestimmungen entstanden vor etwa 100 Jahren nach der Gründung des VDE im Jahre 1893, damals Verband Deutscher Elektrotechniker e. V., heute Verband der Elektrotechnik Elektronik Informationstechnik e. V; das waren wohl die Vorschriften für Schmelzsicherungen zum Brandschutz und für Isolation gegen Berühren, die beiden Hauptgefahren, die auch heute noch im Vordergrund stehen. Die Vorschriften füllen heute einen ganzen Bücherschrank, dessen Inhalt inzwischen auch auf einer CD-ROM erhältlich ist. Auch ausgewählte Teile, z. B. für den Installateur, werden auf CD-ROM angeboten. Vielfach wird, wie auch hier, für DIN VDE … nur VDE … geschrieben.

Die Gruppen 0 bis 8 mit den wichtigsten VDE-Bestimmungen
Das Vorschriftenwerk ist in die Abschnitte 0 bis 8, in verschiedene Fachbereiche, gegliedert.

Gruppe 0 Allgemeines
Die Gruppe 0 enthält die Satzung des VDE und die Leitsätze. In VDE 1000 Teil 10 wird die Elektrofachkraft definiert, siehe auch VBG 4 § 2 Absatz 3.

VDE 0022	Satzung des VDE
VDE 0024	Prüfstelle und Prüfzeichen
VDE 1000	Allgemeine Leitsätze der Sicherheit

Gruppe 1 Energieanlagen
Die Gruppe 1 behandelt die elektrischen Anlagen, VDE 0100 für Errichten und VDE 0105 für Betreiben von Anlagen unter normalen Betriebsbedingungen (Wohnräume, Büroräume, Arbeitsräume). Für besondere Betriebsbedingungen gibt es Zusatzforderungen in VDE 0107 bis VDE 0185 sowie in VDE 0100 Teile 701 bis 739.
Die Bestimmung DIN VDE 0100 gilt für Starkstromanlagen mit Nennspannungen bis 1000 V. Sie ist für den **Errichter**, Anlagenbauer und Elektroinstallateur, in

Verbindung mit den unter Abschnitt 2 genannten Gesetzen, eine Vorschrift, die er bei der Erstellung und Prüfung beachten muß, um einen gefahrlosen, unfallfreien Betrieb zu gewährleisten.

VDE 0100	Errichten von Starkstromanlagen bis 1000 V, Teile 100 bis 739
VDE 0101	Errichten von Starkstromanlagen über 1000 V
VDE 0104	Errichten und Betreiben elektrischer Prüfanlagen
VDE 0105	Betrieb von Starkstromanlagen, Teile 1 bis 15
VDE 0106	Schutz gegen elektrischen Schlag
VDE 0107	Starkstromanlagen in medizinisch genutzten Räumen
VDE 0108	Starkstromanlagen in baulichen Anlagen für Menschenansammlungen
VDE 0109, VDE 0110, VDE 0111	Isolationskoordination in Betriebsmitteln, Luft- und Kriechstrecken,
VDE 0113	Sicherheit von Maschinen, Elektrische Ausrüstung von Maschinen
VDE 0115	Bahnen, Teile 1 bis 501
VDE 0117	Förderzeuge
VDE 0118	Bergbau
VDE 0122	bis VDE 0160 Besondere Anwendungsbereiche
VDE 0129	Elektrische Anlagen auf Schiffen
VDE 0160	Ausrüstung von Starkstromanlagen mit elektronischen Betriebsmitteln
VDE 0141	Erdung bei Nennspannungen über 1 kV
VDE 0165 bis VDE 0170	Errichten von elektrischen Anlagen in explosionsgefährdeten Bereichen
VDE 0185	Blitzschutzanlagen

Gruppe 2 Energieleiter

Gruppe 2 beschreibt alle Anforderungen an Kabel und Leitungen.

VDE 0206	Leitsätze für Farbkennzeichnung
VDE 0207	Isolierstoffe für Kabel und isolierte Leitungen
VDE 0210	Freileitung über 1000 V
VDE 0211	Freileitung unter 1000 V
VDE 0212 bis VDE 0220	Bauteile von Leitungen
VDE 0228	Beeinflussung von Fernmeldeanlagen durch Starkstrom
VDE 0250	Isolierte Starkstromleitungen, Teile 1 bis 818
VDE 0253 bis VDE 0299	Besondere Kabel, Verbindungsmittel und Verhalten
VDE 0245	Leitung für elektrische und elektronische Betriebsmittel in Starkstromanlagen, Teile 1 bis 202

Gruppe 3 Isolierstoffe

Gruppe 3 behandelt vorwiegend die Isolierstoffe.

VDE 0301 und VDE 0302 Bewertung und Klassifikation
VDE 0303 Prüfungen von Werkstoffen, Teile 1 bis 14
VDE 0304 Thermische Eigenschaften, Teile 1 bis 24
VDE 0306 Einfluß von Strahlen
VDE 0310 bis VDE 0380 Bestimmungen für die verschiedenen Isolierstoffe

Gruppe 4 Messen, Steuern, Prüfen

Die Gruppe 4 enthält Meßgeräte, die hier im Teil C behandelt werden, VDE 0411 Allgemeine Meßgeräte und VDE 0413 Meßgeräte zur Anlagenprüfung.

VDE 0403 Durchgangsprüfgeräte
VDE 0404 Geräte zur sicherheitstechnischen Prüfung von Betriebsmitteln
VDE 0411 Sicherheitsbestimmungen für elektrische Meß-, Steuer-, Regel- und Laborgeräte, Teile 1 bis 500
VDE 0413 Geräte zum Prüfen der Schutzmaßnahmen in elektrischen Anlagen, Teile 1 bis 9, siehe Tabelle 18
VDE 0414 Meßwandler, Teile 1 bis 208
VDE 0418 Elektrizitätszähler, Teile 1 bis 101
VDE 0432 bis VDE 0434 Hochspannungs-Prüftechnik, Teile 1 bis 5
VDE 0435 Relais
VDE 0441 bis VDE 0471 Prüfung von Isolierstoffen und Gehäusen
VDE 0472 Prüfung an Kabeln und isolierten Leitungen, Teile 1 bis 818 (auch VDE 0473 Teil 811)

Gruppe 5 Maschinen, Umformer

Die Gruppe 5 enthält die Stromerzeuger, Übertrager, drehende Maschinen und Umrichter.

VDE 0510 Akkumulatoren, Teile 1 bis 7
VDE 0530 Drehende elektrische Maschinen, Teile 1 bis 23
VDE 0532 Transformatoren und Drosselspulen, Teile 1 bis 31
VDE 0535 Elektrische Maschinen, Transformatoren und Drosselspulen auf Fahrzeugen

VDE 0543 bis VDE 0545	Schweißeinrichtungen
VDE 0550	Kleintransformatoren, Teile 1 bis 6
VDE 0551	Sicherheitstransformatoren
VDE 0553	Hochspannungs-Gleichstrom
VDE 0554 bis VDE 0559	Stromrichter
VDE 0560	Kondensatoren, Teile 1 bis 440
VDE 0565	Funk-Entstörmittel

Gruppe 6 Installationsmaterial, Schaltgeräte

Die Gruppe 6 enthält die Anforderungen an das gesamte Installationsmaterial, vorwiegend für Anlagen, außer den Leitungen.

VDE 0603	Installationskleinverteiler und Zählerplätze
VDE 0604	Elektro-Installationskanäle für Wand und Decke
VDE 0605	Installationsrohrsysteme
VDE 0606 bis VDE 0614	Verbindungsmaterial und Klemmen
VDE 0616	Lampenfassungen, Teile 1 bis 100
VDE 0618	Betriebsmittel für den Potentialausgleich
VDE 0620 bis VDE 0630	Stecker
VDE 0631	Regler, Automatische elektrische Regel- und Steuergeräte
VDE 0632	Schalter bis 750 V, 63 A
VDE 0633	Schaltuhren
VDE 0636	Niederspannungs-Sicherungen, Teile 1 bis 121
VDE 0641	Leitungsschutzschalter bis 63 A, Teile 1 bis 11
VDE 0660	Schaltgeräte unter 1 kV, Teile 12 bis 512
VDE 0664	Fehlerstrom-Schutzeinrichtungen
VDE 0670	Wechselstromschaltgeräte über 1 kV, Teile A 1 bis 1000
VDE 0675	Überspannungsableiter, Teile 1 bis 102
VDE 0680	Körperschutzmittel, Schutzvorrichtungen und Geräte, Teile 1 bis 7
VDE 0681 bis VDE 0683	Geräte zum Abschranken etc.
VDE 0686	Elektrofischereigeräte

Gruppe 7 Gebrauchsgeräte, Arbeitsgeräte

Die Gruppe 7 beschreibt im Gegensatz zur Gruppe 8 Elektrogeräte, die vorwiegend nicht elektronisch sind. VDE 0701 und VDE 0702 sind Prüfvorschriften für elektrische Geräte, die in Abschnitt 10 beschrieben werden, wonach die Prüfung nach § 5 VBG 4 auszuführen ist.

VDE 0700	Sicherheit elektrischer Geräte für den Hausgebrauch, Teile 1 bis 600
VDE 0701	Instandsetzung, Änderung und Prüfung elektrischer Geräte, Teile 1 bis 260
VDE 0702	Wiederholungsprüfung an elektrischen Geräten
VDE 0710 und VDE 0711	Leuchten, Teile 1 bis 600
VDE 0712 und VDE 0713	Entladungslampen
VDE 0715	Glühlampen
VDE 0720 und VDE 0721	Elektrowärmegeräte, Teile 1 bis 9012
VDE 0725 bis VDE 0737	Geräte mit elektromotorischem Antrieb für den Hausgebrauch
VDE 0740	Handgeführte Elektrowerkzeuge, Teile 1 bis 1217
VDE 0741	Schleif- und Poliermaschinen
VDE 0745	Elektrostatische Handsprüheinrichtungen
VDE 0750	Medizinische elektrische Geräte, Teile 1 bis 236
VDE 0751	Instandsetzung, Änderung und Prüfung von medizinischen elektrischen Geräten
VDE 0752 bis VDE 0755	Sicherheit und weitere elektromedizinische Geräte
VDE 0789	Unterrichtsräume und Laboratorien

Gruppe 8 Informationstechnik

Die Gruppe 8 enthält die Fernmeldetechnik, Informations- und Hochfrequenztechnik.

VDE 0800	Fernmeldetechnik, Teile 1 bis 10
VDE 0804	Fernmeldetechnik; Herstellung und Prüfung der Geräte
VDE 0805	Einrichtungen der Informationstechnik und elektrische Büromaschinen
VDE 0808	Signalübertragung auf elektrischen Niederspannungsnetzen
VDE 0811 bis VDE 0819	Leitungen und Kabel
VDE 0820	Geräteschutzeinrichtung, Teile 1 bis 22

VDE 0830 bis VDE 0834	Signal- und Meldeanlagen
VDE 0835 und VDE 0836	Lasereinrichtungen
VDE 0838	Funkstörung durch Hausgeräte
VDE 0839 bis VDE 0843	Elektromagnetische Verträglichkeit, Teile 1 bis 217
VDE 0845 bis VDE 0848	Fremdeinfluß auf Fernmeldeanlagen
VDE 0855	Kabelverteilersysteme für Ton- und Fernsehrundfunk-Signale
VDE 0860	Elektronische Geräte für den Hausgebrauch
VDE 0866	Funksender
VDE 0871 bis VDE 0879	Funk-Entstörung von Hochfrequenzgeräten
VDE 0887	Koaxiale Hochfrequenz-Kabel
VDE 0888	Lichtwellenleiter
VDE 0891	Verwendung von Kabeln und Leitungen, Teile 1 bis 10
VDE 0899	Verwendung von Lichtwellenleiter-Fasern, Teile 1 bis 5

3.3 Information

VDE-Katalog
Die genaue Auflistung aller DIN-VDE-Bestimmungen, in numerischer Folge mit Erscheinungsdatum, finden Sie in:

- VDE-Schriftenreihe, Band 2 „Katalog der Normen 1999“, VDE-VERLAG GMBH, Bismarckstraße 33, 10625 Berlin, erscheint jährlich.

In diesem Katalog ist für jede Bestimmung das letzte Erscheinungsdatum ersichtlich und damit zu erkennen, ob die einem vorliegende Ausgabe noch gültig ist.
Eine alphabetische Auflistung aller in den DIN-VDE-Bestimmungen behandelten Themen, Begriffe, Definitionen etc. finden Sie in:

- VDE-Schriftenreihe, Band 1 „VDE-Vorschriftenwerk – Wo steht was?“, VDE-VERLAG GMBH, Bismarckstraße 33, 10625 Berlin.

Seminar-Veranstalter
Die VDE-Seminare werden primär von VDE-Bildungsstellen veranstaltet, dies sind:

- Zentralstelle für VDE-Seminarwesen, Stresemannallee 15, 60596 Frankfurt a. M., Tel. 069/6308-293.

- VDE-Bezirksvereine in allen größeren Städten, Auskunft z. B. beim VDE in Frankfurt a. M., Abt. Öffentlichkeitsarbeit; dort ist ein Katalog der VDE-Bezirksvereine Deutschland erhältlich.

Darüber hinaus gibt es noch Seminare von Bildungsinstitutionen, z. B.:

- Haus der Technik in Essen und Außenstellen, Hollestraße 1, 45127 Essen, Tel. 0201/1803-268.
- Technische Akademie Wuppertal, in Wuppertal und Außenstellen, Hubertusallee 18, 42117 Wuppertal, Tel. 0202/7459-251.
- Aus- und Weiterbildungszentrum Lauffen a. N., Nordheimer Straße 61, 74348 Lauffen, Tel. 07133/5646.

Es werden aber auch interne Seminare von Firmen und Institutionen veranstaltet, wobei betriebliche Belange berücksichtigt werden können. Insbesondere besteht die Möglichkeit, die nach der neuen DA der VBG 4 vom April 1997 gekennzeichnete „Fachkraft für festgelegte Tätigkeiten“ auszubilden und zu zertifizieren.

Beratung

Zur Beratung über VDE-Themen stehen Ihnen folgende Stellen zur Verfügung:

- Innerbetriebliche Normen- und Fachabteilungen, falls vorhanden.
- Die Beratungsstellen der örtlichen EVU, Gewerbeämter, Gewerbeaufsicht und Berufsgenossenschaften.
- In der Zeitschrift „de der Elektromeister + deutsches Elektrohandwerk“ die Frageecke „Praxisprobleme“, Hüthig & Pflaum Verlag, Postfach 190737, 80607 München.
- Die VDE-Gremien selbst: Deutsche Elektrotechnische Kommission im DIN und VDE (DKE), Stresemannallee 15, 60596 Frankfurt a. M., Tel. 069-6308-0

3.4 Netzsysteme (Netzformen, Netzerdung)

Der Schutz gegen gefährliche Körperströme im Fehlerfall wird durch **Schutzmaßnahmen** bzw. Schutzeinrichtungen realisiert. Für derartige Schutzmaßnahmen werden bereits in DIN VDE 0100 Teil 410:1983-11 völlig neue Begriffe geprägt. Die alten Begriffe Nullung, Schutzleitungssystem und Schutzerdung aus VDE 0100: 1973-05 werden durch ein anders geartetes Bezeichnungssystem ersetzt. Die alte VDE 0100:1973-05 gliederte sich in einzelne Paragraphen nach Schutzmaßnahmen, von denen drei ohne **Schutzleiter** genannt wurden:

- § 7 Schutzisolierung,
- § 8 Schutzkleinspannung,
- § 14 Schutztrennung

und fünf Schutzmaßnahmen mit Schutzleiter:

- § 9 Schutzerdung,
- § 10 Nullung,
- § 11 Schutzleitungssystem,

- § 12 Fehlerspannungs-(FU)Schutzschaltung,
- § 13 Fehlerstrom-(FI)Schutzschaltung.

Während eine Schutzmaßnahme durch Abschaltung oder Meldung früher mit einem Wort bezeichnet worden ist, wird sie jetzt durch zwei Kennzeichen benannt:

- **Netzsystem** und
- **Schutzeinrichtung**.

Entsprechend wird der Begriff „Nullung“ im Klartext wie folgt beschrieben: „Schutz durch Überstrom-Schutzeinrichtung im TN-System“ oder „TN-System mit Überstromschutz“.
Hier zeigt sich, wie die Netzsysteme in die Bezeichnungsweise und damit in die Gliederung von Schutzmaßnahmen eingreifen.
Die Netzsysteme werden in DIN VDE 0100 Teil 300 beschrieben.
Kenngrößen für die Netzsysteme sind:

- Art und Anzahl der aktiven Leiter der Einspeisung,
- Art der Erdverbindung.

Für die Bezeichnung der Erdverbindung werden zwei Buchstaben benutzt, die folgende Bedeutung haben:

- **Erster Buchstabe**: Erdungsverhältnisse der Stromquelle;
  T direkte Erdung der Stromquelle (Betriebserder); (lat. terra = Erde),
  I Isolieren aller aktiven Teile gegenüber Erde oder Verbindung eines aktiven Teils mit Erde über eine Impedanz.
- **Zweiter Buchstabe**: Erdungsverhältnisse von Körpern in Verbraucheranlagen;
  T Körper direkt über eigenen Erder geerdet,
  N Körper direkt mit dem Betriebserder verbunden.

3.4.1 TN-System

In TN-Systemen ist ein Punkt direkt geerdet (Betriebserder), die Körper der elektrischen Anlage sind über Schutzleiter bzw. PEN-Leiter mit diesem Punkt verbunden. Drei Arten von TN-Systemen sind entsprechend der Anordnung von Neutralleiter und Schutzleiter zu unterscheiden:

TN-S-System: Getrennte Neutralleiter und Schutzleiter im gesamten Netz (**Bild 7**).

TN-C-System: Neutral- und Schutzleiterfunktionen sind im gesamten Netz in einem einzigen Leiter, dem PEN-Leiter, zusammengefaßt (**Bild 8**).

TN-C-S-System: Nur in einem Teil des Netzes sind die Funktionen des Neutral- und Schutzleiters in einem einzigen Leiter, dem PEN-Leiter, zusammengefaßt, im anderen Teil des Netzes sind sie getrennt (**Bild 9**).

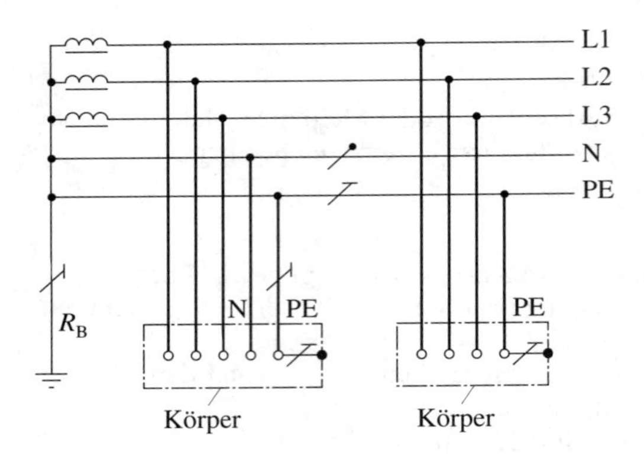

Bild 7 TN-S-System: Neutralleiter und Schutzleiter im gesamten Netz getrennt; S = separat; PE hat Verbindung mit dem Betriebserder R_B

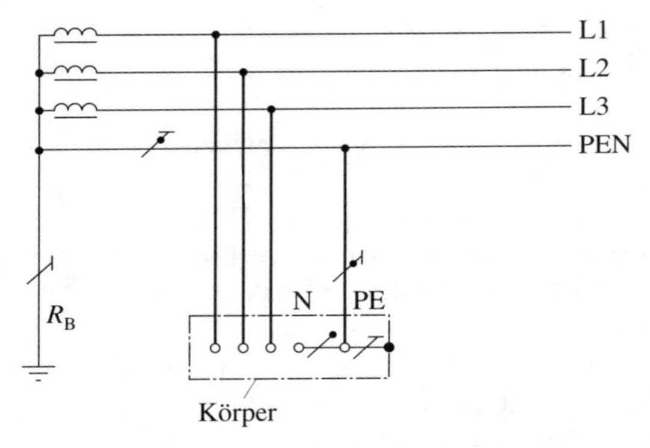

Bild 8 TN-C-System: Neutralleiter- und Schutzleiterfunktionen sind im gesamten Netz in einem einzigen Leiter, dem PEN-Leiter, zusammengefaßt

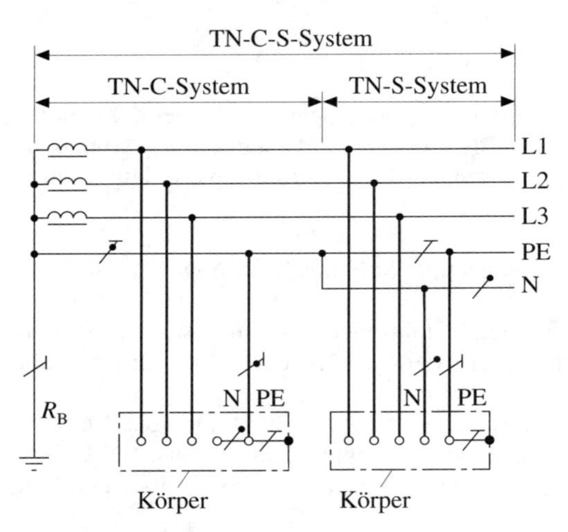

Bild 9 TN-C-S-System: Neutralleiter- und Schutzleiterfunktionen sind nur in einem Teil des Netzes in einem einzigen Leiter, dem PEN-Leiter, zusammengefaßt; PE hat Verbindung mit dem Betriebserder R_B

3.4.2 TT-System

Im TT-System ist ein Punkt direkt geerdet (Betriebserder), die Körper der elektrischen Anlage sind mit Erdern verbunden, die vom Betriebserder getrennt sind (**Bild 10**).

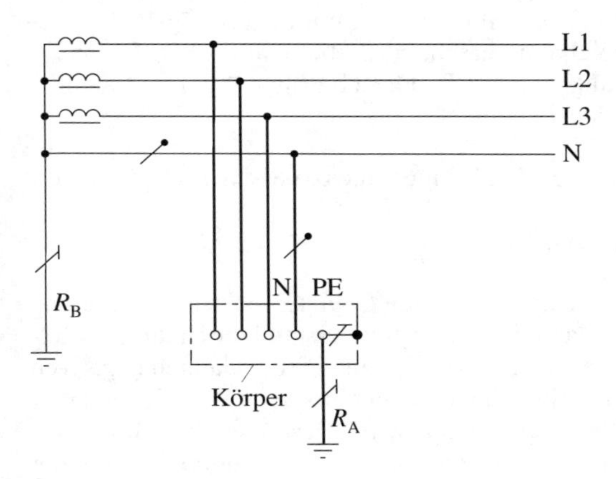

Bild 10 TT-System: Zwei getrennte Erder für N und PE, wobei PE über einen vom Betriebserder R_B getrennten Anlagenerder R_A geerdet ist

3.4.3 IT-System

Das IT-System hat keine direkte Verbindung zwischen aktiven Leitern und geerdeten Teilen; die Körper der elektrischen Anlage sind über Schutzleiter mit Erdern verbunden (**Bild 11**).

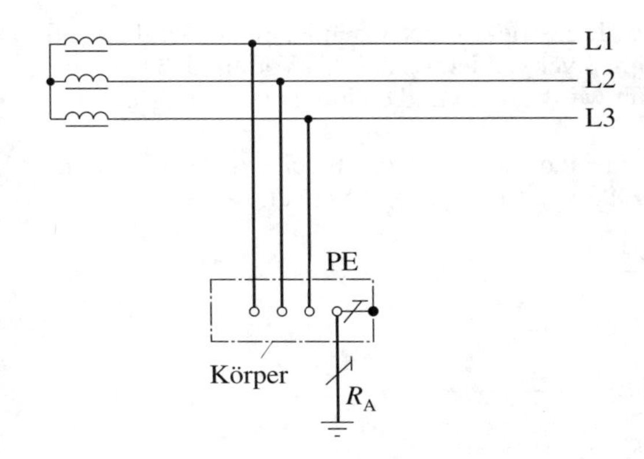

Bild 11 IT-System: Keine direkte Verbindung zwischen aktiven Leitern und geerdeten Teilen. Ein Erder für PE. Das Netz ist isoliert, und PE ist über einen Anlagenerder R_A geerdet.

3.4.4 Vergleich der einzelnen Netzsysteme

Die bisherige Bezeichnung „Netzform", z. B. „TN-Netz", wird abgelöst durch die Bezeichnung „System", z. B. „TN-System". Im Englischen ist hierfür der Ausdruck „Types of system earthing" festgelegt. In DIN VDE 0100 Teil 300:1996-01 schreibt man „Systeme nach Art der Erdverbindung und benennt die Netze mit: TN-, TT- oder IT-System". Die Buchstaben T, I und N beschreiben aber nur die Erdungsverhältnisse des Netzes. Die englische Bezeichnung erscheint deshalb sinnvoller. Demnach wäre im Deutschen die Bezeichnung „TN-, TT- oder IT-Erdung" bzw. „TN-, TT- oder IT-Erdungssystem" zutreffender.

In den Kombinationen T, I und N gibt es drei Formen, die praktisch ausgeführt werden:
TN-System, TT-System und IT-System.

Das TN-System wird vorwiegend in dicht besiedelten Gebieten bei Erdverkabelung angewendet. Es hat den Vorteil, daß dann der Erdungswiderstand durch die Parallelschaltung vieler Erder sehr klein wird und der Ausfall eines Erders keinen negativen Einfluß hat. Andererseits ist nachteilig, daß eine Fehlerspannung, die in einer Anlage entsteht, in das gesamte Netz verschleppt wird. Besonders bei Bruch des PEN-Leiters kann der Schutzleiter eine unzulässig hohe Berührungsspannung annehmen.

Das TT-System wird vorwiegend in ländlichen Gebieten mit Freileitungsnetzen eingesetzt. Es hat den Vorteil, daß eine Fehlerspannung nicht in andere Anlagen verschleppt wird. PE und N sind immer getrennt. Nachteilig ist andererseits, daß meist nur ein Erder in der Anlage vorhanden ist, der nicht ausfallen darf.

Das IT-System wird besonders in den Industriezweigen Chemie, Stahl, Bergbau und auch in medizinisch genutzten Räumen verwendet. Es hat den Vorteil, daß beim ersten Körperschluß nicht abgeschaltet werden muß und dadurch eine hohe Betriebssicherheit gewährleistet ist.
Anmerkung: In den Bildern 7 bis 11 sind die Leiter entsprechend ihres Verwendungszwecks nach IEC 60617-11:1993 wie folgt gekennzeichnet:

Darstellung für den Schutzleiter (PE):

Darstellung für den PEN-Leiter (PEN):

Darstellung für den Neutralleiter (N):

Teil B Schutz gegen elektrischen Schlag nach DIN VDE 0100 Teil 410:1997-01, HD 384.4.41 S1 (bis 1996 Schutzmaßnahmen gegen gefährliche Körperströme nach DIN VDE 0100 Teil 410:1983-11)

Allgemeines

Der Schutz von Personen und Nutztieren gegen gefährliche Körperströme ist sicherzustellen durch eine der Maßnahmen, wie sie in den Abschnitten 4 bis 6 genannt sind.

Der Schutz gegen gefährliche Körperströme muß sichergestellt werden durch:
- das Betriebsmittel selbst oder
- Anwendung der Schutzmaßnahmen beim Errichten oder
- eine Kombination der beiden vorgenannten.

Die Schutzmaßnahmen können sich auf eine ganze Anlage, einen Teil einer solchen oder ein einziges Betriebsmittel erstrecken.
Die Reihenfolge, in der die Schutzmaßnahmen aufgeführt sind, sagt nichts aus über Bedeutung oder Rangfolge.

Man unterscheidet in der bisherigen deutschen Gliederung zwei Hauptgruppen von Schutzmaßnahmen:
- Schutz gegen direktes Berühren.
  Er ist gegeben durch Isolation bzw. Abdeckung oder auch durch ungefährlich kleine Spannungen.
- Schutz bei indirektem Berühren.
  Dies sind Maßnahmen, die entweder durch Abschaltung oder durch Meldung mit Hilfe eines Schutzleiters die Gefahr vermeiden oder im Fehlerfall die Berührung gar nicht erst entstehen lassen, wie bei der Schutzisolierung oder bei der Schutztrennung.

In der neuen Fassung (1997-01) werden Begriffe geprägt, die aus der Übersetzung der internationalen Fassung stammen:
- Schutz gegen elektrischen Schlag im normalen Betrieb und
- Schutz gegen elektrischen Schlag im Fehlerfall.

Der Schutz gegen elektrischen Schlag ist durch Anwendung geeigneter Maßnahmen sicherzustellen, und zwar durch einen Schutz sowohl im normalen Betrieb als auch im Fehlerfall.

Es gibt Schutzmaßnahmen, die sowohl gegen direktes als auch bei indirektem Berühren wirksam sind. Dies sind Stromquellen, die eine hinreichend kleine, ungefährliche Energie haben, z. B. Kleinspannung.

4 Schutz gegen elektrischen Schlag unter normalen und bei Fehlerbedingungen
(bis 1996 Schutzmaßnahmen gegen direktes Berühren und bei indirektem Berühren)

4.1 Schutz durch Kleinspannung SELV[S)] und PELV[P)]

Bezüglich der Kleinspannungen werden in DIN VDE 0100 Teil 470:1996-02, HD 384.4.47 S2 , folgende international festgelegte Kurzbezeichnungen genannt:
SELV Schutz durch Schutzkleinspannung, siehe Abschnitt 4.1[S)]
PELV Schutz durch Funktionskleinspannung mit sicherer Trennung[P)]
FELV Schutz durch Funktionskleinspannung ohne sichere Trennung[F)]
Der Schutz gegen gefährliche Körperströme durch Schutzkleinspannung ist sichergestellt, wenn folgende Bedingungen gleichzeitig erfüllt sind:

- die Nennspannung überschreitet nicht 50 V Wechselspannung bzw. 120 V Gleichspannung. Spannungsbereich I nach DIN VDE 0100 Teil 520:1996-01,
- die Speisung erfolgt aus einer Sicherheitsstromquelle, z. B. einem Transformator nach EN 60742, DIN VDE 0551,
- eine sichere elektrische Trennung zwischen aktiven Teilen von Schutzkleinspannungs-Stromkreisen und Stromkreisen höherer Spannung ist vorhanden, die mindestens derjenigen zwischen Primär- und Sekundärseite eines Sicherheitstransformators entspricht. Dies gilt insbesondere für Relais, Schütze, Hilfsschalter, Stromstoßschalter.

Bild 12 zeigt, wie die Schutzkleinspannung mit einem Sicherheitstransformator aus einer höheren Spannung erzeugt wird. Man verwendet Zweikammer-Transformatoren, bei schutzisolierter Ausführung oder bei Schutzklasse I teilweise auch eine geerdete Schirmwicklung.
Bei der Anordnung der Stromkreise müssen folgende Bedingungen eingehalten werden:

- Aktive Teile von Schutzkleinspannungs-Stromkreisen dürfen weder mit Erde noch mit Schutzleitern oder mit aktiven Teilen anderer Stromkreise verbunden werden.
- Schutzkleinspannungs-Stromkreise dürfen untereinander nur verbunden werden, wenn dadurch die Spannungswerte 50 V Wechselspannung bzw. 120 V Gleichspannung nicht überschritten werden.
- Körper dürfen nicht absichtlich verbunden werden, weder mit Erde noch mit Schutzleitern oder Körpern von Stromkreisen anderer Spannung.

S) Safety Extra-Low Voltage; P) Protection Extra-Low Voltage; F) Function Extra-Low Voltage

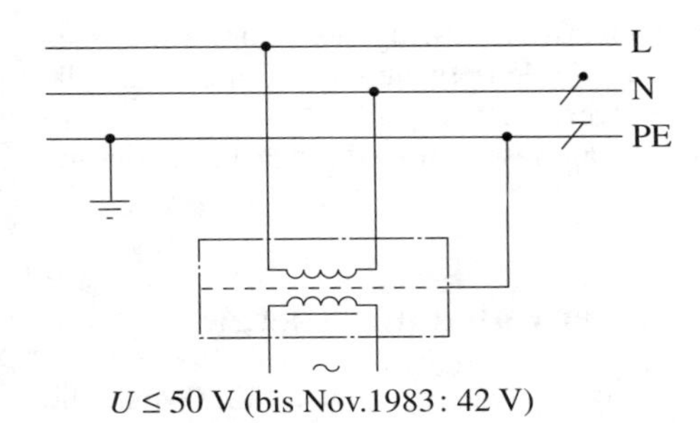

Bild 12 Schutzkleinspannung durch Sicherheitstransformator nach DIN VDE 0551 erzeugt

- Die Leitungen sind vorzugsweise getrennt von Leitungen anderer Stromkreise zu verlegen.
- Es müssen spezielle Steckvorrichtungen verwendet werden.
- Bei Nennspannung über 25 V Wechsel- oder 60 V Gleichspannung muß die Bedingung der Schutzmaßnahme gegen direktes Berühren erfüllt sein.

Die Unterschiede der Kleinspannungen in bezug auf Trennung und Erdung sind in **Tabelle 10** dargestellt.

Bezeichnung	Art der Trennung		
	Stromquellen		**Stromkreise**
SELV und PELV	Stromquellen mit sicherer Trennung, z. B. ein Sicherheitstransformator nach EN 60742, DIN VDE 0551: 1995-09, oder gleichwertige Stromquellen	und	Stromkreise mit sicherer Trennung
FELV	Stromquellen ohne sichere Trennung, d. h. eine Stromquelle nur mit Basistrennung, z. B. ein Transformator nach IEC 989	oder	Stromkreise ohne sichere Trennung
	Beziehung zur Erde oder zu einem Schutzleiter		
	Stromkreise		**Körper**
SELV	ungeerdete Stromkreise		Körper dürfen nicht absichtlich mit Erde oder einem Schutzleiter verbunden sein
PELV	geerdete und ungeerdete Stromkreise erlaubt		Körper dürfen geerdet oder mit einem Schutzleiter verbunden sein
FELV	geerdete Stromkreise erlaubt		Körper müssen mit dem Schutzleiter auf der Primärseite der Stromversorgung verbunden sein

Tabelle 10 Überblick zu den Kleinspannungen SELV, PELV und FELV bezüglich der sicheren Trennung und der Beziehung zur Erde nach DIN VDE 0100 Teil 410:1997-01

Wird die Schutzkleinspannung aus Sicherheitsgründen zwingend gefordert, müssen die vorstehenden Bedingungen eingehalten werden. In anderen Fällen darf die Funktionskleinspannung FELV angewendet werden.
Nach der alten VDE 0100:1973-05 betrug die Kleinspannungsgrenze 42 V. Hier hat also eine Erhöhung auf 50 V stattgefunden.

4.2 Schutz durch Begrenzung der Entladungsenergie

Der Schutz gegen direktes Berühren gilt bis auf weiteres als erfüllt, wenn die **Entladungsenergie** nicht größer als 350 mJ ist.

4.3 Schutz bei Funktionskleinspannung FELV

Die Funktionskleinspannung wird angewendet, wenn:

- die Stromkreise aus Funktionsgründen geerdet sind oder Betriebsmittel wie Transformatoren, Relais, Schalter verwendet werden, die gegenüber Stromkreisen mit höherer Spannung zwar getrennt, aber nicht hinreichend isoliert sind und die Bedingungen der Schutzkleinspannung nicht eingehalten werden können, oder
- die Kleinspannung aus einer höheren Spannung erzeugt wird und von dort keine galvanische Trennung über einen Schutztransformator besteht.

Im ersten Fall haben wir eine Funktionskleinspannung **mit sicherer Trennung**, die spannungführenden Teile müssen gegen direktes Berühren durch Isolierung oder Abdeckung geschützt sein.
Im zweiten Fall haben wir eine Funktionskleinspannung **ohne sichere Trennung**, dann muß außerdem der sekundäre Stromkreis geschützt sein, d. h., es ist eine Schutzmaßnahme nach Abschnitt 5 oder Abschnitt 6 anzuwenden.

5 Schutz gegen elektrischen Schlag unter normalen Bedingungen (bis 1996 Schutz gegen direktes Berühren oder Basisschutz)

Schutzmaßnahmen nach den Abschnitten 5.1 und 5.2 dürfen in allen Fällen angewendet werden; Schutzmaßnahmen nach den Abschnitten 5.3 und 5.4 dürfen nur in Fällen angewendet werden, in denen die entsprechenden Normen dies ausdrücklich gestatten.
Im Zusammenhang mit dem Berührungsschutz treten häufig die Begriffe Schutzmaßnahmen, Schutzklassen, Schutzarten und Schutzgrad auf, die nachstehend erläutert werden sollen.

Schutzmaßnahmen sind nach DIN VDE 0100:1973-05 solche zum Schutz bei indirektem Berühren (Nullung, FI-Schutzeinrichtung usw.). In der neuen DIN VDE 0100 wird der Begriff umfassender gebraucht für:
- Schutz gegen gefährliche Körperströme (wie bisher),
- Brandschutz,
- Schutz bei Überspannung,
- Schutz bei Unterspannung,
- Schutz durch Trennen und Schalten.

Schutzeinrichtungen sind Betriebsmittel, die in einem Stromkreis Abschaltung oder Meldung bewirken, wie z. B. Überstrom-Schutzeinrichtungen, FI-Schutzeinrichtungen (siehe Abschnitt 6.1.7).

Schutzklassen bezeichnen bei elektrischen Betriebsmitteln die Art, wie ihr Schutz gegen gefährliche Körperströme ausgeführt ist. Nach DIN VDE 0106 gibt es dafür acht Klassen, die wichtigsten sind:

Schutzklasse 0	Basisisolierung, leitfähige Körper ohne Schutzleiteranschluß. Nicht generell einsetzbar.
Schutzklasse I	Gekennzeichnet durch ⏚. Basisisolierung und Anschluß leitfähiger Körper an Schutzleiter.
Schutzklasse II	Gekennzeichnet durch ⧈. Schutzisolierung, Basisisolierung und zusätzliche Isolierung.
Schutzklasse III	Gekennzeichnet durch ◇III. Schutzkleinspannung.
Schutzklasse IV	Basisisolierung, keine leitfähigen Körper, nur für feste Montage.

Schutzart bezeichnet den Umfang des Schutzes durch ein Gehäuse gegen den Zugang zu gefährlichen Teilen, gegen Eindringen von festen Fremdkörpern und/oder gegen Eindringen von Wasser, nachgewiesen durch genormte Prüfverfahren.

Der **IP-Code** ist ein Bezeichnungssystem hierfür, der noch weitere Informationen über Form und Zweck des Schutzes angibt.

Schutzgrad bezeichnet die Höhe (Ziffer für Aufwand) des Schutzes innerhalb der Schutzart, d. h. die Zahl des IP-Codes.

5.1 Isolierung aktiver Teile

Durch die **Isolierung** wird ein vollständiger Schutz gegen direktes Berühren aktiver Teile sichergestellt. Alle aktiven Teile müssen vollständig mit einer Isolierung umgeben werden, die **nur durch Zerstörung** entfernt werden kann.
Bei fabrikneuen Betriebsmitteln muß die Isolierung den entsprechenden Normen genügen.
Wenn die Isolierung während der Errichtung der elektrischen Anlage angebracht wird, sollte die Eignung der Isolierung durch eine Prüfung nachgewiesen werden.
Die Prüfung soll vergleichbar sein mit der, die bei der Fabrikation von Betriebsmitteln durchgeführt wird.
Dies ist z. B. die Prüfung der Spannungsfestigkeit mit Wechselspannung von 1000 V bis 4000 V (Effektivwert); z. B. gibt DIN VDE 0100 Teil 610 in Abschnitt 5.3.2 an:
„Schutzisolierung, Erproben“: Betriebsmittel, deren Nennspannung 500 V nicht überschreitet, müssen nach Installation und Anschluß während einer Minute einer Prüfspannung von 4000 V zwischen den aktiven Teilen und den äußeren Metallteilen, beispielsweise ihren Befestigungsteilen, ohne Überschlag oder Durchschlag standhalten. Die Frequenz der Prüfspannung muß der Betriebsfrequenz entsprechen.

5.2 Abdeckung oder Umhüllung

Durch Abdeckung wird ein vollständiger Schutz gegen direktes Berühren aktiver Teile sichergestellt. Die Güte der Schutzart wird durch die Bezeichnung IP und zwei Ziffern (Schutzgrad) gekennzeichnet. Aktive Teile müssen von Umhüllungen umgeben oder hinter Abdeckungen angeordnet sein, die mindestens Schutzart IP 20 nach DIN VDE 0470 Teil 1:1992-11 (die ältere Fassung nach DIN 40050 wurde abgelöst) genügen. Dies gilt nicht, wenn beim Auswechseln von Teilen große Öffnungen entstehen, wie z. B. bei den Lampenfassungen.
Horizontale Oberflächen von Abdeckungen oder von Umhüllungen, die leicht zugänglich sind, müssen mindestens der Schutzart IP 40 nach DIN VDE 0470 entsprechen (bis zur endgültigen internationalen Klärung ist auch noch IP 30 zulässig).
Entsprechend dem Verwendungszweck muß das Betriebsmittel eine bestimmte Schutzart haben – bestimmungsgemäße Verwendung. In DIN VDE 0100 Teil 300, HD 384.3 S2, werden für den Verwendungsbereich Einstufungen und Kurzzeichen genannt:

- Umgebungsbedingungen AA1 – AS3, Benutzung BA – AE4 und Gebäude CA – CB4.

5.2.1 Schutzarten durch Gehäuse (IP-Code)

Sie geben folgende Eigenschaften der Betriebsmittel an:

- Schutz von Personen gegen Zugang zu gefährlichen Teilen,
- Schutz des Betriebsmittels gegen Eindringen von festen Fremdkörpern (Stäbe, Steine, Sand, Staub u. a.),
- Schutz des Betriebsmittels gegen schädliche Einwirkungen durch das Eindringen von Wasser.

Zur Kennzeichnung dieser Eigenschaften bestehen z. Z. noch zwei verschiedene Kennzeichnungsverfahren, einmal nach DIN VDE 0470 mit dem IP-Code, bestehend aus zwei Kennziffern und zwei Buchstaben, sowie nach der älteren VDE-Bestimmung DIN VDE 0710, in Form von Tropfen- und Gittersymbolen.
Nach DIN VDE 0470 Teil 1:1992-11 wird die Schutzart angegeben durch zwei Schutzgrade (Ziffern)

- **erste Kennziffer**: Schutzgrade 0 – 6
  - Schutzgrad gegen den Zugang zu gefährlichen Teilen (Personenschutz),
  - Schutzgrad gegen feste Fremdkörper (für Betriebsmittel),

- **zweite Kennziffer**:
  - Schutzgrad für Wasserschutz, Schutzgrade 0 – 8,

und zwei Buchstaben (fakultativ):

- zusätzliche Buchstaben: A, B, C, D; Schutz gegen Zugang zu gefährlichen Teilen,
- ergänzende Buchstaben: H, M, S, W; ergänzende Information.

Danach ergibt sich beispielsweise eine Ziffernkombination IP 23. Häufig finden sich in DIN-VDE-Normen Bezeichnungen wie IP 2x (x kann 0 bis 8 sein); damit ist der Berührungs- und Fremdkörperschutz auf Anforderung mindestens gemäß der ersten Ziffer (in diesem Fall 2) festgelegt und der Wasserschutz offengelassen. Die Bedeutung der einzelnen Ziffern zeigen **Tabelle 10a**, **Tabelle 10b** und **Tabelle 10c**.
Aus **Tabelle 11a** und **Tabelle 11b** sind die Angaben zu entnehmen, die durch die zusätzlichen und den ergänzenden Buchstaben gekennzeichnet werden.
Die IP-Kennzeichnung hat sich international fast vollständig durchgesetzt. Es gibt für verschiedene Betriebsmittel nach wie vor das traditionelle deutsche Kennzeichnungsverfahren nach DIN VDE 0710. Dieses ist in **Tabelle 12** dargestellt. Darin werden gleichzeitig die entsprechenden IP-Kennziffern gegenübergestellt.

erste Kennziffer	Schutzgrad	
	Kurzbeschreibung	Definition
0	nicht geschützt	–
1	geschützt gegen den Zugang zu gefährlichen Teilen mit dem Handrücken	Die Zugangssonde, Kugel 50 mm Durchmesser, muß ausreichenden Abstand von gefährlichen Teilen haben
2	geschützt gegen den Zugang zu gefährlichen Teilen mit einem Finger	Der gegliederte Prüffinger, 12 mm Durchmesser, 80 mm Länge, muß ausreichenden Abstand von gefährlichen Teilen haben
3	geschützt gegen den Zugang zu gefährlichen Teilen mit einem Werkzeug	Die Zugangssonde, 2,5 mm Durchmesser, darf nicht eindringen*)
4	geschützt gegen den Zugang zu gefährlichen Teilen mit einem Draht	Die Zugangssonde, 1,0 mm Durchmesser, darf nicht eindringen*)
5	geschützt gegen den Zugang zu gefährlichen Teilen mit einem Draht	Die Zugangssonde, 1,0 mm Durchmesser, darf nicht eindringen*)
6	geschützt gegen den Zugang zu gefährlichen Teilen mit einem Draht	Die Zugangssonde, 1,0 mm Durchmesser, darf nicht eindringen*)
*) Anmerkung: Bei den ersten Kennziffern 3, 4, 5 und 6 ist der Schutz gegen den Zugang zu gefährlichen Teilen erfüllt, wenn ein ausreichender Abstand eingehalten wird. Wegen der gleichzeitig gültigen Anforderung nach Tabelle 10b wurde in der Tabelle 10a die Definition „darf nicht eindringen" angegeben.		

Tabelle 10a Schutzgrade gegen Zugang zu gefährlichen Teilen nach DIN VDE 0470 Teil 1: 1992-11

erste Kennziffer	Schutzgrad	
	Kurzbeschreibung	Definition
0	nicht geschützt	–
1	geschützt gegen feste Fremdkörper 50 mm Durchmesser und größer	Die Objektsonde, Kugel 50 mm Durchmesser, darf nicht voll eindringen*)
2	geschützt gegen feste Fremdkörper 12,5 mm Durchmesser und größer	Die Objektsonde, Kugel 12,5 mm Durchmesser, darf nicht voll eindringen*)
3	geschützt gegen feste Fremdkörper 2,5 mm Durchmesser und größer	Die Objektsonde, 2,5 mm Durchmesser, darf überhaupt nicht eindringen*)
4	geschützt gegen feste Fremdkörper 1,0 mm Durchmesser und größer	Die Objektsonde, 1,0 mm Durchmesser, darf überhaupt nicht eindringen*)
5	staubgeschützt	Eindringen von Staub ist nicht vollständig verhindert, aber Staub darf nicht in einer solchen Menge eindringen, daß das zufriedenstellende Arbeiten des Geräts oder die Sicherheit beeinträchtigt wird
6	staubdicht	kein Eindringen von Staub
*) Anmerkung: Der volle Durchmesser der Objektsonde darf nicht durch eine Öffnung des Gehäuses hindurchgehen.		

Tabelle 10b Schutzgrade gegen feste Fremdkörper nach DIN VDE 0470 Teil 1: 1992-11

zweite Kennziffer	Schutzgrad	
	Kurzbeschreibung	Definition
0	nicht geschützt	–
1	geschützt gegen Tropfwasser	Senkrecht fallende Tropfen dürfen keine schädlichen Wirkungen haben
2	geschützt gegen Tropfwasser, wenn das Gehäuse bis zu 15° geneigt ist	Senkrecht fallende Tropfen dürfen keine schädlichen Wirkungen haben, wenn das Gehäuse um einen Winkel bis zu 15° beiderseits der Senkrechten geneigt ist
3	geschützt gegen Sprühwasser	Wasser, das in einem Winkel bis zu 60° beiderseits der Senkrechten gesprüht wird, darf keine schädlichen Wirkungen haben
4	geschützt gegen Spritzwasser	Wasser, das aus jeder Richtung gegen das Gehäuse spritzt, darf keine schädlichen Wirkungen haben
5	geschützt gegen Strahlwasser	Wasser, das aus jeder Richtung als Strahl gegen das Gehäuse gerichtet ist, darf keine schädlichen Wirkungen haben
6	geschützt gegen starkes Strahlwasser	Wasser, das aus jeder Richtung als starker Strahl gegen das Gehäuse gerichtet ist, darf keine schädlichen Wirkungen haben
7	geschützt gegen die Wirkungen beim zeitweiligen Untertauchen in Wasser	Wasser darf nicht in einer Menge eintreten, die schädliche Wirkungen verursacht, wenn das Gehäuse unter genormten Druck- und Zeitbedingungen zeitweilig in Wasser untergetaucht ist
8	geschützt gegen die Wirkungen beim dauernden Untertauchen in Wasser	Wasser darf nicht in einer Menge eintreten, die schädliche Wirkungen verursacht, wenn das Gehäuse dauernd unter Wasser getaucht ist unter Bedingungen, die zwischen Hersteller und Anwender vereinbart werden müssen. Die Bedingungen müssen jedoch schwieriger sein als für die Kennziffer 7

Tabelle 10c Schutzgrade für Wasserschutz nach DIN VDE 0470 Teil 1: 1992-11

zusätzlicher Buchstabe	Schutzgrad	
	Kurzbeschreibung	Definition
A	geschützt gegen Zugang mit dem Handrücken	Die Zugangssonde, Kugel 50 mm Durchmesser, muß ausreichenden Abstand von gefährlichen Teilen haben
B	geschützt gegen Zugang mit dem Finger	Der gegliederte Prüffinger, 12 mm Durchmesser, 80 mm Länge, muß ausreichenden Abstand von gefährlichen Teilen haben
C	geschützt gegen Zugang mit Werkzeug	Die Zugangssonde, 2,5 mm Durchmesser, 100 mm Länge, muß ausreichenden Abstand von gefährlichen Teilen haben
D	geschützt gegen Zugang mit Draht	Die Zugangssonde, 1,0 mm Durchmesser, 100 mm Länge, muß ausreichenden Abstand von gefährlichen Teilen haben

Tabelle 11a Schutzgrade gegen den Zugang zu gefährlichen Teilen durch den zusätzlichen Buchstaben nach VDE 0470 Teil 1: 1992-11

Buchstabe	Bedeutung
H	Hochspannungs-Betriebsmittel
M	Geprüft auf schädliche Wirkungen durch den Eintritt von Wasser, wenn die beweglichen Teile des Betriebsmittels (z. B. der Rotor einer umlaufenden Maschine) in Betrieb sind
S	Geprüft auf schädliche Wirkungen durch den Eintritt von Wasser, wenn die beweglichen Teile des Betriebsmittels (z. B. Rotor einer umlaufenden Maschine) im Stillstand sind
W	Geeignet zur Verwendung unter festgelegten Wetterbedingungen und ausgestattet mit zusätzlichen schützenden Maßnahmen oder Verfahren

Tabelle 11b Bedeutung der ergänzenden Buchstaben.
Die aufgeführten Buchstaben wurden bereits festgelegt und haben die angeführten Bedeutungen nach VDE 0470 Teil 1: 1992-11.

Schutzart nach DIN VDE 0470	Schutzumfang über Schutz gegen Berühren hinaus Schutz gegen:	Kurzzeichen nach DIN VDE 0710	Schutzart nach DIN VDE 0470	Zuordnung nach den Raumarten nach DIN VDE 0100
IP 20	kein Schutz	–	abgedeckt	trockene Räume ohne besondere Staubentwicklung
IP 21	hohe Luftfeuchte	1 Tropfen ●	tropfwasser-geschützt	feuchte und ähnliche Räume, Orte im Freien unter Dach
IP 23	Wassertropfen bis zu 30° über der Waagerechten auftreffend	1 Tropfen in 1 Quadrat	regengeschützt	Orte im Freien
IP 44	Wassertropfen aus allen Richtungen auftreffend	1 Tropfen in 1 Dreieck	spritzwasser-geschützt	feuchte und ähnliche Räume, Orte im Freien
IP 55	Wasserstrahl aus allen Richtungen auftreffend	2 Tropfen in 2 Dreiecken	strahlwasser-geschützt	nasse Räume, in denen abgespritzt wird
IP 66	Eindringen von Wasser ohne Druck	2 Tropfen	wasserdicht	nasse Räume, unter Wasser ohne Druck
IP 68	Eindringen von Wasser unter Druck	2 Tropfen mit Angabe des zulässigen Überdrucks … bar	druckwasserdicht	Abspritzen bei hohem Druck, unter Wasser mit Druck
IP 55	Eindringen von Staub ohne Druck	Gitter	staubgeschützt	Räume mit besonderer Staubentwicklung und Räume, die durch Staubexplosionen gefährdet sind (siehe auch DIN VDE 0165)
IP 66	Eindringen von Staub unter Druck	Gitter mit Umrahmung	staubdicht	
Weitere Schutzarten: Ex Explosionsschutz / Sch Schlagwetterschutz				

Tabelle 12 Schutzarten nach DIN VDE 0710 Teil 1: 1969-03 im Vergleich zu denen nach DIN VDE 0470

5.3 Explosionsschutz, Ex

Die Anwendung elektrischer Betriebsmittel in explosionsgefährdeten Bereichen erfordert spezielle Schutzmaßnahmen. Die europäischen Normen sehen verschiedene Schutzarten vor. Sie werden gekennzeichnet mit Ex ... und einem ... Buchstaben. Entsprechend DIN EN 50014 bedeutet dieser Buchstabe:

- **o** Zündschutzart „Ölkapselung" nach DIN EN 50015
- **p** Zündschutzart „Überdruckkapselung" nach DIN EN 50016
- **q** Zündschutzart „Sandkapselung" nach DIN EN 50017
- **d** Zündschutzart „Druckfeste Kapselung" nach DIN EN 50018
- **e** Zündschutzart „Erhöhte Sicherheit" nach DIN EN 50019
- **i** Zündschutzart „Eigensicherheit" nach DIN EN 50020
- **m** Zündschutzart „Vergußkapselung" nach DIN EN 50028

Elektrische Betriebsmittel für explosionsgefährdete Bereiche werden in DIN EN 50014 (VDE 0170) beschrieben.
Elektrische Meßgeräte für Anwendung im Ex-Bereich werden vielfach in Schutzart Ex i, Eigensicherheit, ausgeführt. Sie ist gekennzeichnet durch kleine Spannung und kleinen Kurzschlußstrom, so daß kein zündfähiger Funke entstehen kann.

5.4 Hindernisse

Hindernisse bieten einen teilweisen Schutz gegen direktes Berühren. Sie brauchen nicht das absichtliche Berühren durch bewußtes Umgehen des Hindernisses auszuschließen. Sie müssen die zufällige Annäherung und das zufällige Berühren aktiver Teile verhindern. Sie dürfen ohne Schlüssel und Werkzeug abnehmbar sein, müssen jedoch gegen unbeabsichtigtes Entfernen geschützt sein.

5.5 Abstand

Durch Abstand wird ein teilweiser Schutz gegen direktes Berühren aktiver Teile sichergestellt.
Im Handbereich (Bereich bis 2,5 m) dürfen sich keine gleichzeitig berührbaren Teile unterschiedlichen Potentials befinden.

Weitere Angaben über Abstand werden in VDE 0105 gegeben.

5.6 Zusätzlicher Schutz durch RCD*) (Fehlerstrom-Schutzeinrichtung FI)

Sie ist als Ergänzung von Schutzmaßnahmen gegen direktes Berühren anzusehen. Die Verwendung von **Fehlerstrom-Schutzeinrichtungen** mit einem Nennfehlerstrom von ≤ **30 mA** kann zusätzlich ein gewisser Schutz beim Berühren aktiver Teile sein. Sie wird nicht als alleiniges Mittel des Schutzes anerkannt.
Diese FI-Schutzeinrichtungen schalten schnell (< 0,2 s) ab, die Loslaßstromgrenze und vor allem die Grenze für Herzkammerflimmern werden nicht erreicht, siehe Bild 4.
Diese Schutzmaßnahme wird dort angewendet, wo z. B. durch Unachtsamkeit mit direktem Berühren gerechnet werden kann, z. B. bei Experimentier- und Prüfplätzen. Nach DIN VDE 0100 Teil 739:1989-06 wird diese Schutzmaßnahme in Wohnungen z. B. für die Küche und den Hobbyraum empfohlen. Die Unfallstatistik zeigt, daß dort gelegentlich beschädigte Betriebsmittel von Laien verwendet werden.

---

*) international: **R**esidual **C**urrent protective **D**evice

6 Schutz gegen elektrischen Schlag unter Fehlerbedingungen (bis 1996 Schutz bei indirektem Berühren oder Fehlerschutz)

Als Schutz bei **indirektem Berühren** sind in elektrischen Anlagen im gesamten Umfang allgemeine Maßnahmen nach Abschnitt 6.1 „Schutz durch Abschaltung oder Meldung" notwendig, die einen Schutzleiter erfordern.
Die Schutzmaßnahmen „Schutzkleinspannung" nach Abschnitt 4.1, „Schutzisolierung" nach Abschnitt 6.2 und „Schutztrennung" nach Abschnitt 6.5 dürfen in jeder elektrischen Anlage, meist in einem kleinen Teil, angewendet werden. Für besondere Fälle sind sie zwingend erforderlich.
Die Schutzmaßnahmen nach Abschnitt 6.3 „Nichtleitende Räume" und Abschnitt 6.4 „Erdfreier örtlicher Potentialausgleich" dürfen nur dort angewendet werden, wo Schutzmaßnahmen nach Abschnitt 6.1 „Schutz durch Abschaltung oder Meldung" nicht durchgeführt werden können oder nicht zweckmäßig sind.

6.1 Schutz durch Abschaltung oder Meldung – Schutzmaßnahmen in den drei Netzsystemen

Netzsystem und Schutzeinrichtung ergeben in ihrer Zuordnung eine Schutzmaßnahme. In jedem Netzsystem sind mehrere Schutzmaßnahmen möglich, dies zeigt **Bild 13**.
Danach sind im TN-System und TT-System zwei und im IT-System drei Schutzmaßnahmen möglich, insgesamt also sieben. In DIN VDE 0100:1973-05 waren es fünf Schutzmaßnahmen. Die alten Bezeichnungen der Schutzmaßnahmen sind in Bild 13 in Klammern eingetragen.

6.1.1 Allgemeines, Schutzleiter

Die Schutzmaßnahme durch **Abschaltung oder Meldung** erfordert eine Koordinierung von:

- Netzsystemen nach Abschnitt 3 und
- Schutzeinrichtungen nach Abschnitt 6.1.7.

Es ist grundsätzlich die Verwendung **eines Schutzleiters erforderlich**, an den alle Körper angeschlossen sein müssen. Der Schutzleiter und der PEN-Leiter sind nach DIN VDE 0100 Teil 540 zu bemessen, siehe **Tabelle 13**.
Eine Schutzeinrichtung muß den zu schützenden Teil der Anlage im Fehlerfall innerhalb der vorgegebenen Zeit nach den folgenden Bedingungen abschalten, damit keine zu hohe Berührungsspannung bestehen bleiben kann.

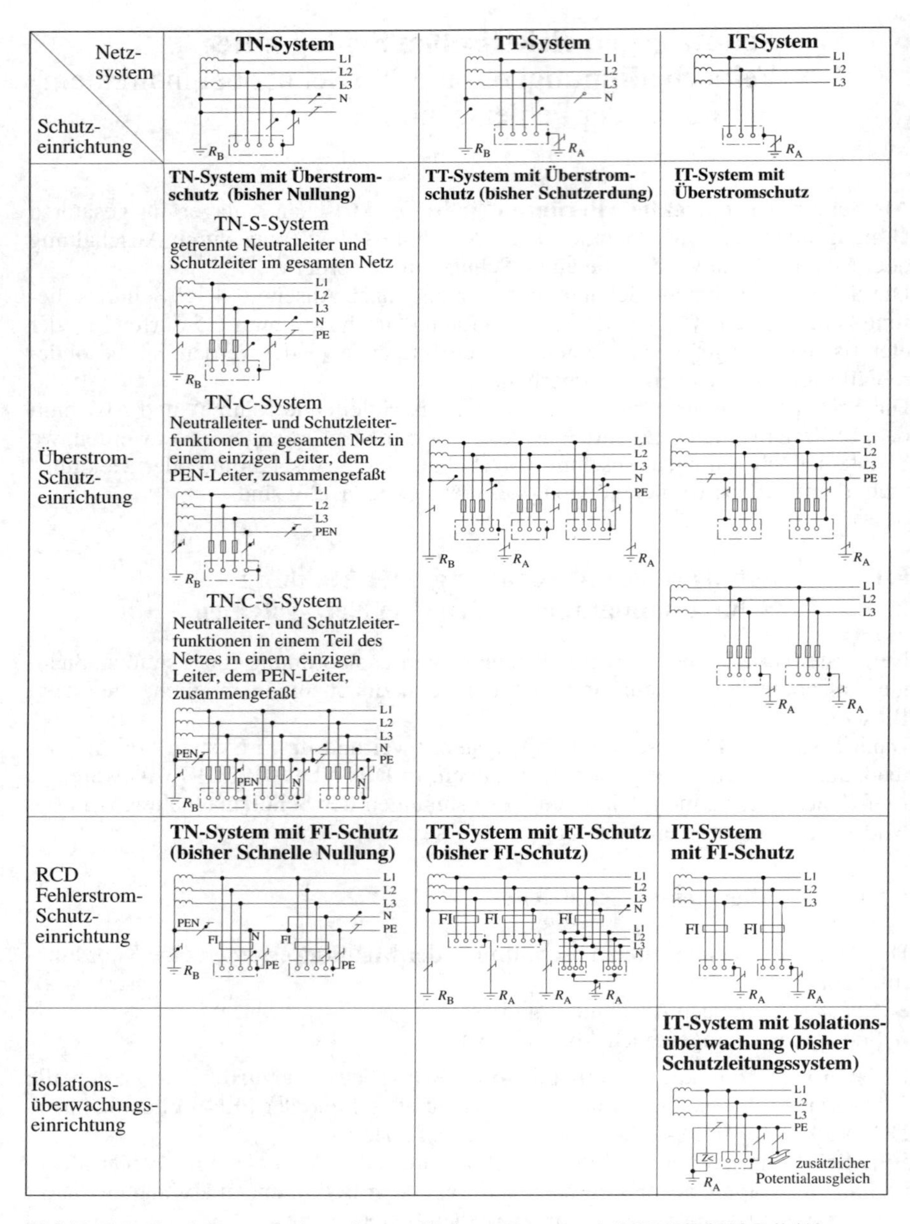

Bild 13 Zulässige Schutzmaßnahmen in verschiedenen Netzen nach DIN VDE 0100 Teil 410

Außenleiter mm²	Schutzleiter oder PEN-Leiter[1]				Schutzleiter[2], getrennt verlegt		
	isolierte Starkstromleitungen PE	PEN	0,6/1-kV-Kabel mit vier Leitern PE	PEN	PE geschützt		PE ungeschützt[3] Cu
					Cu	Al	
	mm²	mm²	mm²	mm²	mm²	mm²	mm²
bis 0,5	0,5	–	–	–	2,5	4	4
0,75	0,75	–	–	–	2,5	4	4
1	1	–	–	–	2,5	4	4
1,5	1,5	–	1,5	–	2,5	4	4
2,5	2,5	–	2,5	–	2,5	4	4
4	4	–	4	–	4	4	4
6	6	–	6	–	6	6	6
10	10	10	10	10	10	10	10
16	16	16	16	16	16	16	16
25	16	16	16	16	16	16	16
35	16	16	16	16	16	16	16
50	25	25	25	25	25	25	25
70	35	35	35	35	35	35	35
95	50	50	50	50	50	50	50
120	70	70	70	70	70	70	70
150	70	70	70	70	70	70	70
185	95	95	95	95	95	95	95
240	–	–	120	120	120	120	120
300	–	–	150	150	150	150	150
400	–	–	200	200	200	200	200

1) PEN-Leiter ≥ 10 mm² Cu oder ≥ 16 mm² Al, nach Abschnitt 6.1.3
2) Ab einem Querschnitt des Außenleiters von ≥ 95 mm² Cu vorzugsweise blanke Leiter anwenden
3) Ungeschütztes Verlegen von Leitern aus Aluminium ist nicht zulässig

Tabelle 13 Zuordnung der Mindest-Nennquerschnitte von Schutzleitern zum Nenn-Querschnitt der Außenleiter (abgeleitet aus DIN VDE 0100 Teil 440: 1991-11)

Abschaltung ist im **TN- und TT-System** erforderlich. Im **IT-System** genügt beim ersten Erdschluß eines Außenleiters eine **Meldung**.
Die international vereinbarte Grenze für die dauernd zulässige Berührungsspannung beträgt bei Wechselspannung U_L = 50 V, bei Gleichspannung U_L = 120 V. Für besondere Anwendungsfälle werden gegebenenfalls niedrigere Werte gefordert (siehe auch Abschnitt 1.3).
Die alte VDE 0100:1973-05 gibt hierfür eine maximal zulässige Berührungsspannung von 65 V an. Sie gilt für Anlagen, die vor November 1985 in Betrieb genommen worden sind.

Für die Mindestquerschnitte von Schutzleitern gibt DIN VDE 0100 Teil 540: 1991-11 Werte an, wie sie in Tabelle 13 aufgezeigt sind. Sie sind für Querschnitte bis 95 mm^2 identisch mit den Werten der Tabelle 9-2 aus VDE 0100:1973-05.
Fremde leitfähige Teile (außer Metallschläuche) dürfen als PE-Leiter, nicht aber als PEN-Leiter verwendet werden. Der PEN-Leiter muß zur Vermeidung von Streuströmen für die höchste zu erwartende Spannung isoliert werden.
Innerhalb von Schaltanlagen braucht der PEN-Leiter nicht isoliert zu sein. Ein gemeinsamer Leiter für N und PE, **ein PEN-Leiter, darf erst ab $\geq$ 10 mm^2 Cu** oder **$\geq$ 16 mm^2 Al** verlegt werden. Ungeschütztes Verlegen von Leitern aus Aluminium ist nicht zulässig.
Ab einem Querschnitt des Außenleiters von $\geq$ 95 mm^2 Cu sind für PE- und PEN-Leiter vorzugsweise blanke Leiter anzuwenden.
Als PE-Leiter (nicht PEN) dürfen auch folgende Teile verwendet werden:

- Metallumhüllungen oder Metallrohre, z. B. Mäntel, Schirme, Bewehrungen für Leiter,
- fremde, leitfähige Teile, Konstruktionsteile, außer Gasrohre.

Die Teile müssen in ihrem Verlauf feste Verbindungen haben, und ihre Leitfähigkeit muß den Querschnitten nach Tabelle 13 entsprechen.

6.1.2 Hauptpotentialausgleich

Bei jedem Hausanschluß oder jeder gleichwertigen Versorgungseinrichtung muß ein Hauptpotentialausgleich die folgenden leitfähigen Teile miteinander verbinden:

- Hauptschutzleiter,
- Fundamenterder,
- Haupterdungsleiter,
- Antennenanlage,
- Blitzschutzerder,
- Fernmeldeanlage,
- Hauptwasserrohre,
- Heizungsanlage,
- Hauptgasrohre,
- Klimaanlage,
- andere metallene Rohrsysteme, z. B. Druckluftanlage, Metallteile der Gebäudekonstruktion, soweit möglich. Siehe auch Abschnitt 7.3 und Bild 20.

	Hauptpotentialausgleich	**zusätzlicher Potentialausgleich**	
normal	0,5 × Querschnitt des Hauptschutzleiters	zwischen zwei Körpern	1 × Querschnitt des kleineren Schutzleiters
		zwischen einem Körper und einem fremden leitfähigen Teil	0,5 × Querschnitt des Schutzleiters
mindestens	6 mm^2 Cu oder gleichwertiger Leitwert	bei mechanischem Schutz	2,5 mm^2 Cu 4 mm^2 Al
		ohne mechanischen Schutz	4 mm^2 Cu
mögliche Begrenzung	25 mm^2 Cu oder gleichwertiger Leitwert	–	–

Tabelle 14 Querschnitte für Potentialausgleichsleiter nach DIN VDE 0100 Teil 540

Der Hauptpotential-Ausgleichsleiter wird nach DIN VDE 0100 Teil 540 bemessen (**Tabelle 14**).
Für die Querschnitte der zusätzlichen Potentialausgleichsleiter werden weiterhin in DIN VDE 0100 Teil 540 Werte angegeben (Tabelle 14).
Hauptschutzleiter im Sinne dieser Festlegungen ist der:

- von der Stromquelle kommende oder
- vom Hausanschlußkasten oder dem Hauptverteiler abgehende Schutzleiter.

Ungeschützte Verlegung von Leitern aus Aluminium ist nicht zulässig.
Für die Überbrückung von Wasserzählern gilt bei Cu-Seil ein Querschnitt von 16 mm^2.

6.1.3 Schutzmaßnahmen im TN-System

Im **TN-System** ist die Verwendung folgender Schutzeinrichtungen zulässig (Bild 13):

- **Überstrom-Schutzeinrichtung** nach Abschnitt 6.1.7,
- **Fehlerstrom-Schutzeinrichtungen** nach Abschnitt 6.1.7.

In dem Teil eines TN-Systems, in dem Neutralleiter und Schutzleiter bereinigt sind (TN-C-System), muß der Schutz durch Überstrom-Schutzeinrichtungen gesichert werden. Üblicherweise ist in diesem Netz der Sternpunkt geerdet, siehe auch Bild 13. Im TN-System darf bei fester Verlegung und einem Leiterquerschnitt ab 10 mm^2 Cu oder 16 mm^2 Al ein gemeinsamer Leiter (PEN-Leiter, TN-C-System) verwendet werden, siehe Tabelle 13. Im TN-System ist der Schutz durch Abschaltung gefordert.

6.1.3.1 TN-System mit Überstromschutz (früher Nullung)

Überstrom-Schutzeinrichtungen und Querschnitte der Leiter müssen so gewählt werden, daß beim Auftreten eines Körperschlusses mit vernachlässigbarer Impedanz der **Abschaltstrom** I_a innerhalb der nachstehend geforderten Zeit erreicht wird. Damit wird gewährleistet, daß die Anlage im Störungsfall innerhalb einer gewissen Zeit abschaltet.

Dieser Forderung ist entsprochen, wenn folgende Bedingung erfüllt ist:

$$Z_s \cdot I_a \leq U_0. \tag{2}$$

Darin sind:

Z_s Impedanz der Fehlerschleife, die aus der Stromquelle, dem aktiven Leiter bis zum Fehlerort und dem Schutzleiter zwischen dem Fehlerort und der Stromquelle besteht.

I_a Strom, der das automatische Abschalten der Schutzeinrichtung innerhalb der in **Tabelle 15a** angegebenen Zeit bewirkt, und zwar für ortsveränderliche Betriebsmittel der Schutzklasse I und Steckdosen, wo solche angeschlossen werden können. Wenn eine RCD verwendet wird, entspricht I_a dem Bemessungs-Differenzstrom $I_{\Delta n}$.

U_0 Nennwechselspannung (effektiv) gegen Erde.

U_0*) in V	Abschaltzeit in s
Endstromkreise für ortsveränderliche Betriebsmittel	
230	0,4
400	0,2
> 400	0,1
Endstromkreise mit ortsfesten Betriebsmitteln	≤ 5,0
*) Werte basieren auf IEC 60038:1983 „Normspannungen". *Anmerkung 1:* Für Spannungen, die innerhalb des Toleranzbands nach IEC 60038 liegen, gilt die Abschaltzeit der zugehörigen Nennspannung. *Anmerkung 2:* Für Zwischenwerte von Spannungen ist der nächsthöhere Spannungswert aus der Tabelle zu verwenden.	

Tabelle 15a Nennspannungen und maximale Abschaltzeiten für TN-Systeme mit Überstromschutz nach DIN VDE 0100 Teil ???

Die in Tabelle 15a festgelegten maximalen Abschaltzeiten erfüllen die Forderungen für Endstromkreise, die über Steckdosen oder festen Anschluß Handgeräte der Schutzklasse I oder ortsveränderliche Betriebsmittel der Schutzklasse I versorgen.

Für Endstromkreise, die nur ortsfeste Betriebsmittel versorgen, ist eine Abschaltzeit von **≤ 5 s** erlaubt, und zwar unter der Voraussetzung, daß für diese Endstromkreise eine der folgenden Bedingungen a) oder b) erfüllt ist:

a) Die Impedanz des Schutzleiters Z_{PEo} zwischen der Verteilung und dem Punkt, an dem der Schutzleiter mit dem Hauptpotentialausgleich verbunden ist (Zuleitung), überschreitet nicht:

$$Z_{PEo} = \frac{50\ V}{U_0} \cdot Z_S \approx \frac{50\ V}{I_a} \quad \text{(Näherung für } Z_{PEo} \ll Z_S\text{)} \tag{2a}$$

b) es ist ein Potentialausgleich an der Verteilung durchzuführen, in den die gleichen Arten von fremden leitfähigen Teilen wie beim Hauptpotentialausgleich örtlich einbezogen sind und der die Anforderungen nach Abschnitt 6.1.2 für den Hauptpotentialausgleich erfüllt.

Es gelten folgende Ausnahmen:

- Eine RCD darf in TN-C-Systemen nicht angewendet werden.
- Wenn eine RCD in TN-C-S-Systemen angewendet wird, darf auf der Lastseite der RCD ein PEN-Leiter nicht verwendet werden. Die Verbindung des Schutzleiters mit dem PEN-Leiter muß auf der Versorgungsseite der RCD hergestellt werden.

Um Selektivität zu erreichen, dürfen zeitverzögerte RCD, z. B. der Bauart [S], in Reihe mit RCD der allgemeinen Bauart verwendet werden.

Der Abschaltstrom I_a ist aus der Zeit-Strom-Kennlinie zu ermitteln, die in der VDE-Bestimmung oder in den Herstellerangaben der Überstrom-Schutzeinrichtung enthalten ist. In DIN VDE 0100 Teil 610:1994-04 gibt es hierfür Tabellen (siehe Tabelle 16).

Bei Verwendung einer Fehlerstrom-Schutzeinrichtung ist:

I_a der Nennfehlerstrom $I_{\Delta n}$,

U_0 Nennspannung gegen geerdeten Leiter.

Wenn die Bedingungen dieses Abschnitts nicht erfüllt werden können, ist ein „Zusätzlicher Potentialausgleich“ nach Abschnitt 6.1.6 erforderlich.
Der Schutz im **TN-System** durch Auslösung mit Hilfe einer **Überstrom-Schutzeinrichtung** entspricht der früheren **Nullung**. Die vorstehende Gl. (2a) ist eine Bemessungsgleichung für die Impedanz bzw. den Netzschleifenwiderstand. Sie entspricht auch der alten Forderung der „Ersten Nullungsbedingung“. Hier hat sich nichts geändert, es wird wie bisher gefordert:

$$Z_s \leq \frac{U_0}{I_a}. \qquad (3)$$

Diese Beziehung besagt, daß die Schleifenimpedanz bzw. der Netzschleifenwiderstand (Widerstand der Schleife: Schutzleiter-Außenleiter) so klein ist, daß der Auslösestrom der Überstrom-Schutzeinrichtung I_a ansteht.
Insofern hat sich gegenüber der alten Nullungsbedingung nichts geändert. Bezüglich der Bemessung des Auslösestroms I_a hat sich in DIN VDE 0100 Teil 410 sehr Wesentliches geändert.
Nach der alten Fassung wurde der Abschaltstrom aus dem Nennwert der Überstrom-Schutzeinrichtung ermittelt, es war:

$$I_a = k \cdot I_N. \qquad (4)$$

Für den *k*-Faktor gab es eine Tabelle, aus der man entsprechend der Überstrom-Schutzeinrichtung den Faktor entnehmen konnte. Er lag zwischen 1,25 und 5 (**Tabelle 15b**).
Die meisten Überstrom-Schutzeinrichtungen wurden mit dem Faktor $k = 3{,}5$ bemessen. Für eine 16-A-Sicherung ergibt sich damit ein Auslösestrom I_a von 56 A. Dies ergibt nach vorstehender Gl. (4) bei einer Betriebsspannung von 220 V einen Schleifenwiderstand von 3,9 Ω, der im allgemeinen gut erreicht wird. Dies entspricht bei einem Leitungsquerschnitt von 1,5 mm² Cu einer Länge von 328 m, d. h. 147 m Entfernung vom Hauptanschluß, wenn wir dessen Schleifenwiderstand mit 0,4 Ω annehmen.
In der neuen Norm (DIN VDE 0100 Teil 410) wird kein *k*-Faktor mehr angegeben (der Buchstabe *k* wird in DIN VDE 0100 Teil 430 für eine andere Größe benutzt). Der Auslösestrom muß aus der Strom-Zeit-Kennlinie der Überstrom-Schutzeinrichtung entnommen werden, und zwar für die Zeit von 0,1 s bis 5 s nach Tabelle 15a.
Aus den Kennlinien in **Bild 14** und **Bild 15** kann man für die entsprechenden Überstrom-Schutzeinrichtungen die Auslöseströme I_a bei den jeweiligen Zeiten entnehmen. Die Auslöseströme I_a für Leitungsschutzschalter (Automaten) erhalten wir aus den Auslösekennlinien von **Bild 16**.
Das Arbeiten mit solchen Kennlinien dürfte in der Praxis nicht gut handhabbar sein. Deshalb sind in DIN VDE 0100 Teil 610 Tabellen aufgeführt, in denen für den jeweiligen Nennstrom I_n der Auslösestrom I_a und der Netzschleifenwiderstand R_{Sch} für

<table>
<tr><th rowspan="2">Art der Überstrom-Schutzeinrichtung</th><th colspan="4">Faktor k</th></tr>
<tr><th colspan="3">in Verbraucheranlagen (nach dem Hausanschlußkasten)</th><th>in Kabel- und Freileitungsnetzen einschließlich Hausanschlußkasten</th></tr>
<tr><td rowspan="3">Schmelzsicherungen nach DIN VDE 0635 und DIN VDE 0660 Teil 4</td><td rowspan="2">flink</td><td colspan="2">träge</td><td rowspan="3">2,5</td></tr>
<tr><td>bis 50 A</td><td>ab 63 A</td></tr>
<tr><td>3,5</td><td>3</td><td>5</td></tr>
<tr><td>Schutzschalter mit Kurzschluß-stromauslösung, kurzverzögert nach VDE 0660</td><td colspan="4">1,25*)</td></tr>
<tr><td>LS-Schalter des Typs L nach DIN VDE 0641</td><td colspan="3">3,5</td><td>2,5</td></tr>
<tr><td colspan="5">*) Hier ist $I_A = 1{,}25\ I_E$ eingestellter Strom (Ansprechstrom) der Kurzschlußstromauslösung.
Anmerkung: Typ H ist nach DIN VDE 0641:1979-07 für Neuanlagen nicht mehr zulässig. Für diesen wurde k mit 2,5 angegeben.</td></tr>
</table>

Tabelle 15b *k*-Faktor verschiedener Überstrom-Schutzeinrichtungen nach der alten Fassung DIN VDE 0100:1973-05. Zuordnung des mindest geforderten Abschaltstroms $I_a = k \cdot I_n$ zum Nennstrom I_n der Überstrom-Schutzeinrichtung.

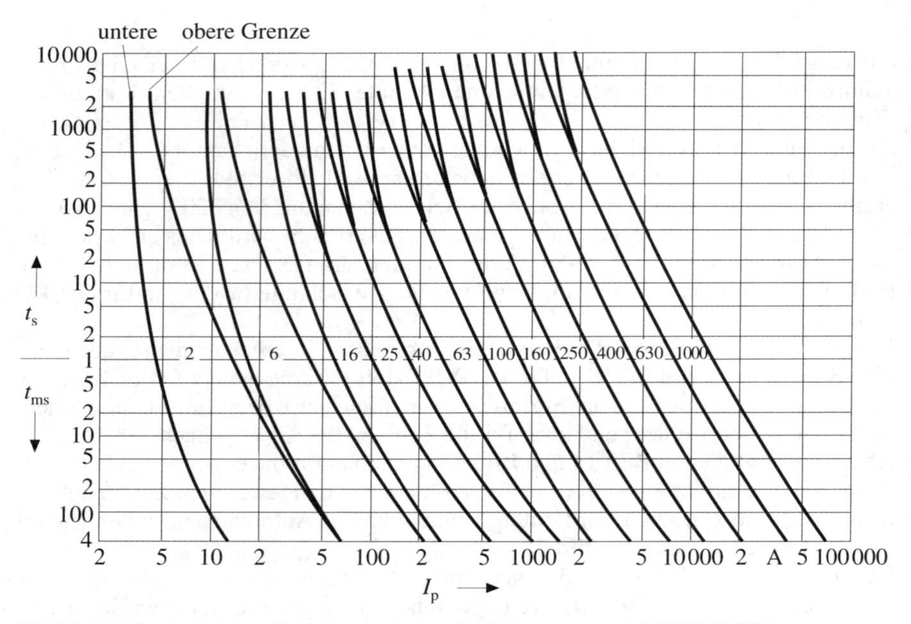

Bild 14 Zeit-Strom-Bereiche für Leitungsschutz-(gL-)Sicherungen nach DIN VDE 0636

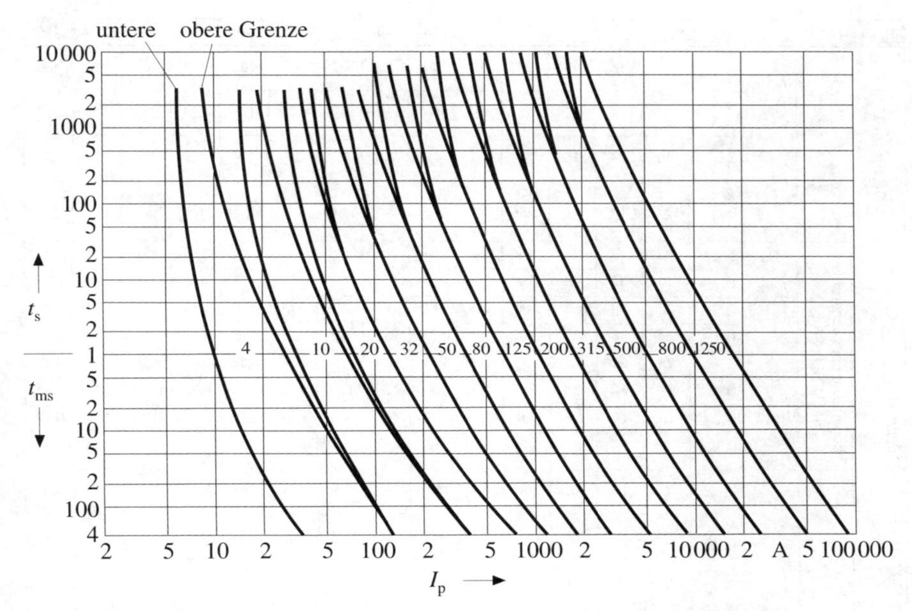

Bild 15 Zeit-Strom-Bereiche für Leitungsschutz-(gL-)Sicherungen nach DIN VDE 0636

0,2 s bzw. 5 s angegeben wird. Der Autor hat hier die Werte für die Zeiten von 0,4 s und 0,1 s ergänzt.

Tabelle 16a zeigt die Auslöseströme für verschiedene Überstrom-Schutzeinrichtungen. Vergleichsweise sind hierzu noch die Werte nach der alten Norm angegeben. In Tabelle 16a sind auch die entsprechenden Netzschleifenwiderstände für eine Betriebsspannung von 230 V errechnet. Ähnliche Tabellen der Hersteller von Prüfgeräten berücksichtigen manchmal noch die Genauigkeit der Meßgeräte und geben niedrigere Werte an.

Bei Leitungsschutzschaltern können die Werte in Tabelle 16a für die überschlägige Prüfung mit hinreichender Genauigkeit verwendet werden:

Nach Gl. (3) ist streng genommen die Schleifenimpedanz maßgebend. Jedoch erst bei Widerständen < 0,1 Ω wird die Schleifenimpedanz Z_S größer als der Schleifenwiderstand $R_S = R_{Sch}$ sein. Der induktive Anteil bei einem Kabel oder einer Leitung von 100 m Länge beträgt bei 50 Hz und den hier entsprechenden Querschnitten etwa 25 mΩ, das ergibt bei einem Schleifenwiderstand von 0,1 Ω einen Fehler von 3 %, d. h., erst bei Nennwerten über 160 A ist der induktive Anteil zu berücksichtigen, siehe Gl. (3c).

Für **Leitungsschutzschalter** mit Charakteristik B gilt für $I_a = 5 \cdot I_n$; der Schwellenwert des Magnetauslösers muß erreicht werden. Dieser ist für die Forderung nach

I_n in A				2	4	6	10	13	16	20	25	35	50	63	80	100	160
VDE 0100:1973-03	alte Fassung bis 1985-11	I_a in A	$k =$ 2,5	5	10	15	25	32	40	50	62	87	125	157	200	250	400
			$k =$ 3,5	7	14	21	35	45	56	70	87	122	175	220	280	350	560
		R_{Sch} in Ω	$k =$ 2,5	46	23	15	9	7,2	5,8	4,6	3,7	2,6	1,8	1,5	1,2	0,92	0,57
			$k =$ 3,5	33	16	11	6,6	5,1	4,1	3,3	2,6	1,9	1,3	1,1	0,8	0,7	0,41
DIN VDE 0100 Teil 410:1997-01 und Teil 610:1994-04 neue Fassung ab 1985-11	Niederspannungssicherungen gL DIN VDE 0636	I_a in A	5 s	9,2	19	28	46	60	70	85	118	173	260	350	452	573	995
			0,4 s	16	32	48	79	101	123	156	213	316	479	622	828	1070	1720
			0,2 s	20	40	60	100	120	148	191	250	375	578	750	990	1310	2080
			0,1 s	24	46	73	120	152	181	238	305	453	686	888	1150	1530	2640
		R_{Sch} in Ω	5 s	25	12	8,2	5	3,8	3,3	2,7	1,9	1,3	0,88	0,65	0,50	0,4	0,23
			0,4 s	14	7,2	4,8	2,8	2,3	1,87	1,47	1,08	0,72	0,48	0,37	0,28	0,22	0,13
			0,2 s	20	10	6,6	4,0	3,3	2,7	2,1	1,6	1,06	0,69	0,53	0,40	0,30	0,19
			0,1 s														
	Leitungsschutzschalter DIN VDE 0641	$3 \times I_n$	I_a in A	6	12	18	30	39	48	60	75	105	150	189	240	300	480
			R_{Sch} in Ω	38	19	12	7,7	5,9	4,8	3,8	3,0	2,2	1,5	1,2	0,98	0,76	0,48
		$5 \times I_n$	I_a in A	10	20	30	50	65	80	100	125	175	250	315	400	500	800
			R_{Sch} in Ω	23	11,5	7,6	4,6	3,5	2,9	2,3	1,9	1,31	0,92	0,73	0,57	0,46	0,28
		$10 \times I_n$	I_a in A	20	40	60	100	130	160	200	250	350	500	630	800	1000	1600
			R_{Sch} in Ω	11	5,7	3,8	2,3	1,77	1,43	1,15	0,92	0,65	0,46	0,36	0,28	0,23	0,14
		$15 \times I_n$	I_a in A	30	60	90	150	195	240	300	375	525	750	945	1200	1500	2400
			R_{Sch} in Ω	7,6	3,8	2,5	1,53	1,04	0,95	0,76	0,61	0,43	0,3	0,24	0,19	0,15	0,09
		$20 \times I_n$	I_a in A	40	80	120	200	260	320	400	500	700	1000	1260	1600	2000	3200
			R_{Sch} in Ω	5,7	2,9	1,9	1,15	0,88	0,71	0,57	0,41	0,32	0,23	0,18	0,14	0,11	0,07

Tabelle 16a Abschaltströme I_a der Überstrom-Schutzeinrichtungen und maximal zulässige Schleifenwiderstände R_{Sch} der Leitungen, bei Schutzmaßnahme TN-System mit Überstromschutz, für Nennspannung von 230 V~, für verschiedene Nennwerte I_n nach alter Forderung ($I_a = k \cdot I_n$) und neuer Festlegung, für verschiedene Abschaltzeiten nach Tabelle 15a. Berechnet wurde R_{Sch} bei 0,4 s und 5 s für 230 V und bei 0,2 s für 400 V.

$I_a = 3 \cdot I_n$ für LS-Schalter nach Siemens-Liste mit Charakteristik A oder nach ABB-Stotz-Liste mit Charakteristik Z,

$I_a = 5 \cdot I_n$ für LS-Schalter nach Normen der Reihe DIN VDE 0641 mit Charakteristik B, früher L,

$I_a = 10 \cdot I_n$ für LS-Schalter nach Normen der Reihe DIN VDE 0641 mit Charakteristik C, früher G und U; Leistungsschalter nach DIN VDE 0660 Teil 101 bei entsprechender Einstellung,

$I_a = 15 \cdot I_n$ für Motorstarter nach DIN VDE 0660 Teil 102; Leistungsschalter nach DIN VDE 0660 Teil 101 bei entsprechender Einstellung, LS-Schalter nach DIN VDE 0660 mit Charakteristik K,

$I_a = 20 \cdot I_n$ für LS-Schalter nach Normen der Reihe DIN VDE 0641 mit Charakteristik D.

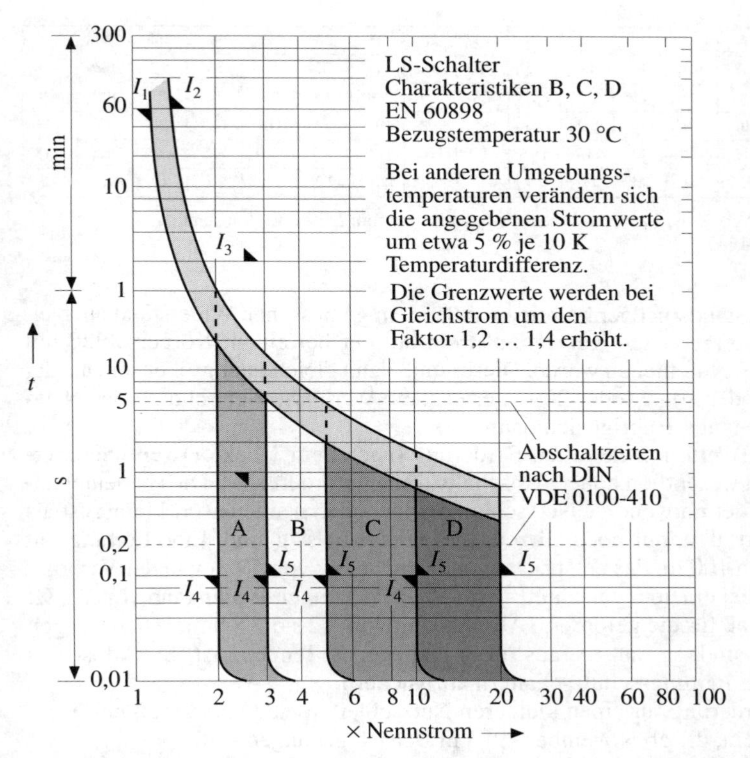

Bild 16 Auslösekennlinien von Leitungsschutzschaltern mit Wechselstrom der Auslösecharakteristiken A, B, C und D gemäß DIN VDE 0641 Teil 11:1992-08. Die Charakteristik A (auch Z) wird in der Norm nicht genannt, aber von verschiedenen Herstellern geliefert, sie entspricht etwa der früheren Charakteristik H.

0,2 s bzw. 5 s Abschaltzeit gleich, die Auslösezeit beträgt dann sogar weniger als 10 ms (siehe Bild 16). Ähnliches gilt für die Charakteristiken C und D. Der Schwellenwert des Magnetauslösers ist jedoch bei C mit $I_a = 10 \cdot I_n$ und bei D mit $I_a = 20 \cdot I_n$ gegeben. Die Multiplikation mit 5 und 10 ist leicht im Kopf möglich, so daß man für die Leitungsschutzschalter auf die Tabelle verzichten kann, da die Schleifenwiderstandsmeßgeräte außer R_{Sch} auch den zu erwartenden Kurzschlußstrom nach der Gleichung $I_a = 230\ V/R_{Sch}$ anzeigen.

Bei **Schmelzsicherungen** kann für genaue Betrachtungen die Tabelle 16a herangezogen werden. Angenähert kann man aber, wie aus **Tabelle 16b** zu erkennen ist, annehmen: für 0,2 s $I_a \approx 10 \cdot I_n$; für 5 s $I_a \approx 5 \cdot I_n$.

Damit läßt sich auch für Schmelzsicherungen der erforderliche Abschaltstrom I_a leicht errechnen, und man kann auf Tabelle 16a weitgehend verzichten. Die neueren

I_n in A	2	4	6	10	13	16	20	25	35	50	63	80	100	160	
V_{I1}, 5 s	4,6	4,8	4,7	4,7	4,6	4,5	4,4	4,8	4,9	5,2	5,8	5,7	5,7	6,2	≈ 5
V_{I2}, 0,4 s	8	8	8	7,9	7,7	7,7	7,8	8,5	9,0	9,3	9,8	10	10,7	10,7	≈ 8
V_{I3}, 0,2 s	10	10	10	10	9,2	9,3	9,6	10,8	10,5	11,6	11,9	12,3	13,1	13	≈ 10
V_{I4}, 0,1 s	12	11,5	12,1	12	11,7	11,3	11,9	12,2	12,9	13,7	13,9	14,3	15,3	16,5	≈ 13
V_{I1}/V_{I2}	2,2	2,1	2,1	2,1	2,0	2,1	2,2	2,2	2,1	2,2	2,1	2,1	2,3	2,1	≈ 2

Tabelle 16b Das Verhältnis V_I = Abschaltstrom I_a zu Nennstrom I_n ist etwa konstant. Werte aus Tabelle 16a.

Schleifenwiderstandsmeßgeräte zeigen außer dem gemessenen Widerstand auch einen für 230 V errechneten Kurzschlußstrom an, der bei einem Körperschluß mit dem Widerstand Null fließen würde. Dieser muß dann gleich oder größer sein als der aus $I_a = 5 \cdot I_n$ oder $10 \cdot I_n$ oder $20 \cdot I_n$ errechnete Wert. Die Betrachtung des Netzschleifenwiderstands erübrigt sich dann.

Wenn man die Werte mit der alten Forderung (nach dem k-Faktor) vergleicht, erkennt man, daß wesentlich höhere Abschaltströme gefordert sind. Dies bedeutet andererseits, daß der notwendige Netzschleifenwiderstand nennenswert kleiner ist als bisher gefordert, d. h. nur noch kürzere Leitungen zulässig sind. Eine Leitung mit einer Länge von 100 m, das entspricht einer Entfernung von 50 m von der Verbraucherstelle, hat bei einem Querschnitt von 1,5 mm^2 Cu einen Widerstand von 1,2 Ω. Man erkennt, daß für die geforderte Abschaltzeit von 0,2 s die Schmelzsicherungen meist zu träge sind, so daß hieraus die grundlegende Tendenz ist, Steckdosen in Zukunft nur mit Leitungsschutzschaltern abzusichern.

Diese harte Forderung für einen kleineren Netzschleifenwiderstand muß bei Anlagen realisiert sein, die ab November 1985 in Betrieb gegangen sind.

In Gl. (3) wird allgemein eine Forderung nach niedriger Schleifenimpedanz Z_s gestellt, die sich komplex aus dem ohmschen Widerstand R_{Sch} und dem induktiven Anteil ωL zusammensetzt. Eine Kapazität ist praktisch in jedem Fall zu vernachlässigen. Die Induktivität hat erst bei größeren Leitungsquerschnitten Bedeutung. Allgemein gilt für den Zeiger der Impedanz:

$$\underline{Z}_S = R_{Sch} + j\,\omega\,L \tag{3a}$$

und für den Betrag des Scheinwiderstands:

$$Z_S = \sqrt{R_{Sch}^2 + (\omega\,L)^2}\,. \tag{3b}$$

Für das Verhältnis von Z_S zu R_{Sch} ergibt sich:

$$\frac{Z_S}{R_{Sch}} = \sqrt{1 + \left(\frac{\omega\,L}{R_{Sch}}\right)^2}\,. \tag{3c}$$

Bei einer Leitungslänge von 100 m und einer Frequenz von 50 Hz beträgt der induktive Anteil ωL etwa 25 mΩ. Bei einem Schleifenwiderstand von 0,1 Ω, wie er etwa in Tabelle 16a als minimal auftritt, ergibt sich dann nach Gl. (3c) ein Verhältnis von 1,03, d. h. ein Fehler von 3 %. Bei ωL = 50 mΩ und R_{Sch} = 0,1 Ω ergibt sich ein Verhältnis von 1,118, d. h. ein Fehler von 11,8 %.
Die in Tabelle 33 aufgezeigten Meßgeräte zum Preis von etwa 500 DM bis 2000 DM messen nur den ohmschen Anteil, mit einer zuverlässigen Anzeige ab etwa 0,3 Ω. Die Geräte zum Preis von etwa 5000 DM bis 20000 DM messen die Impedanz und zeigen teilweise den Phasenwinkel an. Der Meßbereich liegt um ein bis zwei Dekaden niedriger im mΩ-Bereich.

6.1.3.2 TN-System mit Fehlerstromschutz FI (RCD)) (früher schnelle Nullung)*

Diese Schutzmaßnahme wird angewendet, wenn entweder die Kurzschlußstrombedingung nach Gl. (2) bzw. die Werte von Tabelle 16a nicht erreicht werden, oder wenn bei gefährdeten Betriebsstätten Fehlerstromschutz, meist 30 mA, gefordert wird (z. B. Betriebsstätten nach DIN VDE 0100 Teil 701 bis 739). Der Auslösestrom ist gleich dem Fehlernennstrom: $I_a = I_{\Delta N}$. Er ist im Verhältnis zu den geforderten Werten in Tabelle 16a sehr klein. Der Kurzschlußstrom, wie bei Überstromschutz, braucht nicht gemessen zu werden. Es ist hierfür eine FI-Prüfung erforderlich, siehe Abschnitt 9.7.
Bei Verwendung von Fehlerstrom-Schutzeinrichtungen für die automatische Abschaltung brauchen die Körper nicht mit dem Schutzleiter des TN-Systems verbunden zu sein, sofern sie mit einem Erder verbunden sind, dessen Widerstand dem Ansprechstrom der Fehlerstrom-Schutzeinrichtungen entspricht (Tabelle 17). Der so geschützte Stromkreis ist dann als TT-System zu betrachten; es gelten die Bedingungen nach Abschnitt 6.1.4.
Ist kein getrennter Erder vorhanden, so müssen die Körper vor der Fehlerstrom-Schutzeinrichtung an die Schutzleiter des Netzes angeschlossen werden (TN-S-System ab dem Eingang des FI).
PEN-Leiter dürfen für sich allein nicht schaltbar sein. Sind sie zusammen mit den Außenleitern schaltbar, so muß das im PEN-Leiter liegende Schaltstück beim Einschalten vor- und beim Ausschalten nacheilen.

6.1.4 Schutzmaßnahmen im TT-System

Alle Körper, die durch eine Schutzeinrichtung gemeinsam geschützt sind, müssen durch Schutzleiter an einen gemeinsamen Erder angeschlossen werden. Gleichzeitig berührbare Körper müssen an denselben Erder angeschlossen werden.

---

*) international: **R**esidual **C**urrent protective **D**evice

Folgende Bedingung muß erfüllt sein:

$$R_A \cdot I_a \leq U_L. \tag{5}$$

Darin sind:

R_A Erdungswiderstand der Erder der Körper.

I_a Strom, der das automatische Abschalten der Schutzeinrichtung innerhalb 5 s bewirkt (Tabelle 16). Bei Verwendung einer Fehlerstrom-Schutzeinrichtung ist I_a der Nennfehlerstrom $I_{\Delta n}$.
Werden in besonderen Fällen Überstrom-Schutzeinrichtungen verwendet, muß auch im Neutralleiter eine Überstrom-Schutzeinrichtung vorgesehen werden, es sei denn, das Auftreten eines Fehlers mit vernachlässigbarer Impedanz an jeder beliebigen Stelle im Netz bewirkt das Ansprechen der zugehörigen Schutzeinrichtungen innerhalb von 0,2 s.
Die Überstrom-Schutzeinrichtung muß so beschaffen sein, daß der Neutralleiter in keinem Fall vor den Außenleitern ausgeschaltet wird.

U_L Vereinbarte Grenze der dauernd zulässigen Berührungsspannung nach Abschnitt 1.3.

Werden Fehlerspannungs-Schutzeinrichtungen verwendet, so soll R_A 200 Ω nicht überschreiten. Ein höherer Wert bis zu 500 Ω ist in Ausnahmefällen zulässig, wenn der Wert von 200 Ω, z. B. bei felsigem Boden, nicht eingehalten werden kann.

Im **TT-System** können, wie auch im Bild 13 gezeigt, folgende Schutzeinrichtungen verwendet werden:

- **Überstrom-Schutzeinrichtungen** nach Abschnitt 6.1.7,
- **Fehlerstrom-Schutzeinrichtungen** nach Abschnitt 6.1.7.

6.1.4.1 TT-System mit Überstromschutz (früher Schutzerdung)

Ein TT-System mit Überstrom-Schutzeinrichtung entspricht der alten Schutzmaßnahme Schutzerdung. Sie läßt sich praktisch schwer verwirklichen, da nach der vorstehenden Gl. (5) ein sehr kleiner Erdungswiderstand R_A gefordert wird.
Tabelle 16c zeigt für verschiedene Nennwerte der Überstrom-Schutzeinrichtungen den Abschaltstrom I_a und den erforderlichen Erdungswiderstand für $U_L = 50$ V.

Beispiel:

Für einen Nennstrom von 50 A und einen Auslösestrom I_a von 500 A bei einer zulässigen Berührungsspannung von 50 V ergibt sich ein geforderter Erdungswiderstand von 0,1 Ω, der im allgemeinen nur mit einer größeren Anzahl von Erdern erreicht werden kann.

			I_n in A	2	4	6	10	13	16	20	25	35	50	63
VDE 0100:1973-05	alte Fassung bis 11.85	I_a in A	$k = 2{,}5$	5	10	15	25	32	40	50	62	87	125	157
			$k = 3{,}5$	7	14	21	35	45	56	70	87	122	175	220
		R_A in Ω	$k = 2{,}5$	10	5	3,3	2	1,6	1,2	1	0,8	0,6	0,4	0,32
			$k = 3{,}5$	7,1	3,6	2,4	1,4	1,1	0,9	0,7	0,57	0,41	0,29	0,23
DIN VDE 0100 Teil 410:1997-01 und Teil 610:1994-04 neue Fassung ab 11.85	Niederspannungssicherungen gL DIN VDE 0636	I_a in A	5 s	9,2	19	,28	46	60	70	85	118	173	260	350
			0,4 s	16	32	48	79	101	123	156	213	316	479	622
			0,2 s	20	40	60	100	120	148	191	250	375	578	750
			0,1 s	24	46	73	120	152	181	238	305	453	686	880
		R_A in Ω	5 s	5,4	2,6	1,8	1,1	0,83	0,7	0,58	0,42	0,29	0,19	0,14
			0,4 s	3,1	1,6	1,1	0,6	0,49	0,40	0,32	0,23	0,16	0,10	0,08
			0,2 s	2,5	1,2	0,8	0,5	0,42	0,34	0,26	0,20	0,13	0,09	0,07
			0,1 s	2,1	1,1	0,7	0,4	0,33	0,27	0,21	0,16	0,11	0,07	0,06
	Leitungsschutzschalter DIN VDE 0641	$3 \times I_n$	I_a in A	6	12	18	30	39	48	60	75	105	150	189
			R_A in Ω	8,3	4,2	2,8	1,7	11,3	1,1	0,83	0,67	0,48	0,33	0,26
		$5 \times I_n$	I_a in A	10	20	30	50	65	80	100	125	175	250	315
			R_A in Ω	5	2,5	1,7	1	0,76	0,63	0,5	0,4	0,29	0,2	0,16
		$10 \times I_n$	I_a in A	20	40	60	100	130	160	200	250	350	500	630
			R_A in Ω	2,5	1,2	0,8	0,5	0,39	0,31	0,25	0,20	0,14	0,10	0,08
		$15 \times I_n$	I_a in A	30	60	90	150	195	240	300	375	525	750	945
			R_A in Ω	1,67	0,83	0,56	0,33	0,25	0,21	0,17	0,13	0,10	0,07	0,05
		$20 \times I_n$	I_a in A	40	80	120	200	260	320	400	500	700	1000	1260
			R_A in Ω	1,25	0,63	0,42	0,25	0,19	0,15	0,12	0,10	0,07	0,05	0,04

Tabelle 16c Abschaltströme I_a der Überstrom-Schutzeinrichtung und maximal zulässige Erdungswiderstände R_A, bei Schutzmaßnahme TT-System mit Überstromschutz für $U_L = 50$ V (bei $U_L = 25$ V darf R_A nur halb so groß sein) und für verschiedene Abschaltzeiten. Bei Leitungsschutzschaltern können für die überschlägige Prüfung mit hinreichender Genauigkeit verwendet werden:

$I_a = 3 \cdot I_n$ für LS-Schalter nach Siemens-Liste mit Charakteristik A oder nach ABB-Stotz-Liste mit Charakteristik Z,

$I_a = 5 \cdot I_n$ für LS-Schalter nach Normen der Reihe DIN VDE 0641 mit Charakteristik B, früher L,

$I_a = 10 \cdot I_n$ für LS-Schalter nach Normen der Reihe DIN VDE 0641 mit Charakteristik C, früher G und U; Leistungsschalter nach DIN VDE 0660 Teil 101 bei entsprechender Einstellung,

$I_a = 15 \cdot I_n$ für Motorstarter nach DIN VDE 0660 Teil 102. Leistungsschalter nach DIN VDE 0660 Teil 101 bei entsprechender Einstellung, LS-Schalter nach DIN VDE 0660 mit Charakteristik K,

$I_a = 20 \cdot I_n$ für LS-Schalter nach Normen der Reihe DIN VDE 0641 mit Charakteristik D.

6.1.4.2 *TT-System mit Fehlerstromschutz FI (RCD) (früher FI-Schutzschaltung)*

Praktikabel und üblich ist im TT-System die Abschaltung mit Fehlerstrom-Schutzeinrichtung. Als Abschaltstrom gilt hier der Nenn-Fehlerstrom der FI-Schutzeinrichtung, der um etwa das Tausendfache niedriger liegt als der Abschaltstrom der Überstrom-Schutzeinrichtungen.

Die **Tabelle 17** zeigt für die gängigen Fehler-Nennströme $I_{\Delta n}$ die maximal zulässigen Erdungswiderstände R_A.

Je kleiner der Auslösestrom gewählt wird, desto weniger aufwendig wird der Erder, desto empfindlicher wird jedoch die Schutzschaltung und löst bereits bei relativ hochohmigen Fehlern (7,6 kΩ bei 230 V und 30 mA) aus.

Zeitpunkt	U_L	**Erder-widerstand in Ω**	$I_{\Delta n}$ **in mA =**				
			10	**30**	**100**	**300**	**500**
alte Forderung bis 1985-11	65 V	R_A	6500	2166	650	216	130
	24 V	R_A	2400	800	240	80	48
neue Forderung	50 V	R_A	5000	1666	500	166	100
	25 V	R_A	2500	833	250	83	50
[S]-Typen	50 V	R_A			250	83	50
	25 V	R_A			125	41	25

Tabelle 17 Maximal zulässige Erdungswiderstände $R_A = U_L/I_{\Delta n}$ des Anlagenerders im TT-System bei Verwendung der FI-Schutzeinrichtung mit verschiedenen Nenn-Auslöseströmen $I_{\Delta n}$. Für selektive FI-Schutzeinrichtungen mit Kennzeichen [S] darf R_A maximal nur halb so groß sein.

6.1.5 Schutzmaßnahmen im IT-System

IT-Systeme müssen entweder gegen Erde isoliert oder über eine ausreichend hohe Impedanz geerdet werden. Diese Impedanz kann zwischen Erde und dem Sternpunkt des Netzes oder einem künstlichen Sternpunkt liegen.
Der Fehlerstrom beim Auftreten nur eines Körper- oder Erdschlusses ist niedrig, eine Abschaltung ist nicht erforderlich. Es müssen jedoch Maßnahmen getroffen werden, um bei Auftreten eines weiteren Fehlers Gefahren zu vermeiden.
Kein aktiver Leiter der Anlage darf direkt geerdet werden.
Körper müssen einzeln, gruppenweise oder in ihrer Gesamtheit mit einem Schutzleiter verbunden werden.

Die folgende Bedingung muß erfüllt sein:

$$R_A \cdot I_d \leq U_L . \qquad (6)$$

Darin bedeuten:

R_A Erdungswiderstand aller mit einem Erder verbundenen Körper.

I_d Fehlerstrom im Falle des ersten Fehlers mit vernachlässigbarer Impedanz zwischen einem Außenleiter und dem Schutzleiter oder einem damit verbundenen Körper. Der Wert von I_d berücksichtigt die Ableitströme und die Gesamtimpedanz der elektrischen Anlage gegen Erde (siehe auch Abschnitt 6.6).

U_L Vereinbarte Grenze der dauernd zulässigen Berührungsspannung nach Abschnitt 3.1.

In der gesamten Anlage muß:

- entweder ein zusätzlicher Potentialausgleich nach Abschnitt 6.1.6 und eine Isolations-Überwachungseinrichtung nach Abschnitt 6.1.7 vorgesehen werden (dies ist der übliche Fall)
- oder es müssen die Bedingungen des Schutzes durch Überstromauslösung nach Gl. (2) erfüllt sein, um im Fall von zwei Fehlern das Bestehenbleiben von zu hohen Berührungsspannungen zu verhindern.

Nach dem Auftreten eines ersten Fehlers müssen folgende Bedingungen für die Abschaltung der Stromversorgung im Falle eines zweiten Fehlers erfüllt werden:

a) Wenn die Körper in Gruppen oder einzeln geerdet sind, gelten für den Schutz die Bedingungen wie in Abschnitt 6.1.4 für das TT-System angegeben.
b) Wenn die Körper untereinander über einen Schutzleiter gemeinsam geerdet sind, gelten die Bedingungen für das TN-System entsprechend Abschnitt 6.1.3.

Die folgende Bedingung muß erfüllt werden, wenn der Neutralleiter nicht mit verteilt wird:

$$Z_S \leq \frac{U}{2 \cdot I_a} \qquad (6a)$$

oder wo der Neutralleiter mit verteilt wird:

$$Z_S' \leq \frac{U_0}{2 \cdot I_a}. \qquad (6b)$$

Dabei sind:

U_0 Nennwechselspannung (effektiv) zwischen Außenleiter und Neutralleiter;

U Nennwechselspannung (effektiv) zwischen Außenleitern;

Z_s Impedanz der Fehlerschleife, bestehend aus dem Außenleiter und dem Schutzleiter des Stromkreises;

Z_s' Impedanz der Fehlerschleife, bestehend aus dem Neutralleiter und dem Schutzleiter des Stromkreises;

I_a Strom, der die Abschaltung des Stromkreises innerhalb der in Tabelle 17a angegebenen Zeit t, soweit anwendbar, oder für alle anderen Stromkreise innerhalb von 5 s bewirkt, sofern diese Abschaltzeit zugelassen ist, siehe Tabelle 17a und Folgetext.

Nennspannung der elektrischen Anlage U_0/U **in V**	**Abschaltzeit in s**	
	Neutralleiter nicht verteilt	**Neutralleiter verteilt**
230/400	0,4	0,8
400/690	0,2	0,4
580/1000	0,1	0,2
Anmerkung 1: Für Spannungen, die innerhalb des Toleranzbandes nach IEC 60038 liegen, gilt die Abschaltzeit für die zugehörige Nennspannung. Anmerkung 2: Für Zwischenwerte von Spannungen ist der nächsthöhere Spannungswert aus der Tabelle zu verwenden.		

Tabelle 17a Nennspannungen und maximale Abschaltzeiten für IT-Systeme (zweiter Fehler)

Wenn die vorstehenden Bedingungen bei Verwendung von Überstrom-Schutzeinrichtungen nicht erfüllt werden können, muß ein zusätzlicher Potentialausgleich entsprechend Abschnitt 6.1.6 angewendet werden. Alternativ ist der Schutz durch eine RCD für jedes Verbrauchsmittel vorzusehen.

Im **IT-System** dürfen folgende Schutzeinrichtungen verwendet werden:

- **Überstrom-Schutzeinrichtungen** nach Abschnitt 6.1.7,
- **Fehlerstrom-Schutzeinrichtung** nach Abschnitt 6.1.7,
- **Isolations-Überwachungseinrichtung** nach Abschnitt 6.1.7.

Der Normalfall ist die Isolations-Überwachungseinrichtung. Oft werden aber noch weitere Schutzformen überlagert, meist Überstrom-Schutzeinrichtung oder Fehlerstrom-Schutzeinrichtung, um im Fall des zweiten Fehlers einen Schutz zu haben. Die verwendeten Schutzeinrichtungen in ihren Schaltungen sind für das IT-System im Bild 13 gezeigt.
Die übliche Form ist das IT-System mit Isolationsüberwachung; in der alten Form war dies das Schutzleitungs-System. Dort wurde für den Erdungswiderstand 20 Ω gefordert. Für Ersatz-Stromversorgungsanlagen waren maximal 100 Ω zulässig (siehe Tabelle 24). In der neuen Forderung nach Gl. (5) werden im allgemeinen höhere Widerstandswerte für die Erdung zugelassen. Bei einem Fehlerstrom von $I_d = 0{,}1$ A (siehe auch Abschnitt 6.6 IT-System) und $U_L = 50$ V ist für R_A maximal 500 Ω zulässig.
Nach DIN VDE 0107 wird für medizinisch genutzte Räume der Klasse 2 (z. B. Operationssäle und Intensivstationen) das IT-System mit Isolationsüberwachung gefordert.

6.1.6 Zusätzlicher Potentialausgleich

Ein örtlicher sogenannter „**Zusätzlicher Potentialausgleich**" ist neben dem Hauptpotentialausgleich (Bild 20) nach Abschnitt 6.1.2 anzuwenden, wenn z. B. die festgelegten Bedingungen für das automatische Abschalten als Schutz bei indirektem Berühren nicht erfüllt werden können.
In den zusätzlichen Potentialausgleich müssen alle gleichzeitig berührbaren Körper ortsfester Betriebsmittel, Schutzleiteranschlüsse und alle fremden leitfähigen Teile einbezogen werden. Dies gilt auch für die Bewehrung der Stahl-Beton-Konstruktionen von Gebäuden, soweit dies durchführbar ist.
Bestehen Zweifel an der Wirksamkeit des zusätzlichen Potentialausgleichs, so ist nachzuweisen, daß der Widerstand zwischen gleichzeitig berührbaren Körpern untereinander sowie zwischen gleichzeitig berührbaren Körpern und fremden leitfähigen Teilen die folgende Bedingung erfüllt[*]:

$$R \leq \frac{U_L}{I_a}. \qquad (7)$$

Darin sind:
- R Widerstand zwischen Körpern und fremden leitfähigen Teilen, die gleichzeitig berührbar sind.
- U_L Vereinbarte Grenze der dauernd zulässigen Berührungsspannung nach Abschnitt 1.3.
- I_a Strom, der das automatische Abschalten der Schutzeinrichtung innerhalb der in Abschnitt 6.1.3 angegebenen Zeit bewirkt (Tabelle 16a).

6.1.7 Schutzeinrichtungen

Es dürfen vier verschiedene Schutzeinrichtungen angewendet werden (siehe auch Bild 13), die nachstehend aufgeführt sind:

Überstrom-Schutzeinrichtungen

Für den Schutz bei indirektem Berühren liegen die Kennwerte von Überstrom-Schutzeinrichtungen nach folgenden Normen zugrunde:

- Niederspannungssicherungen nach DIN VDE 0636,
- Gebäudeschutzsicherungen für den Hausgebrauch und ähnliche Zwecke nach DIN VDE 0820 Teil 1,
- Leitungsschutzschalter nach DIN VDE 0641,
- Leistungsschalter nach den Normen der Reihe DIN VDE 0660 Teil 101.

---

*) siehe auch Abschnitt 9.6

Die Überstrom-Schutzeinrichtungen haben eine doppelte Funktion:

- Abschalten bei geringer Überschreitung des Nennwerts I_N nach längerer Zeit, zum Schutz gegen zu hohe Erwärmung der Leitung.
- Abschalten bei 5- bis 12fachem Wert des Nennwerts I_N, beim Auslösestrom I_a nach 0,1 s; 0,2 s; 0,4 s bzw. 5 s, zum Schutz gegen zu hohe Berührungsspannungen.

Die nachstehende Anordnung zeigt die Zuordnung der einzelnen Ströme vom Betriebsstrom I_B bis zum Abschaltstrom I_a.

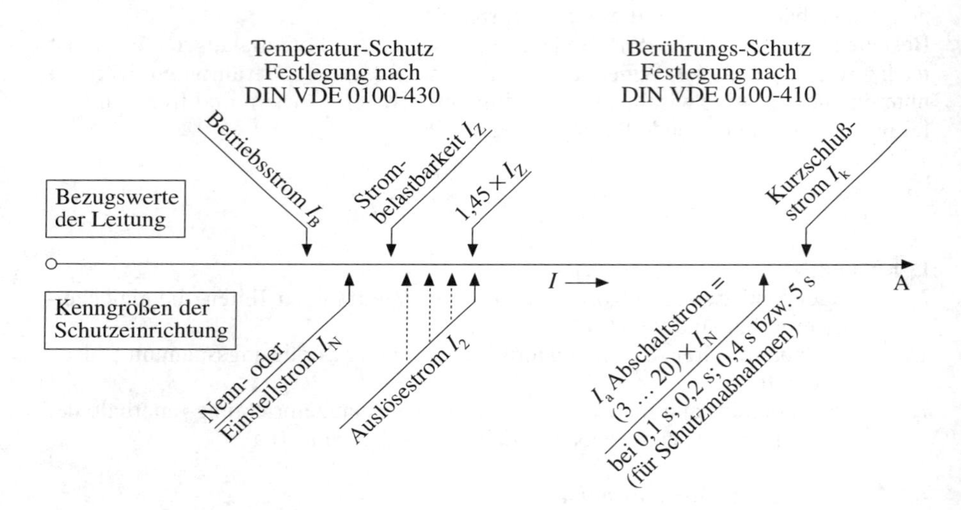

Fehlerstrom-Schutzeinrichtungen, FI (RCD)[*)]

Dieser Norm liegen die Kennwerte von Fehlerstrom-Schutzeinrichtungen nach DIN VDE 0664 Teil 1 und DIN VDE 0664 Teil 2 zugrunde:

Für die Auslösewerte I_Δ gilt nach DIN VDE 0664:

Auslösebereich bei [~] $(0{,}5 \ldots 1) \cdot I_{\Delta n}$
bei [⩘⩘] $(0{,}11 \ldots 1{,}4) \cdot I_{\Delta n}$

Die Abschaltzeit der Fehlerstrom-Schutzeinrichtung muß ≤ 0,2 s sein.

Die Arbeitsweise der FI-Schutzeinrichtung soll anhand von **Bild 17** erläutert werden.

*) Neue internationale Bezeichnung: Residual Current protective Device

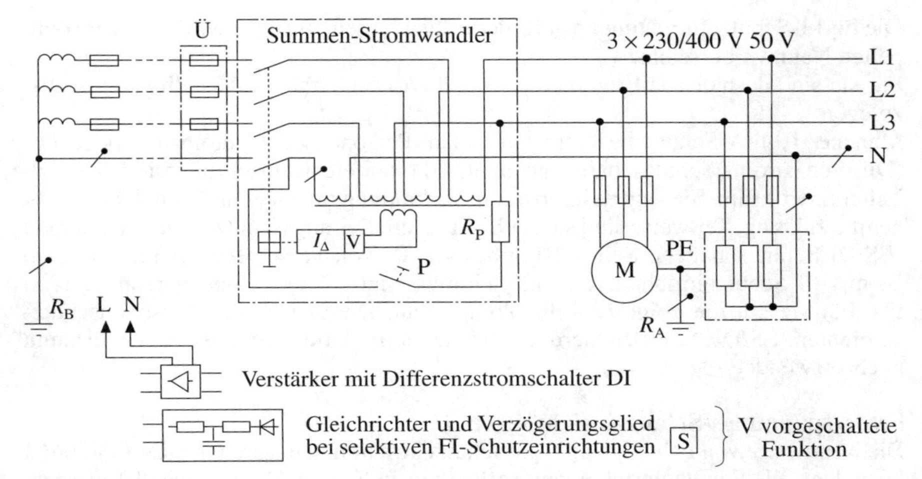

Bild 17 Beispiel einer Fehlerstrom-Schutzeinrichtung FI (RCD) im TT-System
R_B Betriebserder, R_A Anlagenerder, R_P Prüfwiderstand, P Prüftaste, Ü Überstromschutz

Im Drehstromnetz ist die Summe der Ströme in den Außenleitern L1, L2, L3 in jedem Moment gleich dem Strom im Mittelleiter N. Stimmt die Bilanz der Ströme nicht, muß ein fehlerhafter Erdstrom existieren. Die Fehlerstrom-Schutzeinrichtung mißt nun diese Ströme in vier Stromwandler-Wicklungen, die so geschaltet sind, daß sich im Normalfall die Ströme aufheben, keine Magnetisierung eintritt und damit in der Primärspule keine Spannung entsteht. Im Fehlerfall löst die Sekundärspannung den vierpoligen Schalter aus. Es gibt Fehlerstrom-Schutzeinrichtungen mit Ansprechempfindlichkeiten von 10 mA bis 0,5 A (siehe auch Tabelle 17).

FI-Schutzeinrichtungen haben Abschaltzeiten von etwa 40 ms, erfüllen damit die Forderung von 0,2 s sehr gut. Durch Störimpulse kommt es gelegentlich zu Fehlauslösungen. Es gibt deshalb selektive **FI(RCD)-Schutzeinrichtungen** mit dem Kennzeichen S nach DIN VDE 0664, die unempfindlich gegen Störimpulse sind. Sie haben eine Zeitverzögerung mit Werten nach **Tabelle 17b.**

Auslösezeit	**Fehlerstrom**
0,15 … 0,5 s	bei $I_{\Delta n}$
0,06 … 0,2 s	bei $2 \cdot I_{\Delta n}$
0,04 … 0,15 s	bei $5 \cdot I_{\Delta n}$
0,04 … 0,15 s	bei 500 A

Tabelle 17b Auslösezeiten für verzögerte RCD, Kennzeichen S

Die für FI-Schutzeinrichtungen geforderte Auslösezeit von 0,2 s wird erst beim doppelten Nennwert erreicht.
Für sie sind deshalb die Erdungswiderstände R_A nach Tabelle 17 halb so groß auszulegen.
Manche 10-mA-Schutzeinrichtungen, auch Personenschutzautomaten oder DI-(Differenzstrom-)Schutzschalter genannt, arbeiten elektronisch und sind ohne N-Leiter unwirksam. Sie sind deshalb nur in Verbindung mit einer anderen Schutzmaßnahme zulässig. Teilweise sind sie auch mit einem Leitungsschutzschalter gekoppelt (LS/DI-Schutzschalter). Seit 1991 gibt es z. B. von verschiedenen Firmen auch 10-mA-FI-Schutzeinrichtungen mit Leitungsschutzschalter ohne Verstärker (LS/FI). Für sie gilt die obige Einschränkung nicht. Die bisherigen „Personenschutzautomaten (LS/DI)" werden hierdurch wieder vom Markt verdrängt und heute kaum noch verwendet.

Fehlerspannungs-Schutzeinrichtungen

Die Kennwerte von Fehlerspannungs-Schutzeinrichtungen waren in DIN VDE 0663 festgelegt. FU-Schutzeinrichtungen sollten nur in Sonderfällen verwendet werden, wenn die FI-Schutzschaltung nicht möglich ist, wie z. B. bei Gleichstrom.
In Anlagen wird die FU-Schutzeinrichtung kaum noch verwendet. Die vorstehende VDE-Bestimmung wurde deshalb 1988 zurückgezogen. Auch in der neuen Fassung von DIN VDE 0100-410:1997-01 wird die FU-Schutzmaßnahme nicht mehr aufgeführt. Die nachstehenden Betrachtungen gelten für bestehende Anlagen. Anwendung finden wir auch in Meß- und Prüfgeräten zur Überwachung der maximal zulässigen Berührungsspannung.
Die Arbeitsweise der FU-Schutzeinrichtung soll in **Bild 18** gezeigt werden.
Die Fehlerspannungsspule ist wie ein Spannungsmesser anzuschließen, so daß sie die zwischen dem zu schützenden Anlagenteil und dem getrennten Hilfserder auftretende Spannung überwacht.
Die Hilfserderleitung ist isoliert und verkleidet zu verlegen. Als Hilfserder muß ein besonderer Erder verwendet werden, der mindestens einen Abstand von 10 m zu anderen Erdern hat.
Eine Prüftaste P muß vorhanden sein. Die Wirksamkeit der FU-Schutzschaltung ist vor Inbetriebnahme der Anlage zu prüfen.
Die FU-Schutzschaltung hat gegenüber der FI-Schutzschaltung einige Nachteile:

- Der Schutzleiter ist höherohmig über den Spulenwiderstand geerdet. Bei Spulendefekt ist er nicht mehr geerdet.
- Der Schutzleiter muß isoliert sein. Bei anderweitiger Erdung, z. B. bei Geräten mit Wasseranschluß, wird die Schaltung unwirksam.
- Anwendung nur bei überschaubaren Anlagenteilen oder Einzelverbrauchern.

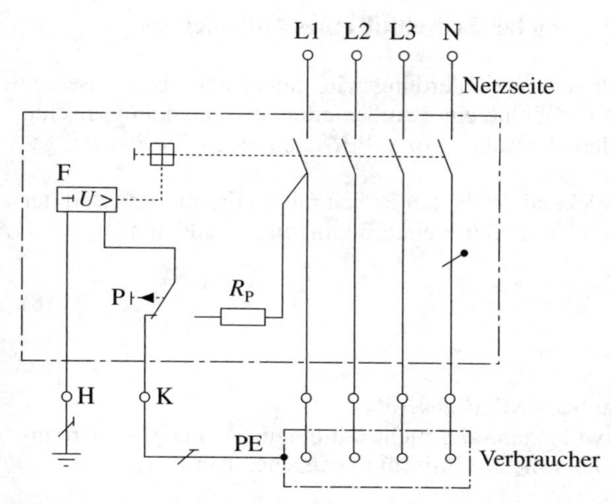

Bild 18 Beispiel einer FU-Schutzeinrichtung
F Fehlerspannungsspule
H Hilfserderanschluß
K Schutzleiteranschluß
P Prüfeinrichtung
R_p Prüfwiderstand
Ü Überspannungsschutz

Isolations-Überwachungseinrichtungen
Die Kennwerte von Isolations-Überwachungseinrichtungen sind in DIN VDE 0413 Teil 2 angegeben.
Die Geräte legen meist eine kleine Gleichspannung von 24 V zwischen Außenleiter und Erde, messen den Strom und ermitteln daraus den Isolationswiderstand. Wird ein einstellbarer Grenzwert überschritten, dann wird Alarm gemeldet, und zwar sowohl akustisch als auch optisch. Das akustische Signal darf durch eine Taste gelöscht werden, das optische muß stehenbleiben, solange der Fehler vorhanden ist. Der Grenzwert ist bei manchen Isolations-Überwachungseinrichtungen einstellbar, der Minimalwert liegt bei 15 kΩ. In medizinisch genutzten Räumen nach DIN VDE 0107 sind hier minimal 50 kΩ als Grenzwert zulässig. Durch eine Prüftaste wird ein niedriger Wert simuliert und ein Alarm ausgelöst. Die Prüftaste ist in gewissen Zeitabständen zu betätigen. In medizinisch genutzten Räumen soll dies nach DIN VDE 0107 in Zeitabständen von sechs Monaten geschehen.
Die Isolations-Überwachungseinrichtung kann entweder eine Meldung auslösen oder auch eine automatische Abschaltung herbeiführen. Sie wird in IT-Systemen zur Meldung verwendet. Man nutzt den Vorteil, daß im IT-System beim ersten Körperschluß nicht abgeschaltet werden muß, wenn der Fehler gemeldet wird.

6.1.8 Spannungsbegrenzung bei Erdschluß eines Außenleiters

In TN- und TT-Systemen soll der Gesamterdungswiderstand aller Betriebserder möglichst niedrig sein, um bei Erdschluß eines Außenleiters den Spannungsanstieg aller anderen Leiter, insbesondere des Schutz- bzw. PEN-Leiters im TN-System, gegen Erde zu begrenzen.
Ein Wert von 2 Ω gilt als ausreichend. Wenn bei Böden mit niedrigem Leitwert der Wert von 2 Ω nicht zu erreichen ist, muß folgende Bedingung erfüllt sein:

$$\frac{R_B}{R_E} \leq \frac{U_L}{U_0 - U_L}. \tag{8}$$

Darin bedeuten:

R_B Gesamterdungswiderstand aller Betriebserder.

R_E Kleinster Erdübergangswiderstand der nicht mit einem Schutzleiter verbundenen leitfähigen Teile, über die ein Erdschluß entstehen kann.

U_0 Nennspannung gegen geerdete Leiter.

U_L Vereinbarte Grenze der dauernd zulässigen Berührungsspannung nach Abschnitt 1.3.

6.2 Schutz durch Verwendung von Betriebsmitteln der Schutzklasse II oder durch gleichwertige Isolierung „Schutzisolierung“

Sie wird durch Verwendung von Betriebsmitteln der Schutzklasse II nach DIN VDE 0106 Teil 1 oder von Betriebsmitteln mit gleichwertiger Isolierung erreicht.
Die **Schutzisolierung** ist die sicherste Schutzmaßnahme. Mit ihr werden, mit Ausnahme von Unfällen in der Badewanne, die wenigsten Unfälle verzeichnet.
Das Gerät muß allseitig mit Isolierstoff umgeben sein, der keinerlei leitfähige Durchführungen haben darf (**Bild 19**).
Zu verwenden sind elektrische Betriebsmittel, die den einschlägigen Normen entsprechen und mit dem Symbol ⧈ nach DIN 30600 Reg.-Nr. 1545 (siehe auch DIN 40100 Teil 8) gekennzeichnet sind.

Prüfung
Wenn die Isolierstoffumhüllung nicht vorher geprüft wurde und Zweifel an ihrer Wirksamkeit bestehen, ist eine geeignete Prüfung durchzuführen.
Bis zur Annahme einer harmonisierten Prüfbestimmung kann wie folgt verfahren werden: Betriebsmittel, deren Nennspannung 500 V Wechselspannung nicht überschreiten, müssen nach Installation und Anschluß während 1 min einer Prüfspannung von 4000 V zwischen den aktiven Teilen und den äußeren Metallteilen, z. B. ihren Befestigungsteilen, ohne Überschlag oder Durchschlag standhalten.

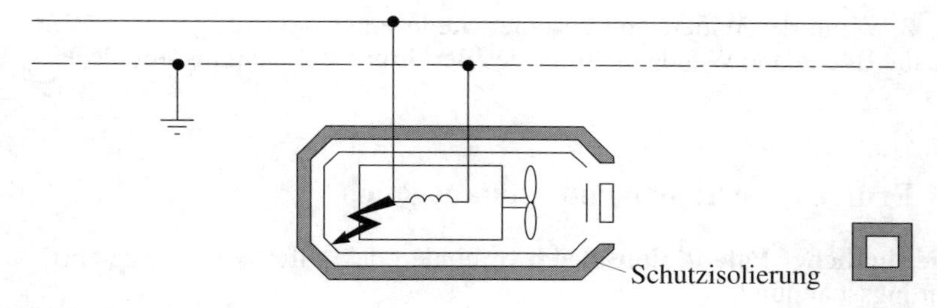

Bild 19 Betriebsmittel in Schutzisolierung

Die Frequenz der Prüfspannung muß der Betriebsfrequenz entsprechen.
Die Spannungsprüfung ist möglichst unmittelbar nach einer eventuell erforderlichen Prüfung zum Nachweis des Wasserschutzes durchzuführen.

6.3 Nicht leitende Räume

Durch diese Schutzmaßnahme wird ein gleichzeitiges Berühren von Teilen vermieden, die aufgrund des Versagens der Basisisolierung aktiver Teile unterschiedliches Potential haben können.
Die Körper müssen so angeordnet sein, daß es unter normalen Umständen ausgeschlossen ist, daß Personen gleichzeitig in Berührung kommen mit:

- zwei Körpern oder
- einem Körper und einem fremden leitfähigen Teil.

In einem **nicht leitenden Raum** darf an fest eingebauten Betriebsmitteln der Schutzklasse I und an Steckdosen ein Schutzleiter nicht angeschlossen werden. Betriebsmittel der Schutzklasse I dürfen jedoch unter besonderen Bedingungen verwendet werden (siehe DIN VDE 0100 Teil 410).
Der Widerstand von isolierenden Fußböden und isolierenden Wänden darf an keiner Stelle die folgenden Werte unterschreiten:

- 50 kΩ, wenn die Nennspannung 500 V Wechselspannung oder 750 V Gleichspannung nicht überschreitet,
- 100 kΩ, wenn die Nennspannung 500 V Wechselspannung oder 750 V Gleichspannung überschreitet.

Anmerkung 1: Die Messung wird nach DIN VDE 0100 Teil 610 durchgeführt; siehe dort Abschnitt 10[*)].

---

*) Die Messung des Isolationswiderstands von Fußböden nach DIN VDE 0100 Teil 610 wird hier in Abschnitt 9.2 beschrieben.

Anmerkung 2: Wenn der Widerstand an einer Stelle unter dem festgelegten Wert liegt, gelten die Böden und Wände im Sinne des Berührungsschutzes als fremde leitfähige Teile.

6.4 Erdfreier örtlicher Potentialausgleich

Ein **erdfreier örtlicher Potentialausgleich** verhindert das Auftreten einer gefährlichen Berührungsspannung.
Alle gleichzeitig berührbaren Körper und fremde leitfähige Teile müssen durch Potentialausgleichsleiter nach DIN VDE 0100 Teil 540 miteinander verbunden werden. Das örtliche Potentialausgleichssystem darf weder über Körper noch über fremde leitfähige Teile mit Erde verbunden sein.
Es muß sichergestellt sein, daß Personen beim Betreten eines erdfreien Raums keine gefährlichen Berührungsspannungen überbrücken.

6.5 Schutztrennung

Durch **Schutztrennung** eines einzelnen Stromkreises werden Gefahren beim Berühren von Körpern vermieden, die durch einen Fehler in der Basisisolierung des Stromkreises Spannung annehmen können. Die Leitungslänge im Sekundärstromkreis darf 500 m nicht übersteigen.
Zur Stromversorgung muß verwendet werden:

- ein Transformator nach DIN VDE 0550 Teil 3 oder DIN VDE 0551 Teil 21, Teil 22 bzw. Teil 100,
- ein Motorgenerator mit entsprechend isolierten Wicklungen nach DIN VDE 0530 Teil 1 oder
- eine andere Stromversorgung, die eine gleichwertige Sicherheit bietet.

Ortsveränderliche Trenntransformatoren müssen schutzisoliert sein. Die aktiven Teile des Sekundärstromkreises dürfen weder mit anderen Stromkreisen noch mit Erde verbunden werden. Die Körper des Stromkreises mit Schutztrennung dürfen absichtlich weder mit Erde noch mit dem Schutzleiter der Körper anderer Stromkreise verbunden werden.
Wenn die Schutzmaßnahme Schutztrennung im Hinblick auf eine besondere Gefährdung allein oder neben anderen Schutzmaßnahmen zwingend vorgeschrieben ist, darf an die Stromquelle nur ein einzelnes Verbrauchsmittel angeschlossen werden.
Werden in anderen Fällen mehrere Betriebsmittel angeschlossen, so müssen die Körper untereinander durch ungeerdete isolierte Potentialausgleichsleiter verbunden werden. Solche Leiter dürfen nicht mit den Schutzleitern oder Körpern von Stromkreisen mit anderen Schutzmaßnahmen oder mit fremden leitfähigen Teilen verbunden werden. Es sind dann Steckdosen mit Schutzkontakt zu verwenden.

6.6 Vor- und Nachteile der Netzsysteme und der Schutzmaßnahmen

Das **TN-System** hat den Vorteil der Einfachheit. Bei Auslösung mit Überstrom-Schutzeinrichtung ist außer dem Schutzleiter kein weiterer Aufwand erforderlich. Die Nachteile sind:

- Der Gesamterdungswiderstand ≤ 2 Ω ist bei kleinen Anlagen manchmal nicht zu erreichen. In der Neufassung der VDE 0100 Teil 410:1997-01 wird kein Wert gefordert.
- Im Fehlerfall fließt der relativ hohe Kurzschlußstrom.

Im TN-C-System besteht bei PEN-Leiterbruch große Gefahr, wenn in dem von der Betriebserde abgetrennten Teil des Schutzleiternetzes kein weiterer Erder vorhanden ist. Die verbleibenden Schutzleiter „hängen in der Luft“ und nehmen über den Lastwiderstand das Potential des Außenleiters an! Deshalb ist es ratsam, nach dem Hausanschluß oder allgemein nach Verlassen der letzten Erde das TN-S-System (PE und N getrennt) vorzusehen. Die meisten EVU schreiben dies regional auch vor.

Das **TT-System** hat den Vorteil, daß bei N-Leiterbruch keine Gefahr besteht. Bei Schutzleiterbruch ist zwar die Schutzmaßnahme nicht mehr wirksam, aber der Schutzleiter nimmt keine gefährliche Spannung an. Dies würde erst bei einem zweiten Fehler geschehen – beim PEN-Leiter im TN-System schon beim ersten Fehler! Die Nachteile sind:
Es muß beim Verbraucher ein Erder vorhanden sein, der den genannten Forderungen genügen muß. Bei FI-Schutzschaltung sind die Forderungen gering und leicht zu erfüllen (siehe Tabelle 17). Bei Überstromschutz ergibt sich nach Gl. (5) ein sehr kleiner Erdungswiderstand R_A (Größenordnung 0,1 Ω), da die Auslöseströme I_a nach Tabelle 16a sehr groß sind! Im TT-System wird deshalb allgemein FI-Schutz vorgesehen.
Bei öffentlichen Netzen hat das EVU ein T-Netz und kann zur Netzauslegung des Verbrauchers einen der drei folgenden Punkte vorgeben:

- Es steht dem Verbraucher frei, entweder ein TN-System oder ein TT-System auszulegen.
- Es wird dem Verbraucher TT-System vorgeschrieben.
- Es wird dem Verbraucher TN-System vorgeschrieben.

Das EVU ist für die sachgerechte Auslegung des Netzes, besonders auch für den Gesamterdungswiderstand, verantwortlich und kann deshalb diese Forderung stellen. Hat der Verbraucher seine eigene Niederspannungs-Station, so kann er allgemein auf der Sekundärseite sein Netzsystem bzw. seine Schutzmaßnahme selbst festlegen. Dabei sind die vorstehend genannten Bedingungen einzuhalten.

Oberstes Gebot ist, daß bei allen denkbaren Fehlern an keiner Stelle des Netzes die zulässige Berührungsspannung längere Zeit ansteht (siehe auch Bild 5).

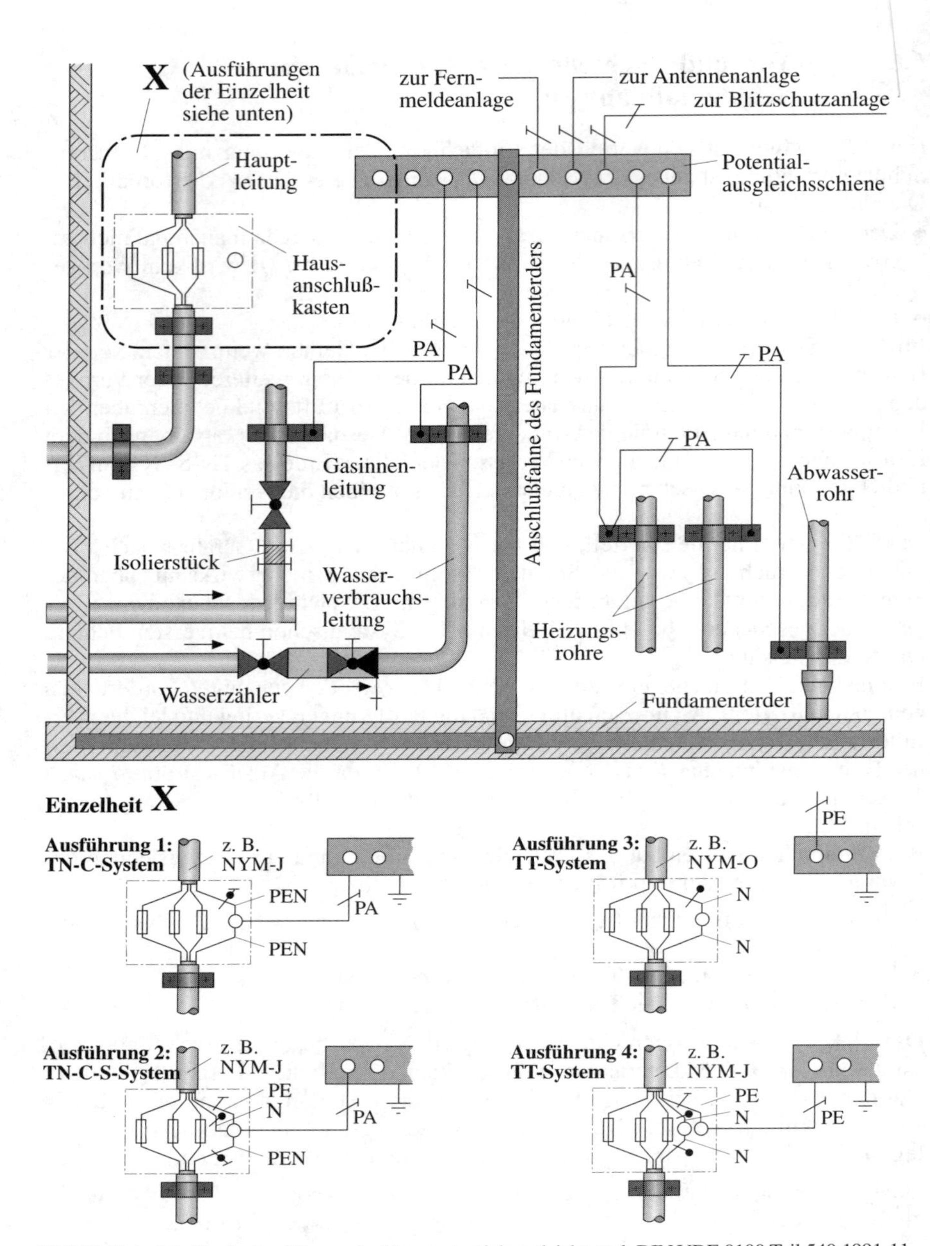

Bild 20 Beispiele für die Ausführung des Hauptpotentialausgleichs nach DIN VDE 0100 Teil 540:1991-11

Da die meisten Anlagen und alle neueren Anlagen einen Fundamenterder und eine Potentialausgleichsschiene haben, entscheidet die Brücke zwischen **Potentialausgleichsschiene** und **Neutralleiter** am Hauptanschluß, ob TN- oder TT-System gegeben ist. **Bild 20** zeigt die verschiedenen Möglichkeiten und Schaltungen.

Das **IT-System** hat den Vorteil, daß es beim ersten Fehler gegen Erde nicht abschalten muß. Es wird dann zunächst zu einem TT-System. Erst beim zweiten Fehler muß abgeschaltet werden. Das IT-System wird deshalb dort angewendet, wo hohe Betriebssicherheit gefordert wird, z. B. Operationssäle, Bergbau, Chemieanlagen, Transferstraßen, Walzwerke usw. Für den zweiten Fehler muß eine Schutzmaßnahme vorgesehen sein, die zur Abschaltung führt, meist Überstromschutz oder FI-Schutz. Bei Einsatz der FI-Schutzeinrichtung muß der Ableit- oder Fehlerstrom I_d, siehe Gl. (6), beachtet werden. Er entsteht durch Kapazitäten und liegt größenordnungsmäßig etwa bei 1 mA pro 1 kVA Leistung der Anlage, d. h. bei mittleren Anlagen etwa bei 0,1 A und bei großen Anlagen etwa bei 1 A. Ist $I_d < I_\Delta$, löst die FI-Schutzeinrichtung beim ersten Fehler noch nicht aus, anderenfalls wird beim ersten Fehler bereits abgeschaltet.

In der Durchführungsanweisung der VBG 4 zu § 8 Absatz 1 ist das Arbeiten an spannungführenden Teilen möglich, wenn der Kurzschlußstrom bei Wechselspannung ≤ 3 mA ist. Dies gilt auch für den Erdschlußstrom I_d nicht geerdeter Spannungsquellen, wie auch bei der Schutztrennung. Bei Prüfplätzen wird dies teilweise vorgeschrieben, z. B. bei der Reparatur von Fernsehgeräten.
Nach der vorstehenden Faustregel wäre dies bis etwa 3 kVA Leistung der Anlage möglich.
Bei großen Anlagen wird der Erdschlußstrom I_d so hoch, daß man von dieser Seite her gesehen gleich galvanisch erden kann, dann hat man eindeutige Verhältnisse. Deshalb betreiben die EVU öffentliche, ausgedehnte Netze auch als T-Systeme.

Teil C Prüfungen

Die Prüfung von elektrischen Betriebsmitteln und Anlagen nach VDE erfolgt gemäß den jeweiligen Prüfvorschriften, die in den zugeordneten DIN-VDE-Normen angegeben sind. Bei geringem Umfang ist die Prüfvorschrift ein Abschnitt in der jeweiligen Bestimmung, bei größerem Umfang hat sie eine eigene Nummer. Die Prüfung der Anlagen erfolgt nach den Bestimmungen der Gruppe 1 „Energieanlagen", die der Betriebsmittel und Geräte nach den Bestimmungen in den anderen Gruppen.
Immer wird gefordert, daß bei der Prüfung keine Gefahren für Personen und Sachen auftreten dürfen. Die Verwendung von geeigneten Meß- oder Prüfgeräten, die teilweise auch in VDE-Bestimmungen angeführt werden, z. B. Geräte für die Anlagenprüfung nach DIN VDE 0413, wird gefordert.
Auf die Erstprüfung von Geräten, die beim Hersteller erfolgen muß, soll wegen der Vielseitigkeit und wegen des Umfangs hier nicht eingegangen werden. Es sollen hier nur die Prüfungen betrachtet werden, die beim Betreiber oder Anwender für Anlagen und Geräte notwendig sind und die von der VBG 4 gefordert werden.
Die Bestimmungen DIN VDE 0100 gelten für das Errichten von Starkstromanlagen bis 1000 V Nennspannung. Entsprechend gilt der hier gegebene Teil 610 für die Erstprüfung von Anlagen, wie sie im § 5 Absatz 1 VBG 4 gefordert wird.
Die Bestimmungen DIN VDE 0105 Teil 1 gelten für den Betrieb von Starkstromanlagen. Entsprechend gilt in diesem Buch der Abschnitt 8.2 „Wiederkehrende Prüfungen" für die Wiederholungsprüfung, wie sie im § 5 Absatz 2 VBG 4 gefordert wird. Im Abschnitt 8.2.5 „Messen" werden außer dem Isolationswiderstand nur kurzgefaßte, allgemeine Forderungen gestellt. Es müssen dann an dieser Stelle die DIN VDE 0100 Teil 410:1997-01 und Teil 610 herangezogen werden.
DIN VDE 0113 betrifft „Elektrische Ausrüstung von Maschinen". In Abschnitt 20 wird eine Prüfung gefordert, die für die Erstellung, Instandsetzung und Wiederholung gilt. Sie wird in Abschnitt 10.5 behandelt. Es gibt hierfür Prüfgeräte nach VDE 0113.
DIN VDE 0701 betrifft speziell die Prüfung von Betriebsmitteln nach Instandsetzung bzw. Änderung. Sie wird anschließend ausführlich behandelt und ist Leitrichtlinie für Prüfungen, die nach Instandsetzungen oder Änderungen beim Betreiber durchgeführt werden. Es gibt hierfür entsprechende Prüfgeräte nach DIN VDE 0701 und DIN VDE 0702.
Der Geltungsbereich der DIN VDE 0701 war ursprünglich auf Hausgeräte beschränkt und ist durch verschiedene Teile auf andere Geräte (siehe Abschnitt 10.2.6) erweitert worden.
DIN VDE 0702 betrifft speziell die Wiederholungsprüfung von Betriebsmitteln. Sie unterscheidet sich nur wenig von DIN VDE 0701 und ist ebenfalls Leitrichtlinie für Prüfungen, die später, nach der Herstellerprüfung, beim Betreiber durchgeführt werden. Es gibt hierfür Prüfgeräte nach DIN VDE 0701 und DIN VDE 0702.

Für die allgemeine Prüfung von Anlagen und Betriebsmitteln gelten die vier genannten Bestimmungen DIN VDE 0100, 0105, 0113, 0701 und 0702, die nachstehend ausführlich beschrieben werden. Darüber hinaus gibt es für besondere Betriebsräume und Anwendungsfälle zusätzliche Forderungen, die gegebenenfalls beachtet werden müssen, wie z. B. die Bestimmungen DIN VDE 0107 (Anlagen in medizinisch genutzten Räumen), DIN VDE 0113 (Bearbeitungs- und Verarbeitungsmaschinen), DIN VDE 0804 (Prüfung von Fernmeldegeräten), siehe Teil A, Abschnitt 3.2 und Teil D, Abschnitt 1.

7 Prüfung von Anlagen nach DIN VDE 0100

Für die Erstprüfung von Anlagen ist DIN VDE 0100 Teil 610:1994-04 vorgesehen. Die Neufassung löst die alte Fassung DIN VDE 0100g:1976-07 §§ 22, 23 und 24 ab. Die aktuelle Fassung fordert teilweise andere Werte, die eine sicherere Auslegung der Anlagen erfordern. Diese Werte wurden meist schon vor Erscheinen von DIN VDE 0100 Teil 610 im Teil 410:1983-11 „Schutzmaßnahmen; Schutz gegen gefährliche Körperströme" gefordert. Der Teil 410 hatte eine Übergangsfrist von zwei Jahren. Man muß deshalb zwischen **alten** und **neuen Anlagen** unterscheiden. Zeitpunkt für die **Trennung** ist **November 1985**. Wenn man also DIN VDE 0100 für die Wiederholungsprüfung heranzieht, kann man die alten Anlagen vor November 1985 nach der alten Forderung DIN VDE 0100g:1976-07 prüfen, die teilweise günstigere Werte zuläßt. Der Teil 410 ist 1997-01 neu erschienen. Die geforderten Werte sind teilweise günstiger als die der Fassung 1983-11 und kommen der alten Fassung 1976-07 näher. In den neuen Bundesländern wurde die DDR-Norm „TGL" mit dem Einigungsvertrag im Jahr 1990 durch die VDE-Bestimmungen abgelöst. Die Übergangsfrist betrug zwei Jahre, in Sonderfällen länger (siehe VBG 4, DA zu § 3, Anhang 1). So gilt dort die Bestimmung für neu errichtete Anlagen ab November 1992. In den nachstehenden Ausführungen zur Prüfung von Anlagen werden die geforderten Werte übersichtlich, in jeweils zwei Tabellen, für die alten und neuen Anlagen aufgezeigt.

Die folgenden Abschnitte 7.1 bis 7.6 entsprechen der Forderung von DIN VDE 0100 Teil 610:1994-04.

Gegenüber den Forderungen in der alten Bestimmung DIN VDE 0100g:1976-07 § 22 (nur Prüfungen der Schutzmaßnahmen bei indirektem Berühren) wurde der Prüfungsumfang nennenswert erweitert und umfaßt jetzt auch die Kontrolle der verwendeten Betriebsmittel über die Eignung am Einbauort und die richtige Montage. Dies war eigentlich schon immer erforderlich. Durch Erproben müssen nunmehr auch Schutz- und Sicherheitseinrichtungen sowie Melde- und Anzeigeeinrichtungen auf ordnungsgemäße Funktion geprüft werden.

Hier sind sowohl die begleitenden Prüfungen des Errichters während der Erstellung der Anlage gemeint als auch davon unabhängige Prüfungen durch Sachverständige oder Prüforganisationen, die mit der Überwachung der Errichtungsarbeiten betraut sind.

Bei der Auswahl und eventuellen Einstellung von Überstrom-Schutzeinrichtungen sind für den Schutz bei Überlast gegebenenfalls besondere Verlegearten, die Umgebungstemperatur oder weitere Einflüsse nach DIN VDE 0100 Teil 523 und DIN VDE 0298 Teile 2 und 4 zu berücksichtigen und für den Schutz bei Kurzschluß die richtige Zuordnung nach DIN VDE 0100 Teil 430 und Beiblatt 5 zu DIN VDE 0100 zu beachten.

7.1 Allgemeine Anforderungen und Begriffe

Vor der erstmaligen Inbetriebnahme einer Starkstromanlage, auch nach deren Änderung, Instandsetzung oder Erweiterung, muß der Errichter durch Prüfen nachweisen, daß die Festlegungen hinsichtlich des Schutzes von Personen, Nutztieren und Sachen erfüllt sind. Die Prüfungen sind mit geeigneten Mitteln durchzuführen. Dabei dürfen keine Unfall-, Brand- oder Explosionsgefahren entstehen.
Hiernach ist also der Errichter der Anlage für eine ordnungsgemäße Prüfung verantwortlich. Nach VBG 4 § 5 Absatz 1 ist andererseits der Unternehmer, d. h. der Betreiber, dazu verpflichtet. Es werden sowohl der Errichter als auch der Betreiber in die Pflicht genommen.
Zu Prüfungen gehören alle Maßnahmen, mit denen festgestellt wird, ob die Ausführung von elektrischen Anlagen mit den Errichtungsnormen übereinstimmt.

Prüfen umfaßt: Besichtigen, Erproben und Messen

Besichtigen ist das bewußte Ansehen der Anlage, um den ordnungsgemäßen Zustand festzustellen. Es stellt einen sehr wichtigen Teil der Prüfung dar, da viele Dinge nicht durch Erproben und Messen festgestellt werden können.
Erproben ist das Prüfen der Wirksamkeit der Schutz- und Meldeeinrichtungen, z. B. durch Drücken der Prüftaste bei FI-Schutzschaltern, Isolations-Überwachungs- oder Not-Aus-Einrichtungen.
Messen ist das Feststellen von Werten mit geeigneten Meßgeräten, das für die Beurteilung der Wirksamkeit einer Schutzmaßnahme erforderlich und durch Besichtigen und/oder Erproben nicht feststellbar ist.
Die einzelnen Abschnitte der Prüfung sind chronologisch nicht getrennt zu sehen, sondern fließen ineinander und sind zum jeweils geeigneten Zeitpunkt durchzuführen. Die Prüfung begleitet von Anfang an die Errichtung bis zur endgültigen Inbetriebnahme.

7.1.1 Besichtigung allgemein

Die **Besichtigung** ist innerhalb der Prüfungen von grundlegender Bedeutung. Besichtigen beginnt bei der richtigen Auswahl des bei der Errichtung zu verwendenden Materials und begleitet die gesamten Errichtungsarbeiten und die Prüfung.
Durch Besichtigen ist festzustellen, ob:

- die Betriebsmittel der Starkstromanlagen den Einflüssen am Verwendungsort standhalten können und ob die in Errichtungsnormen enthaltenen Zusatzfestlegungen für Betriebsstätten, Räume und Anlagen besonderer Art eingehalten sind,
- Betriebsmittel keine sichtbaren Schäden oder Mängel aufweisen,
- der Schutz der aktiven Teile durch Isolierung vollständig gegeben ist,
- der Schutz durch Abdeckung oder Umhüllung den Anforderungen nach DIN VDE 0100 Teil 410 und gegebenenfalls denen der Teile 701 bis 737 entspricht (siehe Abschnitt 5.2),

- bei Anordnung von Betätigungselementen in der Nähe berührungsgefährlicher Teile die Anforderungen nach DIN VDE 0106 Teil 100 erfüllt sind (siehe auch § 7, Tabellen 6 bis 8),
- der Schutz durch Hindernisse, wenn erforderlich, gegeben ist,
- der Schutz durch Abstand, wenn erforderlich, sichergestellt ist,
- eine Schottung von Leitungs- und Kabeldurchführungen zur Begrenzung von Brandabschnitten ordnungsgemäß vorgenommen wurde,
- die Festlegungen in der Montageanleitung der Hersteller eingehalten sind, z. B. Abstände wärmeerzeugender Betriebsmittel zur brennbaren Umgebung,
- die Überstrom-Schutzeinrichtungen richtig ausgewählt und, wenn erforderlich, eingestellt sind,
- alle elektrischen Betriebsmittel den am Einbauort auftretenden größten Kurzschlußstrom bis zur Abschaltung führen können und die dafür vorgesehenen Schalteinrichtungen in der Lage sind, diesen Kurzschlußstrom zu unterbrechen,
- erforderliche Überwachungseinrichtungen (z. B. Isolationsüberwachungs- und Überspannungsschutzeinrichtungen) richtig ausgewählt bzw. eingestellt sind,
- Unterlagen vorhanden sind, z. B. Schaltpläne, Betriebsanleitungen sowie die dauerhafte Kennzeichnung der Stromkreise vorgenommen worden ist.

7.1.2 Erprobung allgemein

Durch **Erproben** muß festgestellt werden, ob die in der Anlage vorhandenen Sicherheitseinrichtungen ihren Zweck ordnungsgemäß erfüllen.
Beim Erproben darf keine Gefährdung von Personen, Nutztieren oder Sachen entstehen, z. B. durch ungewollten Betrieb von Motoren.
Unter anderem sind zu erproben die:

- Isolations-Überwachungseinrichtungen, Fehlerstrom- und Fehlerspannungs-Schutzeinrichtungen durch Betätigen der Prüftaste,
- Wirksamkeit von Sicherheitseinrichtungen, z. B. Not-Aus-Einrichtungen, Verriegelungen, Druckwächter,
- Funktionsfähigkeit von erforderlichen Melde- und Anzeigeeinrichtungen, z. B. Rückmeldung der Schaltstellungsanzeige an ferngesteuerten Schaltern, Meldeleuchten,
- Isolierung (Prüfung der Spannungsfestigkeit), wenn diese keine vom Hersteller zugesicherten Eigenschaften hat, z. B. beim Errichten der Schutzisolierung ohne Verwendung von Betriebsmitteln der Schutzklasse II.

7.1.3 Messung allgemein

Durch Messung ist der ordnungsgemäße Zustand von elektrischen Anlagen und elektrischen Betriebsmitteln mit Hilfe geeigneter Meßgeräte festzustellen.
Die Meßaufgaben sind mit jeweils entsprechenden Meßgeräten nach **Tabelle 18** durchzuführen.

Meßaufgabe	Normen (alte Fassung)	zulässiger Gebrauchsfehler	siehe Abschnitt
Spannung und Strom (allgemein)	IEC 51 (deutsche Norm in Vorbereitung) DIN 43780 bzw. DIN 43751 DIN VDE 0410 und 0411	± 1,5 %	–
Fehlerstrom, Fehlerspannung und Berührungsspannung	DIN VDE 0413 Teil 6:1987-06	± 10 % ± 20 %	9.7
Isolationswiderstand	DIN VDE 0413 Teil 1:1980-09	± 30 %	9.1
Schleifenimpedanz (Schleifenwiderstand)	DIN VDE 0413 Teil 3:1977-07	± 30 %	9.5
Widerstand von Erdungsleitern, Schutzleitern und Potentialausgleichsleitern	DIN VDE 0413 Teil 4:1977-07	± 30 %	9.6
Erdungswiderstand: – Kompensations-Meßverfahren – Strom-Spannungs-Meßverfahren	 DIN VDE 0413 Teil 5:1977-07 DIN VDE 0413 Teil 7:1982-07	 ± 30 % ± 30 %	 9.4
Drehfeld	DIN VDE 0413 Teil 9:1984-02		9.8
Widerstand von Fußböden	DIN VDE 0413 Teil 1:1980-09	± 30 %	9.3
Hochspannungsprüfung, Allgemein Hochspannungsprüfung, Meßsysteme	DIN VDE 0432 Teil 2:1996-03 DIN VDE 0432 Teil 3:1996-03		7.6

Tabelle 18 Meßaufgabe und Normen für zugehörige Meßgeräte oder Meßanordnungen

Anmerkung: Zu jeder Messung, besonders im Grenzbereich, gehört eine Abschätzung der möglichen Meßabweichung:

- des Meßgeräts und
- der Meßmethode.

Die für die Meßgeräte zulässige Meßabweichung ist in DIN VDE 0413 Teile 1 bis 9 festgelegt.

Die in Tabelle 18 aufgeführten Teile 1 bis 9 wurden 1998 durch eine Neufassung in internationaler Angleichung abgelöst. Dies sind die Normen:

DIN EN 61557-1 **VDE 0413 Teil 1:** 1998-05	Geräte zum Prüfen, Messen oder Überwachen von Schutzmaßnahmen – **Allgemeine Anforderungen** (IEC 61557-1:1997); Deutsche Fassung EN 61557-1:1997
DIN EN 61557-2 **VDE 0413 Teil 2:** 1998-05	Geräte zum Prüfen, Messen oder Überwachen von Schutzmaßnahmen – **Isolationswiderstand** (IEC 61557-2:1997); Deutsche Fassung EN 61557-2:1997
DIN EN 61557-3 **VDE 0413 Teil 3:** 1998-05	Geräte zum Prüfen, Messen oder Überwachen von Schutzmaßnahmen – **Schleifenwiderstand** (IEC 61557-3:1997); Deutsche Fassung EN 61557-3:1997

DIN EN 61557-4 **VDE 0413 Teil 4:** 1998-05	Geräte zum Prüfen, Messen oder Überwachen von Schutzmaßnahmen – **Widerstand** von Erdungsleitern, **Schutzleitern** und Potentialausgleichsleitern (IEC 61557-4:1997); Deutsche Fassung EN 61557-4:1997
DIN EN 61557-5 **VDE 0413 Teil 5:** 1998-05	Geräte zum Prüfen, Messen oder Überwachen von Schutzmaßnahmen – **Erdungswiderstand** (IEC 61557-5:1997); Deutsche Fassung EN 61557-5:1997
E DIN EN 50197-6 **VDE 0413 Teil 6:** 1995-04	Meß- und Überwachungseinrichtung zum Prüfen der elektrischen Sicherheit in Netzen mit Nennspannungen bis AC 1000 V und DC 1500 V – Meßgeräte zum Prüfen der Wirksamkeit der **Schutzmaßnahmen** in TT- und TN-Systemen (Netzen) bei Abschaltung durch **Fehlerstromeinrichtungen**
DIN EN 61557-7 **VDE 0413 Teil 7:** 1998-05	Geräte zum Prüfen, Messen oder Überwachen von Schutzmaßnahmen – **Drehfeld** (IEC 61557-7:1997); Deutsche Fassung EN 61557-7:1997
DIN EN 61557-8 **VDE 0413 Teil 8:** 1998-05	Geräte zum Prüfen, Messen oder Überwachen von Schutzmaßnahmen – **Isolationsüberwachungsgeräte** für IT-Netze (IEC 61557-8:1997); Deutsche Fassung EN 61557-8:1997
E DIN IEC 85/188/CDV **VDE 0413 Teil 9:** 1998-04	Elektrische Sicherheit in Niederspannungsnetzen bis AC 1000 V und DC 1500 V – Geräte zum Prüfen, Messen oder Überwachen von Schutzmaßnahmen – Einrichtungen zur **Isolationsfehlersuche** in IT-Systemen (IEC 85/188/CDV:1997)

Die derzeit im Gebrauch und im Handel befindlichen Meßgeräte entsprechen der bisherigen Norm, die sich jedoch nicht wesentlich von der Neufassung von 1998 unterscheidet. Die alten Normbezeichnungen werden deshalb mit aufgeführt.
Sind in besonderen Fällen Messungen mit technisch oder wirtschaftlich vertretbarem Aufwand nicht durchführbar, z. B. bei Erdungsanlagen oder bei großen Leiterquerschnitten, ist auf andere Weise, z. B. durch Berechnung oder mit Hilfe eines Netzmodells, nachzuweisen, daß die Werte eingehalten werden, die eine Beurteilung der Wirksamkeit der angewendeten Schutzmaßnahmen (siehe Tabelle 18) ermöglichen.
Geeignete Prüfgeräte sind in DIN VDE 0413 Teile 1 bis 9 „Bestimmungen für Geräte zum Prüfen, Messen oder Überwachen von Schutzmaßnahmen" aufgeführt und hier gerätetechnisch in Tabelle 23, Tabelle 32 und Tabelle 33 aufgelistet.
Es müssen vier verschiedene Größen gemessen bzw. untersucht werden. Dafür gibt es verschiedene Meßgeräte. Manche Geräte enthalten auch mehrere Meßverfahren. Sie werden im Abschnitt 9 beschrieben.

- Durchgängigkeit der Schutzleiter, der Verbindungen des Hauptpotentialausgleichs und des zusätzlichen Potentialausgleichs
  Eine Prüfung der Durchgängigkeit der Schutzleiter, der Verbindungen des Hauptpotentialausgleichs und des zusätzlichen Potentialausgleichs muß durchgeführt werden. Es wird empfohlen, die Prüfung mit einem Strom von mindestens 0,2 A mit einer Stromquelle durchzuführen, deren Leerlaufspannung zwischen 4 V und 24 V Gleich- oder Wechselspannung liegt.

- Der **Isolationswiderstand** ist bei allen Schutzmaßnahmen zu messen, siehe Tabellen 21 und 22, und der minimale Grenzwert ist in der Größenordnung etwa gleich (etwa 1 MΩ), siehe **Tabelle 19.**
- Der **Erdungswiderstand** ist bei allen in Bild 13 gezeigten, netzformabhängigen Schutzmaßnahmen zu messen, siehe Tabellen 21, 22 und 17, 24 und 25. Der maximal zulässige Wert ist sehr unterschiedlich und liegt etwa zwischen 0,1 Ω und 5 kΩ.
- Der **Kurzschlußstrom** oder der **Schleifenwiderstand** ist bei der Schutzmaßnahme TN-System mit Überstromschutz zu ermitteln, maximal zulässige Werte siehe Tabelle 16a.
- Bei Schutzmaßnahmen mit **FI-** oder **FU-Schutzeinrichtung** und **Isolations-Überwachungseinrichtung** ist diese auf ordnungsgemäße Funktion zu prüfen.

Die Tabellen 21 und 22 zeigen in einer übersichtlichen Kurzfassung in Abschnitt 7.7 die erforderlichen Messungen, jeweils für die einzelnen Schutzmaßnahmen. Teilweise sind auch die einzuhaltenden Werte angegeben, die vollständig in den Tabellen 16a, 17, 19, 24 und 25 aufgeführt sind. Tabelle 21 zeigt eine Kurzfassung nach der Forderung der alten Fassung DIN VDE 0100g:1976-07. Die Tabelle 22 zeigt eine Kurzfassung nach der neuen Forderung DIN VDE 0100 Teil 610:1994-04. Das Arbeiten mit diesen Stichwort-Tabellen setzt allgemeine Kenntnis der jeweiligen VDE-Bestimmungen voraus.

Zeitbereich	Stromkreis	Nennwert der Meßgleichspannung	Mindestwert des Isolations-widerstands*)
alte Forderung **bis 1987-11**	für alle Stromkreise	mindest gleich dem Nennwert der Betriebsspannung, 100 V…1000 V	1 kΩ pro V, d. h. 0,2 MΩ bis 1 MΩ
neue Forderung **ab 1987-11**	Spannung bei SELV und PELV	250 V–	≥ 0,25 MΩ
	bis 500 V, außer SELV und PELV	500 V–	≥ 0,5 MΩ
	500 V … 1000 V Nennspannung	1000 V–	≥ 1 MΩ

*) Für Schleifleitungen oder Schleifringkörper, die unter ungünstigen Umgebungsbedingungen betrieben werden müssen, z. B. Krananlagen im Freien, Kokereien, Gießereien, Sinteranlagen, brauchen die in dieser Tabelle festgelegten Werte nicht eingehalten zu werden, wenn durch andere Maßnahmen, z. B. Erdung der fremden leitfähigen Befestigungsteile der Schleifleitung, Fernhalten brennbarer Stoffe von Schleifleitungen, dafür gesorgt ist, daß der Ableitstrom nicht zu gefährlichen Körperströmen oder Bränden führt.

Tabelle 19 Meßspannung und minimal zulässiger Isolationswiderstand nach DIN VDE 0100:1976-07 (alt) und Teil 610:1994-04 (neu)

7.2 Prüfung netzsystemunabhängiger Schutzmaßnahmen (meist ohne Schutzleiter)

Außer der allgemeinen Forderung von Abschnitt 7.1 müssen bei den einzelnen Schutzmaßnahmen die folgenden Punkte noch geprüft werden:

7.2.1 Schutzkleinspannung

Besichtigen:
- Stromquelle nach Forderung von DIN VDE 0100 Teil 410 Abschnitt 4.1 vorhanden?
- Ortsveränderliche Transformatoren müssen Klasse II haben (Schutzisolierung).
- Betriebsmittel, Stecker und Steckdosen nach Vorschrift vorhanden?
- Aktive Teile haben keine Verbindung zu anderen und zur Erde.
- Über 25 V ~ oder 60 V – Schutz gegen direktes Berühren vorhanden?

Messen:
- Spannung der Schutzkleinspannung.
- Isolationswiderstand der Leiter gegen Erde, erforderliche Werte nach Tabelle 19.

7.2.2 Funktionskleinspannung

Prüfung wie Abschnitt 7.2.1, bei der Isolationsmessung eine eventuell vorhandene Erdverbindung auftrennen. Bei nicht sicherer Trennung zur Primärseite ist die Prüfung der primären Schutzmaßnahmen sekundär fortzusetzen. Durch Messen ist festzustellen, daß ein Schutzleiter zur Primärseite Verbindung hat.

7.2.3 Schutzisolierung

Besichtigen:
- Keine Schäden an der Isolierstoffumhüllung.
- Leitfähige Teile nicht an Schutzleiter angeschlossen.
- Keine Durchführung leitfähiger Teile durch die Isolierstoffumhüllung.

Erproben:
Wenn die Isolierstoffumhüllung nicht vorher geprüft wurde und Zweifel an ihrer Wirksamkeit bestehen, ist ein Erproben der Spannungsfestigkeit nach Abschnitt 7.1.2 d) durchzuführen.

Anmerkung: Bis zur Annahme einer harmonisierten Prüfbestimmung darf wie folgt verfahren werden:
Betriebsmittel, deren Nennspannung 500 V nicht überschreitet, müssen nach Installation und Anschluß während 1 min einer Prüfspannung von 4000 V zwischen den aktiven Teilen und den äußeren Metallteilen, z. B. ihren Befestigungsteilen, ohne Überschlag oder Durchschlag standhalten.
Die Frequenz der Prüfspannung muß der Betriebsfrequenz entsprechen.

7.2.4 Schutz durch nicht leitende Räume

Besichtigen:
- Gleichzeitiges Berühren verschiedener leitfähiger Teile räumlich nicht möglich.

Messen:
- Bei Verwendung von Betriebsmitteln der Schutzklasse I müssen leitfähige isolierte Teile bei 2000 V ~ einen Ableitstrom von weniger als 1 mA haben.
- Es ist durch Messen festzustellen (siehe Abschnitt 9.2), daß die Widerstände nach Abschnitt 6.3 von isolierendem Fußboden und isolierenden Wänden nicht unterschritten werden.

7.2.5 Schutztrennung

Besichtigen:
- Stromquelle nach Forderung von DIN VDE 0100 Teil 410 Abschnitt 6.5 vorhanden?
- Sekundäre Leitungen von primären, solchen anderer Stromkreise und Erde getrennt, Verlegung und Zustand ordnungsgemäß?
- Wenn Schutztrennung wegen besonderer Gefahr zwingend gefordert ist, darf nur ein Verbrauchsmittel angeschlossen sein. Werden in anderen Fällen mehrere Geräte angeschlossen, müssen die Schutzleiter miteinander verbunden sein.

Messen:
Bei mehr als einem Verbrauchsmittel muß die Schutzleiterverbindung auf niederohmigen Schleifenwiderstand geprüft werden. Bedingung des TN-Systems mit Überstromschutz Abschnitt 6.1.3 einhalten. An einem stromlosen Verbrauchsmittel Körperschluß machen und an dem anderen Netzschleifenwiderstand messen.

7.3 Prüfung des Hauptpotentialausgleichs

Besichtigen:
- Alle nach Bild 20 vorhandenen Leiter, die dem Potentialausgleich dienen, müssen feste Verbindungen haben, die Querschnitte den Forderungen von Tabelle 13 bzw. Tabelle 14 entsprechen und gegen Beschädigung geschützt sein.
- Vorrichtungen zum Abtrennen der Erdungsleitungen müssen zugänglich sein.

Messen:
Kann durch Besichtigen die Wirksamkeit des Hauptpotentialausgleichs nicht beurteilt werden, ist durch Messen festzustellen, daß zwischen fremden leitfähigen Teilen, z. B. metallenen Rohrsystemen und der Potentialausgleichsschiene, Verbindung besteht.

7.4 Prüfung des zusätzlichen Potentialausgleichs

Abschnitt 7.3 ist sinngemäß anzuwenden.

7.5 Prüfung netzsystemabhängiger Schutzmaßnahmen (mit Schutzleiter)

7.5.1 Prüfung für alle Netzsysteme, Prüfung des Schutzleiters

Es sind Prüfungen nach den Abschnitten 7.3 und 9.1 und, soweit in den Abschnitten 7.5.2 bis 7.5.5 gefordert, nach den Abschnitten 7.4 und 9.2 bis 9.7 durchzuführen.

Besichtigen:
Bei Schutzmaßnahmen mit Schutzleiter ist durch Besichtigen festzustellen, ob:

- Schutzleiter, Erdungsleiter und Potentialausgleichsleiter mindestens den geforderten Querschnitt haben,
- Schutzleiter, Erdungsleiter und Potentialausgleichsleiter richtig verlegt, die Anschluß- und Verbindungsstellen gegen Selbstlockern gesichert und gegebenenfalls gegen Korrosion geschützt sind,
- Schutzleiter und Außenleiter nicht verwechselt sind,
- Schutzleiter und Neutralleiter nicht verwechselt sind,
- für Schutzleiter und Neutralleiter die Festlegungen über Kennzeichnung, Anschlußstellen und Trennstellen eingehalten sind,
- die Schutzkontakte der Steckvorrichtungen wirksam sein können (nicht verbogen, nicht verschmutzt, nicht mit Farbe überstrichen),
- in Schutzleitern und PEN-Leitern keine Überstrom-Schutzeinrichtung vorhanden und PEN-Leiter und Schutzleiter für sich allein nicht schaltbar sind,
- Schutzeinrichtungen, z. B. Überstrom-, Fehlerstrom-Schutzeinrichtungen, Isolations-Überwachungseinrichtungen, Überspannungsableiter, in der nach den Errichtungsnormen getroffenen Auswahl vorhanden sind.

Erproben:
Durchzuführen nach der allgemeinen Forderung.

Messen:
Außer der Messung des Isolationswiderstandes nach Abschnitt 9.1 sind die von den Schutzmaßnahmen abhängigen Messungen nach den Abschnitten 7.5.2 bis 7.5.5 durchzuführen.

7.5.2 Prüfung im TN-System

Besichtigen:
Nach der allgemeinen Forderung durchzuführen, siehe Abschnitt 7.1.1.

Erproben:
Nach der allgemeinen Forderung durchzuführen, siehe Abschnitt 7.1.2.

Messen:
- Gesamterdungswiderstand aller Betriebserder nach Abschnitt 9.4.
- Bei Schutz durch Überstrom-Schutzeinrichtung Messung der Schleifenimpedanz oder des Kurzschlußstroms nach den Abschnitten 6.1.3 und 9.5 oder Rechnung oder Nachbildung des Netzes durch Netzmodell.
- Bei Abschaltung durch Fehlerstrom-Schutzeinrichtungen ist die Messung der Schleifenimpedanz nicht erforderlich. Es ist jedoch eine Prüfung nach Abschnitt 9.7 durchzuführen.

7.5.3 Prüfung im TT-System

Besichtigen:
Ein Besichtigen nach den allgemeinen Forderungen ist notwendig, siehe Abschnitt 7.1.1. Zusätzlich ist festzustellen, ob alle Körper, die gleichzeitig berührbar oder an eine gemeinsame Schutzeinrichtung angeschlossen sind, einen gemeinsamen Erder haben. Werden für den Schutz bei indirektem Berühren Überstrom-Schutzeinrichtungen verwendet, ist festzustellen, ob:
- an jeder beliebigen Stelle im Netz die zugehörige Schutzeinrichtung innerhalb von 0,2 s abschaltet, es sei denn, auch im Neutralleiter ist eine Überstrom-Schutzeinrichtung vorhanden, dann darf die Abschaltzeit 5 s betragen. Der Nachweis der Abschaltung darf durch Messen (siehe Abschnitte 9.5 und 6.1.3) erbracht werden.
- die Überstrom-Schutzeinrichtung so beschaffen ist, daß der Neutralleiter in keinem Fall vor den Außenleitern abschaltet und nach den Außenleitern einschaltet (Garantie des Herstellers).

Werden diese Bedingungen nicht erfüllt, ist festzustellen, ob ein zusätzlicher Potentialausgleich vorhanden ist.

Erproben:
Nach der allgemeinen Forderung durchzuführen, siehe Abschnitt 7.1.2.

Messen:
- Erdungswiderstand des Betriebserders nach Abschnitt 9.4.
  Werden Fehlerspannungs-Schutzeinrichtungen verwendet, so ist zu prüfen, ob der Erdungswiderstand des Hilfserders 200 Ω, in Ausnahmefällen 500 Ω, nicht überschreitet.
  Anmerkung: Es ist darauf zu achten, daß die Fehlerspannungsspule nicht überbrückt ist, z. B. durch fremde leitfähige Teile oder beschädigte Isolierung des Erdungsleiters zum Hilfserder. Der Schutzleiter muß in diesem Fall isoliert sein und darf, ebenso wie alle mit ihm verbundenen Körper, keine Verbindung mit Erde haben!

- Werden für den Schutz bei indirektem Berühren Überstrom-Schutzeinrichtungen verwendet, ist festzustellen, ob der nach Abschnitt 9.4 zu messende Erdungswiderstand so niederohmig ist, daß der für die jeweilige Abschaltzeit erforderliche Abschaltstrom nach Tabelle 16b fließen kann. In diese Messung sind Schutz- und Erdungsleiter zwischen dem Körper des Betriebsmittels und dem Erder einzubeziehen.
- Bei der Verwendung von Fehlerstrom-Schutzeinrichtungen ist nach Abschnitt 9.7 zu prüfen.

7.5.4 Prüfung im IT-System

Hier müssen wir unterscheiden zwischen:

- **erster Fehler** zwischen L1 und PE.
- **zweiter Fehler** (Doppelfehler) zwischen L2 oder L3 gegen PE.

Im IT-System sind einige Messungen nur möglich, wenn ein künstlicher Erdschluß hergestellt wird, um die Bedingungen von DIN VDE 0100 Teil 410 exakt prüfen zu können. Hierfür sind als Regel der Technik anzusehende Meßmethoden noch nicht eingeführt, so daß die VDE-Bestimmung nur teilweise nähere Angaben macht. Durch den künstlichen Erdschluß entstehen Beanspruchungen der Anlage durch Spannungserhöhung der „gesunden" Außenleiter und eventuell Gefährdungen durch einen während der Messung auftretenden zweiten Fehler.

Es werden deshalb Meßmethoden angegeben, die ohne einen künstlichen Erdschluß möglich sind.

Nach Abschnitt 7.5.4.1 (Anmerkung) wird man in den meisten Fällen mit einer Erdungsmessung auskommen. Bei Bildung lokaler IT-Systeme, z. B. in Hochhäusern, kann an die Stelle der direkten Erdung der Anschluß an einen geerdeten Potentialausgleich treten. Wegen der im IT-System durch die begrenzte Netzausdehnung zulässigen hohen Erdungswiderstände genügt bei Prüfung der Bedingung $R_A \cdot I_d \leq U_L$ der Ansatz des Erdungswiderstands der Gebäudeerdungsanlage, wenn vom Anschlußpunkt des IT-Systems an den Potentialausgleich die Verbindung zur Erdungsanlage ausreichend niederohmig ist. Wenn die Voraussetzungen in der Anmerkung nicht zutreffend sind, darf statt einer Messung der Ableitstrom abgeschätzt werden. In die Abschätzung gehen ein: Netz-Nennspannung; Kabel- und Leitungstypen, -querschnitte, -längen des gesamten Netzes und vor allem auch die Ableitströme der Verbraucher. Es dürfen Literaturangaben benutzt werden. Angaben siehe Abschnitt 6.6 (I_d etwa 1 mA je 1 kVA).

7.5.4.1 Prüfung der Wirksamkeit der Schutzmaßnahme beim ersten Fehler

Besichtigen:
Nach Abschnitt 7.1.1 durchzuführen.
Zusätzlich ist festzustellen, ob:

- kein aktiver Leiter der Anlage direkt geerdet ist und
- die Körper einzeln, gruppenweise oder in ihrer Gesamtheit mit einem Schutzleiter verbunden sind.

Erproben:
Nach Abschnitt 7.1.2 durchzuführen.

Messen:
Für die weiteren Prüfungen ist es zweckmäßig, den Ableitstrom I_d zu messen. Hierzu wird ein Strommesser zwischen L und PE gelegt. Dabei ist zu beachten, daß eventuell vorhandene Schutzeinrichtungen ansprechen. Zu erwarten sind einige mA bis einige A (etwa 1 mA/1 kVA).

Es ist entweder:

- der Erdungswiderstand R_A nach den Festlegungen des Abschnitts 9.4.1 und nach Erdung eines Außenleiters an der Stromquelle der Ableitstrom I_d des Netzes zu messen. Ersatzweise darf I_d aufgrund der Planungsunterlagen geschätzt werden. Das Produkt aus $R_A \cdot I_d$ darf die Grenze der dauernd zulässigen Berührungsspannung U_L nicht überschreiten.

Oder es ist:

- nach Erdung eines Außenleiters an der Stromquelle der Spannungsfall am Erdungswiderstand R_A zu messen, wobei dieser kleiner sein muß als die dauernd zulässige Berührungsspannung U_L.

Anmerkung: Meist ist bei nicht vermaschten Netzen mit Nennleistung des einspeisenden Transformators bis 3,15 MVA und Nennspannung bis 660 V bzw. 1,6 MVA und Nennspannung über 660 V bis 1000 V die Wirksamkeit der Schutzmaßnahme beim ersten Fehler auch ohne Messung oder Abschätzung des Ableitstroms bzw. ohne Messung der Erdungsspannung sichergestellt, wenn der Erdungswiderstand $R_A \leq 15\ \Omega$ ist.

7.5.4.2 *Prüfung der Wirksamkeit der Schutzmaßnahme beim Doppelfehler (erster und zweiter Fehler)*

Je nach Ausführung der Schutzmaßnahme im IT-System ist nach den folgenden Absätzen a), b) oder c) zu prüfen, siehe auch Abschnitt 6.1.5, Absätze a) und b).

a) Allgemein

Besichtigen:
Nach den allgemeinen Forderungen durchzuführen, siehe Abschnitt 7.1.1.

Erproben:
Die Isolations-Überwachungseinrichtung ist durch Betätigen der Prüfeinrichtung und durch einen simulierten Isolationsfehler im Netz (Widerstand zwischen einem Außenleiter und Schutzleiter) zu erproben.
Beim Erproben der Isolationsüberwachung sollte der zwischen Außen- und Schutzleiter zu schaltende Widerstand mindestens 2 kΩ sein. Als Ansprechwert der Isolationsüberwachung werden üblicherweise mindestens 100 Ω/V eingestellt.

Messen:
Eine Messung des zusätzlichen Potentialausgleichs ist nur erforderlich, wenn durch Besichtigen die Wirksamkeit nicht beurteilt werden kann.

b) Abschaltung nach den Bedingungen des TN-Systems

Besichtigen:
Nach den allgemeinen Forderungen durchzuführen, siehe Abschnitt 7.1.1.

Erpoben:
Nach Abschnitt 7.1.2 durchzuführen.

Messen:
Es ist eine Messung nach Abschnitt 7.5.2 durchzuführen. Hierzu ist ein Außenleiter an der Stromquelle zu erden, siehe auch Abschnitt 6.1.5, Absatz b), Gl. (6a).
Anmerkung: Bei Netzen ohne Neutralleiter ist U_0 durch die Spannung zwischen den Außenleitern zu ersetzen. Die Schleifenimpedanz wird gemessen zwischen dem nicht geerdeten Außenleiter und dem Schutzleiter.
Statt der Messung der Schleifenimpedanz darf der Schutzleiterwiderstand gemessen werden. Bei etwa gleicher Länge und etwa gleichem spezifischen Widerstand von Außen- und Schutzleiter muß der Schutzleiterwiderstand die Bedingung erfüllen:

$$R \leq 0{,}8 \cdot \frac{S_A}{S_A + S_{PE}} \cdot \frac{U}{I_a} \cdot \frac{U_n}{U_0}.$$

Darin sind:
U U_n im Netz ohne Neutralleiter,
U_0 im Netz mit Neutralleiter,
S_{PE} Schutzleiterquerschnitt,
S_A Außenleiterquerschnitt,
U_n Nennspannung zwischen Außenleitern,
U_0 Nennspannung zwischen Außenleiter und Neutralleiter,
I_a Strom, der das automatische Abschalten bewirkt (siehe Tabelle 16a),
0,8 Korrekturfaktor Leitertemperatur 80 °C auf 20 °C.
Für bestimmte Schutzeinrichtungen kann I_a aus Tabelle 16a entnommen werden.

c) Abschaltung nach den Bedingungen des TT-Systems

Besichtigen:
Besichtigen nach den allgemeinen Forderungen, siehe Abschnitt 7.1.1. Zusätzlich ist festzustellen, daß alle Körper, die gleichzeitig berührbar oder an eine gemeinsame Schutzeinrichtung angeschlossen sind, einen gemeinsamen Erder haben.

Erproben:
Nach Abschnitt 7.1.2 durchzuführen.

Messen:
Es ist eine Messung nach Abschnitt 7.5.3 durchzuführen, siehe auch Abschnitt 6.1.5, Absatz a).

7.5.5 Spannungsbegrenzung bei Erdschluß eines Außenleiters

In Freileitungsnetzen ist der Gesamterdungswiderstand R_B nach Abschnitt 9.4 zu messen. Wird als Gesamterdungswiderstand R_B ein Wert von 2 Ω überschritten, so ist der Erdungswiderstand der fremden leitfähigen Teile, über die ein Erdschluß entstehen kann, zu messen. Als fremde leitfähige Teile kommen diejenigen in Betracht, die außerhalb von Verbraucheranlagen angeordnet und im TN-System nicht mit dem PEN-Leiter verbunden sind. Der niedrigste Wert ist für die Ungleichung in DIN VDE 0100 Teil 410:1983-11 Abschnitt 6.1.8, siehe Gl. (8), zugrunde zu legen.
Anmerkung: Die Messung des Gesamterdungswiderstands R_B fällt in den Zuständigkeitsbereich des Errichters oder Betreibers des Freileitungsnetzes.

7.6 Hochspannungsprüfung, Prüfung der Spannungsfestigkeit

Hochspannungsprüfungen von Niederspannungsisolationen nach DIN VDE 0432 Teile 2 und 3 werden nur in Ausnahmefällen erforderlich sein. Ausnahmefälle sind, wenn die verwendeten Teile nicht hochspannungsgeprüft sind und Zweifel an der Spannungsfestigkeit bestehen. Betriebsmittel müssen (siehe Abschnitt 2.2.2) vom Hersteller geprüft werden. Zudem kann die Einhaltung der Festlegungen in den vorgenannten Normen einen nicht gerechtfertigten Aufwand bedeuten.
Die Prüfströme der Hochspannungsprüfgeräte sind für Personen gefährlich und wirken an fehlerhaften Prüfstellen meist zerstörend. Im Gegensatz hierzu sind dies Isolationsmeßgeräte, die auch mit hohen Spannungen arbeiten, nicht. Nach DIN VDE 0413 Teil 1 darf dort der Kurzschlußstrom nur maximal 12 mA betragen. Die in Abschnitt 9.1.2 und Tabelle 23 aufgeführten – handelsüblichen – Geräte haben nur Kurzschlußströme bis 8 mA. Festlegungen für Hochspannungsprüfungen im Anwendungsbereich der DIN VDE 0100 sind in Vorbereitung.

Spannung gegen Erde		Effektivwert der Prüfwechselspannung in V
Wechselspannung in V	Gleichspannung in V	
60	60	850
125	110	1300
250	250	1700
380	440	2100
500	600	2100
750	800	2500
1000	1500	3000
–	1500	4200

Tabelle 20 Hochspannungsprüfung, Spannungswerte nach DIN VDE 0100:1973-05

Bis zur Vorlage gültiger Bestimmungen dürfen Hochspannungsprüfungen durchgeführt werden:

- für den Anwendungsbereich von DIN VDE 0100 Teil 729 weiterhin mit Prüfspannungen nach DIN VDE 0100:1973-05 Tabelle 30-1 (sie ist hier als **Tabelle 20** wiedergegeben) und
- bei den Schutzmaßnahmen nach DIN VDE 0100 Teil 410
  - Schutzkleinspannung mit 500 V Wechselspannung,
  - Funktionskleinspannung ohne sichere Trennung mit 1500 V Wechselspannung,
  - Schutzisolierung mit 4000 V Wechselspannung,
  - Schutztrennung mit 4000 V Wechselspannung,
  - Schutz durch nichtleitende Räume mit 2000 V Wechselspannung.

Die Prüfung gilt als bestanden, wenn weder Durchschlag noch Überschlag auftritt. Anstelle der Hochspannungsprüfungen ist ersatzweise eine Isolationsmessung nach Abschnitt 9.1 zulässig mit einer Prüfspannung von mindestens 1000 V. Dabei muß der Mindest-Isolationswiderstand nach Tabelle 19 eingehalten sein.
Die Sekundärleistung des Hochspannungstransformators sollte mindestens 500 VA betragen bei einem Mindest-Kurzschlußstrom von 0,1 A. Bei ausgedehnten Schaltanlagen und Verteilern kann aufgrund der kapazitiven Ableitströme die vorgenannte Leistung gegebenenfalls zu klein sein.
Für das Errichten und den Betrieb von Prüfanlagen mit Spannungen über 1 kV sowie für zusätzlich anzuwendende Sicherheitsmaßnahmen ist DIN VDE 0104:1989-10 zu beachten.

7.7 Kurzfassung der Prüfung nach DIN VDE 0100

Die Prüfung umfaßt:

- **Besichtigung** aller Teile der Anlage auf ordnungsgemäßen Zustand.
- **Erprobung**, d. h. vorwiegend Auslösen der Schutzeinrichtungen durch Betätigen der Prüftasten, und
- **Messung** von Netzspannung, Isolationswiderstand, Erdungswiderstand, Schutzleiter- bzw. Netzschleifenwiderstand und Auslösen der FI- oder FU-Schutzeinrichtung.

Die **Tabellen 21** und **22** sind Checklisten, die schnell eine Information über die Prüfaufgabe geben. Sie setzen die Kenntnis der Abschnitte 7.1 bis 7.5 mit ihren Unterabschnitten voraus.

Die Tabelle 21 aus DIN VDE 0100g:1976-07 wird bezüglich der Erstprüfung abgelöst durch die Tabelle 22, eine vom Autor erarbeitete Aufstellung nach den Forderungen von DIN VDE 0100 Teil 610. Tabelle 21 ist für die Erstprüfung inzwischen überflüssig, denn hier gelten die neuen Forderungen der Tabelle 22. Sie wird trotzdem mit aufgeführt, weil sie für die Wiederholungsprüfung von Anlagen, die vor November 1985 in Betrieb genommen worden sind, dienlich ist. Für die Wiederholungsprüfung ist vom Geltungsbereich her DIN VDE 0105 Teil 1 maßgebend. Diese stellt jedoch in manchen Punkten nur allgemeine Forderungen, so daß für manche detaillierte Prüfung auf DIN VDE 0100 verwiesen werden muß.

Nr.	A. Schutzmaßnahmen mit Schutzleiter	Prüfaufgabe	Prüfverfahren und Prüfgeräte
1.	für alle Schutzmaßnahmen mit Schutzleiter	Schutzleiterbesichtigung	nach b) 1.1
		keine Verwechslung Schutzleiter/Außenleiter	Spannungsmessung gegen Erde, Phasenprüfung
		keine Verwechslung Schutzleiter/Mittelleiter	Isolationsmessung, Widerstandsmeßverfahren
		durchgehende niederohmige Verbindung der Schutzleiter	Widerstandsmeßverfahren
2.	§ 9 Schutzerdung	Schutzerdungswiderstand:	Erdungswiderstandsmessung
	1 b) Rückfluß des Erdschlußstroms durch das Erdreich	$R_S \leq \frac{65\ \text{V}}{I_A}$	
	2 b) Rückfluß des Erdschlußstroms über das metallene Wasserrohrnetz	Widerstand der Leiterschleife: $R_{Sch} \leq \frac{U_E}{I_A} = \frac{U_E}{k \cdot I_N}$	Schleifenwiderstandsmessung*)

*) Es genügt normalerweise, wenn der Schleifenwiderstand an ungünstigen Stellen ermittelt wird. An anderen Stellen genügt der Nachweis der durchgehenden niederohmigen Verbindung nach Nr. 1.

Tabelle 21 Prüfungen bei den einzelnen Schutzmaßnahmen (Tabelle 22-1 aus DIN VDE 0100g:1976-07), gültig für Anlagen, die **vor** dem **November 1985** in Betrieb genommen worden sind.

Nr.	A. Schutzmaßnahmen mit Schutzleiter	Prüfaufgabe	Prüfverfahren und Prüfgeräte
3.	§ 10 4 Nullung	Kurzschlußstrom zwischen Außenleiter und Nulleiter oder besonderem Schutzleiter: $I_k \geq I_A = k \cdot I_N$	Schleifenwiderstandsmessung*)
		Erdungswiderstand der Betriebserdungen: $R_B \leq 2\ \Omega$ und bei Freileitungsnetzen der Netzausläufer: $R_E \leq 5\ \Omega$	Erdungswiderstandsmessung
		bei Nullung gemäß § 10 a) 2.1 Erdschlußfreiheit des zur Prüfung vom Netz getrennten Mittelleiters	Isolationsmessung nach § 23
4.	§ 11 Schutzleitungssystem	Erdungswiderstand des gesamten Schutzleitungssystems: $R_S \leq 20\ \Omega$ (bei beweglichen Stromerzeugungsanlagen $R_S \leq 100\ \Omega$)	Erdungswiderstandsmessung
		Erprobung des Isolations-Überwachungsgeräts	Betätigung der Prüfeinrichtung
		niederohmige Verbindung aller zu schützenden Geräte und anzuschließenden leitfähigen Konstruktionsteile über Schutzleiter	Widerstandsmeßverfahren
		Ansprechen des Isolations-Überwachungsgeräts bei Erdschluß im Netz	künstliche Fehler im Netz über Widerstand zwischen einem Außenleiter und Schutzleiter
		bei beweglichen Stromerzeugungsanlagen ohne Isolations-Überwachungsgeräte oder Erdschlußanzeige	Berechnung aus Generator und Leitungsdaten oder Messung
		Einhaltung der Bedingungen nach § 53 c) 2.2	
5.	§ 12 FU-Schutzschaltung	Erprobung durch Prüfeinrichtung	Betätigung der Prüfeinrichtung
		Fehlerspannung beim Auslösen durch künstlichen Fehler $U_F \leq$ 65 V bzw. 24 V	Messung der Fehlerspannung

*) Es genügt normalerweise, wenn der Schleifenwiderstand an ungünstigen Stellen ermittelt wird. An anderen Stellen genügt der Nachweis der durchgehenden niederohmigen Verbindung nach Nr. 1.

Tabelle 21 (Fortsetzung) Prüfungen bei den einzelnen Schutzmaßnahmen (Tabelle 22-1 aus DIN VDE 0100g:1976-07), gültig für Anlagen, die **vor** dem **November 1985** in Betrieb genommen worden sind.

Nr.	A. Schutzmaßnahmen mit Schutzleiter	Prüfaufgabe	Prüfverfahren und Prüfgeräte
6.	§ 13 FI-Schutzschaltung	Erprobung durch Prüfeinrichtung	Betätigung der Prüfeinrichtung
		Erdschlußfreiheit des Mittelleiters hinter dem FI-Schutzschalter	Isolationsmessung nach § 23
		Fehlerspannung beim Auslösen durch künstlichen Fehler: $U_F \leq 65$ V bzw. 24 V	Messung der Fehlerspannung
		oder Erdungswiderstand: $R_E \leq \frac{65 \text{ V bzw. } 24 \text{ V}}{I_{\Delta n}}$	Erdungswiderstandsmessung und Auslösestrom
Nr.	**B. Schutzmaßnahmen ohne Schutzleiter**	**Prüfaufgabe**	**Prüfverfahren und Prüfgeräte**
1.	für alle Schutzmaßnahmen ohne Schutzleiter	Besichtigung	nach b) 1.2
2.	§ 8 Schutzkleinspannung	Messung, ob die Spannung ≤ 42 V	Spannungsmessung
		Messung, ob der Stromkreis erdschlußfrei ist	Isolationsmessung gegen Erde nach § 23 (Prüfspannung mindestens 250 V)
		Messung, ob der Stromkreis nicht leitend mit Anlagen höherer Spannung verbunden ist	Isolationsmessung gegen Anlagen höherer Spannung nach § 23 (Prüfspannung entsprechend der Nennspannung der Anlage mit der höheren Spannung)
3.	§ 14 Schutztrennung	Messung, ob die Sekundärspannung ≤ 250 V bzw. 380 V ist	Spannungsmessung
		Messung, ob Sekundärstromkreis erdschlußfrei ist	Isolationsmessung gegen Erde nach § 24
4.	§ 7 Schutzisolierung	keine meßtechnische Prüfung durch den Errichter	
	Standortisolierung	Messung des Isolationszustands	Isolationsmessung nach § 24

Tabelle 21 (Fortsetzung) Prüfungen bei den einzelnen Schutzmaßnahmen (Tabelle 22-1 aus DIN VDE 0100g:1976-07), gültig für Anlagen, die **vor** dem **November 1985** in Betrieb genommen worden sind.

Prüfungen allgemein:

Besichtigen
Betriebsmittel: richtige Auswahl, keine Schäden, ordnungsgemäße Montage
Isolierung, Abdeckung, Umhüllung: ordnungsgemäß
Abstand, Hindernisse: hinreichend gegeben, auch für Betätigungselemente
Überstrom-Schutzeinrichtung: richtig bemessen
Überwachungseinrichtung: richtig bemessen
Brandabschnitte: Schottung von Leitungs- und Kabeldurchführung
Dokumentation: vorhanden, Kennzeichnung dauerhaft

Erproben
Betätigung: der Prüftaste FI, FU, FR, Not-Aus, Verriegelung, Druckwächter
Kontrolle: Funktion der Melde- und Anzeigeeinrichtung
Isolierung: Prüfung Spannungsfestigkeit, falls nicht vom Hersteller erfolgt

Messen
Kontrolle der geforderten Werte der Abschnitte 9.1 bis 9.7, siehe nachstehende Kurzfassungen A bis D

A	**Prüfung bei netzsystemunabhängigen Schutzmaßnahmen (Schutzmaßnahmen für Betriebsmittel oder Anlagenabschnitte, meist ohne Schutzleiter, immer ohne Erder)**		
Schutzmaßnahmen		**Prüfaufgabe**	**Prüfverfahren und Prüfgeräte**
1.	Schutzkleinspannung	a) Besichtigung: Stromquelle, Betriebsmittel, Steckverbindung, Erdfreiheit	nach Abschnitt 7.2.1
		b) In Zweifelsfällen Erprobung der Spannungsfestigkeit Leiter gegen Erde	500 V Wechselspannung 1 min
		c) Kontrolle der Spannungsgrenze	Spannungsmessung
		d) Messung des Isolationswiderstands L gegen PE $\geq$ 0,25 MΩ, Tabelle 19	Isolationsmeßgerät mit Gleichspannung 250 V
2.	Funktionskleinspannung	a) Mit sicherer Trennung: wie unter 1. Schutzkleinspannung	nach Abschnitt 7.2.1
		b) Ohne sichere Trennung: entsprechend der primären Schutzmaßnahme, besonders Schutzleiterverbindung zum primären Stromkreis	nach Abschnitt 7.2.2
3.	Schutzisolierung	a) Besichtigung: Isolierung, kein PE, keine leitfähige Durchführung	nach Abschnitt 7.2.3, siehe auch DIN VDE 0100 Teil 540

Tabelle 22 Zusammenstellung der Prüfaufgaben für die Erstprüfung (nach DIN VDE 0100 Teil 610: 1994-04)

A	Prüfung bei netzsystemunabhängigen Schutzmaßnahmen (Schutzmaßnahmen für Betriebsmittel oder Anlagenabschnitte, meist ohne Schutzleiter, immer ohne Erder)		
Schutzmaßnahmen		**Prüfaufgabe**	**Prüfverfahren und Prüfgeräte**
3.	Schutzisolierung	b) Messung des Isolationswiderstands von L und N gegen berührbare leitfähige Teile $R_{is} \geq 0{,}5\ M\Omega$ (1 MΩ)	Isolationsmeßgerät mit Gleichspannung 500 V (1000 V)
		c) In Zweifelsfällen Erprobung der Spannungsfestigkeit von L und N gegen berührbare leitfähige Teile	4000 V Wechselspannung 1 min
4.	Schutz durch nicht leitende Räume	a) Besichtigung: leitfähige Teile nicht gleichzeitig berührbar	nach Abschnitt 7.2.4
		b) Messung des Isolationswiderstands von Fußböden und Wänden gegen Erde	Messung mit Betriebsspannung, Platte 25 cm × 25 cm, Abschnitt 10 von DIN VDE 0100 Teil 610, hier Abschnitt 9.2
		c) Messung des Ableitstroms ≤ 1 mA leitfähiger Teile im Raum gegen Erde mit 2000 V~	Messung wie 4 b), leitfähiges Teil anstelle Platte, ermittelter Widerstand $R_x \geq 2\ M\Omega$
5.	Schutztrennung	a) Besichtigung: Stromquelle; sekundär sichere Trennung; nur ein Verbrauchsmittel oder ungeerdeter Potentialausgleich, Leitungskontrolle	nach Abschnitt 7.2.5 Schleifenwiderstand, Isolationswiderstand
		b) Bei Potentialausgleich zwecks mehrerer Verbrauchsmittel Bedingung des TN-Systems D 2 a) und 2 c) erfüllen	
B	**Prüfung des Hauptpotentialausgleichs**		
		Prüfaufgabe	**Prüfverfahren und Prüfgeräte**
		a) Besichtigung: Verbindung aller Leiter mit Potentialausgleichsschiene, Querschnitte, Zugänglichkeit	nach Abschnitt 7.3
		b) In Zweifelsfällen Nachweis der leitenden Verbindung durch Messung	Widerstandsmessung

Tabelle 22 (Fortsetzung) Zusammenstellung der Prüfaufgaben für die Erstprüfung (nach DIN VDE 0100 Teil 610:1994-04)

C	**Prüfung des zusätzlichen Potentialausgleichs**		
		Prüfaufgabe	**Prüfverfahren und Prüfgeräte**
		a) Besichtigung: alle Teile sind einbezogen b) In Zweifelsfällen Nachweis der leitenden Verbindung durch Messung	nach Abschnitt 7.3 Widerstandsmessung
D	**Prüfung bei netzsystemabhängigen Schutzmaßnahmen (Schutzmaßnahmen mit Schutzleiter und mit Erder)**		
Schutzmaßnahmen		**Prüfaufgabe**	**Prüfverfahren und Prüfgeräte**
1.	Für alle Schutzmaßnahmen	Schutzleiter-Besichtigung	nach Abschnitt 7.5.1
	Bei Steckdosen im TN- oder TT-System wird das durch die Schleifenwiderstands- oder FI-Prüfgeräte automatisch geprüft	keine Verwechslung Schutzleiter – Außenleiter	Spannungsmessung oder Prüfung gegen Erde
		keine Verwechslung Schutzleiter – Neutralleiter	bei abgetrenntem Neutralleiter Isolationsmessung gegen Erde
		niederohmige Verbindung des Schutzleiters gegen Potentialausgleich	Widerstandsmessung oder Durchgangsprüfung gegen Erde oder Potentialausgleich
2.	TN-System mit Überstrom-Schutzeinrichtung	a) Nachweis, daß Kurzschlußstrom in 0,1 s; 0,2 s; 0,4 s bzw. 5 s die Überstrom-Schutzeinrichtung auslöst	Schleifenwiderstands- oder Kurzschlußstrommessung (L-PE), Werte siehe Tabelle 16a, oder Widerstandsmessung PE, Abschnitt 9.5, oder Rechnung
		b) Nachweis, daß der gesamte Erdungswiderstand der Betriebserder niederohmig ist	Messung des Erdungswiderstands 1. Abschnitte 7.5.2 und 9.4
		c) Messung des Isolationswiderstands L und N gegen PE, L gegen N, $R_{is} \geq 0{,}5\ M\Omega$ (1 MΩ)	Isolationsmessung mit Gleichspannung 500 V (1000 V), siehe Tabelle 19
3.	TN-System mit FI-Schutzeinrichtung	a) Erprobung der FI-Schutzeinrichtung	Betätigen der Prüftaste
		b) Auslösestrom ist gleich oder kleiner dem Fehlernennstrom der FI-Schutzeinrichtung, $I_{\Delta} \leq I_{\Delta n}$	FI-Prüfgerät
		c) Nachweis, daß der gesamte Erdungswiderstand der Betriebserder niederohmig ist	Messung des Erdungswiderstands, siehe Abschnitte 7.5.2 und 9.4
		d) Messung des Isolationswiderstands L und N gegen PE, L gegen N, $R_{is} \geq 0{,}5\ M\Omega$ (1 MΩ)	Isolationsmessung mit Gleichspannung 500 V (1000 V), siehe Tabelle 19

Tabelle 22 (Fortsetzung) Zusammenstellung der Prüfaufgaben für die Erstprüfung (nach DIN VDE 0100 Teil 610:1994-04)

D	Prüfung bei netzsystemabhängigen Schutzmaßnahmen (Schutzmaßnahmen mit Schutzleiter und mit Erder)		
	Schutzmaßnahmen	**Prüfaufgabe**	**Prüfverfahren und Prüfgeräte**
4.	TT-System mit Überstrom-Schutzeinrichtung *Anmerkung:* Erfordert bei größeren Leistungen sehr kleine Erdungswiderstände und ist deshalb praktisch nicht gut zu realisieren	a) Prüfen, ob in N Überstrom-Schutzeinrichtung vorhanden ist, die gemeinsam mit L abschaltet, oder nachstehend beschriebene Abschaltung in 0,2 s vornimmt oder zusätzlicher Potentialausgleich vorhanden ist b) Nachweis, daß der Erdungswiderstand $R_A \leq U_L/I_a$ ist. I_a aus Tabelle 16a für 5 s Abschaltzeit (0,2 s, wenn kein Überstromschutz in N) U_L = 50 V~ oder 120 V =, für besondere Betriebsräume niedrigere Werte (z. B. 25 V~) c) Messung des Isolationswiderstands L und N gegen PE, L gegen N; $R_{is} \geq 0{,}5$ MΩ (1 MΩ)	Besichtigung nach Abschnitt 7.5.3 Messung des Erdungswiderstands nach Abschnitt 9.4 Isolationsmessung mit Gleichspannung 500 V (1000 V)
5.	TT-System mit FI-Schutz–einrichtung *Anmerkung:* Dies ist die fast ausschließlich angewendete Schutzmaßnahme im TT-System	a) Erprobung der FI-Schutzeinrichtung b) Messung des Isolationswiderstands L und N gegen PE, L gegen N, $R_{is} \geq 0{,}5$ MΩ (1 MΩ) c) Nachweis, daß der Auslösestrom gleich oder kleiner dem Fehlernennstrom ist, $I_\Delta \leq I_{\Delta n}$ und daß dabei die zulässige Berührungsspannung U_L nicht überschritten wird. U_L = 50 V~, für besondere Betriebsräume niedrigere Werte (z. B. 25 V~). Anstelle U_L kann auch der Erdungswiderstand R_A gemessen werden. Bedingung $R_A \leq U_L/I_{\Delta n}$	Betätigung der Prüftaste Isolationsmessung mit Gleichspannung 500 V (1000 V) FI-Prüfgerät oder zusätzlich Erdungsmessung, bei selektiven (zeitverzögerten) FI Ⓢ ist $R_A \leq U_L/(2\ I_{\Delta n})$

Tabelle 22 (Fortsetzung) Zusammenstellung der Prüfaufgaben für die Erstprüfung (nach DIN VDE 0100 Teil 610:1994-04)

D	**Prüfung bei netzsystemabhängigen Schutzmaßnahmen (Schutzmaßnahmen mit Schutzleiter und mit Erder)**		
	Schutzmaßnahmen	**Prüfaufgabe**	**Prüfverfahren und Prüfgeräte**
6.	TT-System mit FU-Schutzeinrichtung *Anmerkung:* Die FU-Schutzeinrichtung wird nur in Sonderfällen angewendet • Betriebsmittel oder kleine Anlagenabschnitte • wird bei Neuanlagen ab 1990 nicht mehr verwendet	a) Erprobung der FU-Schutzeinrichtung b) Messung des Isolationswiderstands L und N gegen PE, L gegen N, PE gegen Erde! $R_{is} \geq 0{,}5\ \text{M}\Omega$ ($1\ \text{M}\Omega$) c) Nachweis, daß die Auslösespannung gleich oder kleiner der Fehlernennspannung ist, $U_B \leq U_{Bn}$ d) Nachweis, daß der Erdungswiderstand $R_A \leq 200\ \Omega$, in Ausnahmefällen $\leq 500\ \Omega$, ist	Betätigung der Prüftaste Isolationsmessung mit Gleichspannung 500 V (1000 V) gegen Erde ohne FU-Schutzschalter FI-Prüfgerät, dabei Erdungswiderstand vorübergehend auf etwa 200 Ω vergrößern FI-Prüfgerät (ohne 200-Ω-Vergrößerung), $R_A = U_B/I_\Delta$
7. 7.1	IT-System Wirksamkeit beim ersten Fehler	a) Besichtigung b) Erprobung des Isolations-Überwachungsgeräts c) Nachweis, daß der Erdungswiderstand R_A gleich oder kleiner als U_L/I_d ist, oder daß die Spannung U_E am Erder bei Erdung eines Außenleiters gleich oder kleiner als U_L ist	nach den Abschnitten 7.1.1 und 7.5.4 Betätigung der Prüftaste Messung des Erdungswiderstands und Messung des Ableitstroms I_d oder Messung der Spannung am Erder bei Erdschluß
7.2	Wirksamkeit beim Doppelfehler durch: Zusätzlichen Potentialausgleich und Isolationsüberwachung Überstromschutz (Zur Messung vorübergehend einen Außenleiter erden)	a) Ordnungsgemäßer Zustand b) Erprobung des Isolations-Überwachungsgeräts Nachweis, daß Kurzschlußstrom in 0,1 s, 0,2 s bzw. 0,4 s die Überstrom-Schutzeinrichtung auslöst, siehe Abschnitt 6.1.5b), Gl. (6a)	Besichtigung nach den Abschnitten 7.1.1 und 7.5.4 Betätigung der Prüftaste Schleifenwiderstandsmessung (L-PE), Werte siehe Tabelle 17a, oder Widerstandsmessung PE, oder Rechnung

Tabelle 22 (Fortsetzung) Zusammenstellung der Prüfaufgaben für die Erstprüfung (nach DIN VDE 0100 Teil 610:1994-04)

D	Prüfung bei netzsystemabhängigen Schutzmaßnahmen (Schutzmaßnahmen mit Schutzleiter und mit Erder)		
	Schutzmaßnahmen	**Prüfaufgabe**	**Prüfverfahren und Prüfgeräte**
7.2	Wirksamkeit beim Doppelfehler durch:		
	FI-Schutzeinrichtung	a) Erprobung der FI-Schutzeinrichtung	Betätigung der Prüftaste
	(Ist I_d kleiner als I_Δ, zur Messung vorübergehend einen Außenleiter erden)	b) Nachweis, daß der Auslösestrom gleich oder kleiner dem Fehlernennstrom ist, $I_\Delta \leq I_{\Delta n}$, und daß dabei die zulässige Berührungsspannung U_L nicht überschritten wird. U_L = 50 V~, für besondere Betriebsräume niedrigere Werte (z. B. 25 V~). Anstelle U_L kann auch der Erdungswiderstand R_A gemessen werden, Bedingung: $R_A \leq U_L/I_{\Delta n}$	FI-Prüfgerät oder zusätzlich Erdungsmessung, bei selektiven FI [S] ist $R_A \leq U_L\ I_{\Delta n}/2$
	FU-Schutzeinrichtung	a) Erprobung der FU-Schutzeinrichtung	Betätigung der Prüftaste
	(Zur Messung vorübergehend einen Außenleiter mit Erde – nicht mit PE – verbinden)	b) Nachweis, daß die Auslösespannung gleich oder kleiner der Fehlernennspannung ist, $U_B \leq U_{Bn}$	FI-Prüfgerät, dabei Erdungswiderstand vorübergehend auf etwa 200 Ω vergrößern
		c) Nachweis, daß der Erdungswiderstand $R_A \leq 200\ \Omega$, in Ausnahmefällen 500 Ω ist	FI-Prüfgeräte (ohne 200-Ω-Vergrößerung), $R_A = U_B/I_\Delta$ oder Erdungsmesser

Tabelle 22 (Fortsetzung) Zusammenstellung der Prüfaufgaben für die Erstprüfung (nach DIN VDE 0100 Teil 610:1994-04)

8 Prüfung von Anlagen nach DIN VDE 0105 Teil 100:1997-10

Während die Bestimmung DIN VDE 0100 im **Teil 610** für die Erstellung der Anlagen die **Erstprüfung** beschreibt, gibt die Bestimmung **DIN VDE 0105 Teil 100:1997-10** in Abschnitt 5.3 „Erhaltung des ordnungsgemäßen Zustandes", hier Abschnitt 8.1, Hinweise für die **Wiederholungsprüfung**. Sie ist darauf ausgerichtet, Fehler zu erkennen, die durch äußere Einflüsse beim Betreiben von Anlagen entstehen. Der nachfolgende Abschnitt 8.1 ist der unveränderte Abschnitt 5.3 aus DIN VDE 0105 Teil 100:1997-10. Er unterscheidet sich nicht wesentlich von der vorhergehenden Fassung 1983-07. In manchen Punkten enthält diese hinsichtlich der Messung keine Angaben, was und wie im einzelnen geprüft werden soll. Bezüglich der Isolationsmessung werden umfangreiche Angaben gemacht und Forderungen genannt. Alle anderen Werte, wie Erdungswiderstand, Netzschleifenwiderstand, Auslösewerte der FI-Schutzeinrichtung usw., werden nicht genannt. Es wird nur allgemein (hier Abschnitt 8.2.3) gefordert:

„Durch Messen die Werte ermitteln, die eine Beurteilung der Schutzmaßnahmen bei indirektem Berühren ermöglichen."

Bezüglich Besichtigen und Erproben werden detaillierte Angaben gemacht, bezüglich Messen muß außer dem Isolationswiderstand deshalb auf DIN VDE 0100 verwiesen werden, um die oben genannte Forderung nach Abschnitt 5.3.2.1 (hier 8.2.3) zu erfüllen.

Dabei gilt für die vor November 1985 in Betrieb genommenen Anlagen die alte Fassung nach VDE 0100g:1976-07 (Tabelle 21), und ab November 1985 gelten die neuen Forderungen nach DIN VDE 0100 Teil 410:1983-11 (Neufassung 1997-01) und Teil 610:1994-04 (Tabelle 22).
Die Erstprüfung soll sicherstellen, daß die Anlage entsprechend der Norm errichtet worden ist. Die Wiederholungsprüfungen sollen Mängel aufdecken, die nach der Inbetriebnahme der elektrischen Anlagen und Betriebsmittel sowie nach einer Instandsetzung oder Änderung aufgetreten sein können. Der Schwerpunkt liegt deshalb auf möglichen Veränderungen. Die Prüfung umfaßt:

Besichtigung – Erprobung und Messung.

8.1 Erhaltung des ordnungsgemäßen Zustands*)

8.1.1 Messen

In dieser Norm umfaßt Messen alle Tätigkeiten zur Ermittlung physikalischer Daten in elektrischen Anlagen. Messungen dürfen nur von Elektrofachkräften, elektrotechnisch unterwiesenen Personen oder von Laien unter Beaufsichtigung durch eine Elektrofachkraft ausgeführt werden.
Für Messungen in elektrischen Anlagen müssen geeignete und sichere Meßgeräte verwendet werden. Diese Meßgeräte müssen vor und – soweit erforderlich – nach der Benutzung geprüft werden.
Wenn beim Messen die Gefahr der direkten Berührung unter Spannung stehender Teile besteht, müssen persönliche Schutzausrüstungen verwendet und Vorkehrungen gegen Gefährdung durch elektrischen Schlag und die Auswirkungen von Kurzschluß und Störlichtbögen getroffen werden.
Sofern erforderlich, müssen die Festlegungen in VBG 4 für Arbeiten im spannungsfreien Zustand (§ 6), Arbeiten unter Spannung (§ 8) oder Arbeiten in der Nähe unter Spannung stehender Teile (§ 7) angewendet werden.

8.1.2 Erproben

Erproben dient der Feststellung der Funktionsfähigkeit und des elektrischen, mechanischen oder thermischen Zustands einer elektrischen Anlage. Erproben schließt auch die Überprüfung der Wirksamkeit von z. B. elektrischen Schutzeinrichtungen und Sicherheitsstromkreisen ein.
Erproben kann Messungen einschließen, die nach 8.2.3 durchzuführen sind. Erprobungen dürfen nur von Elektrofachkräften, elektrotechnisch unterwiesenen Personen oder von Laien unter Beaufsichtigung durch eine Elektrofachkraft ausgeführt werden.
Bei Erprobungen, die im spannungsfreien Zustand durchgeführt werden sollen, sind die Festlegungen für das Arbeiten im spannungsfreien Zustand einzuhalten. Sofern es erforderlich ist, Erdungs- oder Kurzschließeinrichtungen zu öffnen oder zu entfernen, müssen geeignete Vorsichtsmaßmahmen getroffen werden, die Personen vor elektrischem Schlag schützen und verhindern, daß die Anlage von irgendeiner Stromquelle unter Spannung gesetzt wird.
Wenn beim Erproben die Einspeisung aus dem normalen Netz erfolgt, sind die einschlägigen Festlegungen von § 6 bis § 8 anzuwenden.
Wenn beim Erproben eine Hilfs- oder Prüfstromquelle verwendet wird, ist sicherzustellen, daß:

---

*) Text aus der Norm DIN VDE 0105 Teil 100:1997-10, Abs. 5.3.

- die Anlage von jeder möglichen Stromquelle freigeschaltet ist (siehe § 5),
- die Anlage nicht von einer anderen Stromquelle unter Spannung gesetzt werden kann,
- während der Erprobung Sicherheitsmaßnahmen gegen elektrische Gefährdungen für alle anwesenden Personen wirksam sind,
- die Trennstellen ausreichend isoliert sind für das gleichzeitige Anstehen der Prüfspannung auf der einen und der Betriebsspannung auf der anderen Seite.

Spezielle Erprobungen, z. B. in Hochspannungs-Versuchsanlagen, bei denen die Gefahr direkten Berührens unter Spannung stehender Teile besteht, müssen von Elektrofachkräften mit Zusatzausbildung durchgeführt werden. Je nach Erfordernis müssen zusätzliche Schutzmaßnahmen getroffen werden.

8.1.3 Prüfen

Der Zweck von Prüfungen besteht in dem Nachweis, daß eine elektrische Anlage den Errichtungsnormen und Sicherheitsvorschriften entspricht. Die Prüfungen können den Nachweis des ordnungsgemäßen Zustands der Anlage einschließen. Sowohl neue Anlagen als auch Änderungen und Erweiterungen bestehender Anlagen müssen vor ihrer Inbetriebnahme einer Prüfung unterzogen werden.

Elektrische Anlagen müssen in geeigneten Zeitabständen geprüft werden. Wiederkehrende Prüfungen sollen Mängel aufdecken, die nach der Inbetriebnahme aufgetreten sind und den Betrieb behindern oder Gefährdungen hervorrufen können.

Anmerkung: Prüffristen sind z. B. festgelegt in Gesetzen (Gerätesicherheitsgesetz), Verordnungen, Unfallverhütungsvorschriften der Unfallversicherungsträger, Sicherheitsvorschriften der Schadenversicherer.

Prüfungen können folgende Schritte umfassen:

- Besichtigen,
- Messen und/oder Erproben entsprechend den Anforderungen in 8.1.1 und 8.1.2.

Prüfungen müssen unter Bezugnahme auf die erforderlichen Schaltpläne und technischen Unterlagen durchgeführt werden.

Mängel, die eine unmittelbare Gefahr bilden, müssen unverzüglich behoben oder fehlerhafte Teile außer Betrieb genommen und gegen Wiedereinschalten gesichert werden.

Prüfungen müssen von Elektrofachkräften durchgeführt werden, die Kenntnisse durch Prüfung vergleichbarer Anlagen haben.

Die Prüfungen müssen mit geeigneter Ausrüstung und so durchgeführt werden, daß Gefahren vermieden werden. Einschränkungen durch blanke, unter Spannung stehende Teile sind erforderlichenfalls zu berücksichtigen.

Das Prüfungsergebnis muß aufgezeichnet werden, und es sind entsprechende Maßnahmen zur Mängelbeseitigung zu treffen.

8.2 Wiederkehrende Prüfungen

Der Umfang wiederkehrender Prüfungen nach 8.1.3 darf je nach Bedarf und nach den Betriebsverhältnissen auf Stichproben sowohl in bezug auf den örtlichen Bereich (Anlagenteile) als auch auf die durchzuführenden Maßnahmen beschränkt werden, soweit dadurch eine Beurteilung des ordnungsgemäßen Zustands möglich ist.
Sind in besonderen Fällen Messungen an oder in elektrischen Anlagen mit technisch oder wirtschaftlich vertretbarem Aufwand nicht durchführbar, z. B. bei ausgedehnten Erdungsanlagen, großen Leiterquerschnitten, vermaschten Netzen, so ist auf andere Weise nachzuweisen, daß die zu ermittelnden Werte eingehalten werden, z. B. durch Berechnung bzw. mit Hilfe von Netzmodellen.
In 8.2.1 bis 8.2.4 sind Prüfvorgänge enthalten, die üblicherweise im Rahmen wiederkehrender Prüfungen ausgeführt werden.
Betriebsmittel, die über Steckvorrichtung angeschlossen werden, werden nach DIN VDE 0701 oder DIN VDE 0702 geprüft.

8.2.1 Wiederkehrende Prüfung durch Besichtigen

Durch Besichtigen ist festzustellen, ob die elektrischen Anlagen und Betriebsmittel den äußeren Einflüssen am Verwendungsort standhalten und den in Errichtungsnormen enthaltenen Zusatzfestlegungen für Betriebsstätten und Räume sowie Anlagen besonderer Art noch entsprechen.
Durch Besichtigen ist festzustellen, ob der Schutz gegen direktes Berühren aktiver Teile elektrischer Betriebsmittel noch vorhanden ist.
Durch Besichtigen ist festzustellen, ob die Schutzmaßnahmen bei indirektem Berühren noch den Errichtungsnormen entsprechen.

a) Bei Schutzmaßnahmen mit Schutzleiter ist darauf zu achten, daß:

- Schutzleiter, Erdungsleiter und Potentialausgleichsleiter mindestens den geforderten Querschnitt haben,
- Schutzleiter, Erdungsleiter und Potentialausgleichsleiter richtig verlegt und noch zuverlässig angeschlossen sind,
- Schutzleiter und Schutzleiteranschlüsse noch entsprechend den Errichtungsnormen gekennzeichnet sind,
- Schutzleiter und Außenleiter nicht miteinander verbunden oder verwechselt sind,
- Schutzleiter und Neutralleiter nicht verwechselt sind,
- für Schutzleiter und Neutralleiter die Festlegungen über Kennzeichnung, Anschlußstellen und Trennstellen eingehalten sind,
- die Schutzkontakte der Steckvorrichtungen wirksam sein können,
- in Schutzleitern und PEN-Leitern keine Überstrom-Schutzeinrichtungen vorhanden sind und PEN-Leiter und Schutzleiter für sich alleine nicht schaltbar sind,

- Schutzeinrichtungen, z. B. Überstrom-, Fehlerstrom-Schutzeinrichtungen, Isolationsüberwachungseinrichtungen, Überspannungsableiter in der nach den Errichtungsnormen getroffenen Auswahl noch vorhanden sind.

b) Bei Schutzmaßnahmen ohne Schutzleiter ist darauf zu achten, daß:
- bei Schutzkleinspannung (SELV), Funktionskleinspannung mit sicherer Trennung (PELV) und Schutztrennung die Stromquellen, die Leitungen und die übrigen Betriebsmittel in der nach den Errichtungsnormen getroffenen Auswahl noch vorhanden sind,
- für Schutzkleinspannung (SELV) oder Funktionskleinspannung mit sicherer Trennung (PELV) eingebaute Steckvorrichtungen nicht für andere Spannungen verwendet sind,
- bei Schutztrennung die aktiven Teile des Sekundärstromkreises weder mit einem anderen Stromkreis noch mit Erde verbunden und von anderen Stromkreisen sicher getrennt sind,
- bei zwingend vorgeschriebener Schutztrennung nur ein Verbrauchsmittel angeschlossen werden kann,
- bei Schutztrennung mit mehr als einem Verbrauchsmittel die Körper durch ungeerdete, isolierte Potentialausgleichsleiter untereinander verbunden sind,
- leitfähige berührbare Teile von schutzisolierten Betriebsmitteln nicht an den Schutzleiter angeschlossen sind,
- bei nichtleitenden Räumen die Körper so angeordnet sind, daß ein gleichzeitiges Berühren von zwei Körpern oder von einem Körper und einem leitfähigen Teil nicht möglich ist.

Durch Besichtigen ist festzustellen, ob die Überstrom-Schutzeinrichtungen den Leiterquerschnitten entsprechend noch richtig zugeordnet sind.
Durch Besichtigen ist festzustellen, ob für Betriebsmittel erforderliche Überspannungs- oder Überstrom-Schutzeinrichtungen noch vorhanden und richtig eingestellt sind.
Durch Besichtigen ist festzustellen, ob verbindlich festgelegte Schaltpläne, Beschriftungen und dauerhafte Kennzeichnung der Stromkreise, Gebrauchs- oder Betriebsanleitungen noch vorhanden und zutreffend sind.
Besichtigen der Einrichtungen zur Unfallverhütung und Brandbekämpfung heißt z. B., die Schutzvorrichtungen, Hilfsmittel, Sicherheitsschilder, Schottung von Leitungs- und Kabeldurchführungen auf Vollständigkeit, Bemessung und Auswahl sowie auf Schäden und Mängel zu überprüfen.
Durch Besichtigen ist festzustellen, ob die Festlegungen des Herstellers eines Betriebsmittels hinsichtlich der Montage noch eingehalten sind, z. B. Abstände wärmeerzeugender Betriebsmittel zur brennbaren Umgebung.
Durch Besichtigen des Hauptpotentialausgleichs ist festzustellen, ob:
- die zur Sicherstellung des Potentialausgleichs erforderlichen Leiter (Hauptpotentialausgleichsleiter, Hauptschutzleiter, Haupterdungsleiter und andere Erdungsleiter),

- Erder, z. B. Fundamenterder, Blitzschutzerder, Erder von Antennenanlagen, Erder von Telefonanlagen,
- metallene Rohrsysteme, z. B. Gasinnenleitungen, Abwasserleitungen, Rohre von Heizungs- und Klimaanlagen,
- Metallteile der Gebäudekonstruktion

mit der Potentialausgleichsschiene oder Haupterdungsschiene (-klemme) noch verbunden sind und ob die Vorrichtungen zum Abtrennen der Erdungsleiter noch zugänglich sind.
Durch Besichtigen des örtlich zusätzlichen Potentialausgleichs ist festzustellen, ob alle gleichzeitig berührbaren Körper, Schutzleiteranschlüsse und alle „fremden leitfähigen Teile" noch einbezogen sind*).
Der Zustand von Erdungsanlagen nach E DIN EN 50179 (VDE 0101) ist an einigen Stationen und an einigen ausgewählten Masten eines Netzes durch Besichtigen festzustellen.
Anmerkung: Hierfür ist eine Frist von etwa fünf Jahren angemessen. Im allgemeinen genügt es, diese Feststellung durch Aufgraben einzelner Stellen zu treffen**).

8.2.2 Wiederkehrende Prüfung durch Erproben

Erproben der Isolationsüberwachungsgeräte, z. B. in ungeerdeten Hilfsstromkreisen, im IT-System sowie der FI- und FU-Schutzeinrichtungen durch Betätigen der Prüftaste.
Erproben der Wirksamkeit von Stromkreisen und Betriebsmitteln, die der Sicherheit dienen, z. B. Schutzrelais, Not-Ausschaltungen, Verriegelungen.
Erproben des Rechtsdrehfelds bei Drehstrom-Wand- und Kupplungssteckdosen. Die Steckbuchsen werden dabei von vorn im Uhrzeigersinn betrachtet.
Erproben der Funktionsfähigkeit von notwendigen Melde- und Anzeigeeinrichtungen, z. B. Rückmeldung der Schaltstellungsanzeige an ferngesteuerten Schaltern, Meldeleuchten.

8.2.3 Wiederkehrende Prüfung durch Messen

Sind erforderlich in Anlagen, die **Werte ermitteln**, die eine **Beurteilung der Schutzmaßnahmen** bei indirektem Berühren ermöglichen. Dazu gehören z. B.

Anmerkungen des Autors:

*) Meist ist neben der Besichtigung eine Messung anzuraten. Unter **niederohmig** sollte man den Wert verstehen, der sich in etwa rechnerisch aus der Leiterlänge und dem Leitungsquerschnitt ergibt (Tabelle 34). Zu beachten ist weiterhin, daß bei der Schutzmaßnahme mit Überstromschutzeinrichtungen der zulässige Netzschleifenwiderstand nicht überschritten wird. An Abweichungen gegenüber dem Üblichkeitswert sind lose Kontakte zu erkennen.

**) Ein Aufgraben ist nur in wenigen Fällen möglich und sinnvoll. Eine Messung ist leichter, einfacher und schneller durchzuführen und liefert zuverlässigere Werte.

Schleifenwiderstand, Schutzleiterwiderstand, Auslöse-Fehlerstrom, Ansprechwert von Isolationsüberwachungseinrichtungen*).

Der **Isolationswiderstand** in Anlagen mit Nennspannungen bis 1000 V ist zu messen:

a) Bei Messungen nach den Aufzählungen b) bis d) genügt im allgemeinen die Feststellung des Isolationswiderstands zwischen:
   - Außenleiter und PEN-Leiter oder
   - Außenleiter und Neutralleiter sowie zwischen dem zum Zweck der Messung abgetrennten Neutralleiter und Erde.

   Die Außenleiter dürfen während der Messung miteinander verbunden sein.
   In feuergefährdeten Betriebsstätten oder wenn in der zu prüfenden Leitung kein geerdeter Leiter und kein geerdeter Mantel mitgeführt werden, ist zusätzlich der Isolationswiderstand der Außenleiter gegeneinander zu messen.

b) Mit angeschlossenen und eingeschalteten Verbrauchsmitteln: Hierbei muß der Isolationswiderstand der angeschlossenen Strombahn hinter der Überstrom-Schutzeinrichtung einschließlich dem oder der Verbrauchsmittel mindestens 300 Ω je Volt Nennspannung betragen (siehe jedoch Absatz d)).
   Wird bei dieser Messung der vorgeschriebene Wert unterschritten, so ist die Messung bei abgeklemmten Verbrauchsmitteln zu wiederholen (siehe Absatz c)).

c) Ohne angeschlossene oder eingeschaltete Verbrauchsmittel: Hierbei muß der Isolationswiderstand zwischen Überstrom-Schutzeinrichtungen, zwischen Schaltern oder hinter der letzten Überstrom-Schutzeinrichtung mindestens 1000 Ω je Volt Nennspannung betragen, d. h., der Fehlerstrom jeder dieser Teilstrecken darf bei Nennspannung nicht größer als 1 mA für jeden Leiter sein (siehe jedoch Absatz d)).

d) Bei Anlagen im Freien sowie in Räumen oder Bereichen, deren Fußböden, Wände und Einrichtungen zu Reinigungszwecken abgespritzt werden, muß der Isolationswiderstand betragen:
   - bei angeschlossenen und eingeschalteten Verbrauchsmitteln mindestens 150 Ω je Volt Nennspannung,
   - ohne angeschlossene oder eingeschaltete Verbrauchsmittel mindestens 500 Ω je Volt Nennspannung.

e) Abweichend von Absatz b) muß im IT-System der Isolationswiderstand mindestens 50 Ω je Volt Nennspannung betragen.

f) Für Schleifleitungen oder Schleifringkörper, die unter ungünstigen Umgebungsbedingungen betrieben werden müssen, z. B. Krananlagen im Freien, Kokerei-

---

Anmerkung des Autors:

*) Es werden hier, außer der Messung des Isolationswiderstands, keine ausführlichen Angaben gemacht, welche Messungen weiterhin notwendig sind, um die ordnungsgemäße Funktion der Schutzmaßnahme, z. B. die Einhaltung der angeführten Größen Schleifenwiderstand, Schutzleiterwiderstand, Auslöse-Fehlerstrom, nachzuweisen. Es wird deshalb empfohlen, auch für die Wiederholungsprüfung die Beschreibung der Erstprüfung nach DIN VDE 0100 Teil 610 heranzuziehen. Wichtig ist die Prüfung der Werte, die sich nach der Erstprüfung verändert haben können.

en, Gießereien, Sinteranlagen, brauchen die unter den Absätzen c) bis e) festgelegten Werte nicht eingehalten zu werden, wenn durch andere Maßnahmen, z. B. Erdung der nicht aktiven Befestigungsteile der Schleifleitung, Fernhalten brennbarer Stoffe von Schleifleitungen, dafür gesorgt ist, daß der Ableitstrom nicht zu gefährlichen Berührungsspannungen oder zu Bränden führt.

g) Messungen des Isolationswiderstands sind mit Gleichspannung durchzuführen. Die Meßspannung muß bei Belastung des Meßgeräts mit 1 mA mindestens gleich der Nennspannung der Anlage sein.

h) Bei Schutzkleinspannung (SELV) und Funktionskleinspannung mit sicherer Trennung (PELV) ist der Isolationswiderstand der Leiter gegen Erde zu messen. Meßgleichspannung 250 V, Mindest-Isolationswiderstand 0,25 MΩ.

Bei Funktionskleinspannung ohne sichere Trennung (FELV) ist zu messen, ob die Körper ordnungsgemäß mit dem Schutzleiter des Stromkreises mit höherer Spannung bzw. mit dem Potentialausgleichsleiter des zugehörigen Stromkreise verbunden sind.

8.2.4 Wiederkehrende Prüfungen sonstiger Art

Feststellen, ob die vorhandenen Anlagen und Betriebsmittel gegebenenfalls erhöhten thermischen oder dynamischen Beanspruchungen durch den Kurzschlußstrom infolge Änderungen im Leitungsnetz oder in der Anlage noch genügen.

In Anlagen mit Nennspannungen über 1 kV feststellen, ob die der Planung zugrundeliegenden Bedingungen für die Erdungsspannung bzw. Berührungsspannung, z. B. Erdfehlerstrom, nach E DIN EN 50179 (VDE 0101) noch eingehalten sind.

Bei wiederkehrenden Prüfungen muß auch festgestellt werden, ob geforderte Anpassungen bei bestehenden elektrischen Anlagen durchgeführt sind.

In weiteren Teilen dieser Norm sind andere oder ergänzende wiederkehrende Prüfungen geregelt. Festlegungen für wiederkehrende Prüfungen sind auch in anderen Normen enthalten, z. B. in Normen für Krankenhäuser, Bauten für Menschenansammlungen, Batterieanlagen.

8.3 Kurzfassung der Prüfung nach DIN VDE 0105 Teil 100:1997-10

Gefordert wird Besichtigung, Erprobung und Messung. Die ersten beiden werden ausführlich behandelt. Die Messung hingegen beschränkt sich im einzelnen nur auf die Isolationsmessung, fordert aber allgemein die Messung aller Größen, die zur Prüfung der Schutzmaßnahmen bei indirektem Berühren erforderlich sind. Hier muß diesbezüglich auf DIN VDE 0100 Teil 410 und Teil 610 verwiesen werden. Nachstehend soll nur das Wichtigste dargestellt werden. Für die Prüfung wird als Leitfaden die Tabelle 22 bzw. für die älteren Anlagen Tabelle 21 empfohlen.

Prüffristen:
Sie sind gegeben durch:
VBG 4, Durchführungsanweisung zu § 5, hier Seiten 52 bis 58,
Gesetzliche Unfall-Versicherung GUV, 2.10, siehe Tabellen 5d, Seite 76,
Gerätesicherheitsgesetz GSG (Gewerbeordnung Gewo § 24, ist 1993 inhaltlich übernommen worden),
Bauordnung der Länder,
Zusatzbedingungen der Sachversicherer,
2. Durchführungsverordnung zum Energiewirtschaftsgesetz.

Besichtigung:
Isolation, Abdeckung, Schutzleiter, Potentialausgleich, Hauptpotentialausgleichsleiter, Erder, Außenleiter, Neutralleiter, Überstromschutzeinrichtungen, FI-Schutzeinrichtung. Besonderheiten bei Schutzkleinspannung und Schutztrennung, siehe Abschnitt 8.2.3.

Erprobung:
Betätigung der Prüfeinrichtungen; FI-, FU-, Isolationsüberwachungseinrichtung. Not-Aus-Schalteinrichtung, Signal- und Meldeeinrichtung, siehe Abschnitt 8.2.4.

Messung:
Es wird auf DIN VDE 0100 verwiesen, abweichend davon sind folgende Werte:

Anlagen	Isolationswiderstand minimal	Isolationswiderstand normal	Feuchträume und im Freien
	ohne Verbraucher	1000 Ω/V	500 Ω/V
	mit Verbraucher	300 Ω/V	150 Ω/V
	im IT-System	50 Ω/V	30 Ω/V
	Schutzkleinspannung SELV	0,25 MΩ	

Tabelle 22a Minimal zulässige Insolationswiderstände nach DIN VDE 0105 Teil 100:1997-10

9 Messung und Meßgeräte zur Anlagenprüfung

In den folgenden Abschnitten werden für die einzelnen elektrophysikalischen Größen zuerst die nach DIN VDE 0100 einzuhaltenden Werte aufgezeigt und dann die Meßverfahren beschrieben. Jeweils eine Tabelle zeigt die wichtigsten Geräte auf dem deutschen Markt, teilweise im Text beschrieben und auch in Bildern gezeigt. Grundsätzlich wird gefordert, daß die Geräte nur Meßströme erzeugen, die so klein bzw. zeitlich so kurz sind, daß kein Personen- oder Sachschaden entstehen kann. Dies ist eine wichtige Forderung, die in allen diesbezüglichen VDE-Bestimmungen am Anfang steht.

Für die Prüfung von Anlagen sollen deshalb nur Meßgeräte verwendet werden, die DIN VDE 0413 Teile 1 bis 7 entsprechen (siehe Tabelle 18), denn hier ist dies vom Hersteller sichergestellt. Vorsicht ist geboten, wenn man sich selbst Meßschaltungen aufbaut. Außerdem sind die Anweisungen in der Bedienungsanleitung des Geräteherstellers zu beachten.

Welche allgemeinen Forderungen sollten an ein Meß- oder Prüfgerät gestellt werden? Es sollte übersichtlich und einfach zu bedienen sowie dauerhaft beschriftet sein. Bei gelegentlichem Gebrauch sollte nicht immer wieder die Gebrauchsanweisung studiert werden müssen. Die Betätigung der Meß- und Prüfvorgänge sollte mit einer Hand möglich sein. Von Vorteil sind Geräte, die gut zu tragen und robust sind. Von Bedeutung ist die Prüfzeit, besonders dann, wenn Hunderte oder Tausende von Anschlußstellen geprüft werden müssen. Es gibt Schleifenwiderstands-Meßgeräte, mit denen eine Steckdose komplett in 3 s geprüft werden kann. Mit älteren Geräten benötigt man die zehnfache Zeit.

Ob analoge oder digitale Anzeige zweckmäßig ist, hängt vom Verwendungszweck ab. Grundsätzlich gilt folgende Regel: Für zeitlich konstante Werte ist die Digitalanzeige, für zeitlich veränderliche Größen die Analog-Anzeige vorteilhaft. Es gibt neuerdings digitale Multimeter, die zusätzlich eine LCD-Analog-Anzeige haben.

Ob ein Einzel- oder ein Universal-Prüfgerät zweckmäßiger ist, hängt vom Anwendungsfall ab. Wie auch bei Werkzeugen oder Einrichtungen gilt auch hier: Werden viele Prüfungen ausgeführt, ist ein spezielles, ein Einzelprüfgerät, zu empfehlen, z. B. wenn Hunderte von Steckdosen zu prüfen sind. Werden meist nur wenige Prüfungen durchgeführt oder ist allgemein eine Fehlersuche erforderlich, sind Universal-Prüfgeräte anzuraten. Kleine Abteilungen, die wenige Prüfungen ausführen, sind deshalb mit Universal-Prüfgeräten gut beraten. Diese Geräte sind preiswerter, und man kann mit ihnen mehrere Größen messen. Es sind die Geräte Unitest „Expert", Unitest 8990, M5010, Profitest, Remo-Check und Unilap 100 (siehe Tabelle 33), die anderen Geräte sind Einzel-Prüfgeräte. Für größere Abteilungen, bei denen mehrere Mitarbeiter prüfen, sind primär mehrere Einzel-Prüfgeräte anzuraten und für allgemeine Untersuchungen noch ein Universal-Prüfgerät.

9.1 Messung des Isolationswiderstands

Die Messung erfolgt für **alte** Anlagen nach DIN VDE 0100g:1976-07 § 23 und für **neue** Anlagen ab 1987-11 nach DIN VDE 0100 Teil 610:1994-04, siehe Tabelle 19. In Verbraucheranlagen muß der Isolationswiderstand der Anlagenteile zwischen zwei Überstrom-Schutzeinrichtungen oder hinter der letzten Überstrom-Schutzeinrichtung gemessen werden. Nach der alten Forderung muß er mindestens 1 kΩ/V Betriebsspannung betragen (z. B. 230 kΩ bei 230 V Betriebsspannung), d. h., der Fehlerstrom in jeder dieser Teilstrecken darf nicht größer als 1 mA sein.

Isolationswiderstand der elektrischen Anlage nach DIN VDE 0100 Teil 610:1994-04
Der Isolationswiderstand muß zwischen jedem aktiven Leiter und Erde gemessen werden.

Anmerkung 1: Als Erde darf der geerdete Schutzleiter betrachtet werden. In TN-Systemen (-Netzen) darf die Messung zwischen aktiven Leitern und PEN-Leiter, der als geerdet betrachtet wird, erfolgen.

Anmerkung 2: Um den Meßaufwand zu reduzieren, dürfen während der Messung des Isolationswiderstands Außen- und Neutralleiter miteinander verbunden sein.

Die Messungen sind mit Gleichspannung durchzuführen. Das Prüfgerät muß bei einem Meßstrom von 1 mA die Meßgleichspannung nach Tabelle 19 abgeben können. Der mit der Meßgleichspannung nach Tabelle 19 gemessene Isolationswiderstand ist ausreichend, wenn jeder Stromkreis ohne angeschlossene Verbrauchsmittel einen Isolationswiderstand aufweist, der nicht kleiner ist als der in Tabelle 19 angegebene zugehörige Wert.
Hierzu gehören auch die Schalterleitungen.

Die Prüfung des Isolationswiderstands von Verbraucheranlagen umfaßt **Besichtigung und Messung.**
Isolations-Überwachungseinrichtungen in IT-Systemen sollten abgeklemmt werden.

Anmerkung: Die Prüfung darf auch mit angeschlossenen Verbrauchsmitteln durchgeführt werden. Wenn die in Tabelle 17 festgelegten Werte nicht erreicht werden, ist die Prüfung ohne Verbrauchsmittel zu wiederholen.

Schutz durch sichere Trennung der Stromkreise
Die sichere Trennung der Stromkreise muß geprüft werden,

- im Falle von SELV nach Abschnitt A),
- im Falle von PELV nach Abschnitt B),
- im Falle von Schutztrennung nach Abschnitt C).

A) Schutz durch SELV
Die sichere Trennung aktiver Teile von aktiven Teilen anderer Stromkreise und von Erde nach DIN VDE 0100 Teil 410:1997-01 Abschnitt 4.1 muß durch eine Messung

des Isolationswiderstands geprüft werden. Die festgestellten Widerstandswerte müssen in Übereinstimmung mit den Angaben in Tabelle 17 sein.

B) Schutz durch PELV
Die sichere Trennung aktiver Teile von aktiven Teilen anderer Stromkreise nach DIN VDE 0100 Teil 410:1997-01 Abschnitt 4.1 muß durch eine Messung des Isolationswiderstands geprüft werden. Die festgestellten Widerstandswerte müssen in Übereinstimmung mit den Angaben in Tabelle 17 sein.

C) Schutztrennung
Die sichere Trennung aktiver Teile von aktiven Teilen anderer Stromkreise von Erde nach DIN VDE 0100 Teil 410:1997-01 Abschnitt 6.5 muß durch eine Messung des Isolationswiderstands geprüft werden. Die festgestellten Widerstandswerte müssen in Übereinstimmung mit den Angaben in Tabelle 17 sein.
Wenn der Stromkreis **elektronische Einrichtungen** enthält, müssen während der Messung Außen- und Neutralleiter miteinander verbunden sein.
Eine Isolationsmessung ist bei allen Schutzmaßnahmen erforderlich. Der minimal zulässige Wert liegt etwa in gleicher Größenordnung bei 1 MΩ.

9.1.1 Isolationswiderstände

DIN VDE 0100 Teil 610:1994-04 fordert Isolationswiderstände nach Tabelle 19. Für die 230-V~-Anlagen wären dies minimal 0,5 MΩ, gemessen mit 500 V –. Die alte Bestimmung DIN VDE 0100g:1976-07 forderte 1 kΩ/V Betriebsspannung, gemessen mit einer Gleichspannung, die mindestens dem Effektivwert des Betriebsnennwerts entspricht. Für die 230-V~-Anlagen wären dies minimal 0,23 MΩ, gemessen mit mindestens 230 V –.
In der neuen Bestimmung sind die Werte heraufgesetzt worden. Dabei ist die höhere Meßspannung erfahrungsgemäß wichtig. Eine Isolationsfehlerstelle hat ein nichtlineares Verhalten, d. h., ihr Widerstand ist abhängig von der Spannung. Eine statische Gleichspannung belastet eine Fehlerstelle nicht so stark wie eine Wechselspannung. Andererseits kann man wegen meist vorhandener Kapazitäten nicht mit Wechselspannung messen. Für die einzelnen Isolierstoffe wird deshalb beim Hersteller der Betriebsmittel eine Prüfung der Spannungsfestigkeit mit Wechsel-Hochspannung gemacht, die im Fehlerfall auch zerstörend ist. Sie ist zur Prüfung von Anlagen sehr gefährlich, unpraktikabel und wird nur für Sonderfälle in Betracht kommen (siehe auch Abschnitt 7.6).
Der Isolationswiderstand von Isolierstoffen wie Kunststoff, Porzellan, Keramik usw. liegt unter Normalbedingungen bei 100 MΩ bis 10000 MΩ und damit weit über den geforderten Werten. Die meisten Meßgeräte zeigen dies kaum noch an. Damit ist es auch unerheblich, ob man als Grenzwert 0,2 MΩ, 0,5 MΩ oder 2 MΩ vorschreibt. Diese Werte resultieren aus der sinnvollen Festlegung, daß der Ableit-

strom über den Isolierstoff nicht über der Wahrnehmbarkeitsschwelle von etwa 0,5 mA liegen soll (siehe auch Tabelle 3).
Die Isolationswiderstände von Leitungen und Betriebsmitteln liegen heute bei mehreren 100 MΩ, also mehrere Dekaden über dem geforderten Wert von etwa 1 MΩ. Als zulässigen Wert sollte man deshalb den „**Üblichkeitswert**" zugrunde legen. Die Werte in Tabelle 19, Seite 142 sind also dann maßgebend, wenn der übliche Wert dort auch liegt. Eine Leitung von 100 m Länge, die normalerweise einen Isolationswiderstand von etwa 300 MΩ hat, ist zweifellos bei 1 MΩ fehlerhaft.
Es gibt Isolationsfehler, die bei Gleichspannungsmessung hochohmig sind und bei 230 V Wechselspannung einen Kurzschluß verursachen! Diese Fehler sind nur bei der Prüfung der Spannungsfestigkeit mit hoher Wechselspannung zu erkennen oder bei Gleichspannung durch Beachten der „Üblichkeitswerte". Andererseits sind niedrigere Werte zulässig, wenn sie erstens üblich sind und zweitens hierdurch keine gefährlichen Körperströme entstehen und keine Brandgefahr gegeben ist, siehe auch Fußnote in Tabelle 19.
Wenn andererseits der Potentialausgleich in Ordnung ist, bringt ein zu niedriger Isolationswiderstand auch keine Gefahr einer zu hohen Berührungsspannung, sondern nur einen unnützen Stromverbrauch und eventuell eine zu hohe Erwärmung. So kann man auch niedrigere Isolationswiderstände zulassen, wenn ein sicherer oder zusätzlicher Potentialausgleich vorhanden ist und diese Aspekte beachtet werden, siehe auch Fußnote in Tabelle 19.
Die niedrigen Werte in Größenordnung der Grenzwerte von etwa 1 MΩ als gut zuzulassen, ist nur dann praktisch sinnvoll, wenn sie physikalisch der Normalfall und begründet sind, z. B. Isolierstoffe bei hohen Temperaturen oder die in Tabelle 19 erwähnten Schleifringkörper. Dies sind Sonderfälle. In der Regel liegen die Widerstände in den einzelnen Stromkreisen bei 100 MΩ und mehr. Ein Isolationswiderstand von 1 MΩ oder auch 10 MΩ ist zwar zulässig, stellt aber meist einen Isolationsfehler dar, der z. B. durch Feuchtigkeitseinbruch erheblichen Ärger bereiten kann, besonders bei FI-Schutzschaltungen. Ist also ein „Ausreißer" nicht erklärbar, sollte man ihn als Fehler auffassen, siehe auch Fußnote 8) in Abschnitt 8.2.5.
Vor der Messung des Isolationswiderstands sollte in Erfahrung gebracht werden, ob in den zu messenden Stromkreisen elektrische Betriebsmittel mit elektronischen Bauelementen oder Bauelementegruppen enthalten sind. Auch in den Filtern des Netzanschlusses von Betriebsmitteln sind manchmal zwischen den Außenleitern und dem Neutralleiter prüfspannungssensible Bauelemente vorhanden. Man kann entweder diese Betriebsmittel für den Zeitraum der Messung von der Anlage trennen oder Außenleiter und Neutralleiter verbinden und deren gemeinsamen Isolationswiderstand gegen Schutzleiter messen. Störschutzglieder zwischen diesen Leitern und Schutzleitern sind bei 220 V ~ in der Regel nicht gefährdet. Ein Kondensator für 220 V ~ hat eine Prüfspannung von 1000 V –. Eine Gefahr besteht eventuell bei Kleinspannung, wo nach Tabelle 19 mit 250 V – gemessen wird.
Bei Errichtung ist es empfehlenswert, vor Anschluß der Betriebsmittel die verlegten Leitungen zu messen oder entsprechend geprüfte Betriebsmittel zu verwenden.

Bei der Beurteilung von Messungen mit angeschlossenen Verbrauchern sollte berücksichtigt werden, daß z. B. elektrische Heizkörper im Rahmen der geltenden Normen Ableitströme von mehreren mA haben dürfen.
Mit der Isolationsmessung wird keine Schutzmaßnahme überprüft. Der Errichter der Anlage erhält mit dieser Messung Aufschluß über den sicherheitstechnischen Zustand der Isolation. Die Ursachen nicht eingehaltener Isolationswiderstände sind häufig unzulässig hohe mechanische Beanspruchungen der Isolierhüllen der Leiter, z. B. bei Unterschreitung der zulässigen Biegeradien nach DIN VDE 0298 Teile 2 und 4 oder punktuell zu hohe Druckbeanspruchung durch ungeeignete Befestigungsmittel und Verlegemethoden. Normalerweise liegt der Isolationswiderstand im MΩ-Bereich, erheblich über den Mindestwerten. Auch beschädigte Isolationen, bei denen der Leiter dann Berührung mit Mineralien wie Putz, Gips, Beton hat, geben unangenehme Fehlerstellen, deren Widerstand erheblich von der Feuchtigkeit abhängt. Eine Fehlerstelle in Gips kann z. B. trocken 1000 MΩ und feucht 10 kΩ haben.

9.1.2 Isolationsmeßgeräte, DIN VDE 0413 Teil 2

Die wichtigsten Forderungen an die Geräte sind:

Ausgang	Gleichspannung, bei Meßbereichsänderung maximal 10 % Spannungsänderung, bei Leerlauf maximal 50 % Spannungsanstieg,
Nennstrom	mindestens 1 mA,
Kurzschlußstrom	maximal 12 mA,
Genauigkeit	Klasse 1,5 nach DIN VDE 0410.

Ein Nennstrom von 1 mA bedeutet, daß bei diesem „Laststrom“ die Nennspannung noch steht. Verschiedene Geräte in Tabelle 23 haben z. B. bei 500 V Nennspannung eine Leerlaufspannung von 650 V –, eine „Lastspannung“ (bei 500 kΩ, d. h. 1 mA) von 510 V – und einen Kurzschlußstrom von etwa 1 mA bis 6 mA.
Im Handel gibt es zwei Gerätekonstruktionen:
Kurbelinduktor: Durch einen Dynamo mit Handkurbel wird die Prüfspannung von z. B. 500 V Gleichspannung erzeugt. Eine konstante Drehzahl muß eingehalten werden.
Hierzu wird zunächst gekurbelt und die Prüfspannung gemessen. Manche Geräte haben einen Fliehkraftregler, bei ihnen muß der Bedienende nur eine bestimmte Drehzahl überschreiten.
Batteriegerät: Aus einer Batteriespannung erzeugt ein elektronischer Zerhacker eine Wechselspannung. Sie wird hochtransformiert und wieder gleichgerichtet. Die Elektronik erlaubt es, die Forderungen nach Strombegrenzung und Leerlaufspannung besser zu erfüllen. Diese Geräte gibt es für Prüfspannungen von 100 V bis 5000 V in handlicher Ausführung.
Eine Aufstellung von Geräten ist in **Tabelle 23** zu finden.
Bei der Vielzahl der Geräte fällt die Wahl schwer. Welche Kriterien sind maßgebend? Der Meßbereich sollte möglichst hoch sein (100 MΩ oder mehr). Auch un-

Bezeichnung	Geräteausführung – Daten	Hersteller	Preise 1999
Unitest 93406	Digitales Isolationsmeßgerät, Handgerät, batteriebetrieben, 3 1/2-stellige LC-Anzeige, Meßbereiche: 0…20, 0…200, 0…2000 MΩ, bei einer Meßgleichspannung: 250 V, 500 V, 1000 V– 100 kΩ/Digitale Widerstandsmessung: 0…200 Ω, Spannungsmessung: 0…750 V~	Ch. Beha GmbH In den Engematten 14 79286 Glottertal	389 DM
Unitest Telaris ISO 9054	Digitales Isolationsmeßgerät, Maße: 235 × 103 × 70 mm, Handgerät, batteriebetrieben, 3 1/2-stellige LC-Anzeige, Meßbereiche: 0…2/20/200 MΩ; 100/250/500/1000 V Widerstandsmessung: 0 … 20 Ω, 0,2 A Prüfstrom, Spannungsmessung 0 … 500 V/1 V		598 DM
Unitest 5778	Isolationsmeßgerät mit Kurbelinduktor, Meßbereiche: 0…25 MΩ, 0…50 MΩ, 0…100 MΩ, Meßgleichspannung: 250 V–, 500 V–, 1000 V–		529 DM
Unitest ISO-Compact 8966	Digitales Isolations-Widerstandsprüfgerät und Spannungsmeßgerät 20…700 V AC/DC, 3 1/2-stellige LC-Anzeige, Isolationsmeßbereich: 20 MΩ/200 MΩ, U_M = 500 V		498 DM
Unitest 5-kV-Tester 8925	Analoger Isolationstester mit robustem Koffergehäuse Prüfspannung: 500 V, 1000 V, 2500 V, 5000 V, Meßbereiche: 0…500 kΩ und 0…500 GΩ, Spannungsmessung bis 600 V AC/DC		1895 DM
C.A. 6511 C.A. 6513	Analoges Isolationsmeßgerät, Handgerät, batteriebetrieben, Meßbereiche: 0…1000 MΩ, Meßspannung: 500 V–, Widerstandsmessung: 0…10 Ω, Spannungsmessung: 0…600 V~, Meßgleichspannung: 500 V, 1000 V–, Ω-Bereich ± 200 mA	Chauvin Arnoux GmbH Straßburger Str. 34 77694 Kehl/Rh.	522 DM 565 DM
C.A. 6501 (Isolavi 8, H & B)	Batterie-Handgerät, digitale Anzeige U_M = 500 V– Meßbereich: 0…20 MΩ, 0…200 MΩ		595 DM
IMEG 500 IMEG 1000	Isolationsmeßgerät mit Kurbelinduktor, vier Bereiche, Meßbereiche: 0…200 MΩ, Meßspannung: 500 V–, Widerstandsmessung: 0…100 Ω; Spannungsmessung: 0…600 V~ Meßbereiche: 0…500 MΩ, 0…5000 MΩ, bei einer Meßgleichspannung: 250 V, 500 V, 1000 V–, Widerstandsmessung: 0…200 Ω, Spannungsmessung: 0…750 V~		981 DM 1118 DM
ISOL 1000 ISOL 5000	Analoges Isolationsmeßgerät, hochohmig, batteriebetrieben, Meßbereiche: 0…1000 GΩ, drei Bereiche, bei einer Meßgleichspannung: 50 V, 100 V, 250 V, 500 V oder 1000 V–, Meßbereiche: 0…3000 GΩ, drei Bereiche, bei einer Meßgleichspannung: 500 V, 1000 V, 2500 V, 5000 V–		1789 DM 2488 DM

Tabelle 23 Isolationsmeßgeräte verschiedener Hersteller nach DIN VDE 0413 Teil 1 (Preisangabe unverbindlich)

Bezeichnung	Geräteausführung – Daten	Hersteller	Preise 1999
MC 5 B	Prüfspannungsgenerator 2,5 kV und 5 kV AC/DC Prüfstrom 1 mA, 10 mA oder 200 mA, drei Bereiche, dadurch zerstörungsfreie und zerstörende Prüfung möglich	Chauvin Arnoux GmbH Straßburger Str. 34 77694 Kehl/Rh.	7252 DM
Metriso 1000 A	Batteriegerät; U_M = 50 …1000 V–; analog drei Meßbereiche: 0 Ω … 400 MΩ, Netz-Spannungsmessung, Widerstandsmessung: 4,1 V–, 0 Ω…4 Ω	GMC-Instruments Gossen Metrawatt GmbH Thomas-Mann-Str. 16-20 90471 Nürnberg	875 DM
Metriso 500 D	Batteriegerät Klasse 1,5; U_M = 500 V–; digital und analog, sechs Meßbereiche: 0…3 GΩ, automatische Umschaltung, Widerstandsmessung: 4,1 V–, 0…30 Ω		1070 DM
Metriso 1000 D	Batteriegerät Klasse 1,5; digitale und analoge Anzeige, Meßgleichspannung: 100/500/1000 V–, Meßbereiche: 0…30/300 MΩ, 0…3/30 GΩ, Widerstandsmessung: 4,5 V–, 0…30 Ω		1390 DM
Metriso 5000 A	Batteriegerät Klasse 1,5; analoge Anzeige, Meßgleichspannung: 500/1000/2500/5000 V–, Meßbereiche: 0…1/2/10/20 GΩ		1950 DM
M 5022	Kleines Batteriegerät, Meßgleichspannung: 500 V–; Meßbereiche: 0,4…20 MΩ, 0…500 kΩ, 0 …1 000 Ω		680 DM
Metraohm 413	Niederohmmeßgerät, digital, Gerät mit Meßspitze, Meßbereich 0,01 … 20 Ω/200 Ω; 200/20 mA		395 DM
ISO-Kalibrator	Kalibrierwiderstände: 100, 300, 500 kΩ 1, 2, 5, 10, 20, 50, 100 MΩ		298 DM
Unilap ISO X	Isolationsmeßgerät im Klappgehäuse Unilap, Digital- und Analoganzeige mit Speicher und Beleuchtung, Meßgleichspannung: 100/250/500 und 1000 V DC, Isolationsmeßbereiche: 1 Ω bis 30 GΩ (3 TΩ), automatisch umschaltend, Guard-Messung, Widerstandsmeßbereiche: 0,12 Ω bis 3 kΩ, Standortisolations-Widerstandsmessung: 100 Ω bis 3(30) MΩ, Ersatzableitstrommessung 0 bis 30 mA	LEM Instruments GmbH (Norma Goerz Wien) Marienbergstr. 80 90411 Nürnberg	1540 DM
Unilap ISO	Vereinfachte Ausführung vom Typ X		1200 DM
Handy ISO	Isolationsmeßgerät im Multimetergehäuse, Digital- und Analoganzeige mit Speicher und Beleuchtung, Meßgleichspannung: 100/250/500 V DC, Isolationsmeßbereiche: 0…199,9 MΩ, 0…19,9 GΩ, Widerstandsmeßbereiche: 0 …199,9 Ω, 200 …1999 Ω, Fremdspannungsanzeige: AC/DC maximal 600 V		795 DM

Tabelle 23 (Fortsetzung) Isolationsmeßgeräte verschiedener Hersteller nach DIN VDE 0413 Teil 1 (Preisangabe unverbindlich)

Bezeichnung	Geräteausführung – Daten	Hersteller	Preise 1999
Müzitester	Kleines Akku-Gerät, aufladbar; U_M = 250 V, 500 V–, Meßbereiche: 0...10/50 MΩ, analoge Anzeige, Widerstandsmessung: 4 V–/0...10 Ω, automatische Umschaltung, Spannungsmessung: 0...500 V, AC/DC	Müller & Ziegler Industriestr. 23 91710 Gunzenhausen	1360 DM
Isoprüfer	Kleines Akku-Gerät, aufladbar; U_M = 250 V, 500 V, 1000 V, Meßbereiche: 0...10/50/100 MΩ, analoge Anzeige, Spannungsmessung: 0...500, 1000 V AC		820 DM
Isolationsmesser IM 10	Akku-Gerät, aufladbar, U_M = 500/1000 V–, analoge Anzeige, Meßbereiche: 0...200 MΩ, automatische Umschaltung, Widerstandsmeßbereich: U_M = 6 V–, 0–300 Ω	Müller & Weigert Kleinreuther Weg 88 90408 Nürnberg	780 DM

Tabelle 23 (Fortsetzung) Isolationsmeßgeräte verschiedener Hersteller nach DIN VDE 0413 Teil 1 (Preisangabe unverbindlich)

ter den zulässigen Werten (0 kΩ bis 100 kΩ) sollte das Gerät messen, das erleichtert die Fehlersuche. Weiterhin sollte das Gerät handlich sein und eine Prüfspitze mit Einschalttaste haben. Batteriegeräte sind den Kurbelinduktoren vorzuziehen. Einige gebräuchliche Geräte zeigen die**Bilder 22**, **23** und **24**. Ein kleines Gerät mit angebauter Prüfspitze zeigt **Bild 25.**

Bild 22 Isolationsmeßgerät Unilap ISO (Foto: LEM Instruments GmbH, 90411 Nürnberg)

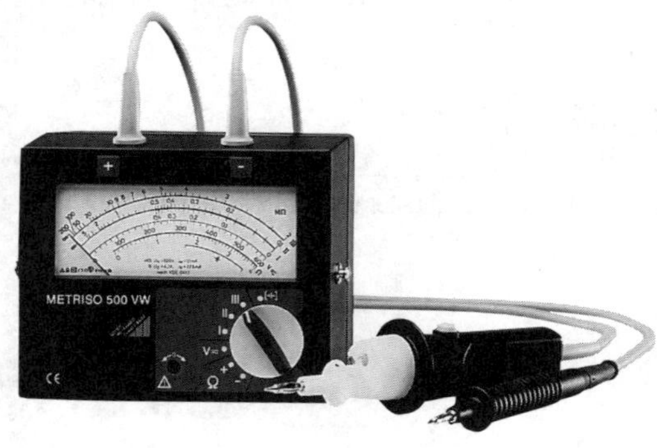

Bild 23 Isolationsmeßgerät Metriso 500 D (Foto: Gossen-Metrawatt GmbH, 90471 Nürnberg)

Bild 24 Handliches Isolationsmeßgerät „C.A. 6501“
(früher Isolavi 8 von H & B)
(Foto: Chauvin Arnoux, 77694 Kehl/Rh.)

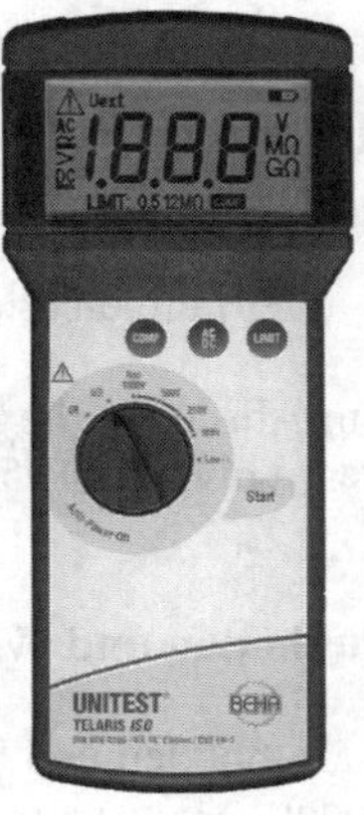

Bild 25 Digitales Isolationsmeßgerät
Unitest Telaris ISO Nr. 9054
(Foto: Ch. Beha GmbH, 79286 Glottertal)

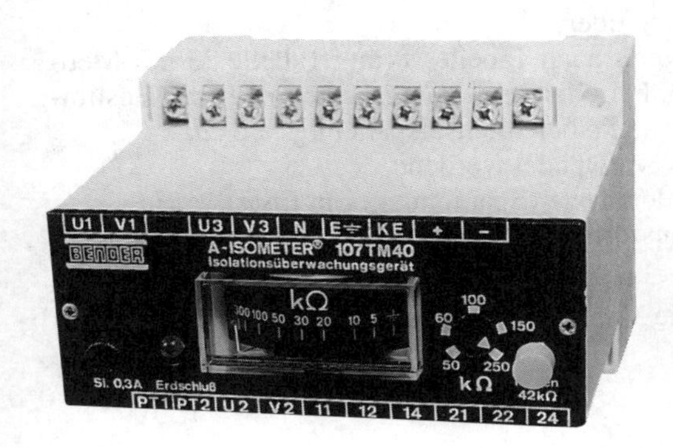

Bild 26 Isolations-Überwachungsgerät
mit Anzeige und Grenzwerteinsteller
(Foto: Dipl.-Ing. Bender GmbH + Co. KG,
35305 Grünberg)

9.1.3 Isolations-Überwachungsgeräte, DIN VDE 0413 Teil 8

Mit einer überlagerten Gleichspannung auf jedem Außenleiter „L“ wird bei Wechselstromnetzen der Isolationswiderstand gegen Erde dauernd überwacht.

Folgende Bedingungen müssen von den Geräten erfüllt werden:

Prüfspannung	maximal 110 % des Nennwerts,
Wechselstrom-Innenwiderstand	250 Ω/V, jedoch minimal 15 kΩ,
Gleichstrom-Innenwiderstand	minimal 12 % des Wechselstrom-Innenwiderstands,
Kurzschlußstrom	maximal 12 mA,
Ansprechfehler	± 15 %.

Prüfeinrichtung für Funktionsprüfung.
Optische Meldeeinrichtung, akustische Meldeeinrichtung löschbar erlaubt.
Bei der Messung des Isolationswiderstands sollten die Geräte abgeklemmt werden.
Bild 26 zeigt ein Isolations-Überwachungsgerät.

9.2 Messung des Widerstands von isolierenden Fußböden und Wänden

Grundsätzlich unterscheidet man zwischen leitfähigen, ableitfähigen und isolierenden Fußböden.
In DIN VDE 0100 Teil 610:1994-04 wird unter diesem Abschnitt die isolierende Wirkung betrachtet. Die Ableitfähigkeit von Fußböden wird in DIN 51953 beschrieben (siehe Abschnitt 9.3).

9.2.1 Isolationswiderstand von isolierenden Fußböden und Wänden

Der erforderliche Isolationswiderstand von isolierenden Fußböden und Wänden ist nachzuweisen. Die Messung ist mit den vorkommenden Nennspannungen und Nennfrequenzen gegen Erde durchzuführen. Dies darf z. B. nach folgenden Meßmethoden geschehen durch

- eine Messung mit Wechselspannung oder
- eine Messung mit Isolationsmeßgerät nach Tabelle 18 und Tabelle 23 mit Meßgleichspannung nach Tabelle 19b, bei Gleichspannungsnetzen oder zur Bestimmung des ohmschen Widerstandsanteils bei Wechselspannungsnetzen.

Als Spannungsquelle darf wahlweise verwendet werden:

a) das am Meßort vorhandene geerdete Netz (Spannung gegen Erde),
b) die Sekundärspannung eines Transformators mit sicher getrennten Wicklungen,
c) eine unabhängige Stromquelle.

In den Fällen nach b) und c) ist für die Messung ein Leiter der Meßspannungs-Quelle zu erden.

Der Widerstand darf an keiner Stelle die folgenden Werte unterschreiten:

- 50 kΩ, wenn die Nennspannung 500 V Wechselspannung oder 750 V Gleichspannung nicht überschreitet,
- 100 kΩ, wenn die Nennspannung 500 V Wechselspannung oder 750 V Gleichspannung überschreitet.

9.2.2 Messung mit Vorwiderstand als Spannungsteiler

Der Fußboden bzw. die Wand ist an ungünstigen Stellen, z. B. an Fugen oder Stoßstellen von Fußbodenbelägen, nach **Bild 27** mit einem feuchten Tuch von etwa 270 mm × 270 mm zu bedecken. Auf das feuchte Tuch ist eine Metallplatte von etwa 250 mm × 250 mm × 2 mm zu legen und mit einer Kraft von etwa 750 N (eine Person) bei Fußböden oder etwa 250 N (mit den Händen andrücken) bei Wänden zu belasten. Die Belastung geht nicht stark auf den gemessenen Widerstand ein. Bei Böden und Wänden, die durchfeuchten können, wie z. B. bei Teppichen oder Tapeten, sollte auf das feuchte Tuch verzichtet werden. Es ergeben sich beim Durchfeuchten andere Werte.
Der Widerstand zwischen der belasteten Metallplatte und Erde ergibt sich nach Bild 27a aus der Gleichung:

$$R_x = R_i\left(\frac{U_0}{U_x} - 1\right). \tag{9}$$

Darin sind:
R_x gesuchter Widerstand des Fußbodens oder der Wand gegen Erde,
R_i Innenwiderstand des Spannungsmessers,
Der Innenwiderstand des Spannungsmessers darf den in Tabelle 18, Fußnote 7, genannten unteren Grenzwert nicht unterschreiten und sollte die oberen Grenzwerte nicht überschreiten,
U_0 die gemessene Spannung gegen Erde,
U_x die gemessene Spannung gegen die Metallplatte.

Es gibt Isolationsmeßgeräte, die in einem gesonderten Bereich diese Messung mit Wechselspannung ausführen, den Widerstand errechnen und in Megaohm angeben, z. B. das Gerät Unilap ISO in Bild 22.

Bei Messung mit Gleichspannung mit einem Isolationsmeßgerät ist der gesuchte Widerstand des Fußbodens oder der Wand am Meßgerät abzulesen.

Der Innenwiderstand des Spannungsmessers sollte den maximalen Wert von 1 kΩ/V des gewählten Meßbereichsendwerts nicht unterschreiten, da bei kleinen Innenwiderständen gegebenenfalls gefährliche Körperströme beim Berühren der Metallplatte auftreten können.

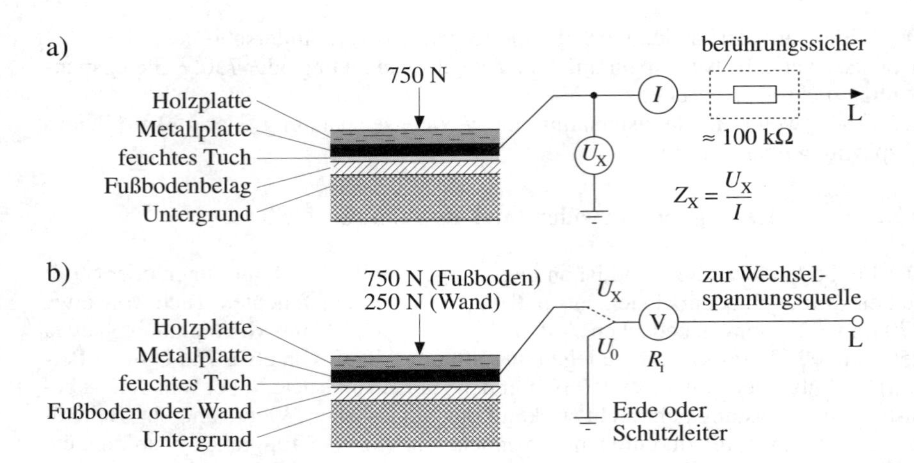

Bild 27 Meßanordnung zur Messung des Widerstands von Fußböden und Wänden mit Wechselspannung
a) Messung des Fußbodenwiderstands R_X mit dem Spannungsteilerverfahren
b) Messung der Fußbodenimpedanz Z_X mit dem Strom-/Spannungs-Verfahren

Bei guter Isolation, z. B. Kunststoff oder Parkett, kann der mit Wechselspannung gemessene Wert des Widerstands um mehrere Dekaden kleiner sein als der mit Gleichspannung gemessene Wert. Dies ist begründet durch die Kapazität der Metallplatte gegen Erde, die in der Größenordnung von nF liegt. Da überwiegend ein kapazitiver Blindwiderstand gemessen wird, spricht man hier von der Messung einer Impedanz.
Bei einem Kunststoff-Bodenbelag auf Beton mißt man z. B. mit 230 V Wechselspannung 1 MΩ und mit 500 V Gleichspannung 100 MΩ!
Gl. (9) gilt nur für einen ohmschen Widerstand R_x. Ist dieser, wie in vielen Fällen, rein kapazitiv, müssen im Ansatz die Spannungen komplex addiert werden, und die Gesamtspannung ist $U_0 = U_x - \mathrm{j}\, U_c$.
Mit diesem Ansatz erhalten wir für einen rein kapazitiven Isolationswiderstand:

$$Z_x = R_i \sqrt{\left(\frac{U_0}{U_x}\right)^2 - 1}. \tag{9a}$$

Dieser richtige Wert ist wesentlich größer als R_x, wenn U_x nicht wesentlich kleiner als U_0 ist. Der Fehler F beträgt, wenn $U_0 > U_x$ angenähert:

$$F = \left(\frac{Z_x}{R_x} - 1\right) \approx \frac{U_x}{U_0} \cdot 100\ \%. \tag{9b}$$

9.2.3 Messung nach dem Strom-Spannung-Verfahren

Ist der Widerstand komplex, kann das vorgeschlagene Meßverfahren nicht angewendet werden. Es ist dann die Strom-Spannung-Methode zu empfehlen, wobei aus Sicherheitsgründen ein Vorwiderstand erforderlich ist.
Vom Außenleiter L wird nach Bild 27b über einen berührungssicheren Widerstand von etwa 100 kΩ ein Strom über einen Strommesser I auf die Metallplatte gespeist. Mit einem Spannungsmesser U_x wird die Spannung an der Metallplatte gegen PE gemessen. Der Scheinwiderstand der Fußbodenisolation beträgt dann:

$$Z_x = \frac{U_x}{I}. \tag{9c}$$

Diese etwas umfangreiche Messung nach Bild 27b ergibt in jedem Fall nach Gl. (9c) die richtige Impedanz Z_x. Die einfachere Messung nach Bild 27a liefert nach Gl. (9) nur bei rein ohmschen Widerständen und nach Gl. (9a) bei rein kapazitiven Widerständen richtige Werte. Eine reine Kapazität liegt vor, wenn der nach Abschnitt 9.1 mit Gleichspannung gemessene Fußboden- oder Wandisolationswiderstand wesentlich größer (etwa zehnfach oder mehr) ist als der mit Wechselspannung nach Bild 27 und Gl. (9a) bestimmte Wert.
Die Messung zur Feststellung des Widerstands ist an so vielen, beliebig gewählten, Stellen auszuführen, daß eine ausreichende Beurteilung möglich ist.

9.3 Prüfung der Ableitfähigkeit von Bodenbelägen nach DIN 51953

Prüfungen von organischen Bodenbelägen
Für textile Bodenbeläge ist die Prüfung der elektrischen Widerstände nach DIN 54345 durchzuführen.

9.3.1 Begriffe

a) Als **Ableitwiderstand** R_A wird in DIN 51953 der elektrische Widerstand eines Bodenbelags bezeichnet, der zwischen einer Elektrode von 50 mm Durchmesser auf der Oberseite und einer größeren Haftelektrode auf der Unterseite gemessen wird.
b) Als **Erdableitwiderstand** R_E wird in DIN 51953 der elektrische Widerstand eines gebrauchsfertig verlegten Bodenbelags (Belag einschließlich Unterboden) bezeichnet, der zwischen einer auf den Boden aufgesetzten Elektrode von 50 mm Durchmesser und Erde gemessen wird.

Grenzwerte für erforderliche Widerstände, die als ableitfähig gelten, werden in DIN 51953 nicht angegeben. Im allgemeinen gelten Widerstände über 100 kΩ als isolierend und Widerstände unter 1 MΩ als ableitfähig. Leitfähige Fußböden haben den Widerstand des Potentialausgleichs, d. h. praktisch Null.

9.3.2 Prüfung an Proben

a) Geräte und Prüfmittel
Als Meßgerät wird ein handelsübliches Isolations-Widerstandsmeßgerät bis 1000 MΩ mit 100 V Gleichspannung als Meßspannung verwendet, siehe Tabelle 23. Die Anpreßkraft der Meßelektrode soll etwa 10 N betragen.

b) Probenahme und Probenvorbehandlung
Bei Bodenbelägen, die in Bahnen vorliegen, werden zwei quadratische Proben von mindestens 200 mm Kantenlänge entnommen. Von Plattenmaterial sind zwei Platten aus der Lieferung zu entnehmen. An jeder Probe sollen drei Prüfungen durchgeführt werden.

c) Durchführung
Auf die Oberfläche der Probe wird ein mit Leitungswasser leicht angefeuchtetes Fließpapier von 50 mm Durchmesser als Elektrode gelegt und die Meßelektrode aufgesetzt. Zwischen der Elektrode auf der Unterseite und der Elektrode auf der Oberseite wird der elektrische Widerstand gemessen.

d) Prüfbericht
Im Prüfbericht sind unter Hinweis auf DIN 51953 anzugeben:
- Art des Bodenbelags, Werkstoff, Bezeichnung des Herstellers, Farbe, Probendicke,
- Ableitwiderstand, Medianwert in Ω,
- Dauer der Trocknung,
- Datum der Prüfung.

9.3.3 Prüfung an verlegtem Bodenbelag

a) Durchführung der Prüfung
Ein mit Leitungswasser leicht angefeuchtetes Fließpapier wird auf den vorbereiteten Bodenbelag gelegt und die Elektrode aufgesetzt. Der Widerstand wird zwischen Erde und der Meßelektrode gemessen. Die Messung soll an etwa jedem m^2 Bodenfläche durchgeführt werden. Die Messungen sollen frühestens vier Wochen nach Beendigung der Verlegung durchgeführt werden.
Als Erdanschlußstellen können der Schutzleiter und alle am Potentialausgleich angeschlossenen leitfähigen Körper verwendet werden.

b) Prüfbericht
Im Prüfbericht sind unter Hinweis auf DIN 51953 anzugeben:
- Art des Bodenbelags, Werkstoff, Bezeichnung des Herstellers, Farbe, Verlegedatum des Bodenbelags,
- Ort und Lage des Raums,
- Temperatur und relative Luftfeuchtigkeit des Raums,
- Anzahl der Meßstellen,
- Erdableitwiderstand in Ω für jede Meßeinheit,
- Maßstäbliche Skizze mit den Meßpunkten und den hierzu eingetragenen Meßergebnissen in Ω,
- Angaben über den Unterboden.

9.4 Messung des Erdungswiderstands

9.4.1 Erdungswiderstände, geforderte Werte

Die maximal **zulässigen Erdungswiderstände** sind in **Tabelle 24** und **Tabelle 25** aufgezeigt.
Tabelle 24 zeigt die geforderten Werte für Anlagen, die bis Oktober 1985 errichtet wurden.
Die Tabelle 25 zeigt die zulässigen Erdungswiderstände, wie sie für Anlagen gegeben sein müssen, die nach November 1985 errichtet wurden[9].

Nr.	VDE-Bestimmung 0100:1973-05	Schutzmaßnahme bzw. Anwendungsgebiet	Bedingungen nach DIN VDE 0100:1973-05 und 0100g:1976-07 für den Erdungswiderstand
1	§ 9	Schutzerdung	$R_S \leq \frac{65\ (24)\ \text{V}}{I_A}$ $I_A = k \cdot I_{\text{Nenn}};\ k = 1{,}2$ bis 5
2	§ 10	Nullung	Gesamtwert $R_E \leq 2\ \Omega$ An Station oder Netzausläufen $R_E \leq 5\ \Omega$
3	§ 11	Schutzleitungssystem	Feste Anlagen: $R_E \leq 20\ \Omega$, siehe auch § 53
4	§ 12	FU-Schutzschaltung	$R_E = 800\ \Omega$ bzw. $200\ \Omega$
5	§ 13	FI-Schutzschaltung	$R_S \leq \frac{65\ (24)\ \text{V}}{I_{\Delta N}}$ siehe auch Tabelle 17, siehe auch § 57
6	§ 53	Ersatzstrom-versorgungsanlagen	$R_E \leq 100\ \Omega$ für Schutzleitungssystem Erdung kann eventuell entfallen
7	§ 57	Fliegende Bauten FI-Schutzschaltung	$R_E \leq \frac{65\ \text{V}}{z \cdot \sum I_{\Delta n}}$ $z = 0{,}5$ für $n = 2 \ldots 4$ $z = 0{,}35$ für $n = 5 \ldots 10$ $z = 0{,}25$ für $n > 10$ n Anzahl der FI-Schutzeinrichtungen am gleichen Erder
8	DIN VDE 0141	Erdung in Hochspannungsanlagen	Diese Bestimmung enthält ausführliche Angaben über Bau, Widerstandswerte und Messung von Erdern.

Tabelle 24 Maximal zulässige Erdungswiderstände gemäß DIN VDE 0100:1973-05 bzw. DIN VDE 0100g:1976-07

9) In DIN VDE 0100 Teil 410:1983-11 und 1997-01 wird R_A als Bezeichnung für den Anlagenerder im Gegensatz zum Betriebserder R_B benutzt (siehe auch Bild 29). Andererseits wird R_A auch für „Ausbreitungswiderstand" = Widerstand des Erdreichs verwendet, ebenso R_S für „Schutzerde" und allgemein R_E für Erdungswiderstand.

Nr.	Netzform	Schutzeinrichtung	Bedingung nach DIN VDE 0100 Teil 410:1997-01 für den Erdungswiderstand
1	TN-System	Überstromschutz (Nullung)	Gesamtwert $R_B \leq 2\ \Omega$ bis $5\ \Omega$ In der Neufassung von DIN VDE 0100 Teil 410:1997-01 wird kein Wert gefordert.
2	TN-System	FI-Schutzeinrichtung	wie Überstromschutz
3	TT-System	Überstrom (Schutzerdung)	Zulässige Berührungsspannung (50 V) $R_A \cdot I_a \leq U_L$ I_a Abschaltstrom der Schutzeinrichtung
4	TT-System	FI-Schutzeinrichtung	$R_A \cdot I_{\Delta N} \leq U_L$ (siehe Tabelle 17) $I_{\Delta N}$ Nennfehlerstrom der FI-Schutzeinrichtung
5	TT-System	FU-Schutzeinrichtung (nur in Sonderfällen)	$R_A \leq 200\ \Omega$ (in Ausnahmefällen $500\ \Omega$)
6	IT-System	Isolationsüberwachung (Schutzleitungssystem)	$R_A \cdot I_d \leq U_L$ I_d = Fehlerstrom bei Körperschluß durch gesamte Impedanz der Anlage (Kapazität)
7	IT-System	Überstromschutz (Nullung)	wie oben (Nullung)
8	IT-System	FI-Schutzeinrichtung	wie oben
9	IT-System	FU-Schutzeinrichtung (nur in Sonderfällen)	wie oben

Tabelle 25 Maximal zulässiger Erdungswiderstand nach DIN VDE 0100 Teil 410

Eine Erdungsmessung ist bei allen Schutzmaßnahmen erforderlich, die eine Abschaltung oder Meldung bewirken (siehe Abschnitt 6.1). In öffentlichen TN-Systemen ist dies Sache der EVU. Die maximal zulässigen Werte können sich bei verschiedenen Schutzmaßnahmen erheblich unterscheiden, in Größenordnungen von 0,1 Ω bis 1 kΩ. Beim Vergleich der Tabellen 24 und 25 erkennt man unterschiedliche Bezeichnungen der Schutzmaßnahmen. Die alte Fassung DIN VDE 0100:1973-05 gliedert nach Paragraphen und bezeichnet die Schutzmaßnahme mit einem Wort, z. B. in der Nr. 2 der § 10 Nullung. Die neue Fassung DIN VDE 0100 Teil 410:1983-11 und 1997-01 kennzeichnet die Schutzmaßnahmen durch Netzsystem und Schutzeinrichtung, z. B. in Nr. 1: „TN-System mit Überstromschutz".

Betrachten wir, ob und was sich in Tabelle 25 gegenüber der alten Fassung Tabelle 24 geändert hat:

Zeile Nr. 1 (jeweils in Tabelle 25) zeigt dieselbe Forderung mit 2 Ω wie die bisherige Nullung,

Zeile Nr. 2 entspricht der „schnellen Nullung", die in der alten Fassung nicht genannt wurde. Die Forderung 2 Ω richtet sich nach der Netzform und ist daher auch – im Gegensatz zu Zeile Nr. 4 – erforderlich.

Zeile Nr. 3 fordert noch viel kleinere Erdungswiderstände als die bisherige Schutzerdung, da der Auslösestrom I_a für 0,2 s oder 5 s relativ groß ist, siehe Tabelle 16b.

Zeile Nr. 4 Hier hat sich nicht viel geändert, siehe Tabelle 17.

Zeile Nr. 5 Die Werte sind in etwa gleich geblieben.

Zeile Nr. 6 Die zulässigen Erdungwiderstände sind wesentlich größer und können aus I_d berechnet werden.

9.4.2 Erder; Ausführung, entstehende Werte

a) Ausführung der Erder

Für die Ausführung gibt es einige Bedingungen bezüglich Form, Material und Querschnitt, die in DIN VDE 0100 Teil 540:1991-11 festgelegt sind. **Tabelle 26** zeigt die Werte.

Werkstoff		**Form**	**Mindestmaße**				
			Kern			**Beschichtung/ Mantel**	
			Durchmesser mm	**Querschnitt mm²**	**Dicke mm**	**Einzelwerte µm**	**Mittelwerte µm**
Stahl	feuerverzinkt	Band		100	3	63	70
		Profil		100	3	63	70
		Rohr	25		2	47	55
		Rund für Tiefenerder	20			63	70
		Runddraht für Oberflächenerder	10				50
	mit Bleimantel	Runddraht für Oberflächenerder	8			1000	
	mit Kupfermantel	Rundstab für Tiefenerder	15			2000	
	elektrolytisch verkupfert	Rundstab für Tiefenerder	17,3			254	300
Kupfer	blank	Band		50	2		
		Runddraht für Oberflächenerder		35			
		Seil	1,8 [1)]	35			
		Rohr	20		2		
	verzinnt	Seil	1,8 [1)]	35		1	5
	verzinkt	Band		50	2	20	40
	mit Bleimantel	Seil	1,8 [1)]	35		1000	
		Runddraht		35		1000	

Tabelle 26 Mindestabmessungen und einzuhaltende Bedingungen für Erder
(Quelle: VDE 0100 Teil 540: 1991-11, Tabelle 7)

[1)] Einzeldraht

Verlegung	mechanisch geschützt	mechanisch ungeschützt
isoliert	Al, Cu, Fe wie in Tabelle 26 gefordert	Al unzulässig Cu 16 mm^2 Fe 16 mm^2
blank	Al unzulässig Cu 25 mm^2 Fe 50 mm^2, feuerverzinkt	

Tabelle 27 Mindestquerschnitte von Erdungsleitern in Erde

Bei ausgedehnten Erdern aus blankem Kupfer oder Stahl mit Kupferauflage ist darauf zu achten, daß sie von unterirdischen Anlagen aus Stahl, z. B. Rohrleitungen und Behältern, möglichst getrennt gehalten werden. Andernfalls können die Stahlteile einer erhöhten Korrosionsgefahr ausgesetzt sein.

Jede Erdungsleitung (Zuleitung zum Erder) muß bei Verlegung in Erde Werte haben, wie sie in **Tabelle 27** dargestellt sind.

Der anzuwendende Werkstoff und die Ausführung der Erder müssen so ausgewählt werden, daß sie die zu erwartenden Korrosionseinflüsse berücksichtigen.

An dieser Stelle sei auch darauf hingewiesen, daß ein Stahlbetonfundament mit anderen Metallen im Erdboden, z. B. auch mit anderen Erdern, ein elektrolytisches Element bildet und damit andere Erder gefährdet. In **Tabelle 28** werden Potentiale von einigen Metallen im Erdboden genannt. Verbindet man verschiedene Metalle miteinander, entsteht ein Strom, der die Metalle abträgt (Zeile 5 in Tabelle 28).

Nr.	1	2	3	4	5	6	7
	Bezeichnung	Zeichen	Maßeinheit	Kupfer Cu	Blei Pb	Eisen Fe	Zink Zn
1	Normalpotential[1)]	U_{M-H2}	V	+ 0,34	– 0,13	– 0,44	– 0,76
2	Potential im Erdboden[2)]	U_{M-Cu}	V	0 bis – 0,1	– 0,4 bis – 0,5	– 0,5 bis – 0,7	– 0,9 bis – 1,1
3	Katodisches Schutzpotential[2)]	U_{M-Cu}	V	– 0,2	– 0,6	– 0,85	– 1,2
4	Elektrochemisches Äquivalent	$K = \frac{\Delta M}{I t}$	kg/(A Jahr)	10,4	33,9	9,3	10,7
5	Linearabtrag bei $I_A = 1$ mA/dm^2	$\Delta s/t$	mm/Jahr	0,12	0,3	0,12	0,15

1) gemessen gegen Normalwasserstoff-Elektrode
2) gemessen gegen gesättigte Kupfer/Kupfersulfat-Elektrode ($Cu/CuSO_4$)
Das Potential von Stahl in Beton (Bewehrungseisen von Fundamenten) hängt stark von äußeren Einflüssen ab. Gemessen gegen eine gesättigte Kupfer/Kupfersulfat-Elektrode beträgt es im allgemeinen – 0,1 V bis – 0,3 V. Bei metallisch leitender Verbindung mit großflächigen unterirdischen Anlagen aus einem Metall mit negativeren Potentialen wird es katodisch polarisiert und erreicht dann Werte bis zu etwa – 0,5 V.
Das Potential von verzinktem Stahl in Beton beträgt in der Regel – 0,7 V bis – 1,0 V.

Tabelle 28 Elektrochemische Werte der gebräuchlichsten Metalle im Erdboden (aus: Technische Richtlinien für Erdungsmessungen im Starkstromnetz. Frankfurt a. M.: VWEW-Verlag, 1982)

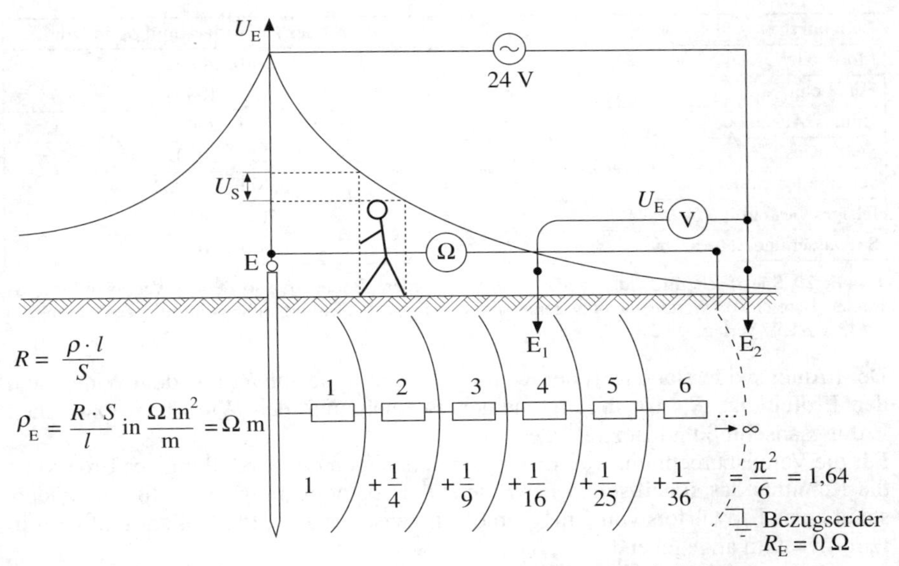

Bild 28 Wirkungsbereich eines Erders – Begriff des Bezugserders; E_1 und E_2 sind Erdspieße

b) Räumlicher Erdungswiderstand

Leitet man in einen Erder E einen Strom, so breitet sich dieser im Erdreich bei homogenem Boden nach allen Seiten gleichmäßig aus. Die Stromdichte ist umgekehrt proportional dem Erdquerschnitt, sie ist deshalb am Erder maximal und nimmt mit zunehmender Entfernung ab. Ebenso verhält sich die Spannung U_E (**Bild 28**). Der eigentliche Erdungswiderstand ist im unmittelbaren Bereich des Erders zu suchen. Er hat bei einem Staberder mehr oder weniger Kugelform. Man kann den Verlauf erkennen, wenn man die Kugel in einzelne Schalen 1, 2, 3 … gleicher Dicke aufteilt, die als Leiterstücke aufzufassen sind. Die Dicke entspricht der Leiterlänge *l*. Der Querschnitt der Schalen nimmt mit der Entfernung quadratisch zu und damit der Widerstand rasch ab, da er umgekehrt proportional dem Querschnitt ist (siehe Bild 28). In hinreichender Entfernung ist der Widerstand der Kugelschalen durch den großen Querschnitt so klein, daß man sie als **Bezugserde** ansehen kann. Dies ist theoretisch die Unendlichkeit des Erdreichs. Die Entfernung, bei der man den gesamten Erder praktisch erfaßt, entspricht etwa der doppelten Tiefe des Erders, d. h., der Hauptbereich der seitlichen Ausdehnung entspricht bei Staberdern etwa der doppelten Tiefe des Erders. Im Abstand von etwa 20 m befindet man sich bei einem senkrecht eingeschlagenen Staberder von 5 m bis 10 m Länge nicht mehr im Einflußbereich des Erders. Man nennt diesen Bereich Bezugserde.

Den Widerstand des Erdreichs zwischen Erder und Bezugserde nennt man Ausbreitungswiderstand R_A.

Bodenart	spezifischer Erdwiderstand ρ_E in Ωm
Moorboden	10…40
Ton, Lehm	20…100
Humus, Ackerboden	50…200
Sand, Kies	200…3000
verwittertes Gestein	meist unter 1000
felsiges Gestein	2000…3000
Seewasser und Süßwasser	10…100

Tabelle 29 Spezifische Erdwiderstände ρ_E für verschiedene Bodenarten sowie zum Vergleich für Süßwasser (Bereich von Werten, die öfter gemessen wurden; nach: „Erdung in Starkstromnetzen". Frankfurt a. M.: VWEW-Verlag, 1982)

Der Erdungswiderstand R_E (oder R_S, R_B) ist die Summe von R_A und dem Widerstand der Erdleitung. R_E ist in allgemeiner Bezeichnung der Widerstand zwischen Erdungsanschluß und Bezugserde.

Für die Vorausberechnung von Erdungswiderständen (vor Erstellung des Erders) ist die Kenntnis des **spezifischen** Erdwiderstands ρ_E notwendig. Er stellt den Widerstand eines Erdwürfels von 1 m^3, gemessen zwischen zwei Platten, dar und wird in $\Omega m^2/m = \Omega m$ angegeben.

c) Übliche Erdungswiderstände

Richtwerte für den **spezifischen Erdwiderstand** zeigt die **Tabelle 29**. Die Werte gelten alle für feuchte bis nasse Böden. Absolut trockener Sand oder Stein sind ein guter Isolator, ebenso wie destilliertes Wasser. Leitfähigkeit wird durch Mineralien plus Wasser erzeugt.

Erder müssen deshalb stets so tief eingegraben werden, daß sie in Trockenperioden **immer im feuchten**, nicht gefrorenen Erdreich liegen. Im gefrorenen Boden steigt der Widerstand auf etwa das Zehnfache an.

Der Ausbreitungswiderstand der Erder hängt von der Art und Beschaffenheit des Erdreichs (spezifischer Erdwiderstand) und von den Abmessungen und der Anordnung der Erder ab. **Tabelle 30** enthält Mittelwerte von Ausbreitungswiderständen für Erder. Mäßige Abweichungen von den dort angegebenen Querschnitten beeinflussen den Ausbreitungswiderstand wenig. Eine genauere Berechnung kann nach Gleichungen vorgenommen werden, wie sie in **Tabelle 31** stehen.

Art des Erders	Band und Seil Länge				Stab und Rohr Länge				senkrechte Platte Oberkante etwa 1 m in Erde Größe	
	10 m	25 m	50 m	100 m	1 m	2 m	3 m	5 m	0,5 m × 1 m	1 m × 1 m
Ausbreitungswiderstand Ω	20	10	5	3	70	40	30	20	35	25

Tabelle 30 Ausbreitungswiderstand bei einem spezifischen Erdwiderstand $\rho_E = 100\ \Omega m$

Erderart	genaue Berechnung	Näherungsgleichung	Bezug zu anderer Erderart
Tiefenerder	$R_{AT} = \frac{\rho_E}{2\pi L} \cdot \ln \frac{4L}{d}$ [1]	bei $L < 10$ m: $R'_{AT} \approx \frac{\rho_E}{L}$ bei $L > 10$ m: $R'_{AT} \approx \frac{1{,}5\,\rho_E}{L}$	
Banderder	$R_{AB} = \frac{\rho_E}{\pi L} \cdot \ln \frac{2L}{d}$ [1]	bei $L < 10$ m: $R'_{AB} \approx \frac{2\,\rho_E}{L}$ bei $L > 10$ m: $R'_{AB} \approx \frac{3\,\rho_E}{L}$	$R_{AB} = 2\,R_{AT}$
Vierstrahlerder	$R_{ASt} = \frac{\rho_E}{4\pi L_S} \cdot \left(\ln \frac{4L_S}{d} + 1{,}75 \right)$ [1]	bei $L < 10$ m: $R'_{AT} \approx \frac{\rho_E}{2L_S}$ bei $L > 10$ m: $R'_{AT} \approx \frac{3\,\rho_E}{4L_S}$	$R_{ASt} = R_{AB}$ $(L = 4\,L_S)$
Ringerder	$R_{AP} = \frac{\rho_E}{2\pi^2 D} \cdot K$ [1] mit $K = f\left(\frac{D}{d}\right) \approx 15$ bis 20 oder aus R_{AB} mit $L = \pi \cdot D$ $R_{AP} \approx \frac{\rho_E}{\pi^2 D} \cdot \ln \frac{2\pi D}{d}$ [1]	bei $D < 4$ m: $R'_{AR} \approx \frac{2\,\rho_E}{\pi D}$ bei $D > 4$ m: $R'_{AR} \approx \frac{3\,\rho_E}{\pi D}$	$R'_{AR} = R'_{AB}$ $(L = \pi D)$ $\approx 1{,}3\,R_{AP}$
Maschenerder	$R_{AM} \approx 1{,}5\,R_{AP} = 1{,}5 \frac{\rho_E}{2D}$ [1] $R_{AM} \approx \frac{\rho_E}{2D} + \frac{\rho_E}{\sum L}$ [2] $R_{AM} \approx \frac{0{,}5\,\rho_E}{\sqrt{A}}$ [3]	spezielle Näherungsgleichung für Maschenerder: $R_{AM} \approx \frac{\rho_E}{2D}$	$R'_{AM} \sim R_{AP}$ $\approx 0{,}8\,R'_{AR}$
Plattenerder	$R_{AP} = \frac{\rho_E}{2D}$		$R_{AP} \approx 1{,}5\,R_{AHK}$
Halbkugelerder	$R_{AHK} = \frac{\rho_E}{\pi D}$		

Tabelle 31 Die wichtigsten Erderarten und die Berechnung ihrer Ausbreitungswiderstände (Oberflächenerder an der Erdoberfläche liegend angenommen; nach: „Erdung in Starkstromnetzen". Frankfurt a. M.: VWEW-Verlag, 1982)
(Erläuterungen der in Tabelle 31 verwendeten Größen und Literaturangaben siehe umseitig.)

Erläuterungen der in Tabelle 31 verwendeten Größen:

ρ_E spezifischer Widerstand in Ωm,
L Länge des Erders in m,
L_S Länge eines Strahls beim Strahlenerder in m,
D Durchmesser bei Kreisfläche (bzw. auf Kreisfläche umgerechnete Fläche) und bei Halbkugel in m,
d Durchmesser bzw. Ersatzdurchmesser (halbe Breite) des Erders in m,
A Fläche des Erdermaschennetzes in m^2.

[1] Koch, W.: Erdung in Wechselstromanlagen über 1 kV
[2] Niemann, W.: etz Elektrotech. Z. 73 (1952) H. 10, S. 333–337
[3] Langrehr, H.: Rechnungsgrößen für Hochspannungsanlagen, AEG-Telefunken-Handbücher, Bd. 9

Beispiele:
Um einen Ausbreitungswiderstand eines Erders von etwa 5 Ω zu erreichen, benötigt man nach Tabelle 30 und Tabelle 31 bei Lehm-, Ton- oder Ackerböden mit $\rho_E = 100$ Ωm einen Banderder von 50 m Länge oder vier in einem Ring von etwa 15 m Durchmesser angeordnete Staberder von 5 m Länge. Bei nassem Sand mit $\rho_E =$ 200 Ωm läßt sich ein Ausbreitungswiderstand von etwa 5 Ω mit einem Banderder von 100 m Länge erreichen.
Um gleiche Ausbreitungswiderstände zu erreichen, erfordern Plattenerder einen größeren Werkstoffaufwand als Band- oder Staberder.
Der Ausbreitungswiderstand einer Erdungsanlage muß bei Wiederholungsprüfungen meßbar sein. Erforderlichenfalls sind zugängige lösbare Verbindungen vorzusehen, die eine getrennte Messung an einzelnen Erdern ermöglichen.
Aus Einzelmessungen kann nicht ohne weiteres auf den Gesamtwiderstand einer Erdungsanlage geschlossen werden. Der Abstand der Erder und die Zuleitungswiderstände spielen unter Umständen eine Rolle.
Werden Einzelerder parallel geschaltet, addieren sich ihre Leitwerte nur dann, wenn sie gegenseitig aus ihrem Einflußbereich heraus sind (Entfernung etwa ≥ der zwei- bis dreifachen Tiefe).

9.4.3 Meßverfahren

Die Größe des Erdungswiderstands kann nur durch eine Messung festgestellt werden. Das ist mit einem einfachen Ohmmeter nicht möglich. Überschlägig kann das unter Umständen mit einer Prüfung ermittelt werden, wie sie im Abschnitt 9.5 unter „Messung des Schleifenwiderstands" beschrieben wird. Für eine genaue Ermittlung ist eine Messung mit einem Erdungsmesser erforderlich, die nachstehend unter a), b) und c) beschrieben wird.
Wie in Bild 28 gezeigt, besteht der Widerstand des Erders zwischen dem Erder E und der Bezugserde, der praktisch ein sehr guter Erder mit $R_E = 0$ Ω ist. Mit einer kleinen Gleichspannung – wie sie Ohmmeter haben – ist die Messung nicht möglich, da Metalle im feuchten Erdreich ein galvanisches Element darstellen (siehe Tabelle 28). In der Praxis muß mit Wechselspannung gemessen werden.

Es gibt folgende Meßverfahren:

a) Messung mit Strom-Spannungs-Meßverfahren in Netzen mit geerdetem Sternpunkt nach DIN VDE 0413 Teil 7:1982-07 (Neufassung Teil 5:1998-05)

Die zu prüfende Erdungsleitung wird mit einem Außenleiter eines geerdeten Netzes über einen einstellbaren Widerstand von 1000 Ω bis 20 Ω hinter der Überstrom-Schutzeinrichtung über einen Strommesser verbunden. Hinter dem Vorschaltwiderstand ist dann mit einem Spannungsmesser mit einem Widerstand R_i von etwa 40 kΩ[10] die Spannung zwischen dem Erder und einer von diesem etwa 20 m[11] ent-

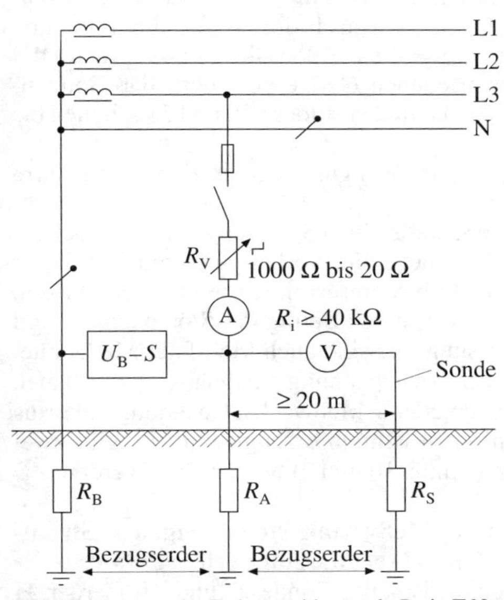

Bild 29 Messung des Erdungswiderstands R_A in T-Netzen mit Netzfrequenz

R_B Betriebserder
R_A zu messender Anlagenerder
R_S Sondenwiderstand
R_V Vorwiderstand, teilweise elektronisch gesteuert
$U_B - S$ Fehlerspannungs-Schutzeinrichtung

---

10) R_i muß wesentlich größer sein als der Erdungswiderstand der Sonde, der zwischen 0,1 kΩ und 10 kΩ liegen kann.

11) Die Sonde muß sich außerhalb des Einflußbereichs des zu messenden Erders und des Betriebserders befinden, der nach Bild 28 beim doppelten bis dreifachen Wert der Ausdehnung des Erders liegt. Bei Erdern mit größerer Ausdehnung in horizontaler Richtung verändert sich die Form des „Spannungstrichters“. Da sich die Spannungstrichter des zu messenden Erders, des Hilfserders und gegebenenfalls der Meßsonde bei bestimmungsgemäßer Messung nicht berühren oder gar überschneiden dürfen, ist es vor der Messung des Erdungswiderstands stets erforderlich, sich über Form und Lage des Erders genau zu informieren. Der Raum zwischen zu messendem Erder, Hilfserder und Meßsonde sollte frei sein von metallenen Rohrleitungen und anderen im Erdreich leitend eingebetteten Erdungsanlagen sowie von katodischen Korrosions-Schutzanlagen.

fernten Sonde zu messen. Der Erdungswiderstand R_E ergibt sich dann als Quotient aus der gemessenen Spannung und dem Strom (**Bild 29**).
Nachteil des Verfahrens: Die Meßspannung zwischen Sonde und R_A darf nicht über die zulässige Berührungsspannung steigen, sonst besteht **Gefahr**. Man sollte deshalb davon Abstand nehmen, die Meßschaltung nach Bild 29 selbst aufzubauen. DIN VDE 0413 Teil 7 (Neufassung 1997 Teil 5) fordert deshalb für Meßgeräte dieser Art, daß die zulässige Berührungsspannung durch geeignete Maßnahmen bei 50 V ~ begrenzt wird und eine höhere Spannung nicht länger als 0,2 s ansteht. Auch ist der Kurzschlußstrom, ähnlich wie bei den in Abschnitt 9.1.2 behandelten Isolationsmeßgeräten, auf 10 mA begrenzt. Geräte, die nach diesen Verfahren arbeiten und die genannten Forderungen erfüllen, zeigen die Bilder 48 und 49. Nach DIN VDE 0413 Teil 7, wird für diese netzbetriebenen Geräte gefordert, daß Sondenwiderstände bis 2 kΩ zulässig sind. Die Geräte in den Bildern 50 und 51 arbeiten bis 20 kΩ Sondenwiderstand.
Für die Messung muß eine Netzspannung zur Verfügung stehen. Es ist eine starre Erdung eines Netzpunkts notwendig.
Bereits vorhandene Erdströme erzeugen ebenfalls einen Spannungsfall zwischen R_A und Sonde und können die Messung verfälschen. Eine vorherige Ermittlung dieser Fehlerspannung ist, da ihre Phasenlage nicht bekannt ist, nicht immer von Nutzen. Die Meßgeräte in den Bildern 50 und 51 messen den Betrag der Störspannung und kompensieren diesen Einfluß bei der Messung. Sie sind auch Mehrfach-Meßgeräte.
Spezielle Erdungsmeßgeräte sind von der Netzspannung unabhängig. Sie haben eine eigene, von der Netzfrequenz verschiedene Meßwechselspannung, die aus einer eingebauten Batterie mit elektronischen Mitteln erzeugt wird. Es gibt zwei verschiedene Gerätearten, die nachstehend unter b) und c) beschrieben werden.

b) Messung nach dem Strom-Spannung-Meßverfahren mit eigener Stromquelle nach DIN VDE 0413 Teil 7:1982-07 (Neufassung Teil 5:1998-05)

Die zum Messen erforderlichen beiden Erdspieße, Sonde S und Hilfserder H (**Bild 30**), sind bei Einzelerdern in einer Entfernung von etwa 20 m[11)], bei Strahlen-, Ring- und Maschenerdern in einer Entfernung, die etwa dem dreifachen mittleren Durchmesser der Erdungsanlage entspricht, anzubringen. Die Messung ist mit Geräten mit eigener Spannungsquelle auszuführen. Der zu ermittelnde Widerstand des Erders R_E (Bild 30) ist der Übergangswiderstand vom Leiter in das Erdreich und der Widerstand des Erdreichs in Nähe des Erders. Letzterer nimmt – wie beschrieben – mit der Entfernung rasch ab, da der Querschnitt des Erdreichs riesig groß wird. Mißt man den Widerstand zwischen Sonde und Erder, so ist darin natürlich auch der Erdwiderstand der Sonde enthalten.
Dieses Problem läßt sich durch eine Anordnung nach Bild 30 lösen. Über einen Hilfserder H speist man von einem Generator G einen Wechselstrom mit z. B. 108 Hz in das Erdreich. Der am Widerstand R_E des Erders auftretende Spannungsfall wird mit dem Spannungsmesser R_U gemessen. Der Widerstand des Hilfserders R_H hat dabei bis zu einer gewissen Größe (siehe auch Abschnitt 9.4.5 b)) keinen Ein-

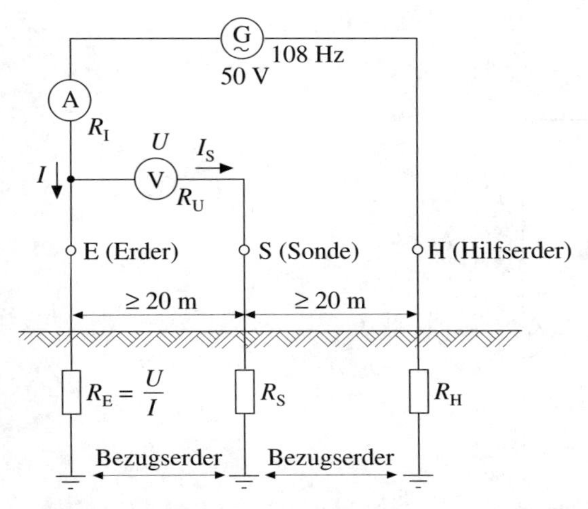

Bild 30 Messung des Erdungswiderstands nach der Strom-Spannung-Methode, mit Hilfserder und Sonde

R_E Erdungswiderstand
R_S Sondenwiderstand
R_H Hilfserderwiderstand

fluß, der Widerstand der Sonde R_S ebenfalls nicht, wenn der Meßstrom I_S des Spannungsmessers null bzw. sehr klein ist. Der Erdungswiderstand ergibt sich aus:

$$R_E = \frac{U}{I}. \tag{10}$$

Während es seit langem Meßgeräte nach dem unter a) und c) genannten Verfahren gibt, sind erst seit wenigen Jahren digitale Erdungsmesser auf dem Markt, die nach dem unter b) genannten Verfahren arbeiten. Sie speisen in Anordnung nach Bild 30 einen Konstantstrom ein und messen an der Sonde S die Spannung. Sie ist proportional R_E und wird als Ohmwert digital angezeigt, siehe auch Bilder 32, 33 und 36, oder sie messen Strom und Spannung und errechnen daraus den Widerstand, siehe Bild 37. Es sind kein Abgleich und keine fremde Spannungsquelle erforderlich. Diese Geräte vereinen die Vorteile von a) und c) und vermeiden deren Nachteile. Der Einfluß der Widerstände von Sonde und Hilfserder ist bei diesen elektronischen Geräten sehr gering. Sie arbeiten noch mit Widerständen bis 10 kΩ ausreichend genau.

c) Messung mit Erdungsmeßgerät nach dem Kompensationsverfahren nach DIN VDE 0413 Teil 5:1977-07 (Neufassung Teil 5:1998-05)

Die Bedingung, daß der Meßstrom I_S nach Bild 30 null ist, läßt sich durch Messung mit einer Brückenschaltung nach **Bild 31** auch ohne Verstärker gut erreichen. Ein Wechselspannungsgenerator G erzeugt den Meßstrom, der über den Hilfserder und

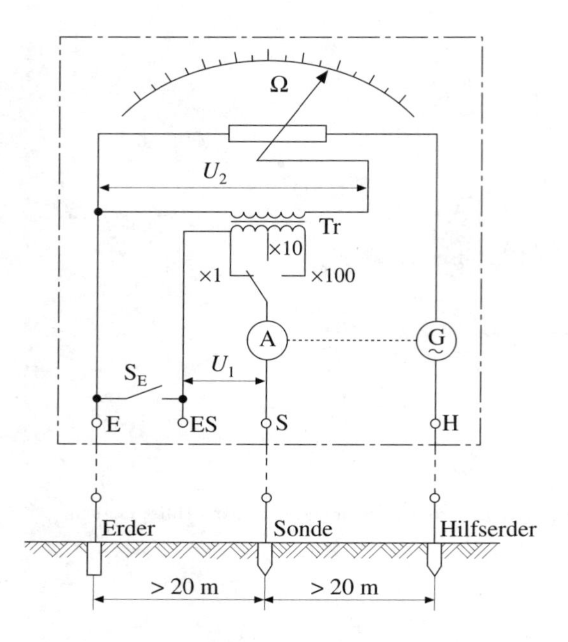

Bild 31 Prinzipschaltbild eines Erdungsmessers nach dem Kompensationsverfahren
Dreileiterschaltung: Schalter S_E geschlossen, Leitung an E, S und H
Vierleiterschaltung: Schalter S_E geöffnet, Leitung an E, ES, S und H

das Erdreich zum Erder fließt. Galvanische Gleichspannungen im Erdreich sind damit ohne Einfluß. Mit einem skalierten Potentiometer, wie im Bild 31, wird die Meßbrücke auf „null" abgeglichen. Das Anzeigeinstrument A zeigt keinen Ausschlag, und es fließt kein Sondenstrom. Die Spannung U_1 über dem Erdwiderstand ist gleich der Spannung U_2 über den Vergleichswiderständen. Der Erdungswiderstand entspricht dann dem Vergleichswiderstand. Der Generator hat eine von 50 Hz oder 60 Hz abweichende Frequenz, z. B. 110 Hz, und steuert auch den Gleichrichter des Drehspulanzeigers A. Dadurch werden vom Netz herrührende Fremdspannungen unterdrückt. Der Erdungswiderstand kann an der Skala des Abgleichpotentiometers direkt abgelesen werden. Der Umschalter am Übertrager gestattet eine Meßbereichsänderung, jeweils um den Faktor 10. Das Kompensationsverfahren ist seit Jahrzehnten das klassische Erdungs-Meßverfahren, wonach auch heute noch viele Geräte im Gebrauch sind. Sie werden nicht mehr gebaut.
Bild 31 zeigt die Messung in **Dreileiterschaltung**. Der Widerstand der Leitung von E zum Erder geht dabei unmittelbar in die Messung ein. Mit Hilfe einer vierten Leitung (**Vierleiterschaltung**) vom Anschluß ES (Bild 31) zum Erder und Öffnen des Schalters zwischen E und ES wird die Spannung U_1 direkt am Erder gemessen. Im

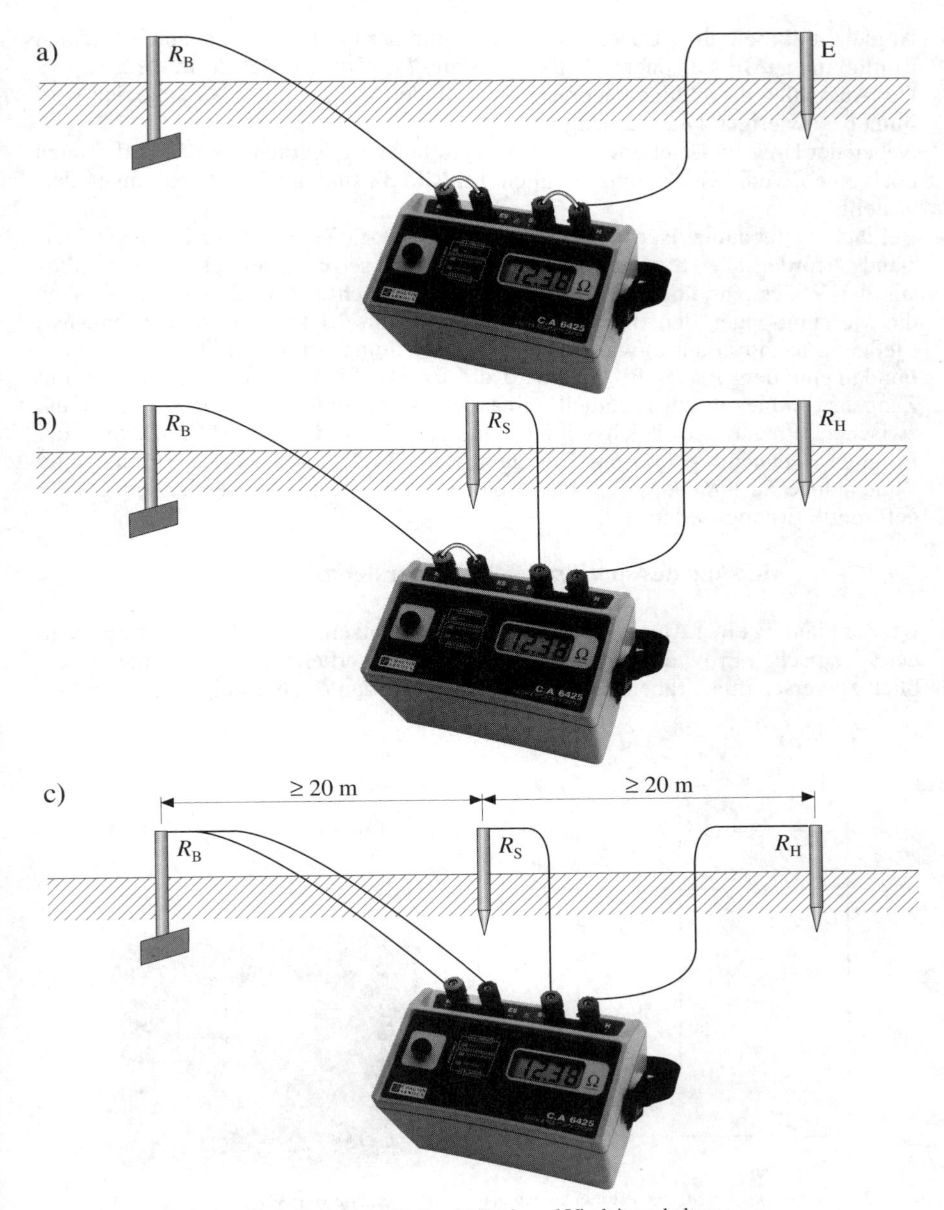

Bild 32 Anschluß eines Erdungsmessers in Zwei-, Drei- und Vierleiterschaltung (Foto: C.A. 6125, Chauvin Arnoux GmbH, 77649 Kehl/Rh.)

Abgleichfall fließt über ES kein Meßstrom, und der Leitungswiderstand hat keinen Einfluß mehr. Mit steigendem Hilfswiderstand R_H wird der Meßstrom kleiner.
Der Ausschlag des Nullgalvanometers vermindert sich, und der Nullabgleich wird immer schwieriger. Die Messung versagt.
Neben der Drei- und Vierleiterschaltung ist mit den Meßgeräten nach b) und c) auch noch eine Zweileiterschaltung möglich. Im **Bild 32** sind alle drei Schaltungen dargestellt.
Bei dichter Bebauung ist es oft nicht möglich, die zur Messung des Erdungswiderstands erforderlichen Sonden in „neutrale Erde" zu setzen. Statt dessen ist es zulässig, den Widerstand über zwei Erder zu messen. Recht praktikabel ist in T-Netzen die Messung gegen den Betriebserder, der vielfach 0,1 Ω oder weniger hat. Das Meßgerät nach b) oder c) wird in Zweileiterschaltung betrieben. Zur Messung des Fundamenterders R_F im Bild 20 wird die Brücke PA aufgetrennt (Vorsicht, mit Zangenstrommesser auf eventuell vorhandene Erdschlußströme kontrollieren) und zwischen Potentialausgleichsschiene und Betriebserder R_B (PEN-Leiter) der Erdungswiderstand gemessen. Der gemessene Widerstand ist die Summe aller Widerstände $R_F + R_B + R_{Leitung}$. Der Meßwert muß gleich oder kleiner sein als der geforderte Erdungswiderstand.

9.4.4 Messung des spezifischen Erdwiderstands

Bei der Planung einer Anlage mit Erder ist es von Nutzen, durch Berechnung anhand des spezifischen Erdwiderstands sich über den erforderlichen Aufwand einen Überblick zu verschaffen. Tabelle 31 zeigt Formeln für den Ausbreitungswiderstand R_A

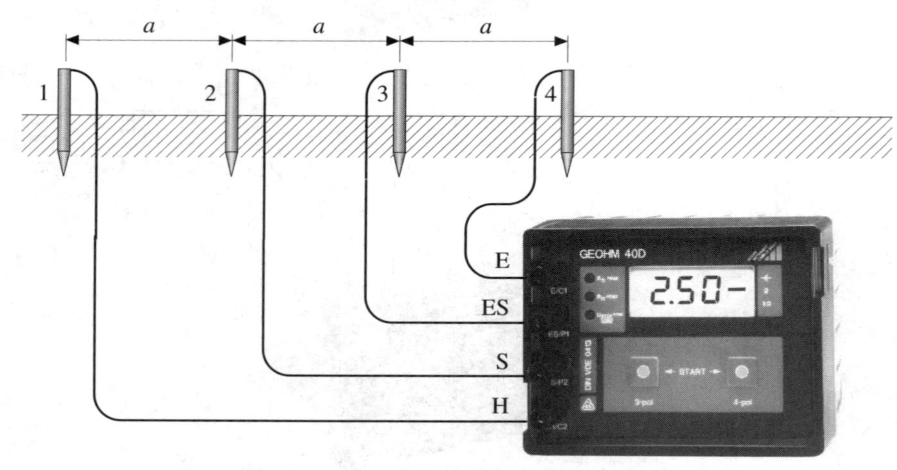

Bild 33 Messung des spezifischen Erdwiderstands nach der Methode von Wenner (Foto: GEOHM 40 D, Gossen Metrawatt GmbH, 90471 Nürnberg)

für verschiedene Erderausführungen. Der Ausbreitungswiderstand R_A eines Erders ist der Widerstand des Erdreichs zwischen dem Erder und der Bezugserde.

Der spezifische Erdwiderstand wird vorzugsweise nach der Methode von Wenner gemessen. Vier Erdspieße werden im Abstand a in einer Linie eingedreht und an ein Erdungsmeßgerät nach **Bild 33** angeschlossen. Es können nur Meßgeräte mit vier Anschlüssen, wie vorstehend unter b) und c) beschrieben, verwendet werden. Über die äußeren Spieße wird eingespeist (H und E in Bild 33) und über die inneren die Spannung im Erdreich gemessen (S und ES in Bild 33).

Aus dem nach Brückenabgleich ermittelten Widerstand R errechnet sich der spezifische Erdwiderstand zu:

$$\rho_E = 2\pi a R. \tag{11}$$

Setzt man a in m und R in Ω ein, so erhält man den spezifischen Erdwiderstand in Ωm. Die Meßmethode nach Wenner erfaßt den zu untersuchenden Boden bis zu

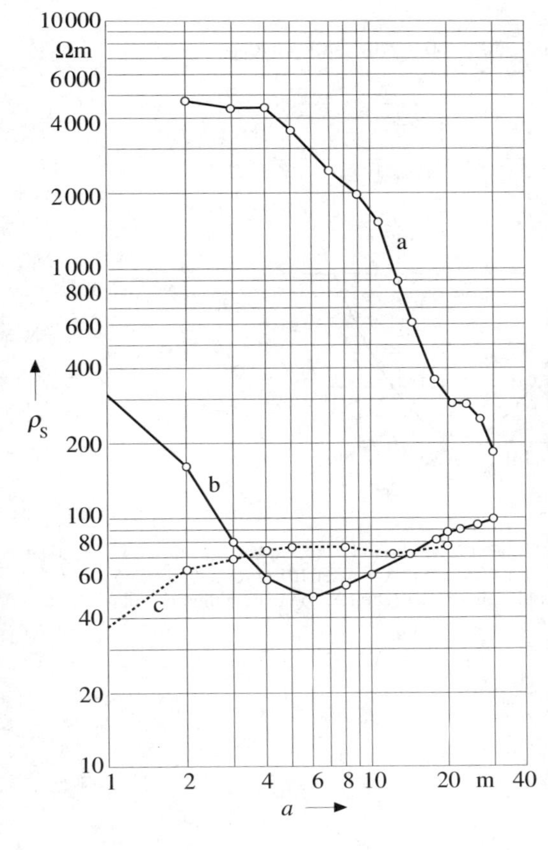

Bild 34 Nach dem Wenner-Verfahren gemessene, scheinbare spezifische Erdwiderstände rs bei Sondenabständen a
a) niedriger Ausbreitungswiderstand nur mit langem Staberder erreichbar; erreicht wurden:
bei 1,3 m Länge 2400 Ω
bei 3,0 m Länge 1500 Ω
bei 6,0 m Länge 340 Ω
bei 30,0 m Länge 5,5 Ω
bei 35,0 m Länge 2,4 Ω
b) für Staberder nur bis etwa 6 m Länge günstig; erreicht wurden:
bei 1,3 m Länge 130 Ω
bei 3,0 m Länge 22 Ω
bei 6,0 m Länge 7,4 Ω
bei 30,0 m Länge 4,2 Ω
c) Banderder zweckmäßig (aus: Technische Richtlinien für Erdungsmessungen in Starkstromnetzen, VDEW: Frankfurt a. M., 1982

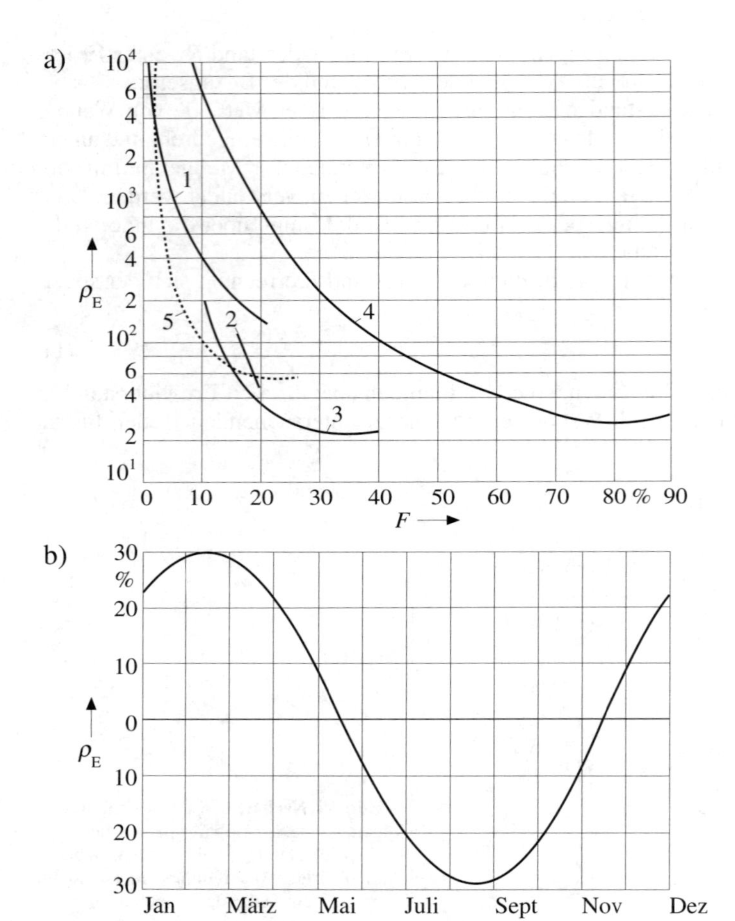

Bild 35

a) Einfluß der Feuchtigkeit F auf den spezifischen Erdwiderstand ρ_E (nach: Baeckmann, W. v., Fachblatt für Gastechnik und Gaswirtschaft sowie für Wasser und Abwasser 101 (1960) 49, S. 1265 – 1274)

b) Spezifischer Erdwiderstand ρ_E in Abhängigkeit von der Jahreszeit ohne Beeinflussung durch Niederschläge (Eingrabtiefe des Erders < 1,5 m)

1 Sandboden
2 Lehmboden
3 Tonboden
4 Moorboden
5 sandiger Lehmboden

einer Tiefe, die etwa dem Abstand *a* der Sonden entspricht. Durch Verändern von *a* kann man die Widerstände in verschiedenen Schichten erkennen. Maßgebend ist die Tiefe, in der der Erder verlegt werden soll. **Bild 34** zeigt für verschiedene Böden a), b) und c) gemessene Werte bei verändertem Sondenabstand *a*.

Ganz erheblichen Einfluß auf den Erdwiderstand hat – wie bereits erwähnt – die Bodenfeuchtigkeit, dies zeigen die Kurven in **Bild 35a**. Im Sommer bei langen Trockenperioden kann das Erdreich bis 30 cm oder mehr ausgetrocknet sein. Bei Messungen in dieser Jahreszeit muß man entweder lange Sonden nehmen, die in den Feuchtbereich gehen, oder das Erdreich im Bereich der Sonde anfeuchten.

Bei der Beurteilung der Meßergebnisse sind die jahreszeitlichen Einflüsse, die Umgebungstemperatur und die Bodenfeuchte auf die Werte der Erdungswiderstände zu berücksichtigen. Bei tiefliegenden Erdern sind die Schwankungen gering.

Abhängig von der Jahreszeit können Unterschiede des Erdwiderstands von 50 % oder mehr auftreten, siehe **Bild 35b**. Zu beachten ist weiterhin, daß Rohre, Schienen usw. den Widerstand in einer Richtung verfälschen können. Dann ist eine Messung in verschiedenen Richtungen erforderlich.

9.4.5 Erdungsmeßgeräte

a) Geräte mit Strom-Spannungs-Meßverfahren, netzbetrieben, nach DIN VDE 0413 Teil 7:1982-07 (Neufassung Teil 5:1998-05)

Sie arbeiten nach dem in Abschnitt 9.4.3 a) beschriebenen Verfahren (Bild 29) und können nur in geerdeten, unter Spannung stehenden Netzen (T-Netzen) verwendet werden. Es wird in Geräten praktiziert, mit denen noch andere Messungen möglich sind (Mehrfachmeßgeräte, siehe Tabelle 33). Dies sind die Geräte Unitest 8990, M5010, Profitest, Remo-Check und Unilap 100. Spezifische Erdwiderstände nach Wenner können mit diesen Geräten nicht gemessen werden. Das Mehrfachprüfgerät Unitest 0100 Expert (Bild 50) von der Firma Beha GmbH enthält einen Erdungsmesser mit eigener Spannungsquelle nach dem Verfahren c) und kann auch in Vierleiterschaltung messen.

b) Geräte nach dem Strom-Spannungs-Meßverfahren mit eigener Spannungsquelle nach DIN VDE 0413 Teil 7:1982-07 (Neufassung Teil 5:1998-05)

Sie arbeiten nach dem in Abschnitt 9.4.3 b) beschriebenen Verfahren (Bild 30). Man benötigt zur Messung zwei Erdspieße S und H. Ein Abgleich ist nicht erforderlich. Digitale Geräte dieser Art zeigen die Bilder 32 und 33 sowie die **Bilder 36**, **37** und **38**. Die meisten Geräte haben als Spannungsquelle eine Batterie von 6 V bis 9 V. Es gibt auch Geräte mit Kurbelinduktor. Eine bestimmte Drehzahl ist zu erreichen, was die Geräte in der Anzeige signalisieren. Der Widerstand des Hilfserders ist bei den Erdungs-Meßverfahren b) und c) begrenzt, wobei ein Verhältnis von Hilfserderwiderstand R_H zu Erderwiderstand R_E maßgebend ist. Wird das Verhältnis R_H/R_E groß, ist die Meßspannung am Erder E, die über die Sonde gemessen wird, klein, siehe Bild 30.

Bild 36 Digitales Erdungsmeßgerät, automatisch messend, Unilap Geo X (Foto: LEM Instruments GmbH, 90411 Nürnberg)

Bild 37 Erdungsmeßzange „C.A. 6413" mißt ohne Erdspieße (Foto: Chauvin Arnoux GmbH, 77649 Kehl/Rh.)

Ein *Beispiel* soll das verdeutlichen:
Die Spannungsquelle G sei 50 V~, der Hilfserder $R_H = 1$ kΩ (häufiger Wert) und der Erder $R_E = 1$ Ω. Dann ist $R_H/R_E = 1000$ und die Meßspannung am Erder 50 mV. Damit kommen die meisten Geräte noch zurecht. Ältere Geräte versagen bereits bei $R_H/R_E > 500$. Die neuen elektronischen Geräte messen bis 10000. Aber auch diese können versagen. Nicht unüblich sind z. B. folgende Werte: $R_E = 0{,}1$ Ω, $R_E = 3$ kΩ, dann ist $R_H/R_E = 30000$! Hier versagen alle Geräte, und der Hilfserder muß verbessert werden, tiefere oder mehrere schlagen, eventuell anfeuchten.
Die neuesten digitalen Geräte begegnen diesem Problem, indem sie in der Anzeige beim Überschreiten von R_H ein Zeichen setzen. Recht aufschlußreich tut dies das Gerät Unilap Geo in Bild 36. Es zeigt bei Überschreitung in der Anzeige automatisch den Wert des Hilfserderwiderstands an. Auch kann man bei ordnungsgemäß ausgeführter Messung alle Werte abfragen, d. h. R_H, R_S, R_E und die Meßfrequenz.

c) Geräte nach dem Kompensationsverfahren nach DIN VDE 0413 Teil 5: 1977-07 (Neufassung Teil 5:1998-05)

Sie arbeiten nach dem in Abschnitt 9.4.3 c) beschriebenen Verfahren (Bild 31), benötigen außer der Sonde noch einen Hilfserder, sind dafür aber völlig vom Netz unabhängig. Sie haben ihre eigene Spannungsquelle (etwa 50 V, 100 Hz) und beziehen die Energie aus einer Batterie, im Gegensatz zu den Geräten nach dem in a) genannten Verfahren. Zum Messen des spezifischen Erdwiderstands können nur die unter b) und c) genannten Geräte verwendet werden.

In DIN VDE 0413 Teil 5 wird für solche Geräte unter anderem gefordert:

Ausgang: Wechselspannung maximal 50 V (Effektivwert), 70 Hz bis 140 Hz, um 5 Hz verschieden vom ganzzahligen Vielfachen der Netzfrequenz.

Bei 30 % Gebrauchsfehler:

- Sondenwiderstand:
  zulässig $R_S = 400\ R_E$ ($> 500\ \Omega$, $< 50\ \text{k}\Omega$),
- Hilfserderwiderstand:
  zulässig $R_H = 100\ R_E$ ($< 50\ \text{k}\Omega$).

Batteriegeräte erzeugen die Meßwechselspannung mit elektronischem Wandler aus der Gleichspannung. Mit einem veränderlichen Widerstand wird die Meßbrücke auf „null“ abgeglichen. Als Widerstände dienen kalibrierte Potentiometer oder Stufenschalter, an denen man den gemessenen Widerstand nach Nullabgleich ablesen kann. Als Nullindikator dienen meist Drehspulinstrumente mit Nullpunkt in der Mitte, auch Null-Galvanometer genannt.

Kurbelinduktor: Die Meßwechselspannung wird von einem Dynamo mit Handkurbel erzeugt – ähnlich wie bei einem Isolationsmesser mit Kurbelinduktor. Die Spannung an der Sonde S wird von einem in Ohm geeichten Instrument angezeigt. Diese Geräte arbeiten nach dem Ausschlagverfahren (keine Null-Kompensation), wie unter b) beschrieben, mit eigener, von 50 Hz verschiedener Meßfrequenz.

Sie werden seit einigen Jahren nicht mehr hergestellt und sind nur als ältere Geräte noch in Gebrauch.

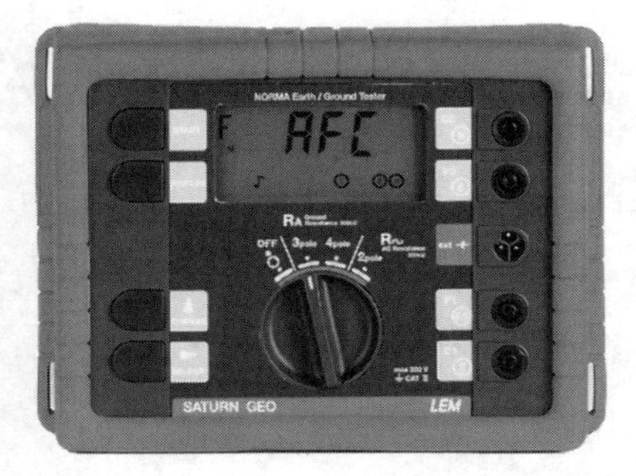

Bild 38 Digitales Erdungsmeßgerät, automatisch messend, Saturn Geo
(Foto: LEM Instruments GmbH, 90411 Nürnberg)

d) Erdungsmeßgeräte mit Zangenstromwandler

Um den Erdungswiderstand eines einzelnen Erders zu messen, muß er bei Verwendung der bisher beschriebenen Meßgeräte abgeklemmt werden. Mit dem Gerät Unilap Geo X, **Tabelle 32** und Bild 36, kann man bei einer Parallelschaltung mehrerer Erder einen einzelnen Erder messen, ohne ihn abzuklemmen. In die Parallelschaltung wird wie bisher in Drei- oder Vierleiterschaltung ein Gesamtstrom über den Hilfserder eingespeist. Das Gerät mißt zunächst den Gesamtstrom und die Spannung an der Parallelschaltung, ermittelt daraus den Gesamtwiderstand und zeigt ihn digital an. Über einen Zangenstromwandler, den es auch mit großer Öffnung gibt, kann man nun an einem Erder den Teilstrom messen. Hieraus ermittelt das Gerät den Teilwiderstand. Bei dieser Messung sind nach wie vor Sonde und Hilfserder erforderlich.

Ein weiteres Meßgerät, C.A. 6411 und 6413 von der Firma Chauvin Arnoux, siehe Bild 37 und Tabelle 32, mißt gänzlich ohne Sonde und Hilfserder, jedoch mit einer Einschränkung. Es mißt den Widerstand einer Erdschleife. Die Messung ergibt gute Werte, wenn die parallelen Widerstände kleiner sind als der zu messende Widerstand. Das Gerät besitzt in der Zange zwei Eisen-Ringkerne. Die Zange muß bei der Messung eine Erdschleife umschließen, z. B. eine Leitung eines Einzelerders, an dem parallel mehrere Erder liegen. In diese Schleife induziert das Gerät mit dem einen Ringkern einen Strom und mißt mit einer Spule auf dem zweiten Ringkern die Spannung, die vom Widerstand der Schleife abhängt. Es wird also der Erdungswiderstand plus dem Widerstand der parallel geschalteten Erder gemessen.

Bezeichnung	Geräteausführung – Daten	Hersteller	Preise 1999
Unitest Telaris Erde 8986	Handliches Gerät, digital LC – 3 1/2 Stellen, I-U-Messung, 2-3-4-polig, 0,001 … 1999 Ω, 25/50 V, 127/1140 Hz.	Ch. Beha GmbH In den Engematten 79286 Glottertal	748 DM
Zubehör-Set 1048	Koffer mit zwei Erdspießen und zwei Meßleitungsroller à 25 m, eine Meßleitung 5 m, ein Hammer, drei Klemmen		359 DM
Tellurohm C.A. 6425	Digitales Erdungsmeßgerät 3 1/2-stellig; automatische Meßbereichsumschaltung: 0,01…20; 200; 2000 Ω; Zwei-, Drei- und Vierleiterschaltung, $f = 128$ Hz	Chauvin Arnoux GmbH Straßburger Str. 34 77649 Kehl/Rh.	1295 DM
1008-13	Zubehörkoffer, zwei Erdspieße, zwei Meßleitungen		351 DM
1017-73	Erdungsmeßkoffer Nr. 2, vier Erdspieße, vier Meßleitungen		1410 DM
C.A. 6411	Erdungsprüfzange, Messung ohne Erdspieße, 0,1…50 Ω		2890 DM
C.A. 6413	wie 6411, Schwellenwerteinstellung und 99 Meßwerterfassungen		3330 DM

Tabelle 32 Erdungsmesser verschiedener Hersteller nach DIN VDE 0413 (Preisangabe unverbindlich)

Bezeichnung	Geräteausführung – Daten	Hersteller	Preise 1999
Geohm 40 D	Batteriebetrieb, 128 Hz, digitale Anzeige, Meßbereichsumschaltung manuell: 0…20/200/2000 Ω und 0…20 kΩ	GMC-Instuments Gossen Metrawatt GmbH Thomas-Mann-Str. 16-20 90471 Nürnberg	1580 DM
Geohm 33 D	wie Geohm 40 D, aber mit Kurbelinduktor und Drehzahllimitanzeige		1570 DM
Erdungsmeßset E-Set 2 Koffer	ein Leitungsroller mit 25 m, drei Meßleitungen à 0,5 m, zwei Leitungsroller mit 50 m, eine Meßleitung 2 m, vier Erdbohrer, eine Prüfklemme		940 DM
Unilap Geo	Automatisch gesteuerte Messung, vierstellige digitale Anzeige, Zwei-, Drei- und Vierleiterschaltung, sechs Meßbereiche, automatisch umschaltend von 0,020 Ω bis 300 kΩ, Meßfrequenz wählbar: 94, 105, 111 und 128 Hz, Leerlaufspannung: 20 V oder 48 V, Kurzschlußstrom: 250 mA	LEM Instruments Norma GmbH Wien Marienbergstr. 80 90411 Nürnberg	2085 DM inkl. Koffer
Unilap Geo X	Wie Geo, jedoch mit Strommessung über Zangenstromwandler, damit ist selektive Erdungswiderstandsmessung möglich, d. h., der Erder braucht zur Messung nicht aufgetrennt zu werden. Wandlerfaktor von 80 bis 1200 einstellbar.		2450 DM inkl. Koffer
Saturn Geo	Automatische Meßbereiche 1 mΩ – 300 kΩ, digitale Anzeige, Meßfrequenz automatisch 55 … 128 Hz, I_k = 250 mA, 3-4-Leiter		1375 DM
Handy Geo	Digital-analoges Erdungsmeßgerät im Multimetergehäuse, Meßbereich: 0…19,99/ 20,0…199,9 /200…1999 Ω, Zwei- und Dreileiterschaltung, f = 128 Hz, Batterie 9 V		755 DM

Tabelle 32 Erdungsmesser verschiedener Hersteller nach DIN VDE 0413 (Preisangabe unverbindlich)

9.5 Prüfung der Schleifenimpedanz und des Kurzschlußstroms

Die Abschaltbedingung im TN-System mit Überstromschutz (siehe Abschnitte 6.1.3 und 7.5.2 sowie Tabelle 16a) muß durch Prüfung der Schleifenimpedanz sichergestellt werden.
Es ist die Schleifenimpedanz zu ermitteln zwischen:
- Außenleiter und Schutzleiter,
- Außenleiter und PEN-Leiter.

Der Wert ist zu ermitteln wahlweise durch:
a) Messung mit Meßgeräten nach DIN VDE 0413 Teil 3, Tabelle 33, oder
b) Rechnung (siehe auch Tabelle 34) oder
c) Nachbildung des Netzes durch Netzmodell.

Anmerkung:
Da während der Messung Spannungsschwankungen im Netz auftreten können, sollten mehrere Messungen durchgeführt werden.

9.5.1 Meßverfahren

Für die Messung wird das in **Bild 39** gezeigte prinzipielle Meßverfahren vorgeschlagen.

Es wird bei geöffnetem Schalter 1 die Netzspannung gemessen. Dann wird über den Schutzleiter PE ein Belastungsstrom geschickt von z. B. 2 A (Schalter 2_H zusätzlich geschlossen).

Der Belastungsstrom erzeugt am Netzschleifenwiderstand R_{Sch} einen Spannungsfall, um den sich die Anzeige V vermindert. Dieser ist allerdings recht gering, z. B. bei 2 A und $R_{Sch} = 1\ \Omega$ nur 2 V, d. h., der Spannungsanzeiger zeigt statt 230 V nur 228 V an.

Um die kleine Differenz zu erkennen, ist bei älteren Geräten ein Voltmeter mit gedehntem Meßbereich von z. B. 200 V bis 240 V erforderlich, oder es wird neuerdings eine elektronische Messung mit Meßbereichsspreizung durchgeführt.

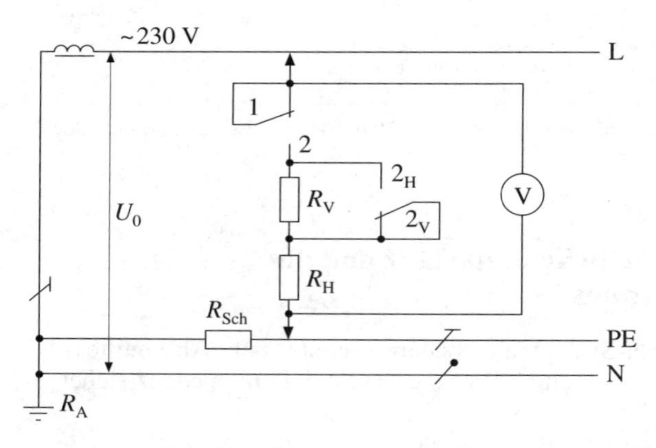

$$R_{Sch} = R_H \left(1 - \frac{U_2}{U_0}\right)$$

Bild 39 Messung des Netzschleifenwiderstands mit Vorprüfung

- 1 Messung von U_0
- 2 Messung von U_2 für R_{Sch}
- 2_V Vorprüfung
- 2_H Hauptprüfung
- PE Schutzleiter
- R_H Hauptwiderstand (157 Ω)
- R_V Zusatzwiderstand (etwa 5 kΩ)
- R_{Sch} Netzschleifenwiderstand

Die vorgeschlagene Messung nach Bild 39 ist nicht ungefährlich, wenn man auf eine Vorprüfung durch R_V verzichtet. Im Fall eines zu großen Schleifenwiderstands oder gar einer Unterbrechung zwischen Schutzleiter PE und Nulleiter N würde man bei der Hauptprüfung mit R_H die volle Netzspannung über etwa 100 Ω auf das Schutzleiternetz legen! Deshalb ist bei älteren Geräten Vorprüfung mit R_V erforderlich.

Nach DIN VDE 0413 Teil 3 darf die zulässige Berührungsspannung bei 10 A Belastung nicht überschritten werden. Das Meßgerät muß nach dieser Bestimmung nach 0,2 s **selbsttätig** abschalten, sobald die Spannung (50 V oder 25 V) überschritten wird. Bei vielen alten Meßgeräten oblag dies der Sorgfalt des Bedienenden. Diese Geräte sind demnach nicht mehr zu empfehlen.

Die neuen Meßgeräte erfüllen diese Sicherheitsforderung, indem sie nur kurze Zeit messen und die Forderung nach Bild 4 und Bild 5 einhalten.

Die maximal zulässigen Schleifenwiderstände bzw. die geforderten Abschaltströme I_a in alter und neuer Form für gebräuchliche Überstrom-Schutzeinrichtungen sind in Tabelle 16a aufgeführt.

Einfache ältere Geräte arbeiten nach dem beschriebenen und im Bild 39 dargestellten Prinzip. Sie haben einen Spannungsmesser mit gedehntem Meßbereich, je einen Belastungswiderstand und Schalter für Vor- und Hauptprüfung. Vielfach haben sie noch ein Potentiometer, mit dem der Spannungsmesser für die jeweilige Netzspannung auf Endausschlag kalibriert werden kann. Beim Endausschlag beginnt eine Skala für den Schleifenwiderstand mit 0 Ω.

Solche Geräte sind noch in Gebrauch. Sie sind bei Fehlbedienung nicht ungefährlich, z. B. wenn die Vorprüfung vergessen wird und der Schutzleiter unterbrochen ist. Sie sollen nicht mehr verwendet werden. Im Handel werden seit einigen Jahren vorwiegend automatisch arbeitende Geräte angeboten, bei denen keine Vorprüfung und kein Abgleich erforderlich sind (Tabelle 33). Der nur kurzzeitig zur Verfügung stehende Meßwert wird elektronisch gespeichert.

Automatisch arbeitende Geräte gibt es in zwei Ausführungen: Solche, die mit einer Lampe anzeigen, ob ein vorgegebener Widerstand (meist der Wert 3,9 Ω und 1,4 Ω, siehe Tabelle 16a) unterschritten wird. Dies sind Grenzwert-Prüfgeräte. Weiterhin gibt es Geräte, die den vorhandenen Widerstandswert analog oder digital anzeigen. Dies sind Meßgeräte.

Im Grundprinzip arbeiten die automatischen Geräte auch nach Bild 39. Die Spannung ohne Belastung wird gemessen, gespeichert, mit der Spannung bei Belastung verglichen und der Widerstand nach Gleichung von Bild 39 errechnet. Dies geschieht automatisch nach Tastendruck.

An einem voll automatisch arbeitenden Gerät nach **Bild 40** soll der Meßvorgang erläutert werden:

Gibt man durch kurzen Tastendruck einen Impuls auf die Zündschaltung Z, wird der Triac T während zwei Halbwellen (20 ms) gezündet. An L1 liegt der Außenleiter, z. B. 220 V, und an PE der Schutzleiter. Während der einen gezündeten Halbwelle fließt ein kleiner Strom über die Widerstände R_4, R_2 und die Dioden von L1 nach PE.

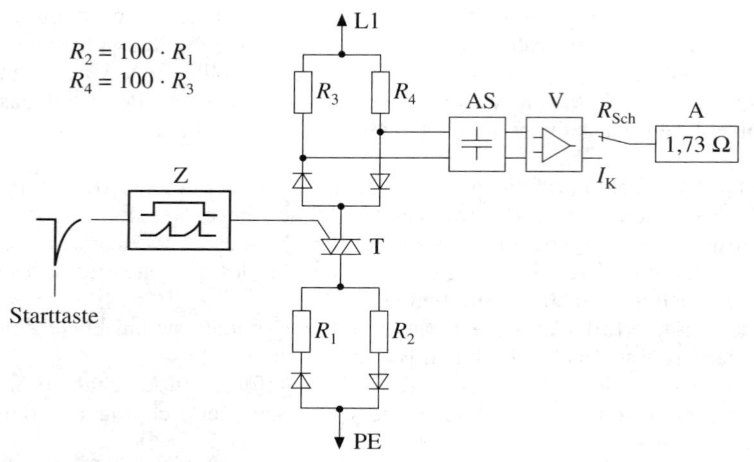

Bild 40 Messung des Netzschleifenwiderstands elektronisch mit Impuls
Z Zündschaltung
T Triac
R Belastungswiderstände
R_{Sch} Netzschleifenwiderstand
I_K Kurzschlußstrom
L1 Außenleiter
PE Schutzleiter
AS Analogspeicher
V Verstärker
A Anzeiger, analog oder digital

Während der zweiten gezündeten Halbwelle fließt ein großer Strom über die Widerstände R_1, R_3 und die anderen beiden Dioden von PE nach L1. Die Widerstände $R_1 : R_3$ bzw. $R_2 : R_4$ verhalten sich wie 1 : 100. Zwischen R_3 und R_4 entsteht eine Spannungsdifferenz (positive und negative Halbwelle), die um so höher ist, je größer der Netzschleifenwiderstand ist. Dieser nur zwei Halbwellen lange Meßwert wird im Analogspeicher AS elektronisch gespeichert, über V verstärkt und als Widerstandswert oder wahlweise als Kurzschlußstrom zur Anzeige gebracht. Der Kurzschlußstrom bezieht sich bei einfachen Geräten auf den Nennwert von 230 V. Der Meßstrom ist mit 10 A relativ hoch. Durch die kurze Lastzeit von nur 10 ms ergibt die relativ hohe Leistung von 2,2 kW an den Widerständen R_1, R_3 keine große Erwärmung.
Nach diesem Verfahren arbeiten heute die meisten Geräte, die angeboten werden. Verschiedentlich ist der Meßimpuls auch mehrere Halbwellen lang.
Die Impedanzen des vorgeschalteten Verteilungsnetzes können beim Betreiber des Netzes, z. B. beim EVU, erfragt werden. Sie liegen am Hauptanschluß in der Größenordnung von 0,1 Ω, können bei langen Leitungen, insbesondere bei ausgedehnten Anlagen mit Freileitung, auch höher sein.

Bei der Beurteilung der Meßwerte ist zu berücksichtigen, daß die bei der Messung der Schleifenimpedanz auftretenden Fehler keineswegs nur vom Prüfgerät selbst (DIN VDE 0413 Teil 3:1977-07 läßt ± 30 % zu), sondern auch von den Netzbedingungen abhängig sind. Spannungsschwankungen während der Messung und leistungsstarke Blindstromverbraucher in der Meßschleife können das Meßergebnis erheblich verfälschen. Die vorgenannte Meßabweichung ist in Tabelle 16a nicht berücksichtigt. Manche Hersteller geben in der Bedienungsanleitung Tabellen an, in denen die Werte um die Meßungenauigkeit vermindert sind.
Die Werte der maximal zulässigen Schleifenimpedanzen nach Tabelle 16a wurden nach DIN VDE 0102 Teil 2 errechnet und beziehen sich auf eine Leitertemperatur von 80 °C. Die Messungen werden jedoch im Regelfall bei räumlich oder jahreszeitlich bedingten Umgebungstemperaturen durchgeführt. Der Korrekturfaktor beträgt z. B. zwischen 80 °C und 20 °C 1,24 bzw. 1/1,24 = 0,806.
Liegen die Meßwerte im Grenzbereich, ist zu berücksichtigen, daß im Betriebszustand der Anlage eine höhere Temperatur und damit eine spätere Abschaltung vorliegt.
Eine Messung der Schleifenimpedanz ist nur an der entferntesten Stelle eines Stromkreises erforderlich. Darüber hinaus genügt es für diesen Stromkreis, die durchgehende Verbindung des Schutzleiters nachzuweisen. Die neuen elektronischen Meßgeräte zeigen diesen Zustand optisch an und messen auf Knopfdruck problemlos den Schleifenwiderstand, so daß auch jede Stelle ohne großen Aufwand gemessen werden kann.

9.5.2 Schleifenwiderstandsmeßgeräte

Es gibt Meßgeräte, die nur eine Größe messen, und solche, die für mehrere vorgesehen sind (siehe Tabelle 33). Hier werden die ersteren betrachtet. Die kombinierten Geräte werden in Abschnitt 9.7.2 behandelt.

Die Geräte sind alle mit einem Schutzkontaktstecker ausgestattet und bieten neben der Messung noch die Möglichkeit, die Steckdose auf richtigen Anschluß zu kontrollieren. Dieser wird durch eine entsprechende Lampe oder LCD-Symbole angezeigt (siehe Bemerkung in Tabelle 22, D1.). Die Geräte zeigen weiterhin neben dem Schleifenwiderstand R_{Sch} den Kurzschlußstrom I_k an, der im Fall eines Kurzschlusses bei 230 V auftritt, bevor die Überstrom-Schutzeinrichtung auslöst. Tatsächlich wird die Spannungsminderung bei Belastung mit meist 10 A nach Bild 40 gemessen, und die anderen Werte werden daraus ermittelt.

Die Geräte haben heute fast ausschließlich digitale Anzeigen von Kurzschlußstrom und Schleifenwiderstand. Geräte, die nur dieses eine Meßverfahren haben, zeigen **Bild 41**, **Bild 42** und **Bild 43**. Geräte mit mehreren Meßverfahren zeigen die Bilder 49 bis 51.
Fast alle Geräte lösen bei der Schleifenwiderstandsmessung eine FI-Schutzeinrichtung durch den Meßimpuls von einigen Ampere aus. Bei einigen Geräten kann man

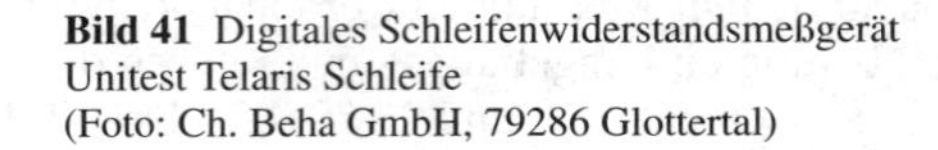

Bild 41 Digitales Schleifenwiderstandsmeßgerät
Unitest Telaris Schleife
(Foto: Ch. Beha GmbH, 79286 Glottertal)

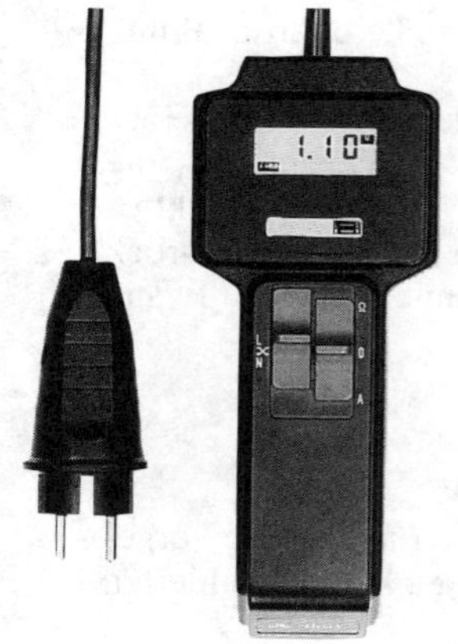

Bild 42 Schleifenwiderstandsmeßgerät „C.A. 6401“
(früher Elavi R von H & B)
(Foto: Chauvin Arnoux GmbH, 77649 Kehl/Rh.)

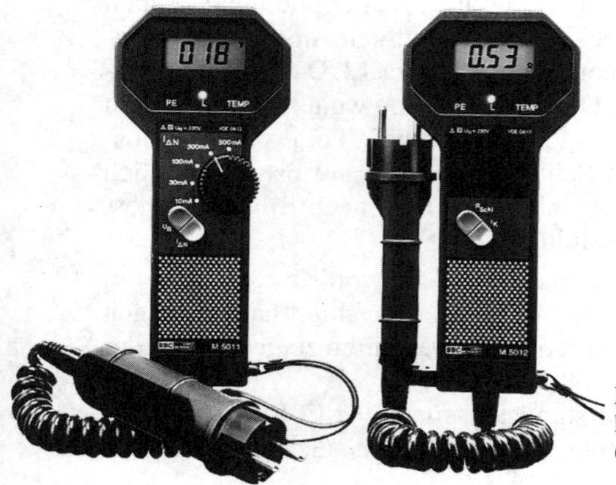

Bild 43 rechts: Schleifenwiderstandsmeßgerät
links: Puls-Prüfgerät für FI-Schutzschaltungen
(Foto: Gossen Metrawatt GmbH, 90471 Nürnberg)

auch den Schleifenwiderstand über den Neutralleiter messen, wobei folgende Bezeichnungen verwendet werden:

- Schleife Außenleiter–Schutzleiter: $R_{L\text{-}PE}$ oder R_{Sch}, R_S, Z_S,
- Schleife Außenleiter–Neutralleiter: $R_{L\text{-}N}$ oder R_i, Z_i.

Für die Abschaltbedingung der Schutzmaßnahme mit Überstrom-Schutzeinrichtung (siehe Abschnitte 6.1.3 und 7.5.2) ist $R_{L\text{-}PE}$ als hinreichend klein nachzuweisen (siehe Tabelle 16a), der meist als Schleifenwiderstand oder Schleifenimpedanz bezeichnet wird. Der Widerstand über den Neutralleiter wird vielfach als Innenwiderstand (des Netzes für die Last) R_i bezeichnet. Er dient als Vergleichsmessung bei unüblichem Schleifenwiderstand, bedingt durch größeren Schutzleiterwiderstand.

Bei vorgeschalteter Fehlerstrom-Schutzeinrichtung FI (RCD) kann der Widerstand über den Neutralleiter gemessen werden, ohne daß die FI-Schutzeinrichtung auslöst. Bei den Schutzmaßnahmen mit Fehlerstrom-Schutzeinrichtung FI (RCD) müssen der Schleifenwiderstand oder der Kurzschlußstrom mit diesen Geräten, d. h. mit hohem Strom von einigen Ampere, nicht gemessen werden. Die FI-Prüfgeräte messen die Schleife mit dem kleinen Auslösestrom von 10 mA bis 500 mA und im TT-System damit auch den Erdungswiderstand, siehe Bild 17, Schleife L3 – PE – R_A – R_B – L3. Bei Messung über L3-N löst der FI nicht aus, der Meßstrom fließt in der FI-Schutzeinrichtung entgegengesetzt über zwei Wicklungen und wird kompensiert. Die Geräte in den Bildern 41 bis 43 sind Meßgeräte für eine Meßgröße (Schleifenwiderstand bzw. Kurzschlußstrom). Geräte mit mehreren Meßverfahren werden im Abschnitt 9.7 (bei Fehlerstrom-Schutzeinrichtung) aufgezeigt.

Ein weiteres Gerät mit digitaler Anzeige ist im Bild 42 dargestellt. Es zeigt in dem unteren LCD-Feld den ordnungsgemäßen Zustand der Steckdose an. Es ist polungsabhängig, hat aber einen Polumschalter (im mittleren Geräteteil links).

Ein ebenfalls digitales Gerät ist im Bild 43 rechts dargestellt. Ohne Betätigung der Taste im mittleren Geräteteil zeigt das Gerät die Netzspannung mit drei Ziffern an. Leuchtet weiterhin die mittlere Lampe „L“ (grün), ist die Steckdose in Ordnung. Durch Drücken der entsprechenden Taste im mittleren Geräteteil zeigt das Gerät R_{Sch} oder I_k an.

Die meisten Meßgeräte zeigen den Schleifenwiderstand und nicht die Schleifenimpedanz an*).

Der induktive Anteil wird aber erst bei relativ großen Nennströmen interessant (etwa 100 A und mehr). Erst bei Widerständen unter 0,1 Ω wird die Schleifenimpedanz Z_S größer als der ohmsche Anteil R_S sein. Bei einem Kabel von 100 m Länge beträgt der induktive Anteil ωL bei 50 Hz etwa 25 mΩ, siehe auch Abschnitt 6.1.3, letzter Absatz vor 6.1.4, Gl. (3b). Nur einige der kombinierten Geräte messen die Impedanz (siehe **Tabelle 33**).

*) Zur Klarstellung: Der Schleifenwiderstand ist der ohmsche Widerstand R_S, die Schleifenimpedanz der Scheinwiderstand unter komplexer Berücksichtigung der Induktivität $Z_S = (R_S + j\,\omega L_S)$.

Bezeichnung	Geräteausführung – Daten	Hersteller	Preise 1999
Unitest Telaris 0100 9057	Digitales Multi-Prüfgerät, Maße 235 × 103 × 70 mm, kleines Handgerät, 3 1/2-stellige LC-Anzeige, R_{Sch} = 0,05 Ω … 1000 Ω, $R_{L\text{-}N}$, R_N, R_{PE}, I_k = 1 A … 20 kA, FI 0,2 s, 10 – 500 mA, R_{iso} = 0 … 200 MΩ, 500 V, R = 0 … 20 Ω, Speicher: 500 Werte, IR/RS-232 Schnittstelle		1198 DM
Unitest Telaris Schleife 8978	Digitales Schleifenwiderstands-Meßgerät, Maße 235 × 103 × 70 mm, kleines Handgerät, 3 1/2-stellige LC-Anzeige, R_{Sch} = 0,05 Ω … 1000 Ω, $R_{L\text{-}N}$, R_N, R_{PE}, I_k = 1 A … 20 kA, Speicher: 250 Werte, IR/RS-232 Schnittstelle		698 DM
Unitest Telaris FI/RCD 8986	Digitales FI-Grenzwertprüfgerät, Maße Maße 235 × 103 × 70 mm, kleines Handgerät, UB = 25 oder 50 V, OK-Anzeige, Pulsprüfung 0,2 s, mit 10-30-100-300-500 mA und [S]		298 DM
Unitest 0100 Multitester 8990	Robustes Koffergerät, batteriebetrieben, digitale LC-Anzeige 3 1/2-stellig; sieben Meßverfahren: 1. R_{iso} = 0…2, 20, 200 MΩ; U_M = 250, 500, 1000 V– 2. R_{Sch} = 0…20, 200, 2000 Ω; I_k = 0…20, 200, 2000 A 3. Niederohmmessung: 0…20 Ω 4. U_L = 0…500 V~, F_L = 14,1…100; 100…457 Hz 5. FI-Puls-Prüfung 0,2 s; U_B = 0…80 V~ U_L = 25 oder 50 V~; $I_{\Delta n}$ = 10, 30, 100, 300, 500 mA, Vorprüfung mit $I_{\Delta n}/2$; S-Prüfung mit $2 \cdot I_{\Delta n}$ 6. R_E = 125 Hz; 0…20, 200, 2000 Ω 7. Drehfeldrichtung	Ch. Beha GmbH In den Engematten 79286 Glottertal	2090 DM
8991 Unitester 0100 Multitester	wie 8990 mit Drucker und Computerschnittstellen		2500 DM
	Software und Schnittstellenadapter		395 DM

Tabelle 33 Prüfgeräte nach DIN VDE 0413 verschiedener Hersteller für Schutzmaßnahmen nach VDE 0100 (Preisangabe unverbindlich)

U_B Berührungsspannung
R_E Erdwiderstand
R_{Sch} Netzschleifenwiderstand
I_k Kurzschlußstrom
R_{iso} Isolationswiderstand
R Widerstandsmessung
FI-, FU-Schutzschaltungsprüfung
K_L Kontrolle der Leiter auf richtigen Anschluß und Unterbrechung
I_Δ FI-Auslösestrom
U_L Netzspannung
$I_{\Delta n}$ Fehler-Nennstrom des FI
t_{FI} Auslösezeit des FI
F_L Netzfrequenz

Bezeichnung	Geräteausführung – Daten	Hersteller	Preise 1999
Unitest 0100 Expert 9019	Weiterentwicklung 1996 von Multitester, kleineres Koffergerät, batteriebetrieben, digitale LCD, zusätzliche Meßverfahren: Schleifenimpedanz (L – PE), FI-Prüfung in vier Funktionen: Vorprüfung, Pulsprüfung, stetige Prüfung, automatischer FI-Test bei U_L = 25/50 V~; $I_{\Delta n}$ = 10, 30, 100, 300, 500, 1000 mA, Vorprüfung mit $I_{\Delta n}/3$; Prüfung mit $5 \cdot I_{\Delta n}$; Speichern und Weiterverarbeiten der Meßwerte	Ch. Beha GmbH In den Engematten 79286 Glottertal	2580 DM
0100 Expert 9020	wie 9019, jedoch mit eingebautem Drucker		2980 DM
C.A. 6401 (Elavi R, H & B)	Schleifenwiderstand, kleines Handgerät, digitale Anzeige, Polumschalter, K_L; U_L durch LCD-Symbole, R_{Sch} = 0…0,3…20 Ω, I_K = 11…730… 2000 A	Chauvin Arnoux GmbH Straßburger Str. 34 77649 Kehl/Rh.	680 DM
C.A. 6001 (Elavi FI, H & B)	FI-Prüfer, kleines Handgerät, digitale Anzeige, Polumschalter, K_L; U_L durch LCD-Symbole, Impulsmessung 0,2 s: $I_{\Delta n}$ = 10/30/100/300/500 mA; U_B = 0…200 V~; Vorprüfung mit $I_{\Delta n}/3$		712 DM
Installationstester C. A. 6115	Robustes Koffergerät mit Deckel, digitale LCD-Anzeige, für Betriebsspannungen von 95 … 145 V und 175 – 300 V, für Betriebsfrequenzen von 16 2/3, 50 und 60 Hz. Meßwertspeicher für 800 Gruppen, Schnittstelle RS 232. NIMH.Akkus mit Ladung bei Messung, neun Meßbereiche: 1. FI- und FI Ⓢ-Schutzschalterprüfung mit/ohne Auslösung, mit/ohne Sonde, U_B = 0 … 99,9 V, I_F variabel 0 … 1000 A, U_L < 50 V max. 500 ms, $I_{\Delta n}$ = 10-30-100-300-500 mA, R_E = 0,1/1 Ω/digit. Ⓢ-Prüfung mit 1 s und 1 × 1 $I_{\Delta n}$. Anzeige 2 x U_B. 2. Strom/Fehlerstrom AC, mit Zange 4 mA … 300 A 3. Schleifenwiderstand 0,08 … 199 Ω Kurzschlußstrom 2 A … 30 kA		2370 DM

Tabelle 33 (Fortsetzung) Prüfgeräte nach DIN VDE 0413 verschiedener Hersteller für Schutzmaßnahmen nach VDE 0100 (Preisangabe unverbindlich)

U_B Berührungsspannung
R_E Erdwiderstand
R_{Sch} Netzschleifenwiderstand
I_k Kurzschlußstrom
R_{iso} Isolationswiderstand
R Widerstandsmessung
FI-, FU-Schutzschaltungsprüfung
K_L Kontrolle der Leiter auf richtigen Anschluß und Unterbrechung
I_Δ FI-Auslösestrom
U_L Netzspannung
$I_{\Delta n}$ Fehler-Nennstrom des FI
t_{FI} Auslösezeit des FI
F_L Netzfrequenz

Bezeichnung	Geräteausführung – Daten	Hersteller	Preise 1999
Installationstester C. A. 6115 (Fortsetzung)	4. Erdungswiderstand 0,15 Ω … 9,99 kΩ 5. Isolationsmessung 0,08 … 600 MΩ Meßgleichspannung 100-250-500 V– 6. Niederohmmessung 0,12 Ω … 1,999 kΩ 7. Drehfeldrichtung 8. Frequenz 15,4 … 450 Hz 9. Wechselspannung 0 … 500 V, R_i = 400 kΩ	Chauvin Arnoux GmbH Straßburger Str. 34 77649 Kehl/Rh.	2370 DM
M 5010	Gerät im Gehäuse mit Tragegurt und Digitalanzeige im Blickwinkel verstellbar, Meßablauf vollautomatisch; mikroprozessorgesteuert. U_L = 0…450 V, U_B = 0…70 V, FI-Impulsprüfung 0,2 s; Auslösezeitanzeige; wahlweise stetige Prüfung mit $I_{\Delta n}$ = 10/30/100/300/500 mA; S-Prüfung mit 0,5 s und $1 \cdot I_{\Delta n}$, Anzeige $2 \cdot U_B$; R_{Sch} bzw. R_i = 0…20 Ω; I_k = 11…7660 A, $K_L = R_E$, Bereich: 0…20/200/2000 Ω		1990 DM
M 5011	FI-Prüfer; kleines Handgerät; digital; K_L, U_L, Impulsmessung 0,2 s; $I_{\Delta n}$ = 10/30/100/300/500 mA; U_B digital; Vorprüfung mit 0,4 $I_{\Delta n}$	GMC-Instruments Gossen Metrawatt Thomas-Mann-Str. 20 90471 Nürnberg	895 DM
M 5012	Schleifenwiderstandsmeßgerät; kleines Handprüfgerät; K_L; U_L; R_{Sch} = 0…20 Ω; I_k = 1…2000 A, digital		895 DM
Profitest 0100 S	Flaches Gerät mit Tragegurt und beweglichem Kopfteil wie M 5010, für Betriebsspannung von 60 V bis 500 V~ und Betriebsfrequenz von 15,4 Hz bis 400 Hz. Große LC-Anzeige für: Meßwerte, Meßverfahren, Meßbereich und Bedienungsanleitung; Anschluß für Drucker und PC zur Protokollierung. Zehn Meßverfahren:		2495 DM

Tabelle 33 (Fortsetzung) Prüfgeräte nach DIN VDE 0413 verschiedener Hersteller für Schutzmaßnahmen nach VDE 0100 (Preisangabe unverbindlich)

U_B Berührungsspannung
R_E Erdwiderstand
R_{Sch} Netzschleifenwiderstand
I_k Kurzschlußstrom
R_{iso} Isolationswiderstand
R Widerstandsmessung
FI-, FU-Schutzschaltungsprüfung
K_L Kontrolle der Leiter auf richtigen Anschluß und Unterbrechung
I_Δ FI-Auslösestrom
U_L Netzspannung
$I_{\Delta n}$ Fehler-Nennstrom des FI
t_{FI} Auslösezeit des FI
F_L Netzfrequenz

Bezeichnung	Geräteausführung – Daten	Hersteller	Preise 1999
Profitest 0100 S (Fortsetzung)	1. FI-Pulsprüfung 0,2 s: U_B = 0…70 V~, t = 0…500/1000 ms. Vorprüfung mit 30 % Nennwert, $I_{\Delta n}$ = 10/30/100/300/ 500 mA. R_E = 0,1/1 Ω/digitale S-Prüfung mit 1 s und 1 · $I_{\Delta n}$, Anzeige 2 · U_B 2. FI-stetige Prüfung 3 s: Meßbereich 3…10/30/100/300/500 mA, Begrenzung von U_L = 25 V oder 50 V~; U_B = 0…70 V~, bei S-Prüfung Anzeige 2 · U_B 3. Schleifenwiderstand: 0…10 Ω Kurzschlußstrom 6 A…9,00 kA 4. Erdungswiderstand: 0…10 kΩ 5. Isolationsmessung: 0…100 MΩ Meßgleichspannung 100/250/500 V– 6. Niederohmmessung: 0… 20 Ω 7. Wechselspannung: 0…500 V 8. Frequenz: 15,4…420 Hz 9. Batteriespannung 10. Drehfeldrichtung	GMC Instruments Gossen Metrawatt Thomas-Mann-Straße 20 90471 Nürnberg	2495 DM
Profitest psi PC.doc	Drucker zum Aufstecken auf Profitest 0100 Software zur Prüfprotokollerstellung		755 DM 425 DM
FI-Schleifen-Prüfer	Kleines Handgerät, Impulsmessung 0,2 s: $I_{\Delta n}$ = 10/30/100/500 mA, U_B analog Vorprüfung mit $I_{\Delta n}$/3, Schleifenwiderstand 0,23…5 Ω, Kurzschlußstrom 46…1000 A	Müller & Ziegler Industriestr. 23 91719 Gunzenhausen	780 DM
Remo-Check	Kleines Einhandprüfgerät, Gewicht nur 835 g, Digitale LD-Anzeige vierzeilig, Schnittstelle RS 232 für Drucker/PC, menügeführte Funktionen, 850 Speicher, 12 Meßverfahren: 1. FI-Pulsprüfung 0,2 s: U_B, t_{FI}, Vorprüfung mit $I_{\Delta n}$/3; $I_{\Delta n}$ = 10/15/30/100/300/ 500 mA, S-Prüfung 1 · $I_{\Delta n}$ (0,5 s) oder 2 · $I_{\Delta n}$ (0,2 s), U_L = 25 V oder 50 V 2. FI-stetige Prüfung: I_Δ = 0…10/15/30/ 100/300/500 mA 3. Schleifenwiderstand: 0,01…99,9 Ω; I_k = 2 A…23 kA	Industrial Micro System-AG CH-8542 Wiesendangen Vertrieb: Bernrader GmbH Gilgener Heide 2 a D-82250 Gilching	2596 DM mit Koffer und Zubehör 2680 DM

Tabelle 33 (Fortsetzung) Prüfgeräte nach DIN VDE 0413 verschiedener Hersteller für Schutzmaßnahmen nach VDE 0100 (Preisangabe unverbindlich)

U_B	Berührungsspannung	K_L	Kontrolle der Leiter auf richtigen Anschluß und Unterbrechung
R_E	Erdwiderstand	I_Δ	FI-Auslösestrom
R_{Sch}	Netzschleifenwiderstand	U_L	Netzspannung
I_k	Kurzschlußstrom	$I_{\Delta n}$	Fehler-Nennstrom des FI
R_{iso}	Isolationswiderstand	t_{FI}	Auslösezeit des FI
R	Widerstandsmessung	F_L	Netzfrequenz

FI-, FU-Schutzschaltungsprüfung

Bezeichnung	Geräteausführung – Daten	Hersteller	Preise 1999
Remo-Check (Fortsetzung)	4. Isolationsmessung: R_{iso} = 30 kΩ…30 MΩ, U_{iso} = 500 V– 5. Niederohmmessung: 0,1…500 Ω, mit + -Polarität 6. Erder-Schleifenwiderstandsmessung 7. Drehrichtungsanzeige zwei- und dreiphasig 8. Wechselspannung: U = 0…450 V~, 25 Hz…9,93 kHz 9. Wechselstrom: I_L = 0…9999 A (Spitzenwert), mit Stromzange 10. Spitzenstrom: $\hat{I}$ = 0…9999 A (Effektivwert), mit Stromzange 11. Steckdosentest auf Spannung und richtigen Anschluß L – N – PE, Messung mit $I = I_{\Delta n}/3$ (wählbar), U_B = 0…50 V~ 12. Temperaturmessung mit Sonde: 0…100 °C	Industrial Micro System-AG CH-8542 Wiesendangen Vertrieb: Bernrader GmbH Gilgener Heide 2 a D-82250 Gilching	2596 DM mit Koffer und Zubehör 2680 DM
Saturn 100	Prüfgerät in Gummischutzhülle, digitale Anzeige, FI-Pulsprüfung 10 mA … 1 A und [S], R_{Sch} = 0 … 199 Ω, I_k, R_i = 0 … 99,9 MΩ, 500 V–, R = 0 … 19,9 mΩ, Drehfeldanzeige	LEM Instruments Norma GmbH Wien Marienbergstr. 80 90411 Nürnberg	1370 DM
Unilap 100	Koffergerät, klappbar, digitale Anzeige K_L; U_L; F_L, FI-Pulsprüfung mit 0,2 s, S-Prüfung mit 0,2 s und 2 · $I_{\Delta n}$, Anzeige 2 · U_B mit $I_{\Delta n}$ = 10/30/100/300/500 mA, Vorprüfung mit $I_{\Delta n}/2$, Auslösezeit-Anzeige. R_E = 0,05…99,9; 10 …999; 100…9999 Ω R_I = 500 V–, 0…9,99; 0…99,9 MΩ R_{Sch} = 1 A Puls, 0,05…2,99…99,9 Ω I_k-Anzeige 2…999…7600 A R = 0,05…2,99…19,9 Ω, 9 V, 0,3 A Drehfeldrichtungsbestimmung		1880 DM

Tabelle 33 (Fortsetzung) Prüfgeräte nach DIN VDE 0413 verschiedener Hersteller für Schutzmaßnahmen nach VDE 0100 (Preisangabe unverbindlich)

U_B	Berührungsspannung	K_L	Kontrolle der Leiter auf richtigen Anschluß und Unterbrechung
R_E	Erdwiderstand	I_Δ	FI-Auslösestrom
R_{Sch}	Netzschleifenwiderstand	U_L	Netzspannung
I_k	Kurzschlußstrom	$I_{\Delta n}$	Fehler-Nennstrom des FI
R_{iso}	Isolationswiderstand	t_{FI}	Auslösezeit des FI
R	Widerstandsmessung	F_L	Netzfrequenz

FI-, FU-Schutzschaltungsprüfung

Bezeichnung	Geräteausführung – Daten	Hersteller	Preise 1999
Unilap 100 Euro	Weiterentwicklung 1996 von Unilap 100 mit erweiterten Funktionen: Fingerkontakt auf Starttaste, aufsetzbarer Speicher und Drukker „Docu-Pack", Schleifenimpedanz Z_S, komplexer Kurzschlußstrom, Puls- und stetige FI-Prüfung, außer $I_{\Delta n}$-Reihe einstellbarer Bereich 6...1000 mA, Erdberührungsspannung mit Sonde	LEM Instruments Norma GmbH Wien Marienbergstr. 80 90411 Nürnberg	2140 DM
Unilap Euro	mit Docu-Pack		3430 DM inkl. Interface
Unilap 100 XE	wie 100 E, Erdungsmessung drei- bis vierpolig und mit Zangenstromwandler, Messung von cos φ, W, kWh		2805 DM 3095 DM
Win SAT 100	PC 0100 Windows Software für Datenerfassung und Protokoll		707 DM
Docu-Pack	Speicher für 440 Prüfungen und Streifendrucker		980 DM
Revitester FI	Digitales Einhandprüfgerät, wie C.A. 6001 (Elavi FI)		712 DM
Revitester R	Digitales Einhandprüfgerät, wie C.A. 6401 (Elavi R)		680 DM
MIC 6 Kurzschlußströme und Widerstände	Tragbares Prüfgerät mit digitaler Anzeige von Kurzschlußstrom bis 4 kA. Schleifenwiderstand, Fehler- oder Kontaktspannung (permanent), Spannung während der Messung: 100...440 V/47...63 Hz	Panensa CH-2035 Willkomm OHG Im Langenfeld 14 61350 Bad Homburg	6220 DM
MIC 11 Kurzschlußströme und Impedanzen	Koffergerät mit digitaler Anzeige, $I_k = 0...80$ kA, Schleifenimpedanz (Z, X und R), Phasenwinkel, Kurzschlußleistung, U_L, F_L, Schnittstelle KS 232 C für PC-Messung 100...420 V ± 10 %, 47...63 Hz		22760 DM

Tabelle 33 (Fortsetzung) Prüfgeräte nach DIN VDE 0413 verschiedener Hersteller für Schutzmaßnahmen nach VDE 0100 (Preisangabe unverbindlich)

U_B Berührungsspannung
R_E Erdwiderstand
R_{Sch} Netzschleifenwiderstand
I_k Kurzschlußstrom
R_{iso} Isolationswiderstand
R Widerstandsmessung
FI-, FU-Schutzschaltungsprüfung
K_L Kontrolle der Leiter auf richtigen Anschluß und Unterbrechung
I_Δ FI-Auslösestrom
U_L Netzspannung
$I_{\Delta n}$ Fehler-Nennstrom des FI
t_{FI} Auslösezeit des FI
F_L Netzfrequenz

9.6 Messung des Leitungswiderstands nach DIN VDE 0413 Teil 4

Nach den Abschnitten 7.1.3, 7.3, 7.4 und 7.5.1 muß im Zweifelsfall der Widerstand des Potentialausgleichs und des Schutzleiters gemessen werden. Die Schleifenwiderstandsmeßgeräte sind für Steckdosen gut geeignet, aber teilweise nicht für andere Anschlüsse.

Einige der Prüfgeräte in Tabelle 33 messen den Schleifenwiderstand im Zweileiterverfahren, d. h., sie benutzen nur L und PE. Mit einem Adapteraufsatz auf den Schukostecker hat man zwei Prüfspitzen (L und PE) und kann an Klemmenanschlüssen messen. Mit den Prüfspitzen kann man auch von einem beliebigen Außenleiteranschluß L des Verbraucherstromkreises über das Gehäuse eines Geräts messen, ohne den Verbraucher öffnen zu müssen. Es muß für diese Messung im Verbraucherstromkreis jedoch eine Spannung zur Verfügung stehen, was z. B. bei Revisionen nicht der Fall ist.

Es ist deshalb ein spezielles Widerstandsmeßgerät interessant, das einen niederohmigen Meßbereich hat. Die handelsüblichen Multimeter für Spannung, Strom und Widerstand haben solche Meßbereiche nicht.

Besonders bei abgedeckten Verbrauchern, wie Deckenlampen, Maschinen und ähnlichen Betriebsmitteln, ist es manchmal schwierig, den Netzschleifenwiderstand mit den in Abschnitt 9.5.2 beschriebenen Geräten zu messen. Es ist dann zweckmäßiger, den Widerstand des Schutzleiters mit einem Ohmmeter zu messen. Der Meßbereich dieses Ohmmeters muß allerdings im niederohmigen Bereich liegen, damit z. B. 1 Ω oder 2 Ω hinreichend genau gemessen werden können. Die meisten Isolationsmeßgeräte und kombinierten Anlagenprüfgeräte haben einen Meßbereich für niederohmige Messungen. Die Skala hat vielfach einen Meßbereich von 0 Ω bis 10 Ω. Nach DIN VDE 0413 Teil 4 müssen für diese Widerstandsmeßgeräte die Meßspannung mindestens 4 V und der Meßstrom bei Gleichspannung mindestens 0,2 A[12] betragen. Man geht mit diesen Geräten folgendermaßen vor:

Zunächst mißt man mit einem Schleifenwiderstandsmeßgerät an einer Verteilerstelle auf der Etage oder im Raum den Netzschleifenwiderstand und dann von dort aus mit dem Ohmmeter den Widerstand zwischen dem Schutzleiteranschluß und dem Gehäuse des jeweiligen Betriebsmittels, das geprüft wird. Der Widerstand von der Verteilerstelle bis zum Gehäuse des Betriebsmittels darf dann noch die Hälfte vom verbleibenden Restwiderstand sein, z. B.:

2,9 Ω mögen zulässig sein. Man mißt an der Verteilerstelle 0,9 Ω, dann verbleiben noch für den Rest der Leitung 2 Ω. Davon darf der Schutzleiter die Hälfte haben, also 1 Ω.

---

12) Verschiedentlich wird der Meßstrom von 10 A gefordert bzw. empfohlen. Er bringt aber keinen wesentlichen Vorteil. Mangelhafter Kontakt wird nicht erkannt und eher geringfügig verschweißt, der bei mechanischer Belastung wieder aufbricht. Die bewußte einzelne Ader einer Litzenleitung wird nicht aufgeschmolzen, da der dicht benachbarte „dicke“ Querschnitt die Wärme ableitet und die Schwachstelle sich nicht wesentlich erwärmt. Nachteilig ist weiter, daß der Meßstrom von 10 A sich nicht aus einer üblichen Batterie erzeugen läßt. Es muß ein Netzteil vorgesehen werden.

Bild 44 Metra Hit 17, Präzisions-Widerstandsmeßgerät in Vierleitertechnik, Meßumfang: 10 μΩ…20 MΩ, Grundfehler 0,1 … 0,5 % (Foto: GMC-Instruments, Gossen-Metrawatt, 90471 Nürnberg)

Leiterquerschnitt S im mm^2	Leiterwiderstand R' bei 30 °C in mΩ/m oder Ω/km*)
1,5	12,5755
2,5	7,5661
4	4,7392
6	3,1491
10	1,8811
16	1,1858
25	0,7525
35	0,5467
50	0,4043
70	0,2817
95	0,2047
120	0,1632
150	0,1341
185	0,1091

Die Leiterwiderstände für $S = 1{,}5\ mm^2$ und $S = 2{,}5\ mm^2$ sind aus „Kabel und Leitungen für Starkstrom" von Lothar Heinhold (Herausgeber und Verlag: Siemens AG, Berlin und München) entnommen.
Die Leiterwiderstände für Querschnitte $S \geq 4\ mm^2$ sind aus DIN VDE 0102 Teil 2:1975-11, Tabelle 10, entnommen und auf 30 °C hochgerechnet worden.
Für andere Temperaturen Θ_x lassen sich die Leiterwiderstände R_{Qx} mit folgender Gleichung berechnen:

$$R_{Qx} = R_{30\,°C}\,[1 + \alpha \cdot (\Theta_x - 30\,°C)]$$

α Temperaturkoeffizient (bei Kupfer $\alpha = 0{,}00393\ K^{-1}$)

*) Bei der Ermittlung der zulässigen Leiterlängen für den Schutz bei indirektem Berühren und Schutz bei Kurzschluß genügen diese Angaben nicht, da weitere Parameter zu beachten sind (siehe Beiblatt 5 zu DIN VDE 0100).

Tabelle 34 Leiterwiderstand pro Meter R' für Kupferleitungen bei 30 °C in Abhängigkeit vom Leiterquerschnitt S zur überschlägigen Berechnung von Leiterwiderständen*)

Die Industrie bietet hierfür Meßgeräte an; auch haben viele Isolationsmeßgeräte einen niederohmigen Meßbereich (**Bild 44**).
Wenn die Anlage stromlos ist, vor der Inbetriebnahme oder bei Inspektionen, kann man auch eine einfache Widerstandsmessung mit dem Ohmmeter machen. Am Hauptanschluß werden alle Leiter L, N und PE verbunden und an den Verbraucherstellen mit einem Ohmmeter die Widerstände der Schleifen L – PE oder L – N gemessen.
Zur Ermittlung des Schleifenwiderstands ist auch die Rechnung zulässig. Hierzu kann **Tabelle 34** dienlich sein.
In einigen VDE-Bestimmungen ist von „niederohmig“ die Rede, z. B. bei Prüfung des Potentialausgleichs. So erhebt sich die Frage, welcher Wert ist das? Das kann 1 Ω, 0,1 Ω oder auch 0,01 Ω sein. Unter niederohmig sollte man den Wert verstehen, der sich etwa rechnerisch aus Leiterlänge und Querschnitt ergibt, siehe Tabelle 34. Werden höhere Werte gemessen als errechnet, liegt meist eine lockere Verbindung vor. Wird ein bestimmter Klemmendruck nicht erreicht, oxidiert das Metall, und der Widerstand steigt an. Man bedenke: Bei einem Übergangswiderstand von 1 Ω an einer Klemme entsteht bei 10 A Laststrom eine Leistung von $I^2 \cdot R = 100$ W!

9.7 Prüfungen bei Verwendung von Fehlerstrom-Schutzeinrichtungen, FI, RCD

In DIN VDE 0100-610:1994-04 werden die nachstehenden Forderungen a) und b) gestellt:

a) Durch Erzeugung eines Fehlerstroms hinter der Fehlerstrom-Schutzeinrichtung ist nachzuweisen, daß die:
   - Fehlerstrom-Schutzeinrichtung mindestens bei Erreichen ihres Nennfehlerstroms auslöst ($I_{\Delta} \leq I_{\Delta n}$) und
   - die für die Anlage vereinbarte Grenze der dauernd zulässigen Berührungsspannung U_L nicht überschritten wird ($U_B \leq U_L$).
   - Die Bedingung für die Einhaltung der zulässigen Berührungsspannung ist auch erfüllt, wenn der Erdungswiderstand gleich oder kleiner dem Wert nach Tabelle 17 ist, R_E oder $R_A = U_L/I_{\Delta n}$, siehe hierzu auch Abschnitt 9.7.1 c).

   Für die Fehlerstrom-Schutzeinrichtungen nach DIN VDE 0664 Teil 1 mit Kennzeichnung [S] (selektiv, zeitverzögert) müssen die Erdungswiderstände halb so groß sein wie in Tabelle 17 genannt.
   Die Ermittlung darf durch einen ansteigenden Fehlerstrom festgestellt werden, wobei der Auslösestrom der Fehlerstrom-Schutzeinrichtung und die dabei auftretende Berührungsspannung (beim Auslösestrom!) gemessen werden. Aus diesen Werten darf die Berührungsspannung bei Nennfehlerstrom oder der Erdungswiderstand (einschließlich Schutzleiter, Außenleiter und Klemmstellen) berechnet werden, wobei die Ergebnisse die maximal zulässigen Werte nach Tabelle 17 nicht überschreiten dürfen, siehe hierzu Abschnitt 9.7.1c)).

b) Ist die Wirksamkeit der Schutzmaßnahme hinter einer Fehlerstrom-Schutzeinrichtung an einer Stelle nachgewiesen, so genügt darüber hinaus der Nachweis, daß alle anderen, durch diese Fehlerstrom-Schutzeinrichtung zu schützenden Anlageteile über den Schutzleiter mit dieser Meßstelle zuverlässig verbunden sind.

Man unterscheidet zwischen:

- **Prüfung der Schutzeinrichtung** (Schutzschalter) allein. Dies geschieht durch Betätigung der Prüfeinrichtung (Prüftaste),
- Prüfung der gesamten **Schutzmaßnahme** (Schutzschaltung). Diese muß, wie nachstehend beschrieben, mit einem **Prüfgerät** durchgeführt werden (siehe auch Abschnitt 2.1, DA zu § 5 Absatz 1 Nr. 2, Prüffristen).

Prinzipiell wird mit einem Widerstand zwischen Außenleiter und Schutzleiter bzw. Körper ein Fehlerstrom erzeugt und geprüft:

- wie groß der Auslösewert I_{Δ} ist bzw. ob die Schutzeinrichtung bei einem Wert auslöst, der gleich oder kleiner dem Nennwert $I_{\Delta n}$ ist,
- ob bei der Auslösung die zulässige Berührungsspannung nicht überschritten wird.

Der Auslösewert der Fehlerstrom-Schutzeinrichtung hat nach DIN VDE 0664 Teil 1 zwischen 50 % und 100 % des Nennwerts zu liegen. Sie liegen im Auslieferungszustand meist bei 75 % des Nennwerts; eine FI-Schutzeinrichtung für 30 mA löst bei etwa 20 mA aus.

Die angegebene Spanne von 50 % bis 100 % betrifft den Auslösestrom $I_{\Delta 0}$ der FI-(RCD)Schutzeinrichtung allein, d. h., es sind die Grenzwerte für den Hersteller. In der Anlage können noch Ableitströme I_A auftreten, und der Auslösewert I_{Δ} der Anlage ist um diesen Strom kleiner, $I_{\Delta} = I_{\Delta 0} - I_A$. Nach der Forderung a) kann I_{Δ} theoretisch 0 % bis 100 % betragen. Kleine Auslöseströme sind für den Personenschutz zwar gut, aber nicht für die Betriebssicherheit der Anlage, wegen „Fehlauslösungen". Erfahrungsgemäß sollte der Auslösestrom I_{Δ} nicht unter 5 mA liegen, so daß bei $I_{\Delta n} = 30$ mA mit $I_{\Delta 0} = 20$ mA noch ein Ableitstrom von $I_A = 15$ mA zulässig wäre.

Die Ursache der Ableitströme liegt nicht in Isolationsfehlern (1 MΩ ergibt bei 230 V einen Strom von nur 0,23 mA), sondern in Kapazitäten, die durch Störschutzkapazitäten und Wicklungen gegen Masse gegeben sind (0,1 µF hat bei 50 Hz einen kapazitiven Widerstand von $1/(\omega C) = 32$ kΩ und bei 230 V einen Strom von 7,2 mA). Die Leitungen verursachen keine großen Ableitströme, z. B. haben 100 m 1,5 mm^2 NYM zwischen zwei Adern eine Kapazität von etwa 10 nF und damit bei 230 V einen Ableitstrom von 0,72 mA. Ein in der Anlage vorhandener Ableitstrom I_A kann zu einer Fehlbeurteilung der FI-Schutzschaltung führen, siehe hierzu Abschnitt 9.7.1 c).

9.7.1 Prüfverfahren – FI (RCD)

Es gibt zwei verschiedene Prüfverfahren:

a) **Puls-Prüfverfahren** ⎍ :

Der Prüfnennstrom wird für eine Zeit von 0,2 s erzeugt, geprüft, ob der Schalter auslöst, und die Berührungsspannung, die dabei entsteht, gemessen und gespeichert. Die Berührungsspannung ist der Spannungsfall, der durch den Prüfstrom über dem Erdungswiderstand verursacht wird.
Das Puls-Prüfverfahren ist einfach, es wird anhand von **Bild 45** beschrieben.
Auf Tastendruck wird durch die Steuerschaltung IS der Widerstand R_V für 0,2 s eingeschaltet und zwischen L und PE der Fehlernennstrom $I_{\Delta n}$ erzeugt. Die dabei auftretende Berührungsspannung U_{BN} wird gegen N gemessen, in AS_1 gespeichert und angezeigt.

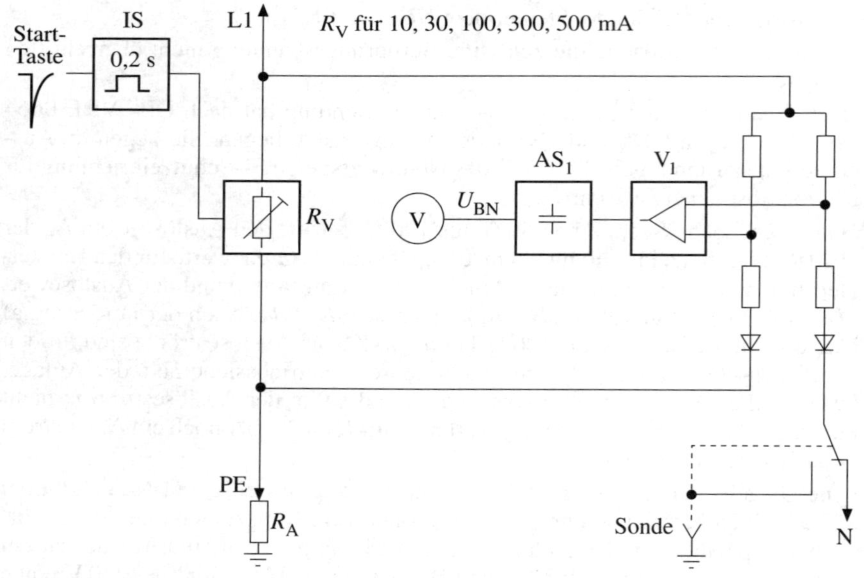

Bild 45 Prüfung der FI-Schutzeinrichtung mit Impulsen von 0,2 s der Größe $I_{\Delta n}$ und Messung der Berührungsspannung U_{BN}

IS Steuerschaltung
R_V Stufenwiderstand
L1 Außenleiter
PE Schutzleiter
N Neutralleiter
AS_1 Analogspeicher
V_1 Verstärker

Verschiedene Puls-Meßgeräte haben, wie in Bild 45 dargestellt, eine Bananenstecker-Buchse für den Anschluß einer Sonde. Die Spannungsmessung wird beim Einstecken des Steckers auf die Buchse geschaltet. Man kann so die Berührungsspannung zwischen Schutzleiter und idealem Bezugserder messen, siehe Abschnitt 1.3, Bild 2. Die Spannungsdifferenz zwischen Neutralleiter N und Bezugserder liegt bei ungestörten Netzen in der Größenordnung von 1 V. Die Messung ohne Sonde erfolgt automatisch gegen den Neutralleiter und hat, bezogen auf die maximal zulässige Berührungsspannung von U_L = 50 V~ bzw. 25 V~, einen geringen Fehler.

Die allereinfachsten Geräte dieser Art verzichten auch noch auf die Messung von U_{BN}. Dann müssen der Erdungswiderstand (siehe Tabelle 17) gemessen und jede Anschlußstelle auf richtigen Anschluß, besonders auf durchgehenden Schutzleiter geprüft werden.

Die meisten Geräte nach dem Pulsverfahren haben die Möglichkeit einer Vorprüfung. In einer Tasten- oder Schalterstellung kann ein Puls ausgelöst werden, der nur 1/3 bis 1/2 des Nennwerts beträgt. Die Fehlerstrom-Schutzeinrichtung löst dabei meist nicht aus, die Geräte zeigen aber Berührungsspannung und vielfach auch Erdungswiderstand an. Man kann so alle Anschlußstellen prüfen, ohne die FI-Schutzeinrichtung auszulösen. An einer beliebigen Anschlußstelle muß dann nur einmal die Hauptprüfung mit $I_{\Delta n}$ durchgeführt werden. Durch vorhandene Ableitströme kann allerdings auch bei der Vorprüfung eine Auslösung erfolgen, hier ist die Vorprüfung mit $0{,}5 \cdot I_{\Delta n}$ im Nachteil.

Die zeitselektiven FI-(RCD)Schutzeinrichtungen mit Kennzeichen [S] haben Verzögerungen bis 0,5 s, siehe Tabelle 17a in Abschnitt 6.1.7. Bei der Pulsprüfung mit 0,2 s lösen sie häufig nicht aus. Es muß deshalb entweder mit $2 \cdot I_{\Delta n}$ oder mit längerer Zeit geprüft werden. Viele Pulsprüfgeräte haben deshalb eine Stellung [S], in der eine Prüfung möglich ist. In dieser Stellung haben die Geräte außerdem nach Betätigen der Starttaste eine Verzugszeit von etwa 30 s, damit das Zeitglied in der FI-(RCD)Schutzeinrichtung restlos entladen werden kann. Die FI-Schutzeinrichtung braucht auch bei den anderen Verfahren nur an einer Anschlußstelle geprüft zu werden.

b) **Stetig-Prüfverfahren** ◿:

Der Prüfstrom wird von einem Anfangswert, der bei etwa 1/10 von $I_{\Delta n}$ oder niedriger liegen soll, langsam gesteigert, so daß er nach einigen Sekunden den Nennwert erreicht. Beim Auslösen werden der Fehlerstrom und die auftretende Berührungsspannung gemessen und abgespeichert, so daß sie nach dem Auslösen für die Anzeige zur Verfügung stehen.

Das Stetig-Prüfverfahren soll anhand von **Bild 46** beschrieben werden.

Das Gerät wird zwischen Außenleiter L1 und Schutzleiter PE gelegt. Nach kurzem Drücken der Starttaste wird die Steuerschaltung IS in Betrieb gesetzt. Sie enthält einen elektronischen Integrator, der eine Gleichspannung von Null bis zu einem Maximalwert innerhalb einiger Sekunden steigert. Diese Spannung steuert einen meist in kleinen Stufen veränderlichen Widerstand R_V von großen zu kleinen

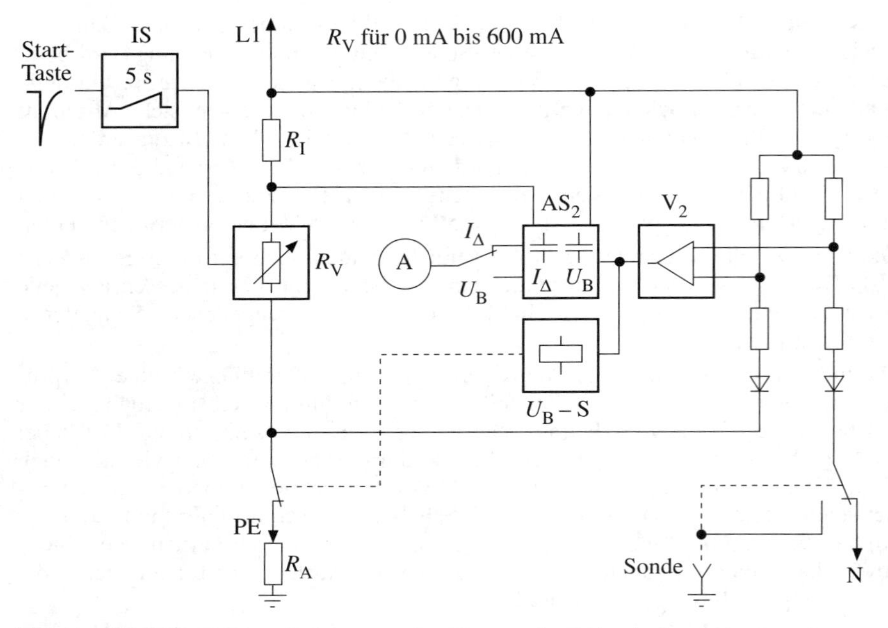

Bild 46 Prüfung der FI-Schutzeinrichtung, stetige Messung des Fehler-Auslösestroms I_Δ und der Berührungsspannung U_B

IS	Steuerschaltung
R_V	veränderlicher Widerstand
L1	Außenleiter
PE	Schutzleiter
N	Neutralleiter
AS_2	Analogspeicher
V_2	Verstärker
$U_B - S$	Fehlerspannungs-Schutzeinrichtung
I_Δ	Auslösestrom
U_B	Auslösespannung

Werten. An R_I wird eine dem Strom proportionale Spannung gemessen, im Analogspeicher AS_2 gespeichert und als Strom I_A angezeigt.
Der Verstärker V_2 mißt an seinem Eingang die Berührungsspannung als Differenz zwischen Netzspannung und Spannungsfall am simulierten Fehlerwiderstand. Diese gelangt einerseits auf den Analogspeicher AS_2 und kann in der Schalterstellung U_B als Spannung U_B angezeigt werden. Andererseits geht sie auf einen Grenzwertschalter $U_B -$ S, der als Schutzschaltung bei einem vorgewählten Wert von U_L auslöst und die Prüfung stoppt.

Vor- und Nachteile beider Verfahren

Das Puls-Verfahren ist einfach, preiswert und schnell. Vorteilhaft ist die Vorprüfung. Man kann damit, meist ohne die FI-Schutzeinrichtung auszulösen, alle Anschlußstellen prüfen. Nachteilig ist, daß nur der Grenzwert $I_{\Delta n}$ geprüft wird. Es gibt keine Aussage darüber, wo die Auslösewerte liegen. Der tatsächliche Auslösestrom I_{Δ} ist bei der Fehlersuche von Interesse, z. B. wenn es häufig zu Fehlauslösungen kommt. Bei größeren Nennwerten ist allerdings eine grobe Rasterung (10, 30, 100, 500 mA) möglich.
Das Stetig-Verfahren ist aufwendiger, zeigt aber die tatsächlichen Auslösewerte an. Das ist besonders bei der Fehlersuche von Interesse. Andererseits führt die stetige Messung immer zu einer Auslösung.
Für eine Routineabnahme, ob gut oder schlecht, wird man das erste Verfahren bevorzugen, bei genaueren Untersuchungen das zweite.
Da der tatsächliche Auslösestrom I_{Δ} weit unter dem Nennwert $I_{\Delta n}$ liegen darf, zeigen die Geräte nach dem Verfahren a) oder b) verschiedene Werte der Berührungsspannung an.

Beispiel:
Erdungswiderstand $R_A = 100\ \Omega$
Nennwert der FI-Schutzeinrichtung $I_{\Delta n} = 500$ mA
Auslösewert der FI-Schutzeinrichtung $I_{\Delta} = 250$ mA
Berührungsspannung nach Puls-Prüfverfahren a) $U_{Bn} = 0{,}5\ A \cdot 100\ \Omega = 50\ V$
Berührungsspannung nach Stetig-Prüfverfahren b) $U_B = 0{,}25\ A \cdot 100\ \Omega = 25\ V$
Ist die Berührungsspannung $U_B << U_L$, ist die höhere Anzeige des Puls-Prüfverfahrens nicht bedeutungsvoll.

Die FU-Schutzeinrichtung wird mit denselben Meßgeräten in derselben Weise geprüft. Die Anzeige des Fehlerstroms ist dann bedeutungslos.

c) Einfluß des Ableitstroms I_A und Meßfehler

Der vorstehende Abschnitt 9.7 a) ist der Originaltext aus DIN VDE 0100 Teil 610:1994-04 Abschnitt 5.6.4.1, Seite 219. Der letzte Satz: „Aus diesen Werten darf die Berührungsspannung bei Nennfehlerstrom oder der Erdungswiderstand (einschließlich Schutzleiter, Außenleiter und Klemmstellen) berechnet werden“, ist oft falsch verwendet und in der Literatur teilweise auch falsch interpretiert worden. Es wurde mehrfach beschrieben, daß man bei der stetigen Messung die ermittelte Berührungsspannung auf den Nennauslösewert hochrechnen muß. Als Begründung wurde angegeben, daß eine Schaltung mit einer empfindlichen Fehlerstrom-Schutzeinrichtung sonst bei Austausch gegen eine unempfindlichere zu hohe Werte der Berührungsspannung haben könnte. Bei Austausch einer Fehlerstrom-Schutzeinrichtung ist jedoch eine erneute Prüfung erforderlich, so daß dieses Argument keine Veranlassung zur Hochrechnung ist. Die Hochrechnung kann bei vorhandenen Ableitströmen zu erheblichen Fehleinschätzungen führen. Die hochgerechnete Berührungsspannung U_{BH} ist allgemein:

$$U_{BH} = U_B \cdot \frac{I_{\Delta n}}{I_\Delta}. \tag{12}$$

Dabei sind:
U_B die gemessene Berührungsspannung beim Auslösen von FI,
$I_{\Delta n}$ der Nennfehlerstrom 10, 30, 100, 300 oder 500 mA,
I_Δ der stetig gemessene Auslösestrom.

Solange kein Ableitstrom I_A in der Anlage vorhanden ist, führt die Hochrechnung nach Gl. (12) zu brauchbaren Werten. Meist bestehen jedoch in der Anlage Ableitströme, wie bereits in Abschnitt 9.7 beschrieben. Dann ist der bei der stetigen Messung ermittelte Auslösestrom:

$$I_\Delta = I_{\Delta 0} - I_A. \tag{13}$$

Dabei sind:
I_A der Ableitstrom in der Anlage,
$I_{\Delta 0}$ der Auslösewert der FI(RCD)-Schutzeinrichtung allein = Auslösewert der Schaltung ohne Ableitstrom.

Der Ableitstrom in der Anlage kann gemessen werden mit einem Summenstromwandler in L1, L2, L3 und N wie in Bild 17 oder mit einem hochempfindlichen Zangenstromwandler (Leckstromzange) im PE (sofern zugänglich), oder durch Berechnung und Messung von $I_{\Delta 0}$ (Anlage hinter der FI-Schutzeinrichtung abklemmen) und I_Δ (mit Anlage) nach Gl. (13).
Mit Gleichung (13) erhalten wir für die auf den Nennwert hochgerechnete Berührungsspannung U_{BH}, bei vorhandenem Ableitstrom:

$$U_{BH} = U_B \frac{I_{\Delta n}}{I_{A0} - I_A}. \tag{14}$$

Wird im Grenzfall $I_A = I_{\Delta 0}$, erhalten wir für $U_{BH} \to \infty$! Ist I_A nicht $\ll I_{\Delta 0}$, erhalten wir bei der Hochrechnung völlig irreale Werte für die Berührungsspannung, z. B. ergibt sich nach Gl. (12) bei: $I_{\Delta n} = 30$ mA, $I_\Delta = 3$ mA, $U_B = 20$ V (tatsächlich vorhandene Berührungsspannung) ein hochgerechneter Wert für die Berührungsspannung von $U_{BH} = 200$ V!

Im vorliegenden Fall ist aber $I_A = 17$ mA, $I_{\Delta 0} = 20$ mA und der Erdungswiderstand $R_E = 1$ kΩ, was man zunächst nicht weiß. Wäre der Ableitstrom mit $I_A = 17$ mA bekannt, könnte man nach Gl. (13) $I_{\Delta 0} = 20$ mA ermitteln, und wir erhalten dann nach Gl. (14) mit $I_\Delta = 20$ mA den richtigen Wert der hochgerechneten Berührungsspannung $U_{BH} = 30$ V. Die Ermittlung des Ableitstroms ist nicht einfach und keine praktikable Lösung.

Ein weiteres Problem besteht noch bei der Messung der Berührungsspannung, sie ist allgemein:

$$U_B = U_{B\Delta} + U_{BA}. \qquad (15)$$

Darin sind:

U_B die am Erdungswiderstand R_E tatsächlich vorhandene Berührungsspannung, wenn die FI-Schutzeinrichtung auslöst,

$U_{B\Delta}$ die Spannung, die der Prüfstrom I_Δ erzeugt, und

U_{BA} die Spannung, die der Ableitstrom der Anlage erzeugt.

Im vorgenannten *Beispiel* mit R_E = 1 kΩ sind U_{BA} = 17 V und $U_{B\Delta}$ = 3 V. Die Spannung U_B = 20 V setzt sich also aus diesen beiden Teilspannungen zusammen. Benutzt man die Teilspannung $U_{B\Delta}$ zur Hochrechnung in Gl. (12) für U_B, erhält man die richtigen Werte mit U_{BH} = 3 V · (30/3) = 30 V. Viele der Meßgeräte auf dem derzeitigen Markt, siehe Tabelle 33, messen nur die Teilspannung $U_{B\Delta}$, die der Prüfstrom erzeugt. Bei diesen Geräten wäre die Hochrechnung nach Gl. (12) richtig ($U_B = U_{B\Delta}$). $U_{B\Delta}$ kann aber viel niedriger sein als die tatsächliche Spannung U_B! Im vorliegenden Fall zeigen diese Geräte 3 V an, obwohl im Auslösefall des FI tatsächlich 20 V vorhanden sind. So kann es passieren, daß die Berührungsspannungsgrenze U_L = 50 V oder 25 V, durch einen Ableitstrom verursacht, überschritten wird und das Gerät eine kleinere Spannung anzeigt. Die unzulässig hohe Spannung wird nicht erkannt.

Die vorstehenden Betrachtungen bezüglich der Berührungsspannung haben aber nur dann eine Bedeutung, wenn der Erdungswiderstand in Größenordnung der Werte von $R_E = U_L/I_{\Delta n}$ (Tabelle 17) liegt. Im TT-System mit Fundamenterder liegt der Erdungswiderstand in Größenordnung von 10 Ω oder niedriger. Im TN-System ist er bestimmungsgemäß immer kleiner als 2 Ω (Netzausläufer 5 Ω), und der Schutzleiterwiderstand, der noch hinzukommt, liegt auch bei wenigen Ohm.

Die aufgezeigten Zusammenhänge sind zwar nur einfacher algebraischer Art, können manche Leser aber wohl recht verwirren. Man kann erst recht nicht verlangen, daß ein Installateur bei der Prüfung vor Ort diese Zusammenhänge beachtet. Die Messung der Berührungsspannung und gar die Hochrechnung können irreführend sein. Der Erdungswiderstand R_E ist hingegen eine sichere Vorgabe für den einzuhaltenden Grenzwert.

In allen vorstehend diskutierten Fällen wird der Grenzwert der Berührungsspannung nicht überschritten, wenn der Erdungswiderstand $R_E = U_L/I_{\Delta n}$ nach Tabelle 17 eingehalten wird und $I_\Delta \le I_{\Delta n}$ ist. Viele der Meßgeräte in Tabelle 33 zeigen den Erdungswiderstand an. Er wird auch richtig ermittelt durch $R_E = U_{B\Delta}/I_\Delta$, d. h., ein vorhandener Ableitstrom wird eleminiert, was für die Messung des Erdungswiderstands richtig ist, für die Anzeige der Spannung aber nicht.

Deshalb soll man für die Grenzwerte folgende beiden Forderungen stellen:

$$I_\Delta \le I_{\Delta n} \text{ und}$$

$$R_E \le U_{B\Delta}/I_\Delta \ge U_L/I_{\Delta n} \text{ (Tabelle 17).} \qquad (16)$$

Wenn diese beiden Grenzwerte eingehalten werden, kann man auf die Betrachtung der Spannung verzichten.

Ein weiteres Problem besteht noch, wenn die Fehlerstrom-Schutzschaltung zu hohe Auslösewerte hat, $I_{\Delta 0} > I_{\Delta n}$, d. h., ein Fehler im FI oder in der Schaltung vorhanden ist und dieser durch einen Ableitstrom in der Anlage kompensiert wird. So kann z. B. bei einer FI-Schutzeinrichtung von 30 mA der Auslösewert bei $I_{\Delta 0} = 50$ mA liegen und der Ableitstrom $I_A = 25$ mA betragen. Dann melden alle in Tabelle 33 genannten Geräte, bei hinreichend kleinem Erdungswiderstand, keine Fehler. Die Schaltung ist aber bezüglich des Auslösestroms nur in Ordnung, solange der Ableitstrom vorhanden ist. Werden Verbraucher, die den Ableitstrom erzeugen, abgeschaltet, ist der Auslösestrom zu hoch. Leider kann dies auch durch die Prüftaste an der FI-Schutzeinrichtung nicht immer erkannt werden. Dieser Fehler ist nur zu erkennen, wenn man den Ableitstrom I_A bestimmt bzw. $I_{\Delta 0}$ durch Abklemmen der Anlage mißt. Er kommt hoffentlich sehr selten vor. Hiernach erscheint es ratsam, die Prüfung einmal mit und einmal ohne Verbraucher durchzuführen, oder den Ableitstrom (Leckstrom, siehe Abschnitt 9.10) im Schutzleiter zu messen.

9.7.2 FI (RCD)-Prüfgeräte

Auch hier gibt es Geräte, die nur für ein Meßverfahren (für die FI-Prüfung), und andere, die für weitere Messungen ausgelegt sind. Tabelle 33 zeigt die auf dem deutschen Markt befindlichen Geräte. Solche, die nur für FI-Prüfverfahren ausgelegt sind, arbeiten nach dem unter a) genannten **Puls-Prüfverfahren**. So zeigt z. B. Bild 43 links ein Puls-Prüfgerät „M 5011", das die Berührungsspannung digital anzeigt. Ähnlich ist auch das Gerät in **Bild 47**. Sie haben beide die weitere Besonderheit einer Vorprüfung.

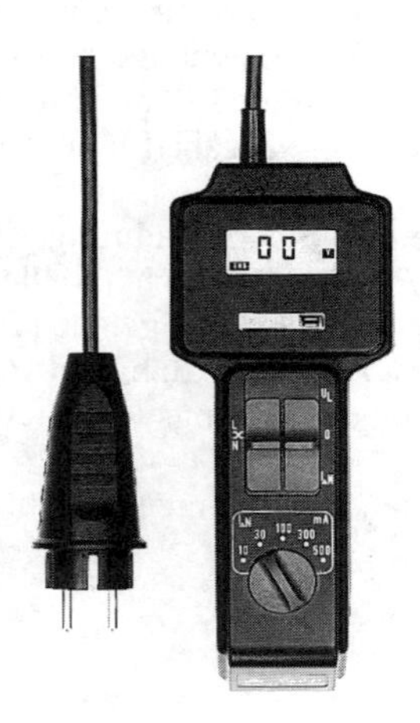

Bild 47 FI-(RCD)Pulsprüfgerät „C. A. 6001"
(früher Elavi FI von H & B)
(Foto: Chauvin Arnoux GmbH, 77649 Kehl/Rh.)

Der Schalter, der die Prüfung auslöst, hat zwei Stellungen. In der einen, als „U_B“ bzw. „U_L“ bezeichnet, pulst das Gerät mit nur 1/3 bzw. 40 % des eingestellten Fehlernennstroms und zeigt den hochgerechneten Wert als Berührungsspannung an. Das hat den Vorteil, daß man die Steckdosen oder Anschlußstellen prüfen kann, ohne die FI-Schutzeinrichtungen auszulösen. Allerdings kann man damit nicht die Niederohmigkeit des Schutzleiters prüfen. Bei Schutzmaßnahmen mit Fehlerstrom-Schutzeinrichtung FI (RCD) genügt jedoch der Nachweis, daß der Erdungswiderstand kleiner als $U_L/I_{\Delta n}$ ist, siehe Tabelle 17. Die Geräte lösen nur bei 1 V aus, und bei $I_{\Delta n}$ = 30 mA ergeben erst 33 Ω Erdungswiderstand 1 V Berührungsspannung, dies rechnerisch. Praktisch erkennt man erst über 10 Ω Erdungswiderstand eine Änderung der Berührungsspannung.
Den richtigen Anschluß einer Steckdose, besonders im Hinblick auf den Schutzleiter, kann man bei allen Geräten ohne die Vorprüfung an einer Lampen- oder LCD-Anzeige erkennen.
Die Niederohmigkeit der Schleife L – N läßt sich mit den nachstehend beschriebenen Mehrfachprüfgeräten messen, denn der hohe Meßstrom von einigen Ampere über N löst die FI (RCD)-Schutzeinrichtung nicht aus. Dieser Meßbereich wird bei manchen Geräten mit R_i bezeichnet. Bei dem Gerät „Remo-Check“ ist in einem Bereich „Steckdosentest“ der Prüfstrom mit 10, 15, 30, 100, 300 und 500 mA einstellbar und somit auch bei der FI (RCD)-Schutzeinrichtung eine Prüfung über den Schutzleiter möglich.

In der zweiten Tastereinstellung, „$I_{\Delta n}$“, wird mit dem eingestellten Fehlernennstrom gepulst und die FI-Schutzeinrichtung ausgelöst, falls sie in Ordnung ist. Dies ist nach Abschnitt 9.7 nur an einer Anschlußstelle je FI-Schutzeinrichtung erforderlich. Liegt der Auslösestrom I_{Δ} unter $I_{\Delta n}/3$, ist mit den Geräten keine Prüfung möglich, wenn man nicht auf niedrigere Werte schalten kann. Es wird dann bereits bei der Vorprüfung ausgelöst, und es erfolgt keine Anzeige.

Die nachstehend beschriebenen Mehrbereichs-Prüfgeräte haben bei der Pulsprüfung alle die Möglichkeit der Vorprüfung, meist mit $I_{\Delta n}/3$. Das Gerät Unilap 100 prüft mit $I_{\Delta n}/2$ und erreicht den Zustand der Auslösung bei der Vorprüfung eher. Eine stetige Prüfung ermöglicht noch weitere Aussagen über den Zustand der FI-(RCD)Schutzmaßnahme.

Die Puls-Prüfgeräte und die Stetig-Prüfgeräte haben folgende Vor- und Nachteile:

Vorteil: Es ist eine Vorprüfung, vorzugsweise mit 1/3 des Nennwerts, möglich, bei der die FI-Schutzeinrichtung nicht auslöst; vorausgesetzt, daß der Fehlerstrom in der Anlage nicht zu groß ist. Damit können an allen Anschlüssen der Schutzleiter und der Erdungswiderstand geprüft werden, ohne den Betrieb zu stören. Die FI-Schutzeinrichtung muß nur an einem Anschluß ausgelöst werden.
Nachteil: Es ist nur eine Grenzwertprüfung. Der Auslösewert ist nicht zu ermitteln.

⊿ *Vorteil*: Es kann mit dem Verfahren der genaue Auslösewert ermittelt werden, was bei einer Fehlersuche und zur Beurteilung des Anlagenzustands wertvoll ist.
Nachteil: Es wird bei jeder Messung die FI-Schutzeinrichtung ausgelöst.

Die Mehrbereichs-Prüfgeräte in den Bildern 48 bis 51 haben bei FI (RCD)-Schutzeinrichtung beide Meßverfahren, ⎍ und ⊿, sie bieten somit beide Vorteile. Sie haben weitere Meßverfahren, die zur Anlagenprüfung benötigt werden, dies sind Spannung, Frequenz und:

- Messung des Isolationswiderstands nach DIN VDE 0413 Teil 1
- Messung des Schleifenwiderstands nach DIN VDE 0413 Teil 3
- Messung von Leitungswiderständen nach DIN VDE 0413 Teil 4
- Prüfung der FI(RCD)-Schutzeinrichtung ⎍ nach DIN VDE 0413 Teil 6
- Prüfung der FI(RCD)Schutzeinrichtung ⊿ nach DIN VDE 0413 Teil 6
- Messung des Erdungswiderstands nach I-U-Verfahren nach DIN VDE 0413 Teil 7 Bild 29
- Messung des Erdungswiderstands nach Kompensations-Verfahren nach DIN VDE 0413 Teil 5, nur Bild 50
- Messung der Drehfeldrichtung nach DIN VDE 0413 Teil 9

Alle diese Geräte haben die Möglichkeit, Meßwerte zu speichern und an einen Drucker oder PC auszugeben. Im einzelnen haben sie folgende Besonderheiten:
Das Gerät „Profitest 0100 S“, **Bild 48**, hat im kippbaren Oberteil einen Drehschalter für die Meßbereichswahl. Mit der Drucktaste „Menu“, links oben, können in jedem Bereich noch Unterfunktionen angewählt werden (z. B. bei FI: ⎍, ⊿, [S]). Über das Menu lassen sich weiterhin das Anschlußschaltbild und eine Kurzbedienungsanleitung auf dem mehrzeiligen Display anzeigen. Auf das abgerundete Kopfteil läßt sich ein Zusatzgerät „Streifen-Drucker und Speicher“ aufstecken, in das die ermittelten Meßwerte kontaktlos mit IR (Infrarot) übertragen werden. Auf dem

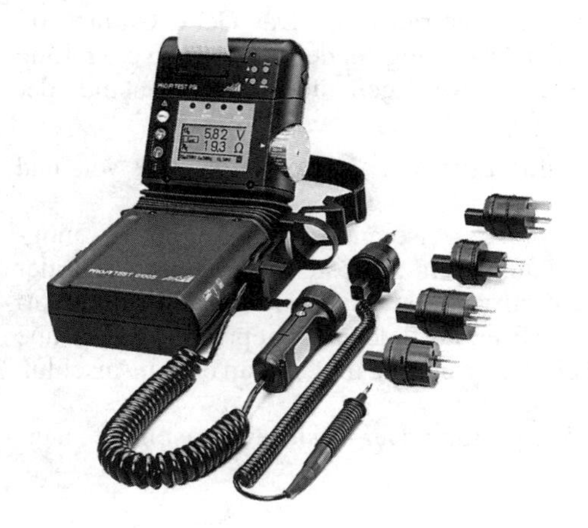

Bild 48 Mehrfachprüfgerät nach DIN VDE 0100 „Profitest 0100 S“ (Foto: Gossen Metrawatt GmbH, 90471 Nürnberg)

Bild 49 Mehrfachprüfgerät
nach DIN VDE 0100 „Unilap 100 Euro“
(Foto: LEM Norma GmbH,
90411 Nürnberg)

handflächengroßen Schukostecker sind auf beiden Seiten Fingerkontakte vorhanden, über die bei PE-Defekt eine rote Lampe zum Leuchten kommt.
Das Gerät „Unilap 100 Euro“, **Bild 49**, hat ähnliche Bedienungsanordnungen, in der Mitte einen Drehschalter für die Anwahl der Meßverfahren und links Drucktasten für die Unterfunktionen. Es lassen sich auch Grenzwerte einstellen, bei Erreichen blinkt dann die Anzeige. Die Starttaste, links oben, ist metallisiert und dient beim Berühren zum Anzeigen eines PE-Defekts. Mit der Taste darunter, „Display“, können die gemessenen Werte nacheinander angezeigt werden (z. B. bei FI ◿: I_Δ, U_B, t; oder bei FI ⎍: U_{Bn}, R_E, t; oder bei $R_{L\text{-}PE}$: R_{Sch} und I_k). Auf der Rückseite des Geräts kann ein Zusatzgerät, „Docu-Pack“, untergebracht werden, mit dem Meßwerte gespeichert und gedruckt werden können.
Das Gerät „Unitest 0100 Expert“, **Bild 50**, hat ähnliche Bedienungselemente. Mit einem Drehschalter, oben rechts, werden die Meßverfahren eingestellt und mit dem Schalter darunter für FI-Prüfung die Nennwerte $I_{\Delta n}$. Unterfunktionen werden mit weiteren Drucktasten eingestellt. Nach Drücken der Starttaste und Ausführung der Messung kann man mit der Taste „Anzeige“ weitere Meßwerte abfragen. Bei jeder

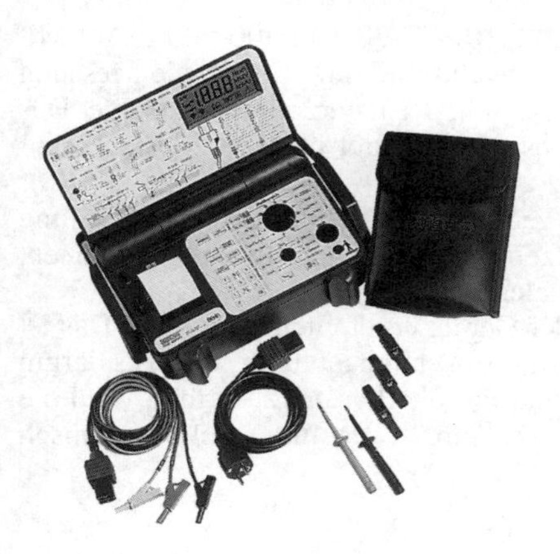

Bild 50 Mehrfachprüfgerät
nach DIN VDE 0100 „Unitest 0100 Expert“
(Foto: Ch. Beha GmbH,
79286 Glottertal)

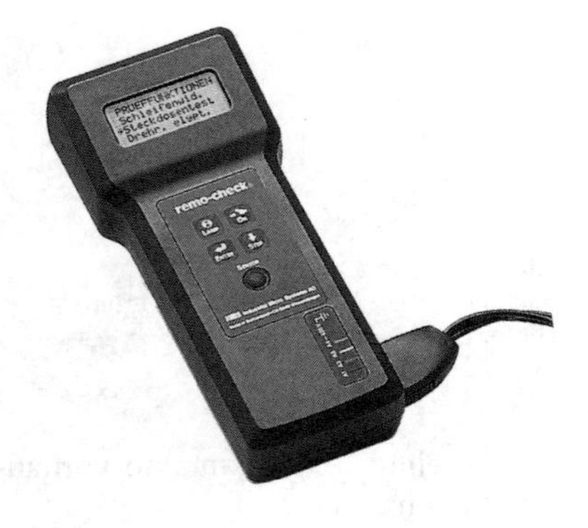

Bild 51 Universal-Meß- und -Prüfgerät nach DIN VDE 0100 „remo-check“. (Foto: Industrial Micro Systems AG, CH-8542 Wiesendangen)

Meßstelle ist das Berühren des Fingerkontakts unter der Starttaste erforderlich, um PE-Fehler zu erkennen. Das Gerät besitzt wahlweise einen eingebauten Drucker und einen Speicher für 800 Meßwerte, siehe Tabelle 33. Für die Erdungsmessung besitzt das Gerät eine eingebaute Spannungsquelle; damit ist eine Messung nach Abschnitt 9.4.3 b), Bild 30, und auch nach dem Wenner-Verfahren möglich, wie bei den Erdungsmessern in Tabelle 32.

Das Gerät „Remo-Check“, **Bild 51**, unterscheidet sich in den Bedienungselementen und der Größe wesentlich von den drei vorstehend beschriebenen Mehrbereichs-Prüfgeräten. Es hat keine mechanischen Drehschalter mehr, sondern für die Bereichswahl und Messung nur zwei Drucktasten, mit denen in PC-Technik alles angewählt und ausgeführt wird. Es ist ein Handgerät, klein und leicht wie die Geräte mit einem Meßverfahren in Bild 42, Bild 43 und Bild 47. Nach dem Einschalten mit der Taste „On“, oben rechts, erscheint in der Anzeige in mehreren Zeilen ein Menu. Mit der Taste „Step“ kann man das gewünschte Meßverfahren anwählen, z. B. „FI ⊿“. Durch Drücken der Taste „Enter“, links unten, schaltet man das Meßverfahren ein, und es erscheint in diesem Fall „<10>-15-30-100-300-500 mA“. Mit „Step“ wird der gekennzeichnete Bereich angewählt und mit „Enter“ die Messung gestartet. Alle ermittelten Werte erscheinen dann in der mehrzeiligen Anzeige. Das Gerät kann ohne Zusatz 180 Meßstellen abspeichern und über einen Steckeranschluß an einen PC oder Drucker ausgeben.

Alle beschriebenen vier Mehrbereichs-Prüfgeräte haben bei der FI(RCD)-Prüfung eine Stellung [S], in der die selektiven Schutzeinrichtungen geprüft werden können. Sie sind für alle Europäischen Normen ausgelegt.

So bleibt abschließend die Frage, welche der Geräte empfehlenswert sind. Das ist allgemein nicht zu beantworten und hängt vom Anwendungsfall ab. Wenn es darum geht, 100 oder gar 1000 Anschlußstellen ohne Protokollierung zu prüfen, sind die einfachen Einzelprüfgeräte von Vorteil, vor allem, wenn man elektrotechnisch unterwiesene Personen damit beauftragt. Sind andererseits weniger Prüfungen notwendig und alle Messungen erforderlich, oder will man viele Messungen protokollieren, ist ein Mehrfachprüfgerät von Vorteil.

9.7.3 Fehler in Anlagen mit Fehlerstrom-Schutzeinrichtungen

Folgende Erscheinungen können im wesentlichen auftreten:

- die FI-Schutzschaltung löst bei sehr niedrigen Fehlerströmen $I_{\Delta} << I_{\Delta n}$ aus,
- die FI-Schutzschaltung löst bei zu hohen Werten oder gar nicht aus,
- die FI-Schutzeinrichtung löst mit der Prüftaste nicht aus,
- die FI-Schutzeinrichtung zeigt häufig Fehlauslösungen ohne ersichtlichen Grund,
- die FI-Schutzeinrichtung hält nicht bei Einlegen des Ein-Schalters.

Nur in wenigen Fällen, z. B. wenn die Prüftaste keine Funktion hat, liegt der Fehler in der FI-Schutzeinrichtung selbst. Meist ist der Fehler in der Anlage zu finden.
Der Auslösewert $I_{\Delta 0}$ der FI-Schutzeinrichtung allein (ohne abgehende Leitungen) darf nach DIN VDE 0664 zwischen 50 % und 100 % des Fehlerstroms $I_{\Delta n}$ (z. B. beim 30-mA-FI zwischen 15 mA und 30 mA) liegen. Die in der Anlage meist vorhandenen Ableitströme I_A (zwischen Außenleiter L und Schutzleiter PE) vermindern den tatsächlichen Auslösewert I_{Δ} auf $I_{\Delta} = I_{\Delta 0} - I_A$, Gl. (13).
Ist die Isolation in Ordnung (1 MΩ ergibt bei 230 V nur 0,2 mA), sind die Ableitströme in Wechselspannungsnetzen auf Kapazitäten zurückzuführen. Dies sind weniger die Leitungskapazitäten, sondern mehr Störschutzkondensatoren und alle Wicklungen gegen die Körper und damit viele Betriebsmittel. Die Kapazität wird groß bei kleinem Abstand und großer Fläche. Wicklungen von Transformatoren, Motoren, Kondensatoren, Drosselspulen, Relais usw. auf mit dem Schutzleiter verbundenen Metallteilen tragen zur Kapazität bei.
Für ein Betriebsmittel ist nach DIN VDE 0701 Teil 1 (siehe Abschnitt 10.2.2) ein Ersatz-Ableitstrom von 7 mA zugelassen, dies entspricht meist einem Ableitstrom von 3,5 mA. So kann es bei hinreichend großem Vorstrom I_A durch Zuschalten eines Betriebsmittels zur Auslösung der FI-Schutzeinrichtungen kommen. Der tatsächliche Auslösestrom I_{Δ} läßt sich mit Meßgeräten nach dem Stetig-Prüfverfahren (siehe Abschnitt 9.7.1 a)) genau ermitteln, mit Prüfgeräten nach dem Puls-Prüfverfahren (siehe Abschnitt 9.7.1 b)) nur grob in den vorgegebenen Stufen der Nennwerte feststellen.
Für eine einwandfreie Funktion der FI-Schutzeinrichtungen muß der Neutralleiter N hinter der FI-Schutzeinrichtung auch gegen den Schutzleiter PE und gegen den Neutralleiter anderer Stromkreise einwandfrei isoliert sein. Bei der Fehlersuche ist deshalb zuerst eine diesbezügliche Isolationsmessung anzuraten. Besteht eine Verbindung zwischen N und PE (siehe Bild 17), z. B. durch einen direkten Schluß, dann fließt einmal der Neutralleiterstrom auch teilweise über den Schutzleiter und im TT-System über die Erde zur Betriebserde R_B zurück und führt zu Fehlauslösung durch die Last. Der Stromanteil über den Schutzleiter kann so groß sein, daß die FI-Schutzeinrichtung gar nicht hält. Andererseits wird ein Fehlerstrom nicht nur

über den Schutzleiter PE und im TT-System über die Erde zurückfließen, sondern zum Teil über die Neutralleiterspule kompensiert wie eine Last. Die Folge ist dann, daß er erst bei höheren Strömen auslöst. Die Stromteilung wird durch die Zweigwiderstände in N und PE bestimmt. Der Widerstand im Neutralleiter ist durch die Leitungswiderstände bis zum Sternpunkt gegeben (siehe Bild 17). Er hat eine Größenordnung von 1 Ω. Der Widerstand im Schutzleiterzweig beträgt ebenfalls 1 Ω, aber im TT-System kommen die Erdungswiderstände R_A und R_B hinzu. Betragen diese z. B. 100 Ω, ist die Stromteilung 1 : 100, und die Auslösung tritt erst bei 100 $I_{\Delta n}$ ein, und zwar sowohl für den Fehlerstrom als auch für den Neutralleiterstrom. Sind die Erdungswiderstände sehr klein, ist die Stromteilung 1 : 1, und es wird bei 2 $I_{\Delta n}$ ausgelöst. Die FI-Schutzeinrichtung hält nicht.
Eine weitere interessante Erscheinung bei Neutralleiterschluß sei noch beschrieben. Durch den Laststrom entsteht auf dem Neutralleiter zwischen Sternpunkt bei R_B (siehe Bild 17) und dem Anschluß hinter der FI-Schutzeinrichtung ein kleiner Spannungsfall, je nach Lastverhältnissen, von etwa 1 V. Er ist auch vorhanden, wenn der Stromkreis hinter der FI-Schutzeinrichtung stromlos oder sogar spannungslos ist, und er hängt auch wesentlich von der Last vor der FI-Schutzeinrichtung ab. Bei Verbindung von N und PE treibt die relativ kleine Spannung einen nennenswerten Strom in der Stromschleife Neutralleiter–Schutzleiter–Erde–Sternpunkt. Er beträgt z. B. bei einem Widerstand der Stromschleife von 10 Ω (vorwiegend Erdungswiderstand) und 1 V Spannungsfall auf dem Neutralleiter immerhin 0,1 A oder bei 1 Ω sogar 1 A und führt so zur Auslösung der FI-Schutzeinrichtung. Dieser Fehler ist insofern tückisch, weil er von den Lastverhältnissen vor der FI-Schutzeinrichtung abhängt. Häufige Fehlauslösungen können zeitweise auftreten.
Der Vorstrom durch den Spannungsfall des Neutralleiters und der zu hohe Auslösestrom durch den Nebenschluß des Neutralleiters können sich vereinzelt so kompensieren, daß das FI-Prüfgerät ein Auslösen im zulässigen Bereich anzeigt und so einen ordnungsgemäßen Stromkreis vortäuscht. Deshalb muß man zuerst den Isolationswiderstand des Neutralleiters bei abgeschalteter FI-Schutzeinrichtung messen.
Auf eine weitere wichtige Erscheinung sei noch hingewiesen. Bei Stromkreisen außerhalb von Gebäuden, z. B. Steckdosen, Beleuchtung usw., werden meist nur die Außenleiter abgeschaltet. Verbindet man dort N und PE, löst die FI-Schutzeinrichtung aus, wenn der Spannungsfall auf dem Neutralleiter einen hinreichend großen Strom treibt. Ist der Spannungsfall zu klein, kann durch eine Fremdspannung Auslösung bewirkt werden. Eine 1,5-V-Batterie erzeugt selbst bei einem Erdungswiderstand von 50 Ω in der Stromschleife noch einen Stromimpuls von 30 mA. Es muß demnach noch nicht einmal eine Wechselspannung sein, auf die die FI-Schutzeinrichtung eigentlich nur anspricht. Es besteht hierdurch ein unbefugter Zugriff auf den Betrieb der Anlage! Bei Außenstromkreisen mit FI-Schutzeinrichtungen ist deshalb zweckmäßigerweise auch der Neutralleiter abzuschalten.
Durch hohe Spannungsspitzen, z. B. bei manchen Schaltvorgängen induktiver Last, oder auch bei Freileitungsnetzen durch atmosphärische Entladungen, können Ableitstromspitzen entstehen, die zur gelegentlichen Auslösung der FI-Schutz-

einrichtung führen. Dann sollte man die selektiven, zeitverzögerten FI-Schutzeinrichtungen mit Kennzeichen S verwenden. Sie haben zusätzliche Verzögerungsglieder, siehe Bild 17, Abschnitt 6.1.7.

9.8 Prüfung des Drehfelds von Drehstromsteckdosen

Es ist zu prüfen, ob ein Rechtsdrehfeld vorhanden ist, wenn die Kontaktbuchsen von vorn im Uhrzeigersinn betrachtet werden.
Aus der geforderten Prüfung des Drehfelds von Drehstromsteckdosen ist für andere elektrische Betriebsmittel, z. B. Hausanschlüsse, Stromkreisverteiler, im Anwendungsbereich der Normen der Reihe DIN VDE 0100 ein Rechtsdrehfeld für Drehstrom-Stromkreise nicht festgelegt. Das schließt nicht aus, daß der Betreiber einer elektrischen Anlage aus betriebsinternen Gründen Festlegungen trifft, die das Rechtsdrehfeld für Versorgungssysteme und/oder den Anschluß von Betriebsmitteln (z. B. für Zähler) vorsieht.
Anmerkung: Bei Drehstromzählern für die Abrechnung des Energiebezugs ist der Rechtsdrehsinn der Zählerscheibe nicht zu verwechseln mit einem gegebenenfalls geforderten Anschluß im Rechtsdrehfeld.
Mit den Geräten nach den Bildern 48 bis 51 kann unter anderem das Drehfeld geprüft werden. Üblich sind auch die Einzelprüfgeräte, wie **Bild 52** eines zeigt.

Bild 52 Drehfeldrichtungsanzeiger (Foto: Gossen Metrawatt GmbH, 90471 Nürnberg)

9.9 Prüftafel zur Netznachbildung

Die Meßgeräte sind allgemein so ausgelegt, daß sie einen Defekt in der Anzeige erkennen lassen.

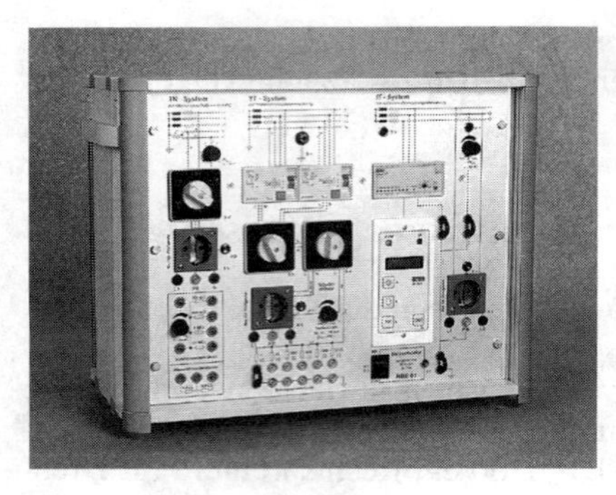

Bild 53 Prüftafel als Netzmodell für Schutzmaßnahmen nach DIN VDE 0100 (nach Rosenberg, Bender, Eltha)
(Foto: Eltha Thaler GmbH, Postfach 66, 93147 Beratzhausen)

Möglich ist allerdings eine Meßabweichung. Zur Überprüfung der Geräte dienen Prüftafeln, in denen die einzelnen Schutzmaßnahmen von Anlagen nachgebildet und die zu messenden Werte bekannt sind.

Mit solchen Netznachbildungen können weiterhin die Anwendungen der Meßgeräte geübt und das Verhalten verschiedener Fehler studiert werden. Für die Aus- und Weiterbildung von Elektrofachkräften ist ein solches Praktikum sehr lehrreich. Auch zur Rekonstruktion von Fehlern, z. B. bei der Klärung von Unfällen, sind Nachbildungen gut geeignet.

Eine kompakte Ausführung einer Prüftafel zeigt **Bild 53**. Sie ist in vier Felder gegliedert. Nachgebildet sind die drei Netzformen TN-, TT- und IT-System und verschiedene Widerstände. Im linken oberen Feld ist das TN-System dargestellt. Mit einem Stufenumschalter lassen sich schnell die wichtigsten Steckdosenfehler simulieren. Mit dem Potentiometer kann man einen Schleifenwiderstand R_{Sch} zuschalten.

Im mittleren Feld ist das TT-System mit FI-Schutz nachgebildet. Eine FI-Schutzeinrichtung von 30 mA und eine [S]-FI-Schutzeinrichtung von 300 mA können wahlweise auf die Steckdose geschaltet werden, deren Schutzleiter über sechs verschiedene Erdungswiderstände geerdet werden kann. Im mittleren Stufenschalter kann man Fehler simulieren. Einmal kann ein Vorstrom (ein Ableitstrom) erzeugt werden, der an dem rechts neben der Steckdose angeordneten Potentiometer eingestellt wird. Dieser Fehler bedingt ein Auslösen bei zu kleinen Strömen. In den letzten beiden Stellungen werden N und PE hinter der FI-Schutzeinrichtung verbunden. Die Folge ist ein Auslösen bei zu großen Strömen. Weiterhin können hier größere Lastströme bei kleinen Erdungswiderständen eine Auslösung bewirken.

Das rechte Feld bildet das IT-System mit Isolationsüberwachung nach. Hierfür ist ein Trenntransformator 500 VA eingebaut. Die Isolationsüberwachung hat eine Fernbedienungstafel mit zwei Tasten und Lampen, wie sie z. B. in medizinisch genutzten Räumen untergebracht wird. Mit dem rechten Potentiometer läßt sich ein Isolationsfehler simulieren.

9.10 Strommessung mit Zangenstromwandlern

Die Messung von Ableitströmen ist in der hier behandelten Thematik gegebenenfalls interessant. Diese Ströme sind meist sehr klein und mit üblichen Zangenstromwandlern nicht ohne weiteres zu messen. Andererseits ist eine direkte Messung meist nicht möglich.

Bei der Zangenstrommessung müssen folgende Punkte eingehalten werden:

- Der Zangenstromwandler darf nur einen Leiter umschließen.
  Der Wandler stellt einen Transformator dar; die Primärwicklung hat nur eine Windung und wird durch den gestreckten Leiter dargestellt, in dem der zu messende Strom fließt. Umfaßt die Zange Hin- und Rückleitung, heben sich die Wirkungen beider Magnetfelder auf.
- Die Zange muß richtig geschlossen werden – kein Luftspalt.
  Der Magnetfluß im Eisen erreicht nur dann den vollen Wert, wenn die Zange geschlossen, d. h. kein Luftspalt vorhanden ist. Die magnetische Leitfähigkeit in der Luft ist einige tausendmal kleiner als die des Eisens, so daß schon einige Hundertstel Millimeter Luftspalt eine Meßwertverfälschung ergeben können.
- Wird ein externer Strommesser angeschlossen, muß der Strombereich einen hinreichend kleinen Widerstand bzw. Spannungsfall haben. Die Zange muß mit dem Strommesser abgeschlossen sein, bevor sie an den Primärstromleiter angelegt wird.
  Bei einem Stromwandler ist der Sekundärstrom nur dann durch das Übersetzungsverhältnis eindeutig gegeben, z. B. 1 : 1000, wenn er sekundär im Kurzschluß arbeitet, d. h., der Abschlußwiderstand praktisch hinreichend klein ist. Zum Beispiel sind Meßgeräte mit 3,3 kΩ/V im unteren Bereich deshalb günstiger als solche mit 10 kΩ/V oder 30 kΩ/V. Auch elektronische Multimeter haben im Strommeßbereich bei kleinen Strömen vielfach keine hinreichend kleinen Widerstände.

Sollen Ströme von 1 A oder weniger gemessen werden, ist zu prüfen, ob die Forderung nach kleinem Abschlußwiderstand noch eingehalten wird. Ein Beispiel hierzu zeigt die **Tabelle 35**.

Zangenwandler 1 : 1000 **Multimeter, sekundär**	**primär** **zulässiger R_{sek}**	**A** **Ω**		**15** **30**	**60** **30**	**150** **22**	**600** **7**	**1000** **2**
Unigor 1p Goerz 3,3 kΩ/V	Meßbereich Innenwiderstand	mA Ω	3 66	12 50	60 1,6	300 0,5	1200 0,16	6000 0,08
Multavi HO H&B 10 kΩ/V	Meßbereich Innenwiderstand	mA Ω	3 1000	15 50	60 4	300 0,2	1500 0,02	6000 0,01
M 2004-2008 Metrawatt analog-digital	Meßbereich Innenwiderstand	mA Ω	0,3 500	3 50	30 5,3	300 0,6	300 0,6	3000 0,21

Tabelle 35 Zangenstromwandler, zulässiger Sekundärwiderstand; Multimeter, Innenwiderstände für verschiedene Meßbereiche

Seit einigen Jahren gibt es Zangenstromwandler als Strom-Spannungswandler, die dieses Problem nicht haben. Mit dem *I*/*U*-Wandler, z. B. „Minizange 1" in **Tabelle 36,** kann man kleine Ströme genau messen, weil die Abschlußbedingung ∞ durch den Spannungsmeßbereich mit elektronischen Multimetern besser erreicht wird als die Kurzschlußbedingung bei einem *I*/*I*-Wandler. Die Minizange 1 fordert einen Innenwiderstand des angeschlossenen Spannungsmessers von > 1 MΩ. Die meisten elektronischen Multimeter erfüllen diese Forderung sehr gut, sie haben einen Innenwiderstand von 10 MΩ.

Die Ableitströme in den Endstromkreisen, z. B. mit Überstrom-Schutzeinrichtung 16 A, betragen einige mA und sind mit den vorgenannten Zangen, außer dem *I*/*U*-Wandler „Minizange 1", Tabelle 36, auch nicht zu messen. Hierfür gibt es neuerdings „Leckstromzangen", die mit hochempfindlichem Verstärker solche Ströme noch messen können, z. B. Unitest 93440 der Fa. Ch. Beha GmbH, siehe Tabelle 36. Die Tabelle zeigt die wichtigsten Zangenstromwandler auf dem deutschen Markt, auch die für größere Ströme.

Bezeichnung	Geräteausführung – Daten		Größe Öffnung Ø	Hersteller	Preise 1999
	primär	Übersetzungs-verhältnis			
Minizange 1	1 mA…10 A	1 mA/1 mV	12 mm	Chauvin Arnoux GmbH Straßburger Str. 34 77649 Kehl/ Rh.	160 DM
	1 A…100 A	1 A/1 mV			
Minizange 2	1 A…150 A	1 A/100 V			125 DM
Minizange 3	0,5 A…150 A	500/1			115 DM
Minizange 4	2 A…150 A	1000/1			99 DM
Minizange 5	50 mA…100 A	1000/1			127 DM
E 1 N	500 A…2 A	1 A/1 V	11,8 mm		411 DM
	500 A…150 A	1 A/1 mV			
E 6 N	5 mA…2 A	1 A/1 V			422 DM
	20 mA…80 A	1 A/10 mV			
PAC 400 B	1 A … 500 A	1 A/1 mV	30 mm × 63 mm		333 DM
PAC 500 B	0,1 A … 600 A	1 A/1 mV			406 DM
PAC 1000 B	1 A … 1000 A	1 A/1 mV			612 DM
Y 500	4 A … 500 A	1000/1	30 mm × 63 mm		185 DM
Y 2	1 A … 600 A	1000/1			223 DM
Y 3	1 A … 500 A	100/1			242 DM
Y CV 500	2 A … 500 A	50 A/0,5 V			263 DM
C 30	1 A … 1200 A	1000/1	30 mm × 63 mm		224 DM
C 32	1 A … 1200 A	1000/5			498 DM
C 33	1 A … 300 A	250/5			276 DM
	1 A … 1200 A	1000/5			
C 34	1 A … 1200 A	1000/1 V			266 DM
C 38	1 A … 1200 A	1000/5			232 DM

Tabelle 36 Zangenstromwandler und Zangenstrommeßgeräte verschiedener Hersteller (Fortsetzung) (Preisangabe unverbindlich)

Bezeichnung	Geräteausführung – Daten		Größe Öffnung Ø	Hersteller	Preise 1999
	primär	Übersetzungs-verhältnis			
D 30 N oder CN bis D 36 N	1 A…3600 A	500/1…3000/1	64 mm oder 3 mm × 100 mm × 10 mm	Chauvin Arnoux GmbH Straßburger Str. 34 8 77649 Kehl/ Rh.	380 DM
B 2	Fehlerstrommessung 0,5 mA…4 A 0,5 A…400 A	 1 A/1 V 1 A/1 mV	100 mm		1370 DM
CDA 300 CDA 600	Wechselstromzange, analoge Anzeige 10 A…300 A, vier Bereiche 20 A…600 A, vier Bereiche, U = 150…600 V~, Öffnung 30 mm Ø				310 DM 250 DM
CDA 2902	Digitales Zangenmultimeter AC und DC, f = 1…200 Hz, I = 1 A…600 A, U = 0…1000 V, R = 1…2000 Ω, Öffnung 40 mm Ø				461 DM
F 11 F 13	Digitale Vielfach-Meßzange, Öffnung 42 mm Ø I~ = 5…700 A, U = 0…600 V, R = 0…4 kΩ wie F 11, jedoch Effektivwertmessung RMS				247 DM 293 DM
F 1 F 2 F 3	TRMS-Stromanalysezange digital, I = 0,3…700 A, f = 0,5 Hz…10 kHz, Öffnung 42 mm Ø wie F 1 mit Peak-Funktion und Meßwertglättung wie F 2 mit Min-Max-Speicher				322 DM 410 DM 582 DM
Unitest 93432	Zangenstromadapter, AC 0…200 A 2000/1, Bürde ! 20 Ω, ± 2 %		23 mm	Ch. Beha GmbH In den Engematten 79286 Glotter-tal	91 DM
Unitest 93410	Zangenstromadapter, AC/DC 0…0,2/2 kA 1000/1, Bürde ! 20 Ω, ± 2 %		50 mm		199 DM
Unitest 93417	Digitale Mini-Stromzange, 3 1/2-stellig 0…20/200 A, AC, Data-Hold		42 mm		209 DM
Unitest 93437	AC/DC Digitales Zangenamperemeter 0…20/200 A, AC/DC, Data-Hold		19 mm		269 DM
Unitest 93440	Digitale Leck-Stromzange, 3 1/2-stellig ± 1 %, 0…200 mA, 0…20 A, AC, Data-Hold		18 mm		658 DM
Unitest 93451	Digitales Zangenamperemeter, 0,1…400 A U = 0…750 V~, R = 0…4/40 kΩ, Data Hold		30 mm		169 DM
Unitest 93800	Analoges Zangenamperemeter, vier Bereiche 0…6/15/60/150/300 A, ± 3 %		40 mm		129 DM

Tabelle 36 Zangenstromwandler und Zangenstrommeßgeräte verschiedener Hersteller (Fortsetzung) (Preisangabe unverbindlich)

Bezeichnung	Geräteausführung – Daten primär	Übersetzungs-verhältnis	Größe Öffnung Ø	Hersteller	Preise 1999
Unitest CHB 35	AC/DC Digitales Zangenamperemeter, TRMS 0…4/40/400 A~, 1/10/100 mA/Digit		23 mm	Ch. Beha GmbH In den Engematten 79286 Glottertal	398 DM
Unitest 938010	Digitales Zangenamperemeter, 3 1/2-stellig, 0…20/200/1000 A, AC Peak-Data-Hold		50 mm		199 DM
Zangenstrom-wandler				Gossen Metrawatt GmbH Thomas-Mann-Straße 16-20 90471 Nürnberg	
WZ 11	0…180~	1000/1	12 mm		125 DM
Z 3510	1 mA…10 A~ 1…120 A~	1 mV/1 mA, *U/I* 1 mV/1 A~	12 mm		172 DM
Z 3511	4…500 A	1000/1	30 mm × 63 mm		225 DM
Z 3512	0,5…1000 A~	1000/1	54 mm		390 DM
Z 3514	1…2000 A~	1000/1	64 mm × 100 mm		605 DM
Z 201 A	0…30/20 A = /~	10mV/ 1 A, *U/I*	12 mm		439 DM
Z 202 A	0…300/200 A = /~	1 mV/1 A, *U/I*	12 mm		413 DM
Z 203 A	0…1000 A = /~	1 mV/1 A *U/I*	20 mm		374 DM
Metraclip 3047	Analoges Zangenstrommeßgerät, acht Bereiche, 0…1,5-300 A~				375 DM
ZA 910	Analoges Zangenstrommeßgerät, sechs Bereiche, 0…10-3000 A~				690 DM
Metraclip 18	Digitales Zangenstrommeßgerät, 0…20/200 A~		14 mm		335 DM
Metraclip 19	Digitales Zangenstrommeßgerät, 0…200 A =		14 mm		500 DM
Metraclip 20	Digitales Zangenstrommeßgerät, 0…200 A =/~		14 mm		695 DM
Metraclip 21	Digitales Zangen-Leistungsmeßgerät, 0…20 kW =/~		14 mm		850 DM
Metraclip 5110	Digitales Zangen-Leistungsmeßgerät, 0…200 kW =/~		60 mm		1425 DM
Metraclip 5111	Digitales Zangen-Leistungsmeßgerät, 0…20 kW =/~		23 mm		1425 DM
Metraclip 3048	Digitales Zangen-Leistungsmeßgerät, 0…200 kW =/~		34 mm		1295 DM

Tabelle 36 Zangenstromwandler und Zangenstrommeßgeräte verschiedener Hersteller (Fortsetzung) (Preisangabe unverbindlich)

Bezeichnung	Geräteausführung – Daten		Größe Öffnung Ø	Hersteller	Preise 1999
	primär	Übersetzungs-verhältnis			
Zangenstrom-wandler					
PR 20	0…30/20 A =/~	100 mV/1 A, 20 kHz		LEM Instruments GmbH (Norma Goerz Wien) Marienbergstr. 80 90411 Nürn-berg	399 DM
PR 30	0…30/20 A =/~	100 mV/1 A, 100 kHz			545 DM
PR 200	0…300/200 A =/~	1 mV/1 A, 10 kHz			375 DM
PR 1001	0…1000/300 A =/~	1 mV/1 A, 10 kHz			340 DM
LEM-flex	flexibler Strom-wandler, 0…300 A und 0…3000 A	Umfang 610 mm, minimaler 38-mm-Radius, 6000 A			597 DM 1110 DM
LH 630	Zangenmultimeter, 0…400/600 A =/~ ± 1,3 %				399 DM
LH 635	Zangenmultimeter, 0 …4 00/600 A = /~± 1,3 % TRMS				469 DM
LH 240	Zangenmultimeter, 0…40/200 A =/~ analoger Aus-gang, TRMS				735 DM

Tabelle 36 Zangenstromwandler und Zangenstrommeßgeräte verschiedener Hersteller (Fortsetzung) (Preisangabe unverbindlich)

10 Prüfung von Betriebsmitteln

In der VBG 4 wird der Begriff „Betriebsmittel" allgemein für Bauteile und Geräte verwendet. In verschiedenen DIN-VDE-Bestimmungen wird, auch bei der in diesem Abschnitt behandelten Prüfung, spezieller der Begriff „Gerät" benutzt.

Bauartenprüfung
Sie wird an einem oder mehreren Exemplaren von einer Prüfstelle durchgeführt, z. B. von der VDE-Prüfstelle, zur Vergabe des VDE-Zeichens oder des GS-Zeichens. Sie ist die umfangreichste Prüfung.

Stückprüfung
Sie erfolgt für jedes Exemplar beim Hersteller in der Endprüfung nach den jeweiligen VDE-Bestimmungen, die für den Bau der Betriebsmittel maßgebend sind. Die VDE-Bestimmungen für Betriebsmittel enthalten jeweils einen Abschnitt „Prüfung", nach dem diese erfolgt. Eine solche Prüfung braucht bei der Inbetriebnahme, im Gegensatz zu den Anlagen, in der Regel durch den Anwender nicht durchgeführt zu werden.

Wiederholungsprüfung
Sie ist bei ortsveränderlichen Betriebsmitteln in gewissen Zeitabständen notwendig, wie sie nach VBG 4 (siehe Abschnitt 2.2, § 5 Abs. 2) gefordert wird. Außerdem ist eine Prüfung nach einer Instandsetzung vorgeschrieben. Für diese Prüfungen gelten die folgenden Angaben.

10.1 Allgemeines

Für die **Wiederholungsprüfung** gibt es in den VDE-Bestimmungen keine allgemeine und einheitliche Forderung. Es gibt Prüfgeräte auf dem Markt, die auf den Forderungen der DIN VDE 0113, DIN VDE 0701, DIN VDE 0702 und DIN VDE 0751 basieren. Die Forderungen dieser Bestimmungen sind zusammengefaßt am Schluß dieses Abschnitts in Tabelle 44.
In den Betrachtungen treten die Begriffe Betriebsmittel und Geräte auf. Betriebsmittel ist nach VDE und VBG 4 § 2 Abs. 1 der allgemeinere Begriff. Es sind z. B. auch Bauteile, die in Geräten eingebaut sind. Geräte sind Verbrauchsmittel, die vorzugsweise mit einem Stecker an eine Stromquelle angeschlossen werden. Bei der Forderung in der VBG 4 nach Wiederholungsprüfung von Betriebsmitteln sind vorwiegend auch Geräte gemeint. In den meisten diesbezüglichen Normen steht „Prüfung von elektrischen Geräten".
DIN VDE 0105 betrifft den Betrieb von Anlagen. In Abschnitt 5.3 (hier 8.2) wird eine „Wiederkehrende Prüfung" gefordert. Betriebsmittel gehören eigentlich nicht zum Geltungsbereich der DIN VDE 0105. Für den Schutzleiterwiderstand wurde in

der vorletzten Fassung der DIN VDE 0105:1983-07 ein Grenzwert von 1 Ω genannt. Verschiedene Meßgeräte nach „VDE 0105“ haben diesen Grenzwert vorgesehen. In der neuen Fassung DIN VDE 0105:1997-10 werden Betriebsmittel nicht mehr erfaßt. Sie gehören nicht zum Geltungsbereich „Anlagen“.
DIN VDE 0113 betrifft „Elektrische Ausrüstung von Maschinen“. Dort wird in Abschnitt 19 (VDE 0113) eine Prüfung gefordert, die für die Erstellung, Instandsetzung und Wiederholung gilt. Sie wird hier in Abschnitt 10.5 behandelt. Es gibt hierfür Prüfgeräte nach DIN VDE 0113, siehe Tabelle 40.
DIN VDE 0701 betrifft speziell die Prüfung von elektrischen Geräten nach Instandsetzung bzw. Änderung. Sie wird anschließend ausführlich behandelt und ist Leitrichtlinie für Prüfungen, die später, nach der Herstellerprüfung, beim Betreiber durchgeführt werden. Es gibt hierfür entsprechende Prüfgeräte nach DIN VDE 0701 und DIN VDE 0702, siehe Tabelle 40.
Der Geltungsbereich der DIN VDE 0701 war ursprünglich auf Hausgeräte beschränkt und ist durch verschiedene Teile auf andere Geräte (siehe Abschnitt 10.2.6) erweitert worden.
DIN VDE 0702 betrifft speziell die Wiederholungsprüfung von elektrischen Geräten. Sie unterscheidet sich nur wenig von DIN VDE 0701 und ist ebenfalls Leitrichtlinie für Prüfungen, die später, nach der Herstellerprüfung, beim Betreiber durchgeführt werden. Es gibt hierfür Prüfgeräte nach DIN VDE 0701/0702, siehe Tabelle 40.
DIN VDE 0751 betrifft die Instandsetzung, Änderung und Prüfung von medizinischen elektrischen Geräten. Es werden ähnliche Messungen durchgeführt, aber höhere Isolationswiderstände und kleinere Ableitströme gefordert, siehe Abschnitt 10.4. Hierfür gibt es Prüfgeräte nach DIN VDE 0751, siehe Tabelle 43.
DIN VDE 0804 betrifft die Fernmeldetechnik; Zusatzfestlegung für Herstellung und Prüfung der Geräte. Die geforderten Werte sind in Tabelle 44 angeführt. Für eine Wiederholungsprüfung sollen diese Werte zugrunde gelegt werden.
Die Prüfung von Betriebsmitteln bzw. elektrischen Geräten, die später, nach der Herstellerprüfung, beim Betreiber durchgeführt wird, erfordert die:

- Sichtprüfung auf den ordnungsgemäßen Zustand
- sowie die Messung von:
  - Schutzleiterwiderstand,
  - Isolationswiderstand,
  - Ableitstrom.

In den einzelnen VDE-Bestimmungen werden für diese Größen unterschiedliche Grenzwerte angegeben. Sie sind in Tabelle 44 zusammenfassend dargestellt.
Beim Berühren der isolierten leitfähigen Teile soll der Strom über den menschlichen Körper die Wahrnehmbarkeitsschwelle von 0,5 mA nach Abschnitt 1.3 nicht überschreiten. Aus dieser Forderung resultieren die Grenzwerte für Isolationswiderstand und Ableitstrom. Bei Geräten der Schutzklasse I ist die Wirkung erst bei gebrochenem Schutzleiter gegeben, bei Geräten der Schutzklasse II hingegen sofort, weshalb dort höhere Isolationswiderstände gefordert werden. Ein Körperstrom von 0,5 mA entsteht bei 230 V bei einem Widerstand von 0,46 MΩ.

Der Isolationswiderstand wird meist mit 500 V Gleichspannung gemessen. Gelegentlich besteht die Befürchtung, daß hierdurch bei elektronischen Geräten Bauelemente beschädigt werden können. Dies ist normalerweise nicht der Fall, denn gemessen wird zwischen Betriebsstromkreis und Gehäuse (Schutzleiter) (siehe Bild 55).
Dazwischen liegt im Betrieb meist die Spannung von 230 V ~. Kondensatoren für 250 V ~ haben eine Prüfspannung von 1000 V –. Im Zweifelsfall sollte man anhand des Stromlaufplans prüfen, welche Bauelemente zwischen der Meßstrecke liegen. Bei Geräten der Schutzklasse III sind gegebenenfalls kleinere Meßspannungen erforderlich.
Der **Schutzleiterwiderstand** muß im Hinblick auf die Schutzmaßnahmen mit Auslösung durch Überstrom-Schutzeinrichtung niedrig sein, um den Netz-Schleifenwiderstand nicht unzulässig zu vergrößern. Für die Anschlußleitungen sind deshalb einige Zehntel Ohm zugelassen. Bei fest angeschlossenen Geräten besteht dieses Problem weniger. Hier muß der gesamte Netz-Schleifenwiderstand über die berührbaren Teile (Gehäuse) hinreichend klein sein, siehe Abschnitte 7.5.2, 9.5 und 9.6. Zur Messung des Schutzleiterwiderstands genügt ein Meßstrom von 0,2 A, wie er in DIN VDE 0413 Teil 4 angegeben wird. Teilweise werden höhere Meßströme von 10 A oder sogar 25 A angegeben. Sie bringen kaum Vorteile in der Fehlererkennung, siehe Fußnote 12 in Abschnitt 9.6.
Die Messung des **Isolationswiderstands** darf nicht verwechselt werden mit der Prüfung der Spannungsfestigkeit der Isolation. Bei der Messung wird ein Widerstandsmeßgerät verwendet, das nach DIN VDE 0413 Teil 2 einen Kurzschlußstrom von nur maximal 12 mA haben darf. Bei der Prüfung der Spannungsfestigkeit wird eine Wechselspannung von 500 V bis 4000 V und ein Kurzschlußstrom bis 1 A verwendet, der im Fehlerfall zerstörend wirkt. Die Stromquelle zur Prüfung der Spannungsfestigkeit ist im Gegensatz zur Messung mit Isolationsmeßgerät für den Prüfer nicht ungefährlich, und es müssen besondere Sicherheitsvorkehrungen getroffen werden. Die Prüfung der Spannungsfestigkeit wird deshalb bei Wiederholungsprüfungen nicht gefordert, sondern nur bei der Erstprüfung beim Hersteller. Bei der Prüfung nach Instandsetzung wird sie nur in Ausnahmefällen und nur in geeigneten Werkstätten vorgenommen, z. B. wird sie nach DIN VDE 0701 Teil 260 „Handgeführte Elektrowerkzeuge“ nach Instandsetzung bestimmter Teile gefordert.
Der **Ableitstrom**, der durch den Isolationswiderstand entsteht, entspricht bei 230 V und 0,5 MΩ einem Wert von 0,46 mA und bei 2 MΩ einem Wert von 0,11 mA. Der Ersatz-Ableitstrom wird mit Wechselspannung gemessen und kann höhere Werte erreichen, wenn Kapazitäten wirksam sind, z. B. durch Störschutzkondensatoren. Ein Ableitstrom ist bei guter Isolation meist kapazitiv. Eine Kapazität von 0,1 µF erzeugt bei 50 Hz und 230 V einen Ableitstrom von 7,2 mA. Die Messung des Ableitstroms ist in einigen Fällen nicht möglich, ohne in das Gerät einzugreifen. Man führt deshalb eine Ersatz-Ableitstrommessung durch, bei der Außenleiter- und Neutralleiteranschluß verbunden werden (Bild 56). Bei einphasigen Geräten sind zwei Kondensatoren vorgesehen, die man bei der Ersatz-Ableitstrommessung insgesamt mißt. Im Betrieb ist nur einer wirksam. Der Ableitstrom ist deshalb hier die Hälfte des Ersatz-Ableitstroms.

essung der Größen:
eiterwiderstand,
- Isolationswiderstand,
- Ableitstrom.

gibt es nach DIN VDE 0701 und DIN VDE 0702 Meßgeräte, mit denen diese drei Größen schnell und einfach gemessen werden können. Diese Bestimmungen sollen deshalb Leitbild für die Betriebsmittel- bzw. Geräteprüfung sein.
Für die Prüfung von Geräten im Zuge einer Wiederholungsprüfung und nach einer Instandsetzung gibt es noch zwei weitere Bestimmungen:
- DIN VDE 0751 Prüfung von medizinischen Geräten, siehe Abschnitt 10.4,
- DIN VDE 0804 Prüfung von Fernmeldegeräten, siehe Tabelle 44.

10.2 Prüfung nach DIN VDE 0701 und DIN VDE 0702

Die Bestimmung DIN VDE 0701 Teil 1:1993-05 fordert eine Prüfung nach Instandsetzung und Änderung elektrischer Geräte. Sie gilt nicht für das Auswechseln von Teilen wie Lampen, Starter, Sicherungen usw., das vom Benutzer vorgenommen werden darf. Durch die Teile 2 bis 260 (siehe Abschnitt 10.2.6) ist der ursprüngliche Geltungsbereich für Hausgeräte erweitert worden. Nach dem Instandsetzen oder Ändern darf für den Benutzer der Geräte keine Gefahr bestehen. Austauschteile müssen den Nenndaten und Vorschriften entsprechen und fachgerecht eingebaut werden, vorzugsweise originale Ersatzteile, dies gilt besonders auch für die Anschlußleitung. Es sind die in den folgenden Abschnitten 10.2.1 bis 10.2.3 geforderten Prüfungen, bei der Wiederholungsprüfung nach DIN VDE 0702 mit Einschränkungen, auszuführen.

10.2.1 Schutzleiterwiderstand

Um nach DIN VDE 0701 den ordnungsgemäßen Zustand feststellen zu können, ist der Schutzleiter in seinem Verlauf so weit zu verfolgen, wie es bei der Instandsetzung, Änderung oder Prüfung des Geräts ohne weitere Zerlegung in Einzelteile möglich ist. Hierbei sind Schutzleiteranschluß und -verbindung durch Besichtigung und Handprobe zu prüfen. Der niederohmige*) Durchgang des Schutzleiters ist durch Messung nach **Bild 54** nachzuweisen, und zwar zwischen Stecker oder Netzanschluß und berührbaren leitfähigen Teilen (Körper, Gehäuse). Es kann notwendig

---

*) Niederohmig ist der Wert, der sich rechnerisch etwa aus Leitungslänge und Querschnitt ergibt, siehe Tabelle 34. Bei den meist kurzen Leitungen beträgt der übliche Wert 50 mΩ bis 100 mΩ. Man soll bei dem zu prüfenden Grenzwert den Üblichkeitswert beachten. Größere Werte entstehen durch lose Klemmen und hohe Übergangswiderstände. Wird der angegebene VDE-Grenzwert erreicht, liegt meist ein Kontaktfehler vor, denn der Maximalwert nach DIN VDE 0702 von 0,3 Ω liegt meist weit über dem Üblichkeitswert.

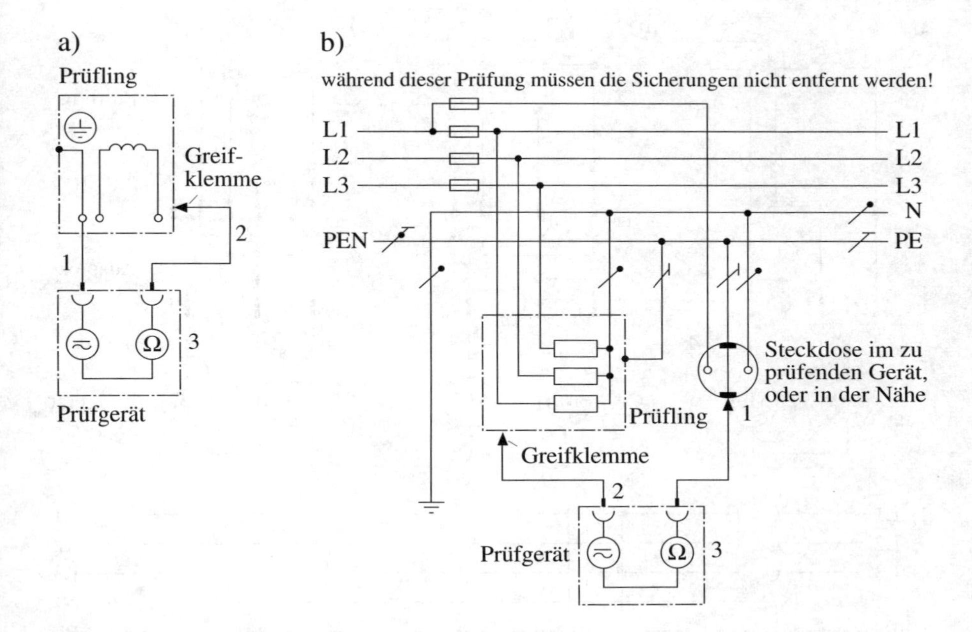

Bild 54 Messung des Schutzleiterwiderstands
a) Messung bei Geräten, die vom Netz getrennt sind
1 Schutzleiter
2 Verbindung des Körpers über Greifklemme
3 Widerstandsmeßgerät

b) Messung bei Geräten mit schwer erreichbarem Anschluß, z. B. Herde, Waschmaschinen
1 PE-Anschluß einer Steckdose
2 Verbindung des Körpers über Greifklemme
3 Widerstandsmeßgerät

sein, dabei den Schutzleiter an den Netzanschlußstellen abzutrennen, z. B. bei Geräten mit Wasseranschluß. Danach ist auf ordnungsgemäßen Anschluß des Schutzleiters zu achten.
Anmerkung: Bei der Messung des Widerstands müssen, außer bei eingebauten Geräten, Anschlußleitungen in Abschnitten über ihre ganze Länge bewegt werden. Tritt bei der Handprobe während der Prüfung auf Durchgang eine Widerstandsänderung auf, muß angenommen werden, daß der Schutzleiter beschädigt oder eine Anschlußstelle nicht einwandfrei ist.
Bei Geräten mit Wasser- bzw. Gasanschluß kann durch die Anschlußrohre ein Nebenschluß die Meßergebnisse verfälschen. Nach der Prüfung ist auf einen ordnungsgemäßen Anschluß zu achten. Man achte auf die Üblichkeitswerte. Wird der in VDE

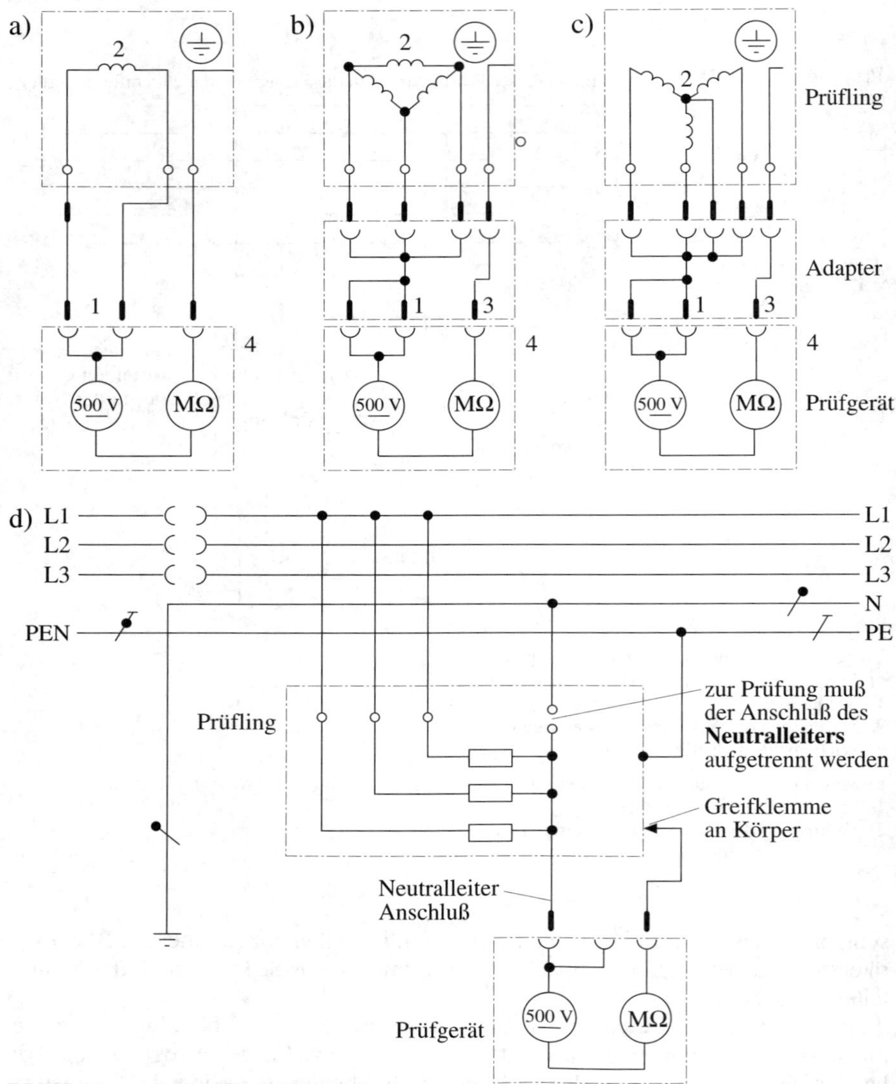

Bild 55 Messen des Isolationswiderstands
Bei Geräten der Schutzklasse I: a), b) und c) Geräte mit Steckeranschluß, d) Gerät fest angeschlossen. Zur Prüfung müssen die Sicherungen entfernt werden!

1 Verbindung zwischen Meßgerät und den spannungführenden Teilen des zu prüfenden Geräts
2 Innenschaltung des zu prüfenden Geräts
3 Verbindung zwischen Meßgerät und dem Schutzleiteranschluß des zu prüfenden Geräts
4 Meßgerät für Isolationsmessung

angegebene Grenzwert erreicht, liegt meist ein Kontaktfehler vor, denn der Grenzwert liegt meist über dem Üblichkeitswert.
Bei Geräten der Schutzklasse I nach DIN VDE 0702 ist der niederohmige Durchgang des Schutzleiters zwischen dem Schutzkontakt des Netzsteckers und berührbaren Metallteilen, die mit dem Schutzleiter verbunden sein müssen, nach Bild 54 nachzuweisen. Die Anschlußleitungen des Geräts müssen dabei über ihre ganze Länge bewegt werden.
Der Grenzwert für den niederohmigen Durchgang beträgt ≤ 0,3 Ω bis 5 m Anschlußleitungslänge zuzüglich 0,1 Ω je weitere 7,5 m.

10.2.2 Isolationswiderstand

Nach bestandener Schutzleiterprüfung ist der Isolationswiderstand bei Geräten der Schutzklasse I nach **Bild 55** und bei Geräten der Schutzklassen II und III nach **Bild 56** zu messen. Es ist darauf zu achten, daß Schalter, Temperaturregler usw. geschlossen sind. Ist letzteres nur durch Anlegen einer Netzspannung möglich (Relais, Steuerungen), darf ersatzweise eine Messung des Schutzleiter- oder Berührungsstroms nach 10.2.4 oder 10.2.5 durchgeführt werden, sie ist ersatzweise auch bei elektronischen Geräten gestattet.
Der Isolationswiderstand darf die Werte in **Tabelle 37** nicht unterschreiten.

Geräte – Schutzklasse	Isolationswiderstand
Schutzklasse I (Schutzleiter)	$R \geq 0{,}5$ MΩ
Schutzklasse II (Schutzisolierung)	$R \geq 2$ MΩ
Schutzklasse III (Kleinspannung)	$R \geq 250$ kΩ bei ≥ 25 VA

Tabelle 37 Isolationswiderstand nach Forderung von DIN VDE 0701/0702 Teil 1

Wird bei Geräten der Schutzklasse I, die Heizkörper enthalten, der Wert von 0,5 MΩ unterschritten, ist eine Ersatz-Ableitstrommessung gemäß Abschnitt 10.2.3 durchzuführen.

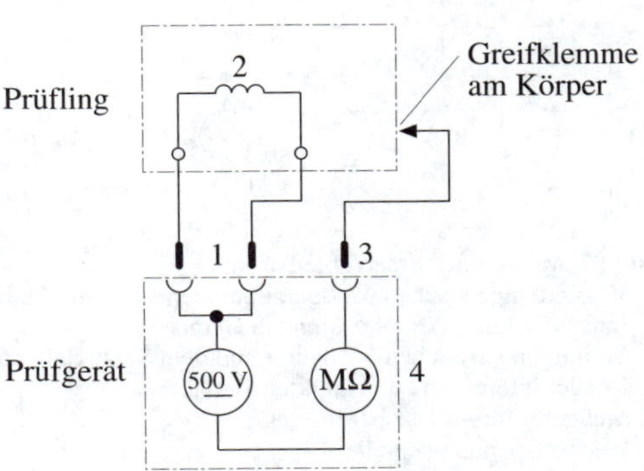

Bild 56 Messen des Isolationswiderstands bei Geräten der Schutzklassen II und III
1 Verbindung zwischen Meßgerät und den spannungführenden Teilen des zu prüfenden Geräts
2 Innenschaltung des zu prüfenden Geräts
3 Verbindung zwischen Meßgerät und dem Schutzleiteranschluß des zu prüfenden Geräts
4 Meßgerät für Isolationsmessung

10.2.3 Ersatzableitstrommessung

Eine direkte Messung des Ableitstroms ist mitunter nicht möglich, es wird deshalb eine Ersatz-Ableitstrommessung nach **Bild 57** durchgeführt. Vielfach ist der Ableitstrom die Hälfte des gemessenen Werts. In Bild 57 z. B. liegen bei der Messung zwei Kondensatoren parallel, von denen im Betrieb nur einer wirksam ist.

Ersatz-Ableitstrommessungen nach DIN VDE 0701 sind durchzuführen bei Geräten der Schutzklasse I, bei denen:

- im Zuge der Instandsetzung oder Änderung Funk-Entstörkondensatoren eingebaut sind oder ersetzt wurden, oder
- Heizelemente vorhanden sind und die geforderten Isolationswerte nicht erreicht werden.

Bei Geräten der Schutzklasse I nach DIN VDE 0702 mit Heizelementen, bei denen der geforderte Isolationswert nicht erreicht wird, ist eine Ersatz-Ableitstrommessung nach Bild 57 durchzuführen.

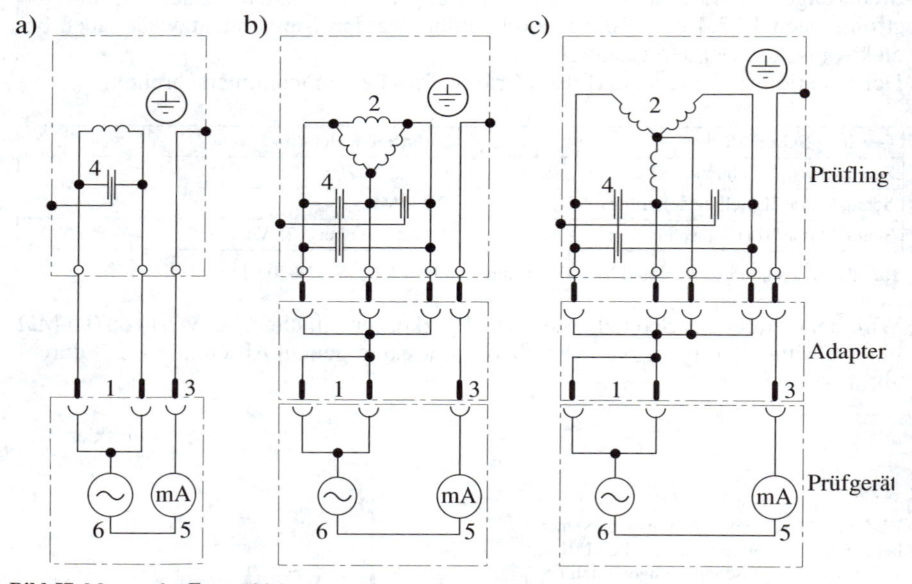

Bild 57 Messen des Ersatzableitstroms

1 Verbindung zwischen Meßgerät und den spannungführenden Teilen des zu prüfenden Geräts
2 Innenschaltung des zu prüfenden Geräts
3 Verbindung zwischen Meßgerät und dem Schutzleiteranschluß des zu prüfenden Geräts
4 Kondensatoren im zu prüfenden Gerät
5 Meßgerät für Wechselstrommessung
6 Wechselspannungsquelle

Mit einem Meßgerät nach Tabelle 40 ist die Ersatz-Ableitstrommessung jedoch immer einfach und schnell auszuführen. Sie sollte deshalb bei jedem Betriebsmittel ausgeführt werden. Der Ableitstrom „belastet" die FI-Schutzeinrichtung.
Der Ersatzableitstrom darf nach DIN VDE 0701/0702 folgende Grenzwerte nicht überschreiten:

Geräte mit Nennleistung (Heizleistung)	Ersatzableitstrom
bis 6 kW	$I_{EA} = 7$ mA
über 6 kW	$I_{EA} = 15$ mA

Tabelle 38 Maximal zulässige Ersatzableitströme I_{EA} nach DIN VDE 0701 Teil 1

In einer neuen Fassung **E** DIN VDE 0701 Teil 1:1998-10 (Entwurf!) wird die Ersatz-Ableitstrommessung nach Bild 57 als eine alternative Meßmethode zu den nachstehenden Messungen angegeben. Primär wird hier die Messung des Schutzleiter- und Berührungsstroms, wie nachstehend beschrieben, gefordert.

10.2.4 Messung des Schutzleiterstroms nach DIN VDE 0702 Teil 1:1995-11

Bei Geräten der Schutzklasse I, bei denen:

- nicht sichergestellt werden kann, daß alle durch Netzspannung beanspruchten Teile mit der Messung des Isolationswiderstands nach Abschnitt 10.2.4 erfaßt werden,
- die Messung des Isolationswiderstands aus anderen Gründen nicht durchgeführt werden kann, darf die Messung des Schutzleiterstroms nach **Bild 58** oder nach **Bild 59** durchgeführt werden.

Bei der Messung des Schutzleiterstroms nach Bild 58 muß das zu prüfende Gerät isoliert aufgestellt sein, und es dürfen außer der Netzanschlußleitung keine weiteren Leitungen angeschlossen sein. Bei der Messung des Schutzleiterstroms nach dem Differenzstromverfahren, entsprechend Bild 59, entfallen diese Bedingungen.

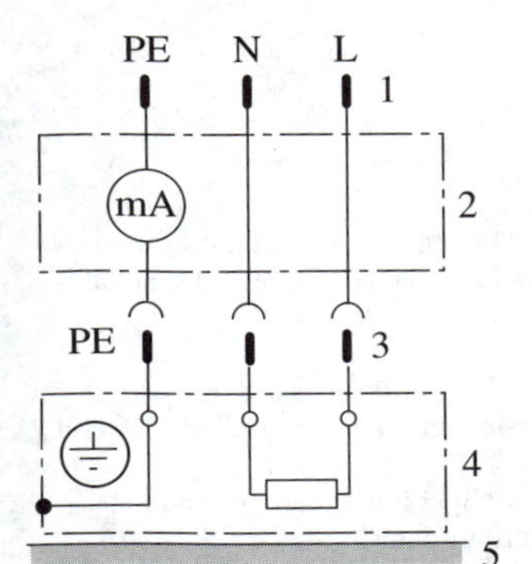

Bild 58 Beispiel für das direkte Messen des Schutzleiterstroms bei Geräten der Schutzklasse I mit isoliert aufgestelltem zu prüfenden Gerät
1 Netzanschluß
2 Meßgerät zur Messung des Schutzleiterstroms
3 Verbindung zwischen Meßgerät und zu prüfendem Gerät
4 zu prüfendes Gerät
5 isolierende Unterlage

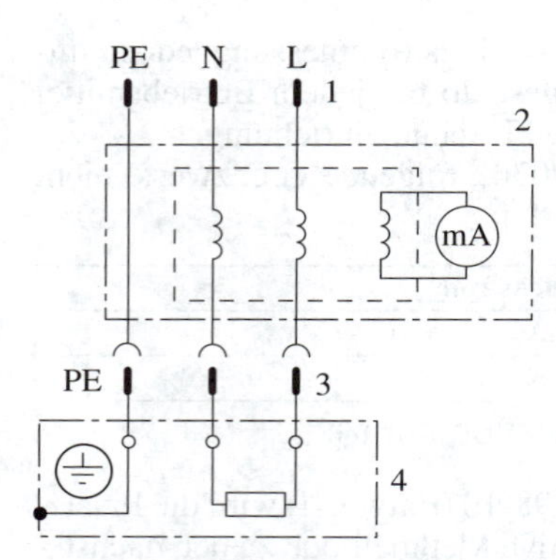

Bild 59 Beispiel für das Messen des Schutzleiterstroms nach dem Differenzstromverfahren bei Geräten der Schutzklasse I
1 Netzanschluß
2 Meßgerät zur Messung des Schutzleiterstroms
3 Verbindung zwischen Meßgerät und zu prüfendem Gerät
4 zu prüfendes Gerät (muß nicht isoliert aufgestellt werden)

Das Gerät ist bei der Messung mit Nennspannung zu betreiben. Die Messung ist in beiden Positionen des Netzsteckers – soweit vertauschbar – durchzuführen. Als Meßwert gilt der größere der beiden gemessenen Werte.
Der Schutzleiterstrom darf den **Grenzwert 3,5 mA** nicht überschreiten.
Die Messung nach Bild 58 läßt sich mit einem geeigneten Strommesser durchführen. Die Messung nach Bild 59 erfordert einen speziellen Meßaufbau, den verschiedene Geräte haben, siehe auch Tabelle 40, Seite 250 bis 252.

10.2.5 Messen des Berührungsstroms nach DIN VDE 0702 Teil 1:1995-11

Bei Geräten der Schutzklasse II mit berührbaren leitfähigen Teilen, bei denen:
- Bedenken gegen eine Messung des Isolationswiderstands bestehen, z. B. bei Geräten der Informationstechnik und anderen elektronischen Geräten, oder
- eine Unterbrechung des Betriebs nicht möglich ist,

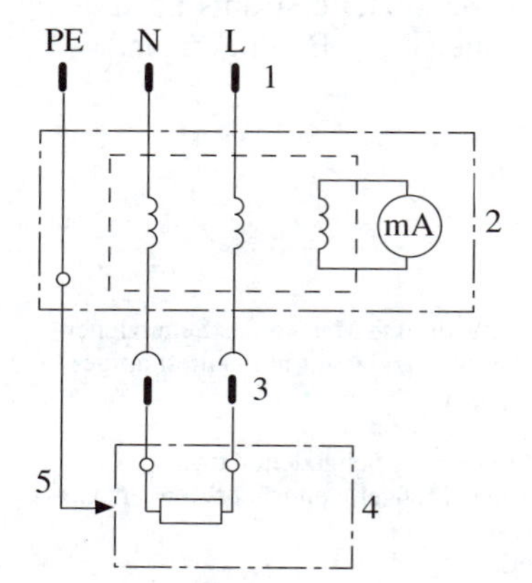

Bild 60 Beispiel für das Messen des Berührungsstroms nach dem Differenzstromverfahren bei Geräten der Schutzklasse II
1 Netzanschluß
2 Meßgerät zur Messung des Berührungsstroms
3 Verbindung zwischen Meßgerät und zu prüfendem Gerät
4 zu prüfendes Gerät
5 Verbindung zwischen Meßgerät und berührbaren leitfähigen Teilen des zu prüfenden Geräts

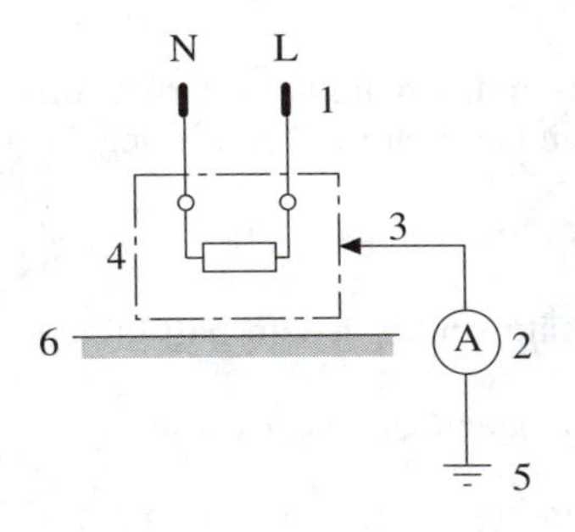

Bild 61 Beispiel für das Messen des Berührungsstroms nach dem Verfahren der direkten Messung
1 Netzanschluß
2 Meßgerät zur Messung des Berührungsstroms
3 Verbindung zu berührbaren leitfähigen Teilen des zu prüfenden Geräts
4 zu prüfendes Gerät
5 Verbindung zwischen Meßgerät und PE oder Erde
6 isolierende Unterlage

darf die Messung des Berührungsstroms nach **Bild 60** oder **Bild 61** durchgeführt werden. Das Gerät ist bei der Messung mit Nennspannung zu betreiben.
Der Berührungsstrom an berührbaren leitfähigen Teilen des Geräts darf den **Grenzwert 0,5 mA** nicht überschreiten.
Die Messung ist in beiden Positionen des Netzsteckers – soweit vertauschbar – durchzuführen. Als Meßwert gilt der größere der beiden gemessenen Werte. Bei nicht möglicher Unterbrechung des Betriebs gilt der Meßwert in der vorhandenen Steckerposition.
Bei Geräten, bei denen eine Unterbrechung des Betriebs nicht möglich ist, ist bei nächstmöglicher Unterbrechung eine vollständige Prüfung durchzuführen.
Die vorgenannten Bedingungen gelten auch für die Messung des Berührungsstroms an berührbaren leitfähigen Teilen von Geräten der Schutzklasse I, die nicht mit dem Schutzleiter verbunden sind.
Die Messung nach Bild 61 läßt sich mit einem geeigneten Strommesser durchführen. Die Messung nach Bild 60 erfordert einen speziellen Meßaufbau, den verschiedene Geräte haben, siehe auch Tabelle 40, Seite 250 bis 252.
Anmerkung:
Zu den berührbaren leitfähigen Teilen zählen z. B. Antennenbuchsen bei Geräten der Schutzklasse II.

10.2.6 Sonstige Prüfungen

Geräteanschlußleitungen
Bei der Instandsetzung von Geräten mit beigefügten Geräteanschlußleitungen sind diese durch Besichtigung und gegebenenfalls gemäß Abschnitt 10.2.3 zu prüfen.

Funktionsprüfung
Nach dem Instandsetzen oder Ändern von Geräten ist im Rahmen einer Funktionsprüfung, die dem bestimmungsgemäßen Gebrauch entspricht, festzustellen, daß offensichtliche Sicherheitsmängel nicht bestehen.

Aufschriften
Nach Instandsetzungen oder Änderungen von Geräten müssen die geforderten Aufschriften noch vorhanden sein. Nach Änderungen von Geräten müssen sie gegebenenfalls besichtigt werden.

Übersicht über die durchzuführenden **Prüfungen**
Bei der Prüfung instandgesetzter und geänderter Geräte sind in jedem Fall mindestens die folgenden Einzelprüfungen durchzuführen:

A Bei Ersatz von Anschlußleitungen deren Stecker oder Gerätesteckdosen ohne jede andere Instandsetzung – Prüfung nach Abschnitt 10.2.3.

B In allen anderen Fällen – Prüfen nach Abschnitt 10.2.1 bis 10.2.3 und 10.2.5.

C Von der Prüfung nach Abschnitt 10 kann abgesehen werden, wenn Geräte regelmäßig geprüft werden – gegebenenfalls in Verbindung mit Instandhaltungsverträgen; gleiches gilt, wenn durchgeführte Instandsetzungen die Sicherheit des Geräts nicht beeinträchtigen.

Die vorstehenden Prüfungen werden in DIN VDE 0701 Teil 1 und in DIN VDE 0702 gefordert. In DIN VDE 0701 gibt es noch weitere Teile, die bei der Prüfung der betreffenden Geräte zu beachten sind, und zwar:

DIN VDE 0701 Teil 2	Rasenmäher und Gartenpflegegeräte
DIN VDE 0701 Teil 3	Bodenreinigungsgeräte und -maschinen
DIN VDE 0701 Teil 4	Luftsprudelbadegeräte
DIN VDE 0701 Teil 5	Großküchengeräte
DIN VDE 0701 Teil 6	Ventilatoren und Dunstabzugshauben
DIN VDE 0701 Teil 7	Nähmaschinen
DIN VDE 0701 Teil 8	Warmwassergeräte
DIN VDE 0701 Teil 11	Raumheizgeräte
DIN VDE 0701 Teil 12	Sauna-Einrichtungen
DIN VDE 0701 Teil 13	Herde, Tischkochgeräte, Brat- und Backofen
DIN VDE 0701 Teil 200	Netzbetriebene elektronische Geräte
DIN VDE 0701 Teil 240	Datenverarbeitungs-Einrichtungen und Büromaschinen
DIN VDE 0701 Teil 260	Handgeführte Elektrowerkzeuge

In DIN VDE 0701 Teil 240 wird anstelle der Isolationsmessung die Prüfung der Spannungsfreiheit berührbarer leitfähiger Teile gefordert, die nicht mit einem Schutzleiter verbunden sind (Berührungsstrommessung). Hierzu wird ein Strommesser mit $R_i \leq 2$ kΩ zwischen ein leitfähiges Teil und Erde, z. B. PE, gelegt, wie dies in Bild 61 angegeben ist. Der so gemessene Ableitstrom darf **0,25 mA** (in DIN VDE 0702: 0,5 mA, siehe Tabelle 44) nicht überschreiten. Mit den Geräten M 5013, Secutest 0701 S, Unitest 0701, Unilap 701 X und C.A. 6101-Elavi 0701 E (siehe Tabelle 40) ist diese Messung möglich.
Die folgende **Tabelle 39** zeigt, wo bei den einzelnen Teilen 2 bis 260 teilweise abweichende Forderungen zu Teil 1 gegeben sind.

Prüfung nach DIN VDE 0701	Sichtprüfung	Schutzleiter	Isolations-widerstand	Ableitstrom/ Ersatzableit-strom	Funktions-prüfung[2)]
Teil 1	durchführen	1 Ω	0,5/2 MΩ	7/15 mA	durchführen
Teil 2	X	anstelle	zusätzlich	nicht gefordert	X
Teil 3	zusätzlich	zusätzlich	X	X	X
Teil 4	X	X	X	zusätzlich	X
Teil 5	zusätzlich	zusätzlich	X	zusätzlich	X
Teil 6	zusätzlich	X	X	zusätzlich	X
Teil 7	X	X	X	X	X
Teil 8	zusätzlich	X	X	X	X
Teil 11	X	X	X	X	X
Teil 12	X	X	X	X	X
Teil 200	X	X	zusätzlich	zusätzlich	X
Teil 240[1)]	anstelle	anstelle	anstelle	anstelle[1)]	X
Teil 260	mechanische	X/anstelle	X	X/anstelle	X

1) Es wird eine Messung der Spannungsfreiheit berührbarer leitfähiger Teile durch Ableitstrommessung gefordert. Er darf 0,25 mA nicht überschreiten. Manche Meßgeräte haben hierfür einen Meßbereich.
2) Die Funktionsprüfung ist betriebsgemäß bei jedem Gerät teilweise anders.
X Prüfung wie nach Teil 1
zusätzlich es werden zusätzliche Prüfungen zu Teil 1 gefordert
anstelle anstelle der Forderungen in Teil 1 andere Angaben
mechanische Sichtprüfung auch für mechanische Sicherheit gefordert

Tabelle 39 Zusatzforderungen in den Teilen 2 bis 260 gegenüber Teil 1 der DIN VDE 0701

10.2.7 Meß- und Prüfgeräte für Betriebsmittel bzw. Geräte

Für die Durchführung der Prüfungen müssen die Meßgeräte Forderungen nach DIN VDE 0404 und DIN VDE 0413 erfüllen. Die für die Prüfung benutzten Meßgeräte sind regelmäßig nach Herstellerangaben zu prüfen und zu kalibrieren. Die Prüfmittelüberwachung wird in der Normenreihe DIN EN 9000 bis 9004 gefordert, siehe auch Abschnitt 9.11. Es werden Fristen von ein bis drei Jahren genannt.
Die Messung des Isolationswiderstands kann mit den unter Abschnitt 7.3.1 beschriebenen und in Tabelle 23 aufgeführten Geräten erfolgen. Der Ersatzableitstrom läßt sich nach Bild 57 mit einem Milli-Amperemeter messen, wobei man die Netzspannung von 230 V einmal an L+N und an PE anlegt. Für die Messung des Schutzleiterwiderstands von 1 Ω ist ein Ohmmeter mit entsprechend niedrigem Meßbereich erforderlich. Teilweise haben Isolationsmeßgeräte einen niederohmigen Bereich, mit dem die Messung möglich ist. Der Wert 0,3 Ω sollte bei analogen Geräten dann mindestens 10 % der Skalenlänge ausmachen. Man benötigt anstelle eines speziellen Prüfgeräts für die vorstehenden Messungen drei Geräte und muß den entsprechenden Meßaufbau vornehmen.

Wirtschaftlicher, zuverlässiger und sicherer lassen sich diese Messungen mit speziellen Prüfgeräten nach DIN VDE 0701/0702, wie sie in **Tabelle 40** aufgeführt sind, durchführen. Das zu prüfende Gerät wird mit seinem Stecker an das Prüfgerät angeschlossen. Die Stromversorgung für die Geräte erfolgt aus dem Netz. Eine Leitung, vielfach als „Sonde" oder englisch „Probe" bezeichnet, des Prüfgeräts wird an das Gehäuse des Prüflings geklemmt. Danach können an einem Schalter nacheinander die drei Messungen <Schutzleiterwiderstand, Isolationswiderstand, Ersatzableitstrom> ohne weiteres Umklemmen eingestellt und die Meßwerte an einer analogen oder digitalen Anzeige abgelesen werden. Die Messung erfolgt dabei jeweils so, wie in den Abschnitten 10.2.1 bis 10.2.3 beschrieben bzw. gefordert. Die zulässigen Grenzwerte für Widerstände bzw. Ströme sind vielfach auf der Skala oder am Gerät vermerkt.

Bezeichnung	**Geräteausführung – Daten**	**Hersteller**	**Preise 1999**
Unitest 0701 Multitester Profi-Version 8992	Koffergerät, digital, LED-Grenzwertsignal, Prüfgerät nach DIN VDE 0701, Schutzleiterwiderstand 0…2 Ω, 10 A nach Teil 260, Isolationswiderstand 0…20 MΩ, 500 V–, Ersatzableitstrom 0…20 mA, Messung: Spannung 25…300 V~, Strom 0…16 A, Prüfung auf Spannungsfreiheit 0…2 mA, Teil 240	Ch. Beha GmbH In den Engematten 14 79286 Glottertal	1298 DM
Unitest 0701 PC Multitester 8993	wie 8992 RS-232-C-Schnittstelle, Internspeicher, Meßablauf, automatische oder manuelle Testdaten über Barcode einlesen		2599 DM
Unitest 0701 compact	Kleines Handgerät, sechs LED für Grenzwerte nach DIN VDE 0701, Schutzleiterwiderstand 0,01…20 Ω, + 200 mA oder – 200 mA, Isolationswiderstand 0…10 kΩ, 100 kΩ, 20 MΩ, 200 MΩ, Ersatzableitstrom 0,01 mA …20 mA, U_{iso} = 500 V–		690 DM
Unitest 0113 Multitester 9032	Koffergerät, fünf LED für Grenzwerte nach DIN VDE 0113, automatisch oder manuell I = 0,2 oder 10 A~, R = 0,01…20 Ω, R_{iso} = 0 … 20/200 MΩ		2989 DM
9050	Option mit RS-232-Schnittstelle für Drucker oder PC		4475 DM
Unitest 0113 9030	Hochspannungsprüfer 1000 V~ 0,5 A, 1500 V~ 0,3 A		1396 DM

Tabelle 40 Prüfgeräte verschiedener Hersteller für Schutzmaßnahmen nach DIN VDE 0701, 0702 und 0113 (siehe auch Tabellen 41, 43 und 46) (Preisangaben unverbindlich)

Bezeichnung	Geräteausführung – Daten	Hersteller	Preise 1999
C.A. 6101 (Elavi 0701 E)	Prüfgerät nach DIN VDE 0701/0702 Schutzleiterwiderstand 0…500 mΩ, Isolationswiderstand 0,2…10MΩ, 500 V–, Ersatzableitstrom 0…20 mA, Prüfung auf Spannungsfreiheit des Gehäuses nach Teil 240, $I_{abl.}$ = 0…2 mA	Chauvin Arnoux GmbH Straßburger Str. 34 77649 Kehl/Rh.	793 DM
C. A. 6121	Maschinen-Tester 0113, alle Messungen, 999 Speicher		3728 DM
Prüftester Hi/T DIN VDE 0701	Kleines Handgerät, analoge Anzeige Schutzleiterwiderstand 0,03…1 Ω, maximal 2 A~, Isolationswiderstand 0,2…10 MΩ, 500 V–, Ersatzableitstrom 0…16 mA	Eltha GmbH Postfach 66 93147 Beratz-hausen	406 DM
Prüfkoffer PR	Mit Hi/E und Strommesser		1182 DM
(M 5013) Metratester 4	Digitale Anzeige, Prüfung nach DIN VDE 0701 Koffergerät 190 mm × 140 mm × 95 mm, 1,3 kg, Netzspannung 207…253 V, Schutzleiterwiderstand 0…20 Ω, Isolationswiderstand 0…2 MΩ, 0…20 MΩ, 500 V–, Ersatzableitstrom 0…20 mA, Verbraucherstrom 0…16 A, Prüfung auf Spannungsfreiheit, Teil 240, I = 0…2 mA	GMC-Instruments Gossen Metra-watt GmbH Thomas-Mann-Str. 20 90471 Nürnberg	970 DM
Metratester 5	zusätzlich Differenzstrommessung 0,01 … 19,99 mA		1180 DM
Sekutest 0702 electronic 2	Pultgerät 265 mm × 340 mm × 120 mm, 6 kg, Prüfung nach DIN VDE 0404, DIN VDE 0105, Grenzwertprüfung rote und grüne Lampe, Schutzleiterwiderstand < 1 Ω, 10 A~, Isolationswiderstand > 2 MΩ, 500 V–, Durchgangs-, Kurzschluß- und Funktionsprüfung		1890 DM
Sekutest 0701/ 0702 S	Koffergerät 250 mm × 250 mm × 130 mm, 4 kg, Speicherprüfgerät nach DIN VDE 0105 und DIN VDE 0701/0702, Digitale Anzeige mit Text für Meßwerte und Bedienungsanleitung im LC-Anzeigefeld; Funktionserweiterung durch integrierbaren Drucker, Speicher bis 1000 Geräteprüfungen (PSI) und Texttastatur A bis Z, Schnittstelle für PC-DOS, Netzspannung 0…300 V, Schutzleiterwiderstand 0…31 Ω, Isolationswiderstand 0…310 MΩ, 500 V–,		2560 DM PSI-Modul 1095 DM Software 415 DM bis 1500 DM

Tabelle 40 (Fortsetzung) Prüfgeräte verschiedener Hersteller für Schutzmaßnahmen nach DIN VDE 0701, 0702 und 0113 (siehe auch Tabellen 41, 43 und 46) (Preisangaben unverbindlich)

Bezeichnung	Geräteausführung – Daten	Hersteller	Preise 1999
Sekutest 0701/ 0702 S (Fortsetzung)	Ersatzableitstrom 0…100 mA; Teil 240: 0…10 mA; Laststrom 0 … 16 A; Differenzstrom 0…30 mA; Wirkleistung 10…3600 W; cos φ-Messung 0,1…1,0 , Strom 0…12 A/120 A; Temperaturmessung – 50 °C…500 °C	GMC-Instruments Gossen Metrawatt GmbH Thomas-Mann-Str. 20 90471 Nürnberg	2560 DM PSI-Modul 1095 DM Software 415 DM bis 1500 DM
Profitest 204	Prüfgerät nach DIN VDE 0113 bzw. EN 60204 Schutzleiterwiderstand 1…999 mΩ; U_Δ = 0…9,99 V; Isolationswiderstand 10 kΩ…100 MΩ; Ableitstrom = 0…9,99 mA; Spannung = 0…999 V; Frequenz = 10…999 Hz		3450 DM
Metramaschin 204	Komplettes System für Prüfung EN 60204/0113 mit Hochspannungsteil, Signallampen und Wagen		7100 DM
Secu-cal 10	Prüfnormal zur Meßmittelüberwachung nach VBG 4/ISO 9000 zur Kontrolle der Anzeige für Prüfgeräte nach DIN VDE 0701und DIN VDE 0702. Mit Stufenschalter können folgende Werte eingestellt werden: Schutzleiterwiderstand 0,3 und 1 Ω (200 mA); Isolationswiderstand 0,1; 0,5; 1; 2; 10 und 100 MΩ; Ersatzableitstrom 7 und 15 mA; Berührungs- und Differenzstrom 1,0 mA		390 DM
Unilap 701 X	Gehäuse wie Unilap 100, digitale Anzeige, Speicher für eine Geräteprüfung, PC-Ausgang Netzspannung 0…300 V, Schutzleiterwiderstand 0…10 Ω, Isolationswiderstand 0…30 MΩ, 500 V–, Ersatzableitstrom 0…30 mA, Laststrom 0…1 A, Leistung 10…3000 W, cos φ-Messung – 0,3…1…+ 0,3, Widerstand 0…3 mΩ, Kapazität 0…30 µF Temperatur – 50 °C…800 °C,	LEM Instruments GmbH (Norma Goerz Wien) Marienbergstr. 80 90411 Nürnberg	2200 DM 2550 DM mit Interface für PC
Docu-Pack	Speicher für 440 Prüfungen und Streifendrucker		980 DM
Saturn 700 E	Gehäuse und Meßbereiche wie Unilap 701 X, jedoch Anwahl über Menü mit Tasten		1730 DM
Saturn 700 XE	Gerät wie Saturn 700 E, zusätzlich Zangenstromwandler, Differenzstrommessung		2435 DM

Tabelle 40 (Fortsetzung) Prüfgeräte verschiedener Hersteller für Schutzmaßnahmen nach DIN VDE 0701, 0702 und 0113 (siehe auch Tabellen 41, 43 und 46) (Preisangaben unverbindlich)

Mit einigen der in Tabelle 40 genannten Geräte können noch andere Messungen vorgenommen werden, wie Netzspannung, Stromaufnahme des Geräts, Widerstände in anderen Bereichen. Die Geräte Unitest 0701 PC, Sekutest 0701/0702 S, Unilap 701X, M 5013 und C.A. 6101 (Elavi 0701 E) messen auch den Berührungsstrom an leitfähigen Teilen bei Geräten der Schutzklassen I und II, wie es in DIN VDE 0701 Teil 240 gefordert wird. Die drei erstgenannten Geräte können auf Tastendruck hin ein Meßprogramm zur Messung aller Werte ausführen, haben Speicher und können die Werte über eine Schnittstelle an einen PC weitergeben.
Die Meßgeräte haben vielfach im Gerätenamen die Bezeichnung 0701, siehe Tabelle 40. Einige der Geräte sollen näher beschrieben werden:
Die Geräte in **Bild 62**, **Bild 63**, **Bild 64** und **Bild 65** sind einfache Prüfgeräte mit einem Preis unter 1000 DM, siehe Tabelle 40. Mit ihnen können in drei Schalterstellungen die Werte für <Schutzleiterwiderstand, Isolationswiderstand und Ersatzableitstrom> ohne weitere Handhabe ermittelt werden. Das Gerät in Bild 63 ermöglicht außerdem die Messung der Spannungsfreiheit des Gehäuses nach der Forderung in DIN VDE 0701 Teil 240.
Mit den Geräten in **Bild 66**, **Bild 67** und **Bild 68** kann man außer den vorgenannten drei Grundmessungen <Schutzleiterwiderstand, Isolationswiderstand und Ersatzableitstrom> ein Meßprogramm starten, das teilweise menügeführt ist. Dabei werden auch ein Funktionstest ausgeführt und U, I, $\cos\varphi$ und P gemessen. Die ermittelten Werte werden gespeichert und können dann auf einem Drucker oder PC ausgegeben werden. Für den PC gibt es eine Software zur Erstellung von Prüfprotokollen. Zur Kennung der Geräte kann man Codeschilder aufbringen, die mit Barcode eingelesen werden können.
Das Gerät Unilap 701 X in Bild 66 speichert zehn Daten von einem Prüfling und kann sie über eine Schnittstelle an einen Drucker oder PC ausgeben. Mit einem Zusatzgerät „Docu-Pack", das auf das Gerät aufgesetzt werden kann, können die Daten von 440 Prüflingen gespeichert werden. Das Aufsatzgerät enthält einen Streifendrucker.
Bei dem Gerät Sekutest 0701/0702 S in Bild 67 besteht die Möglichkeit, als Zusatz im Deckel einen Speicher mit Streifendrucker „PSI-Modul" unterzubringen. Dort kann man auch Texte alphanumerisch eingeben und Meßwerte für bis zu 1000 Protokolle speichern. Die Schutzleiterprüfung über die „Sonde" erfolgt in Vierleiterschaltung, d. h., die Sondenleitung wird kompensiert.
Das Gerät Unitest 0701 in Bild 68 gibt es in zwei Versionen, siehe Tabelle 40: eine preiswerte Ausführung „Profi-Version 8992" ohne Speicher und eine Ausführung „PC Multitester 8993" mit Speicher für 317 Messungen und Schnittstelle RS 232 C.

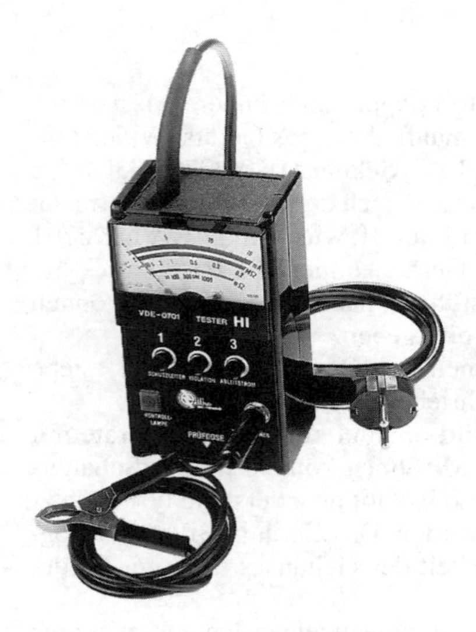

Bild 62 Prüfgerät nach DIN VDE 0701 und DIN VDE 0702 „Prüftester Hi/T VDE 0701“ (Foto: Eltha GmbH, 93147 Beratzhausen)

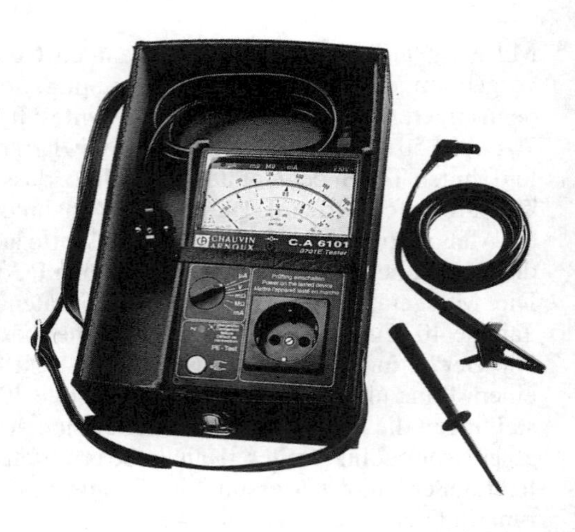

Bild 63 Prüfgerät nach DIN VDE 0701 und DIN VDE 0702 „C.A. 6101 (früher Elavi 0701 E)“ (Foto: Chauvin Arnoux GmbH, 77649 Kehl/Rh.)

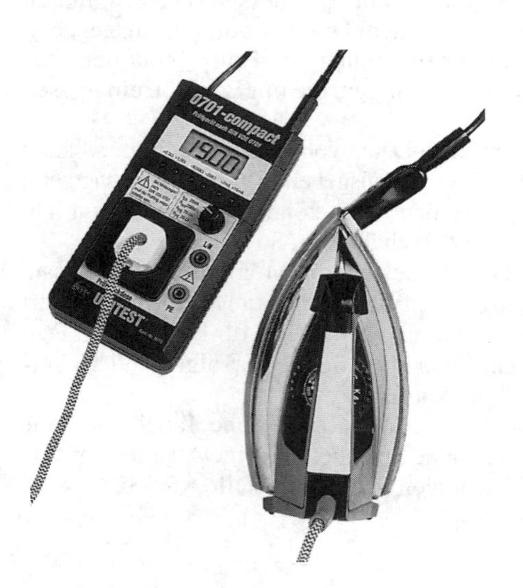

Bild 64 Prüfgerät nach DIN VDE 0701 und DIN VDE 0702 „Unitest 0701“ (Foto: Ch. Beha GmbH, 79286 Glottertal)

Bild 65 Prüfgerät nach DIN VDE 0701und DIN VDE 0702 „Metratester 4 (M 5013)“ (Foto: Gossen Metrawatt GmbH, 90471 Nürnberg)

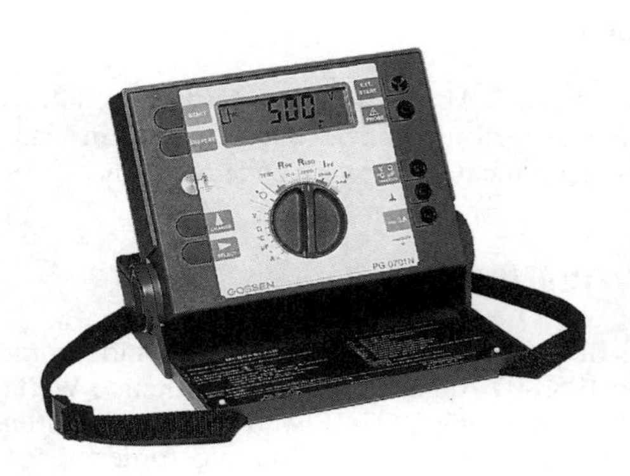

Bild 66 Prüfgerät nach DIN VDE 0701 und DIN VDE 0702 „Unilap 701 X“ (Foto: LEM Norma GmbH Wien, 90411 Nürnberg)

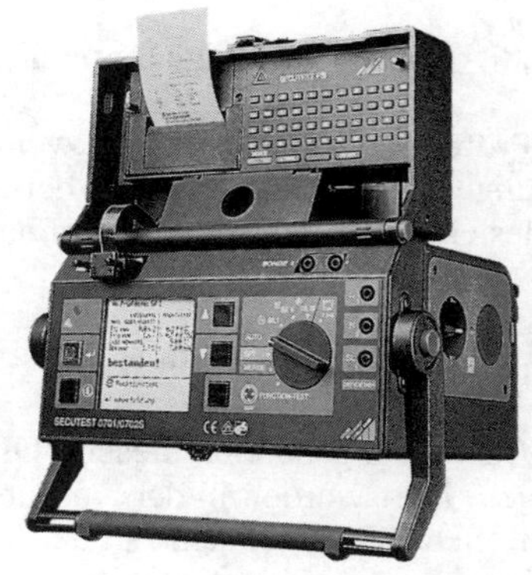

Bild 67 Prüfgerät nach DIN VDE 0701 (0751) und DIN VDE 0702 „Sekutest 0701 S“ (0751/601S) (Foto: Gossen Metrawatt GmbH, 90471 Nürnberg)

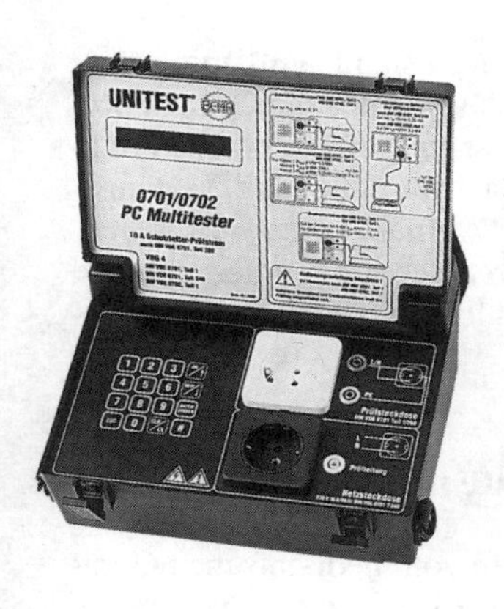

Bild 68 Prüfgerät nach DIN VDE 0701 und DIN VDE 0702 „Unitest 0701/0702 PC Multitester“
(Foto: Ch. Beha GmbH, 79286 Glottertal)

Bild 69 Prüfgerät nach DIN VDE 0702 „Sekutest 0702 electronic 2“ (früher Secutest 0105) zur Prüfung von Wechselstromgeräten
(Foto: Gossen Metrawatt GmbH, 90471 Nürnberg)

10.2.8 Auswertung (Beurteilung)

Die Prüfung gilt als bestanden, wenn alle nach Abschnitt 10.2 erforderlichen Teilprüfungen bestanden sind. Wird bei einer der erforderlichen Teilprüfungen ein Mangel des Geräts festgestellt, so darf das Gerät nicht weiter verwendet werden.

10.3 Prüfung nach DIN VDE 0105

Der Anwendungsbereich dieser VDE-Bestimmung ist der Betrieb von Starkstromanlagen. Dort wurden in der Ausgabe 1983-07 Angaben über einzuhaltende Werte für Betriebsmittel gemacht. In der letzten Ausgabe 1997-10 werden Betriebsmittel nicht mehr aufgeführt. Für Betriebsmittel der Schutzklasse I wurde gefordert:

a) Schutzleiterwiderstand $\leq 1\ \Omega$;
b) Isolationswiderstand $\geq 1\ k\Omega$ je V;
c) Für Betriebsmittel der Schutzklasse II:
   Isolationswiderstand $\geq 2\ M\Omega$.

Ein Prüfgerät, das auf diese Werte ausgelegt ist, der Sekutest 0702 electronic 2 (früher Sekutest 0105) der Firma Gossen Metrawatt, ist in **Tabelle 41** aufgeführt und in **Bild 69** gezeigt. Es ist relativ schwer und für ortsfeste Verwendung vorgesehen, z. B. für die Werkzeugausgabe. Die anderen Geräte in Tabelle 40 sind leicht und für Prüfungen vor Ort gedacht.
Der Sekutest macht eine Grenzwertprüfung und zeigt den Zustand „gut“ mit grüner Lampe und „schlecht“ mit roter Lampe an. Er kann sechs verschiedene Größen prüfen, wie aus Tabelle 41 und Bild 69 ersichtlich. Mit ihm ist auch eine einfache Funktionsprüfung der Betriebsmittel möglich. Auch können Anschluß- und Verlängerungsleitungen schnell geprüft werden. Hierzu sind zur Aufnahme der verschiedenen Buchsenteile die zugehörigen Steckerteile auf der rechten Seite untergebracht. Die leitfähige Deckplatte ist an den Schutzleiter angeschlossen, so daß man die Geräte mit leitfähigem Körper einfach darauflegen kann.

10.4 Prüfung elektromedizinischer Geräte nach DIN VDE 0751

Diese Bestimmung gilt für das Instandsetzen und Ändern von medizinischen Geräten oder Teilen von diesen*). Nach diesen Arbeiten ist eine Prüfung durchzuführen.

---

*) Für medizinisch-technische Geräte werden die Sicherheitstechnischen Anforderungen im Gerätesicherheitsgesetz nach § 8a besonders geregelt. Sie sind überwachungspflichtige Anlagen. Die Medizingeräteverordnung (MedGV) von 1986 verpflichtet in § 6 den Betreiber zur Einhaltung der sicherheitstechnischen Forderungen.

Bezeichnung	Geräteausführung – Daten	Hersteller (Vertreiber)	Listen-preis 1999
Sekutest 0702 electronic (0105)	**Durchgangsprüfung** Eingestellter Grenzwert für „Gut"-„Fehler"-Anzeige 140 kΩ ± 15 % Prüfspannung 220 V~ Kurzschlußstrom < 10 mA~		
	Schutzleiterprüfung Eingestellter Grenzwert 300 mΩ ± 10% Prüfstrom maximal 10 A–		
	Isolationswiderstandsprüfung Eingestellter Grenzwert für: Geräte-Schutzklasse I 500 kΩ ± 10 % Geräte-Schutzklasse II 2 MΩ ± 10 % Prüf-Nennspannung bei Nennstrom 1 mA (nach DIN VDE 0413 Teil 1) 500 V–		
	Kurzschlußprüfung Prüfspannung < 10 V~ Eingestellter Grenzwert 2,5 Ω ± 40 %	GMC-Instruments Gossen Metrawatt GmbH Thomas-Mann-Str. 20 90471 Nürnberg	1890 DM
	Funktionsprüfung **(Einphasen-Verbraucher)** Betriebsspannung 220 V; 50 Hz Nennstrom 16 A		
	Eigenprüfung der Isolations-meßeinrichtung Innere Meßspannung 500 V Eingestellter Grenzwert > 220 kΩ		
	Sicherungsautomat 220 V~; 16 A		
	Stromversorgung 220 V ± 10 %; 50 Hz		
	Sicherung G-Schmelzeinsatz M 0,63 C 250 DIN 41571		
	Abmessungen 265 mm × 340 mm × 120 mm		
	Gewicht: etwa 6 kg		
	Zubehör: Anschlußleitung 1,10 m lang		

Tabelle 41 Prüfgerät für Schutzmaßnahmen nach DIN VDE 0702 (0105 alt)

Sie kann auch herangezogen werden für die Wiederholungsprüfung oder für die Prüfung nach Wartung und einer Inspektion.
Eine Instandsetzung oder Änderung von Geräten darf die Sicherheit der Geräte nicht mindern. Die Arbeiten dürfen nur von Fachkräften oder unter Leitung und Aufsicht dieser durchgeführt werden.
Die Prüfung besteht aus einer Sichtprüfung und einer Messung von Schutzleiterwiderstand, Isolationswiderstand und Ableitstrom. Die Sichtprüfung bezieht sich auf

äußerlich erkennbare Schäden und Mängel an der Abdeckung, Isolation und dem Schutzleiter. Sofern während dieser Arbeiten eine Gefährdung von Patienten oder Bedienungspersonal besteht, dürfen diese sich nicht im Gefährdungsbereich aufhalten.

10.4.1 Schutzleiterwiderstand

Der Widerstand zwischen den berührbaren leitfähigen Teilen der Geräte, die im Fehlerfall eine gefährliche Spannung annehmen können, und den Anschlußstellen des Schutzleiters wird gemessen. Er darf die in den folgenden Abschnitten angegebenen Werte nicht überschreiten:

- zwischen den Schutzkontaktstücken des Netzsteckers einer festen Geräteanschlußleitung und den berührbaren Teilen des Geräts: **0,3** Ω,
- zwischen dem Schutzkontaktstift eines Gerätesteckers und den berührbaren Teilen des Geräts: **0,2** Ω.

Bei fest angeschlossenen Geräten darf der Widerstand zwischen der Schutzleiterklemme des Geräts und den berührbaren leitfähigen Teilen nicht größer als 0,2 Ω sein. Bei der Prüfung wird der vorhandene Schutzleiter nicht abgeklemmt.
Gemessen wird mit einem Prüfstrom von 5 A bis 25 A aus einer Spannungsquelle von maximal 6 V.
Netzanschlußleitungen werden während der Messung mindestens 5 s bewegt; dabei dürfen keine Widerstandsänderungen auftreten.
Anmerkung: Widerstandsmeßgeräte nach DIN VDE 0413 Teil 4 dürfen verwendet werden, sofern die Messung mit Wechselspannung durchgeführt wird.

10.4.2 Isolationswiderstand

Der Isolationswiderstand zwischen den unter Netzspannung stehenden Teilen (dem Netzteil) und den berührbaren leitfähigen Teilen der Geräte wird gemessen, wenn durch Feuchte, Verschmutzung oder durch sonstige, die Isolation beeinträchtigende Einwirkungen eine Beurteilung des Isolationszustands geboten ist. Er darf folgende Werte nicht unterschreiten:

Geräte der Schutzklasse I	2 MΩ
Geräte der Schutzklasse II	7 MΩ
Geräte der Schutzklasse II für intrakardiale Anwendung	70 MΩ

Die Werte sind in Tabelle 44 anderen Forderungen gegenüber gestellt. Moderne Isolierstoffe haben im trockenen Zustand Isolationswerte, die um Größenordnungen höher als die hier angegebenen liegen. Es kann notwendig sein, Schalter (Schütze, Regler) im Netzteil während der Messung wie im bestimmungsgemäßen Betrieb zu betätigen, um alle Isolierungen des Netzteils von der Messung zu erfassen.
Gemessen wird mit einem Isolationsmeßgerät, dessen Ausgangsgleichspannung bei Belastung mit 500 kΩ mindestens 500 V beträgt und das bei Belastung mit 1 kΩ

keinen größeren Meßstrom als 5 mA abgibt; gemessen wird zwischen den vorübergehend kurzgeschlossenen Netzsteckerstiften und den berührbaren Teilen.
Isolationsmeßgeräte nach DIN VDE 0413 Teil 1 dürfen verwendet werden, sofern sie diese Anforderungen erfüllen.
Die Meßschaltung entspricht der von Bild 55.

10.4.3 Ersatzableitstrom

Eine Ableitstrommessung ist mitunter ohne Eingriff in das Gerät nicht möglich. Im allgemeinen genügt eine Ersatz-Ableitstrommessung, wie sie im Abschnitt 10.2.3 nach DIN VDE 0701 beschrieben ist.
Sie ergibt Meßwerte, die mit den Ableitstromwerten nach den Gerätebestimmungen nicht direkt vergleichbar sind.
Die maximal zulässigen Werte sind in **Tabelle 42** aufgeführt und in Tabelle 44 anderen gegenüber gestellt.
Die Meßschaltungen entsprechen denen, die in Abschnitt 10.2.3, Bild 57, beschrieben sind.

Höchstwerte für Geräte allgemein			
Schutzklasse I		**Schutzklasse II**	
Ortsfeste Geräte	3,50 mA	Geräte bis 200 VA	0,25 mA
Ortsveränderliche Geräte	0,75 mA	Geräte über 200 VA	0,50 mA
Ortsveränderliche Geräte mit mehreren Transformatoren oder Motoren je Transformator oder Motor, jedoch nicht mehr als	 0,40 mA 3,00 mA	Geräte mit mehreren Transformatoren oder Motoren je Transformator oder Motor, jedoch nicht mehr als	 0,25 mA 1,00 mA
Handgeräte	0,50 mA		
Höchstwerte bei Geräten für intrakardiale Anwendung			
Schutzklasse I		**Schutzklasse II**	
0,75 mA		0,05 mA	
Höchstwerte für Ersatz-Patientenableitströme bei Geräten mit isolierten Anwendungsteilen			
0,05 mA			

Tabelle 42 Höchstwerte für Ersatzableitströme nach DIN VDE 0751

10.4.4 Meßgeräte für medizinische Geräte

Die Messungen können teilweise mit Geräten nach DIN VDE 0701, wie sie im Abschnitt 10.2.7 beschrieben sind, durchgeführt werden. Folgende unterschiedliche Forderungen sind zu beachten:

Isolationsmessung
Es wird ein Kurzschlußstrom von nur 5 mA zugelassen. Nach DIN VDE 0413 Teil 1 sind maximal 12 mA zugelassen. Die geforderten hohen Werte von 70 MΩ und teilweise auch 7 MΩ können mit den Geräten nach Tabelle 40 oftmals nicht gemessen werden.

Ableitstrom
Er beträgt teilweise nur 0,05 mA. Die Meßbereiche der Geräte nach DIN VDE 0701 betragen 15 mA.

Schutzleiterwiderstand
Es wird ein Meßstrom von mindestens 5 A gefordert. Nach DIN VDE 0413 Teil 4 sind nur 0,2 A gegeben. Ist dies ein Wechselstrom, ist er allerdings mit 0,2 A zugelassen.

Alle nach DIN VDE 0751 gestellten Forderungen werden von den nachstehend beschriebenen Meßgeräten vollständig erfüllt.
Die Firma Bender stellte 1996 ein neues Gerät „Unimet 1000 ST“ vor, eine Weiterentwicklung des langjährig erprobten Geräts „µP-Sicherheitstester“. Es ist durch folgende Merkmale gekennzeichnet:
Hoher Bedienungskomfort, großes beleuchtetes LC-Display, Menüsystem, Online-Hilfesystem, Barcode-Lesestift zur Identifikation des Prüflings, Klassifikation nach Typenkatalog, programmierbare Prüfabläufe, Dokumentation auf Drucker im DIN A4-Format, PC Memory Card als „Datenspeicher ohne Ende“, Schnittstelle RS 232 zur Datenweitergabe an PC, Drucker oder andere Geräte. Die technischen Daten sind in **Tabelle 43** aufgeführt, **Bild 70** zeigt das Gerät.
Die Firma Gerb stellte ein Gerät „Gerb Eurotester“ für denselben Anwendungszweck her. Dieser Gerätezweig ist Anfang 1997 von der Firma mtk peter korn über-

Bild 70 Meßgerät für elektromedizinische Geräte nach DIN VDE 0751 „Unimet 1000 ST“ (Foto: Dipl.-Ing. W. Bender GmbH + Co. KG, 35301 Grünberg)

Bezeichnung	Geräteausführung – Daten	Hersteller	Preise 1999
Unimet 1000 ST	Versorgungsspannung 90…264 V AC Frequenzbereich 45…65 Hz Maximaler Laststrom 16 A, Schutzklasse I Umgebungstemperatur 0…50 °C Schutzleiterwiderstand U_L = 5 V, I_k = 15 A: Meßbereich 0,001…29,999 Ω Ableit- und Ersatzableitstrom: Meßbereich 0,001…19,999 mA Patienten-Hilfsströme: Meßbereich 0,001…20,00 mA Isolationswiderstand mit 500 V DC: Meßbereich 0,01…299,9 MΩ Laststrommessung: Meßbereich 0,01…16 A Gewicht 10 kg Abmessungen B 380 mm × 135 mm × 400 mm Kalibrierintervall 24 Monate	Dipl.-Ing. W. Bender GmbH + Co. KG Londorfer Str. 65 35301 Grünberg	8420 DM
Secutest 0751/601S	Universelles Gerät für Prüfungen nach dem Medizinproduktegesetz (Prüfungen nach DIN VDE 0751 und DIN VDE 0701/0702 und/oder IEC 60601) mit automatischem Prüfablauf, Schnittstelle, Sprachengrundversion D, Schutzkontaktstecker und Schutzkontakt-buchse, Sonde mit Prüfspitze, Krokodilklem-me, drei aufsteckbare Schnellspannklemmen, Bedienungsanleitung, Prüfprotokoll (Bild 67) Versorgungsspannung 207…253 V AC Spannungsmessung 0…253 V AC Maximaler Laststrom 16 A, Schutzklasse I Umgebungstemperatur 0…50 °C Schutzleiterwiderstand U_L = 6 V, I_k = 10 A AC: Meßbereich 0…2100 Ω, 1 mΩ/digital Ableit- und Ersatzableitstrom: 3 Meßbereiche 0…2/21/120 mA, 1/10/100 µA/digital Berührungsstrom, Differenzstrom L – N: Meßbereich 0…3,500 mA, 1 µA/digital Isolationswiderstand mit 500 V DC: 3 Meßbereiche 0…1,5/11/310 MΩ, 1/10/100 kΩ/digital Laststrommessung: Meßbereich 0,01…16 A Gewicht 4 kg Abmessungen 292 mm × 130 mm × 243 mm	GMC-Instruments Gossen Metrawatt GmbH Thomas-Mann-Str. 20 90471 Nürnberg	4190 DM PSI-Modul 1095 DM

Tabelle 43 Prüfgeräte verschiedener Hersteller für Schutzmaßnahmen nach DIN VDE 0751 (Preisangaben unverbindlich)

Bezeichnung	Geräteausführung – Daten	Hersteller	Preise 1999
GM-50 Eurotester	Versorgungsspannung 110/230 V AC Frequenzbereich 50/60 Hz Maximaler Laststrom 16 A, Schutzklasse I Schutzleiterwiderstand U_L = 6 V, I_k = minimal 10 A AC: Meßbereich 0…40 Ω, 10 mΩ/digital Ableit- und Ersatzableitstrom: Meßbereich 0…10 mA, 0,2 µA/digital Isolationswiderstand mit 500 V DC: I_k = 2,5 mA: Meßbereich 0,2…400 MΩ, 20 kΩ/digital Leistungsmessung: Meßbereich 0…3500 VA Gewicht 12,5 kg Abmessungen 400 mm × 150 mm × 310 mm	mtk peter korn, Gerb, Roedernallee 174 – 176 13407 Berlin	7375 DM
Gerb GM-200	Prüfvollautomat µP-gesteuert, Speicher für 200 Prüfprotokolle und 50 Prüfvorschriften Versorgungsspannung 110/230 V AC Frequenzbereich 50/60 Hz Maximaler Laststrom 16 A, Schutzklasse I Schutzleiterwiderstand U_L = 6 V, I_k minimal 10 A AC: Meßbereich 0…30 Ω, 10 mΩ/digital Isolationswiderstand mit 500 V DC: I_k = 1 mA: Meßbereich 0,2…400 MΩ, 20 kΩ/digital Ableit- und Ersatzableitstrom: Meßbereich 0…10 mA, 0,2 µA/digital Leistungsmessung: Meßbereich 0…3500 VA Gewicht 12,2 kg Abmessungen 400 mm × 150 mm 310 mm		9200 DM

Tabelle 43 (Fortsetzung) Prüfgeräte verschiedener Hersteller für Schutzmaßnahmen nach DIN VDE 0751 (Preisangaben unverbindlich)

nommen worden. Es hat einen niedrigeren Preis und etwas weniger Bedienungskomfort und ist durch folgende Merkmale gekennzeichnet:
Wahlschalter für die Einstellung der gewünschten Messung, mit anderen Einstellelementen werden Prüfschritte ausgewählt, großes LED-Display. Über die Rechner-Schnittstelle RS 232 können die Meßwerte in ein PC-Prüfprogramm übertragen, gespeichert und als Prüfprotokoll ausgedruckt werden. Das Gerät ist modular aufgebaut und ermöglicht den Ausbau zu einem Vollautomaten mit Speicher und Druk-

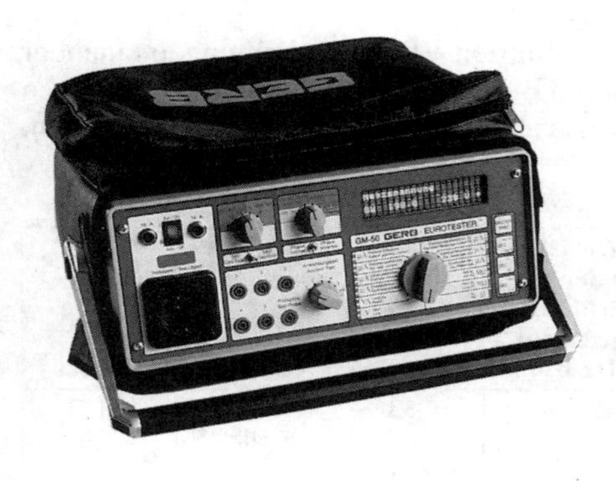

Bild 71 Meßgerät für elektromedizinische Geräte nach DIN VDE 0751 „GM-50 Eurotester“ (Foto: mtk peter korn, Gerb, 13407 Berlin)

kerschnittstelle. Die technischen Daten sind in Tabelle 43 aufgeführt, **Bild 71** zeigt das Gerät. Das Gerät „GM-200“, im gleichen Gehäuse, hat eine erweiterte Ausstattung mit automatischem Prüfablauf und Speicher für 200 Prüfprotokolle und 50 Prüfprogramme, siehe Tabelle 43.

Die Firma Gossen Metrawatt brachte Anfang 1997 ein kleineres, leichteres Gerät mit der Bezeichnung „Sekutest 0751/601“ auf den Markt. Es ist im selben Gehäuse des Geräts von Bild 67, Sekutest 0701 S, untergebracht und hat wahlweise im Deckel ebenfalls einen PSI-Modul.

Weitere Merkmale sind:
Menügesteuerte Bedienerführung, großes beleuchtetes LCD-Display, automatische Erkennung von Fehlern, Prüfung fest installierter Prüflinge, Speicher- und Protokolliereinrichtung, alphanumerische Eingabe, Datenschnittstelle für PC und Drucker, mit 4 kg relativ geringes Gewicht.

10.5 Prüfung von Betriebsmitteln nach weiteren VDE-Bestimmungen

Im Abschnitt 10.1 wurden die wichtigsten VDE-Bestimmungen für die Prüfung von Betriebsmitteln aufgeführt:

- DIN VDE 0105 betrifft den Betrieb von Anlagen, 1997-10 keine Betriebsmittel.
- DIN VDE 0113 betrifft „Elektrische Ausrüstung von Maschinen“.
- DIN VDE 0701 betrifft die Prüfung von Betriebsmitteln nach Instandsetzung.
- DIN VDE 0702 betrifft die Wiederholungsprüfung von Betriebsmitteln.
- DIN VDE 0751 betrifft die Instandsetzung, Änderung und Prüfung von medizinischen elektrischen Geräten.
- DIN VDE 0804 betrifft Fernmeldetechnik; Zusatzfestlegung für Herstellung und Prüfung.

In **Tabelle 44** sind die Grenzwerte der aufgeführten VDE-Bestimmungen einander gegenübergestellt. Es werden bei den anderen Bestimmungen ähnliche Forderungen wie in DIN VDE 0701 gestellt, aber teilweise abweichende Grenzwerte angegeben.

Meßgröße	**Betriebsmittel nach DIN VDE**	**Instandhaltung allgemein VDE 0701**	**Wiederholungsprüfung allgemein VDE 0702**	**medizinische Geräte VDE 0751**	**Industriemaschinen VDE 0113**	**Fernmeldegeräte VDE 0804**
Schutzleiterwiderstand	mit Anschlußleitung	niederohmig	niederohmig	0,3 Ω	siehe Tabelle 45	0,1 Ω
	ohne Anschlußleitung	≤ 1 Ω	0,3 Ω	0,2 Ω		
Isolationswiderstand (bei 500 V–)	Schutzklasse I	0,5 MΩ	0,5 MΩ	2 MΩ	1 MΩ	2 MΩ
	Schutzklasse II intrakardiale Anwendung	2 MΩ	2 MΩ	7 MΩ 70 MΩ		2 MΩ
	Schutzklasse III, ab 25 VA	250 kΩ				2 MΩ
Ersatzableitstrom	ortsveränderliche Geräte	7 mA	7 mA	0,75 mA		
	Heizleistung ab ≥ 6 kW	15 mA	15 mA			
	mit Motor oder Transformator			3 mA		
	ortsfeste Geräte			3,5 mA		
	Handgeräte			0,5 mA		
	intrakardiale Anwendung Schutzklasse I			0,75 mA		
	intrakardiale Anwendung Schutzklasse II			0,05 mA		
	Ersatz-Patientenableitstrom			0,05 mA		
Ableitstrom	Schutzleiterstrom		3,5 mA			3,5 mA Klasse II + III 0,5 mA
	Berührungsstrom	0,25 mA	0,5 mA			

Tabelle 44 Grenzwerte bei der Prüfung elektrischer Geräte für Schutzleiterwiderstand, Isolationswiderstand und Ersatzableitstrom bei verschiedenen VDE-Bestimmungen. Der Ableitstrom ist meist die Hälfte des Ersatzableitstroms.

10.5.1 Die Prüfung elektrischer Ausrüstung von Maschinen nach VDE 0113/EN 60204

In **EN 60204** = DIN VDE 0113:1998-11 „Elektrische Ausrüstung von Maschinen" wird für die Prüfung im Abschnitt 19 vorgeschrieben:

- Überprüfung, daß die elektrische Ausrüstung mit der Dokumentation übereinstimmt.
- Überprüfung der durchgehenden Verbindung des Schutzleiters (siehe Tabelle 45).
- Isolationswiderstandsprüfung.
- Spannungsprüfung.
- Schutz gegen Restspannung.
- Funktionsprüfung.

Es wird empfohlen, die Prüfung in der gelisteten Reihenfolge durchzuführen. Die Angaben gelten primär für die Erstprüfung. Nach Instandsetzung oder Änderung muß dieser Teil, soweit es durchführbar ist, erneut geprüft werden. Für eine Wiederholungsprüfung sollen diese Forderungen Grundlage sein.

Durchgehende Verbindung des Schutzleitersystems
Die Durchgängigkeit des Schutzleitersystems kann durch eine Schleifenimpedanz-Messung überprüft werden, wie sie im Abschnitt 9.5 beschrieben wird. Hierzu gibt es Zweipol-Meßgeräte, die zwischen L und PE messen. Dies erfordert, daß die Maschine an die Energieversorgung angeschlossen ist.
Für die Prüfung der durchgehenden Verbindung des Schutzleiters wird noch eine besondere Messung vorgeschlagen, die sich von Angaben anderer Normen (z. B. VDE 0701/0702) unterscheidet.
Zwischen PE-Klemme und wesentlichen, leitfähigen Punkten des Schutzleitersystems wird ein Strom von wenigstens 10 A, 50/60 Hz, aus einer PELV-Stromquelle eingespeist. Die gemessene Spannung zwischen PE-Klemme und den Prüfpunkten darf die in **Tabelle 45** angegebenen Werte nicht übersteigen.
Verschiedene Hersteller liefern hierfür spezielle Meßgeräte nach EN 60204/VDE 0113, siehe Tabelle 40.

kleinster Schutzleiterquerschnitt in mm^2	1,0	1,5	2,5	4,0	> 6,0
maximaler Spannungsfall in V	3,3	2,6	1,9	1,4	1,0
entspricht einem Widerstand in Ω von	0,33	0,26	0,19	0,14	0,1

Tabelle 45 Zulässiger Spannungsfall am Schutzleiter bei der Prüfung nach VDE 0113

Isolationswiderstandsprüfung
Der Isolationswiderstand zwischen den Leitern der Hauptstromkreise und dem Schutzleitersystem wird mit einer Gleichspannung von 500 V– gemessen. Er darf nicht kleiner sein als 1 MΩ. Für bestimmte Teile, z. B. Sammelschienen, Schleifleitungssysteme oder Schleifringkörper, ist ein niedrigerer Wert erlaubt, jedoch nicht kleiner als 50 kΩ.

Spannungsprüfung
Zwischen Leitern aller Stromkreise und dem Schutzleitersystem wird eine Prüfspannung angelegt, ausgenommen solche mit Kleinspannung PELV. Die elektrische Ausrüstung muß der Prüfspannung mindestens 1 s lang standhalten. Die Prüfspannung muß:

- das Zweifache der Bemessungsspannung der Ausrüstung sein, jedoch > 1000 V;
- eine Frequenz von 50/60 Hz haben;
- durch einen Transformator gespeist werden, der mindestens 500-VA-Nennleistung hat.

Bauteile, die nicht für diese Prüfspannung ausgelegt sind, müssen abgeklemmt werden.
Verschiedene Hersteller liefern hierfür spezielle Hochspannungsprüfgeräte nach EN 60204/VDE 0113, siehe Tabelle 40.

Schutz gegen Restpannung
Diese Prüfung betrifft vorwiegend den Hersteller der Maschine. Er muß sicherstellen und prüfen, daß aktive Teile, die nach dem Öffnen der Abdeckung berührbar sind, 5 s nach dem Ausschalten der Versorgungsspannung keine höhere Spannung als 60 V aufweisen. Wird das nicht erreicht, muß ein Hinweisschild auf der Abdekkung sein.

Funktionsprüfung
Die Funktionen, insbesondere solche, die sich auf Sicherheit und technische Schutzmaßnahmen beziehen, müssen geprüft werden.

11 Werkstattausrüstung

Neben der „Auswahl für das Elektro-Installateurhandwerk", zu beziehen über den VDE-VERLAG, Berlin, mit den VDE-Bestimmungen in ihren jeweils gültigen Fassungen, gewährleistet durch ein Ergänzungsabonnement, und dem DIN-Taschenbuch „Normen für das Handwerk" Band 2, Elektrohandwerk (Elektroinstallation), sind eine Reihe von Meß- und Prüfgeräten vorgeschrieben.
In den „Richtlinien für die Werkstattausrüstung von Elektro-Installationsbetrieben" des ZVEH (Zentralverband der Deutschen Elektrohandwerke) wird neben den Meß- und Prüfgeräten eine „ortsfeste Prüftafel als Geräte-Prüfeinrichtung zur Prüfung gebrauchter elektrischer Betriebsmittel nach Instandsetzung oder Änderung entsprechend DIN VDE 0701" als Bestandteil der Ausstattung von Elektrowerkstätten verbindlich gefordert.
Folgende Meß- und Prüfgeräte gehören zur Werkstattausrüstung (Kombinations-Meßgeräte sind jedoch auch zulässig):

- einpoliger Spannungsprüfer nach DIN VDE 0680 Teil 6
- zweipoliger Spannungsprüfer nach DIN VDE 0680 Teil 5
- Spannungsmesser nach DIN VDE 0410, Meßbereich bis mindestens 600 V
- Strommesser nach DIN VDE 0410, Meßbereich bis mindestens 15 A
- Zangenstrommesser nach DIN VDE 0410, Meßbereich bis mindestens 300 A
- Isolationsmeßgerät nach DIN VDE 0413 Teil 2
- Schleifenwiderstandsmeßgerät nach DIN VDE 0413 Teil 3
- Widerstandsmeßgerät nach DIN VDE 0413 Teil 4
- Meßgerät nach DIN VDE 0413 Teil 6 zum Prüfen der Wirksamkeit der FI- und FU-Schutzeinrichtungen
- Drehfeldrichtungsanzeiger nach DIN VDE 0413 Teil 9
- Prüfplatz nach DIN VDE 0104 mit fest eingebauten Meßgeräten zum Prüfen elektrischer Betriebsmittel, insbesondere zum Messen von Betriebsspannung, Betriebsstrom, Ableitstrom, Isolationswiderstand und Schutzleiterwiderstand.

Bestückung:
Hauptsicherung 3 A × 25 A, FI-Schutzeinrichtung 4 A × 25 A/0,03 A, Wendeschalter 3 A × 25 A, je ein Spannungsmesser 0 V bis 60 V und 0 V bis 500 V, Voltmeter-Umschalter zur Messung von Außenleiter- und Strangspannung, Sicherheitstransformator 220/3-5-8-12-24-42 V/100 VA mit Leitungsschutzschalter 4 A bei 2 V bis 24 V und 2 A bei 42 V, Kleinspannungs-Wahlschalter, Durchgangsprüflampe, Perilex-Steckdose 16 A, CEE-Steckdose 16 A und 32 A 3L + N + PE, Schutzkontaktsteckdose 16 A (Meßsteckdose), Amperemeter 0 A bis 16 A, Schutzkontaktsteckdose 16 A (Arbeitssteckdose), zwei Klemmsteckbuchsen für Durchgangsprüflampe, fünf Klemmsteckbuchsen für L1, L2, L3, N, PE, zwei Klemmsteckbuchsen zur Abnahme der Kleinspannung, Meßgerät zur Schutzleiter-, Isolationswiderstands- und Ableitstrommessung nach DIN VDE 0701.

Solche Prüfplätze werden als Prüftafeln von verschiedenen Herstellern angeboten, siehe **Tabelle 46**.

Bezeichnung	Geräteausführung – Daten	Hersteller	Preise 1999
Sekutest 10 P	Prüftafel, tragbar oder ortsfest, 580 mm × 300 mm × 110 mm gemäß DIN VDE 0104, Metratester 4 eingebaut, Wechsel- und Drehstromanschluß, Automaten und FI Netzspannung 207…253 V, Gewicht 9 kg Schutzleiterwiderstand 0…20 Ω nach DIN VDE 0404 Isolationswiderstand 0…2 MΩ, 0…0 MΩ, 500 V– Ersatzableitstrom 0…20 mA Verbraucherstrom 0…16 A Prüfung auf Spannungsfreiheit, DIN VDE 0404 Teil 240, I = 0…2 A	Gossen Metrawatt GmbH Thomas-Mann-Straße 16 – 20 90471 Nürnberg	3750 DM
Sekutest 20 F	Prüftafel, ortsfest, 532 mm × 792 mm × 179 mm gemäß DIN VDE 0104, Metratester eingebaut Netzspannung 207…253 V, Gewicht 24 kg Wechsel- und Drehstromanschluß, Automaten und FI Schutzleiterwiderstand 0…20 Ω nach DIN VDE 0404 Isolationswiderstand 0…2 MΩ, 0…20 MΩ, 500 V– Ersatzableitstrom 0 … 20 mA Verbraucherstrom 0 … 16 A Prüfung auf Spannungsfreiheit, Teil 240, I = 0 … 2 mA		4450 DM
Sicherheits-prüfgerät HG 17 (EN)	Kompaktes Prüfgerät in 19-Zoll-Bauweise zur Sicherheitsprüfung von Geräten; Grenzwerte einstellbar, Signal bei Über- oder Unterschreitung durch rot-grüne Lampe Schutzleiterprüfung in Vierleitertechnik 11 V AC Prüfstrom 10 A AC, Grenzwerte 1/1,4/1,9/2,6/3,3 V Analoge Anzeige von Spannungsfall 0 – 4 V Isolationsprüfung mit 500 V DC, stabilisiert Grenzwert 1 MΩ, analoge Anzeige 1 … 50 MΩ	Eltha Thaler Meß- + Prüftechnik GmbH Postfach 66 93147 Beratzhausen	3980 DM
HG 27 (E) HG 27 (N)	Vereinfachte Ausführung ohne Grenzwerte, nur mit Anzeige Vereinfachte Ausführung mit Grenzwerten und mit Anzeige		1995 DM 2875 DM

Tabelle 46 Prüftafeln und Geräte verschiedener Hersteller für Werkstattausrüstungen nach den Richtlinien des Bundes-Installateur-Ausschusses (Preisangaben unverbindlich)

Bezeichnung	Geräteausführung – Daten	Hersteller	Preise 1999
HG 17 (Prot)	Ähnlich HG 17 (EN), µP-gesteuertes Prüfgerät mit Ausgang für handelsüblichen Drucker. Bis 350 Prüfungen können gespeichert und protokolliert werden.	Eltha Thaler Meß- + Prüftechnik GmbH Postfach 66 93147 Beratzhausen	8975 DM
HG 17 (Prot PC)	Wie HG 17 (Prot) mit Erweiterungen, die mit einer Software Eltha-HGS die Zusammenarbeit mit einem PC ermöglichen. Datenbank für 100 000 Gerätetypen. Prüfvorschriften und -Protokolle in der Datenbank.		9885 DM
HIP 10 HIP 15	Hochspannungsprüfgerät in 19-Zoll-Gehäuse, als Erweiterung der HG-Prüfgeräte, 1 kV AC mit Warnleuchte und Hochspannungsprüfspitze. Wie HIP 10, 5 kV AC mit Fußschalter.		2740 DM 3955 DM
PST 1E-1	Wechselstromverbraucher bis maximal 16 A	Elektra Tailfingen Schaltgeräte GmbH & Co. KG Postfach 1380 72461 Albstadt	4490 DM
PST 3E-1	Wechsel- und Drehstromverbraucher bis maximal 25 A (Stromaufnahmemessung)		5104 DM
PST 4E-1	zusätzlich Funktionsprüfung von Motoren mit Stern-Dreieck- und Polumschaltung		8051 DM
PGT 2E-1	tragbares Prüfgerät bis 16 A Wechsel- und Drehstromverbraucher, 480 mm × 350 mm × 380 mm		4190 DM
PM 10	Wechselstromverbraucher bis maximal 16 A	Merz GmbH & Co. KG Postfach 80 74401 Gaildorf (Schupa – Elektro GmbH + Co. KG)	3995 DM
PM 200	Wechsel- und Drehstromverbraucher bis maximal 25 A, 0 … 48 V, AC		4990 DM
PM 300	wie PM 200, Sicherheitstester abnehmbar		6035 DM
PM 400	wie PM 200, zusätzlich 0 … 42 V, DC, 4 A und Kurzschlußstrombegrenzung an Wechselstromverbraucher		6490 DM
PM 500	wie PM 400, Stromaufnahme an Wechselstrom- und Drehstromverbrauchern bis maximal 50 A		7800 DM
DST 1	Drehstromverbraucher bis 25 A, FI 0,5 A, Kleinspannung 3-5-8 V/2 A	Oberndorfer & Meier Schaltanlagen und Apparatebau Welserstraße 4 92224 Amberg	3054 DM
DST 2	wie DST 1, Einphasenmessung über Umschalter, Kleinspannung 4-8-12-24-42 V/3 A/125 VA Gleichspannung 0 … 12 V/12 … 24 V/1,5 A regelbar, FI 0,3 A		3990 DM
DST 11	Gesamtbelastung 16 A Kleinspannung 4-8-12-24-42 V/3 A/125 VA		3120 DM

Tabelle 46 (Fortsetzung) Prüftafeln und Geräte verschiedener Hersteller für Werkstattausrüstungen nach den Richtlinien des Bundes-Installateur-Ausschusses (Preisangaben unverbindlich)

12 Wartung und Kontrolle bzw. Kalibrierung von Meß- und Prüfgeräten

12.1 Wartung

Eine Wartung ist meist nur bei Geräten mit Batterie oder Akkumulator erforderlich. Batterien können auslaufen und sollten mindestens jährlich erneuert werden. Man beachte die Angaben der Hersteller. Akkumulatoren sollten auch bei nicht benutzten Geräten gelegentlich aufgeladen werden. Man beachte die Angaben der Hersteller. Es ist notwendig, daß man sich auf die angezeigten Meßwerte verlassen kann. Hierzu ist es erforderlich, daß die Geräte in regelmäßigen Abständen überprüft werden.
Für die Durchführung der Prüfungen sind Meßgeräte nach DIN VDE 0404, 0411 und 0413 zu verwenden. Die für die Prüfung benutzten Meßgeräte sind regelmäßig nach Herstellerangaben zu prüfen und zu kalibrieren. Die Prüfmittelüberwachung wird in der Normenreihe DIN EN ISO 9000 bis 9004 gefordert. Es werden Fristen von ein bis drei Jahren genannt. Die Hersteller der Geräte bieten eine solche Prüfmittelüberwachung an.
Werden Meßgeräte laufend benutzt und beachtet man bei der Messung die Üblichkeitswerte, kann man eventuelle Abweichungen vielfach schon erkennen, wenn sie vor Erreichen der Prüffrist auftreten.

12.2 Kontrolle, Kalibrierung, Justierung, Eichen

In der Normenreihe DIN EN ISO 9000 bis 9004 ist als wesentliches Qualitätssicherungs-Element die Prüfmittelüberwachung enthalten. Durch Prüfmittelüberwachung soll sichergestellt werden, daß alle Prüfmittel, die für die Produktqualität relevant sind, „richtig“ messen. Um dies zu gewährleisten, müssen diese regelmäßig kontrolliert bzw. kalibriert werden und auf nationale Normale rückführbar sein.
Kalibrieren bedeutet das Feststellen und Dokumentieren der Abweichung der Anzeige eines Meßgeräts vom richtigen Wert bzw. der Ausgangsgröße eines Prüfmittels vom Nennwert. Liegt die Anzeige eines Meßgeräts bzw. die Ausgangsgröße eines Prüfmittels bei der Kalibrierung außerhalb der zulässigen Toleranzen, ist meist eine Angleichung erforderlich. Das Gerät wird neu justiert, so daß die Werte innerhalb der zulässigen Toleranzen liegen, und dann nochmals kalibriert und die Werte erneut dokumentiert.
Justieren ist der Vorgang, bei dem ein Gerät so eingestellt bzw. abgeglichen wird, daß die Meßabweichungen vom Sollwert möglichst klein werden und innerhalb der Gerätespezifikation liegen. Dabei ist Justieren ein Vorgang, der das Meßgerät bleibend verändert.

Eichen ist ein Justieren durch ein Eichamt mit amtlicher Prüfung und Kennzeichnung. Oberste Behörde in der Bundesrepublik Deutschland ist die Physikalisch-Technische Bundesanstalt (PTB) in Braunschweig, in Österreich das Bundesamt für Eich- und Vermessungswesen in Wien.
Rückführbarkeit beschreibt einen Vorgang, durch den der angezeigte Meßwert eines Meßgeräts über einen oder mehrere Schritte mit dem nationalen Normal für die Meßgröße verglichen werden kann.

Welche **Kalibrier-Intervalle** sind für Meß- und Prüfmittel erforderlich?

Dazu läßt sich keine eindeutige Antwort geben, da dies u. a. von folgenden Faktoren abhängig ist:
- Meßgröße und zulässiges Toleranzband,
- Beanspruchung der Meß- und Prüfmittel,
- Stabilität der zurückliegenden Kalibrierungen,
- erforderliche Meßgenauigkeit.

Das bedeutet, daß der Abstand zwischen zwei Kalibrierungen letztendlich vom Anwender selbst festgelegt und überwacht werden muß. Die Empfehlungen der Hersteller für Kalibrier-Intervalle liegen bei ein bis vier Jahren. Nach VBG 4, Tabelle 5c, wird z. B. für Spannungsprüfer über 1 kV sechs Jahre angegeben.

Eine Kontrolle der Richtigkeit oder Genauigkeit der Anzeige darf nur an Meßobjekten vorgenommen werden, deren Werte bekannt sind (Referenzmeßstellen). Für die Prüfgeräte ist eine Prüftafel zu empfehlen, wie sie in Abschnitt 9.9 beschrieben wird. Andererseits kann man Multimeter an bekannten Spannungen oder durch Vergleich mehrerer Geräte auf richtige Anzeige kontrollieren. Isolationsmeßgeräte kann man mit einem Festwiderstand von 1 MΩ oder 10 MΩ kontrollieren.

Verschiedene Firmen bieten auch einfache, preiswerte Prüfnormale an, mit denen man die Geräte kontrollieren kann, z. B. die Firma Gossen Metrawatt, siehe Tabelle 40, und die Firma ETS, siehe Tabelle 46. Kann oder möchte man die Überprüfung der Geräte nicht selbst durchführen, besteht die Möglichkeit, das von einer Prüfstelle machen zu lassen. Die meisten Hersteller bieten ihre Dienste an.

12.3 Werkskalibrierung

Die meisten Hersteller bieten eine Überprüfung der Geräte im Werk an. Die Preise hierfür liegen etwa bei einem Zehntel des Gerätepreises. Die ausgeführte Prüfung wird in einem Zertifikat bestätigt.
Erfüllen die festgestellten Meßwerte bei der Kalibrierung die geforderten Spezifikationen, so wird dies in einem „Werks-Kalibrierschein" bescheinigt. Ebenso wird bestätigt, daß die Kalibrierung durch Vergleich mit Meß- und Prüfmitteln erfolgte, deren Rückführbarkeit auf nationale Normale sichergestellt ist. Zusätzlich sind auftragsbezogene Daten, Angaben zur Identifikation des Kalibriergegenstands, Datum der Kalibrierung sowie Datum der nächsten durchzuführenden Kalibrierung

angegeben. Die Gültigkeit des Werks-Kalibrierscheins wird unter Angabe des Ausstellungsdatums mit Firmenstempel und Unterschrift bestätigt.
Ein Blatt „Kalibrierprotokoll" enthält im Kopfteil auftragsbezogene Daten und Angaben zur Identifikation des Kalibriergegenstands, um eine zweifelsfreie Zuordnung zum Deckblatt des Werks-Kalibrierscheins sicherzustellen. Weiter sind aufgeführt: Die Kalibriergeräte, das Kalibrierdatum, die Meßergebnisse mit Angabe der Meßunsicherheiten. Die Gültigkeit des Kalibrierprotokolls wird durch Unterschrift des Ausführenden bestätigt.
Vom Hersteller wird die „Rückführbarkeit auf nationale Normale der PTB (Physikalisch Technische Bundesanstalt)" garantiert. Die Kalibriergeräte unterliegen einer Prüfmittelüberwachung gemäß DIN EN ISO 9001.

Teil D Anlage

1 VDE-Vorschriftenwerk, Gliederung

Die Gruppen 0 bis 8 mit den wichtigsten VDE-Bestimmungen, Stand 1999-01

DIN VDE	Titel
Gruppe 0	**Allgemeines**
0022	Satzung des VDE
0024	Prüfstelle und Prüfzeichen
1000	Allgemeine Leitsätze der Sicherheit
Gruppe 1	**Energieanlagen**
0100	Errichten von Starkstromanlagen bis 1000 V, Teile 100 bis 739
0101	Errichten von Starkstromanlagen über 1000 V
0104	Errichten und Betreiben elektrischer Prüfanlagen
0105	Betrieb von Starkstromanlagen, Teile 1 bis 15
0106	Schutz gegen elektrischen Schlag
0107	Starkstromanlagen in medizinisch genutzten Räumen
0108	Starkstromanlagen in baulichen Anlagen für Menschenansammlungen
0109, 0110, 0111	Isolationskoordination in Betriebsmitteln, Luft- und Kriechstrecken,
0113	Sicherheit von Maschinen, Elektrische Ausrüstung von Maschinen
0115	Bahnen, Teile 1 bis 501
0117	Förderzeuge
0118	Bergbau
0122 bis 0160	Besondere Anwendungsbereiche
0129	Elektrische Anlagen auf Schiffen
0141	Erdung bei Nennspannungen über 1 kV
0160	Ausrüstung von Starkstromanlagen mit elektronischen Betriebsmitteln
0165 bis 0170	Errichten von elektrischen Anlagen in explosionsgefährdeten Bereichen
0185	Blitzschutzanlagen

DIN VDE	Titel
Gruppe 2	**Energieleiter**
0206	Leitsätze für Farbkennzeichnung
0207	Isolierstoffe für Kabel und isolierte Leitungen
0210	Freileitung über 1000 V
0211	Freileitung unter 1000 V
0212 bis 0220	Bauteile von Leitungen
0228	Beeinflussung von Fernmeldeanlagen durch Starkstrom
0245	Leitung für elektrische und elektronische Betriebsmittel in Starkstromanlagen, Teile 1 bis 202
0250	Isolierte Starkstromleitungen, Teile 1 bis 818
0253 bis 0299	Besondere Kabel, Verbindungsmittel und Verhalten
Gruppe 3	**Isolierstoffe**
0301 und 0302	Bewertung und Klassifikation
0303	Prüfungen von Werkstoffen, Teile 1 bis 14
0304	Thermische Eigenschaften, Teile 1 bis 24
0306	Einfluß von Strahlen
0310 bis 0380	Bestimmungen für die verschiedenen Isolierstoffe
Gruppe 4	**Messen, Steuern, Prüfen**
0403	Durchgangsprüfgeräte
0404	Geräte zur sicherheitstechnischen Prüfung von Betriebsmitteln
0411	Elektronische Meß-, Steuer-, Regel- und Laborgeräte, Teile 1 bis 500
0413	Geräte zum Prüfen der Schutzmaßnahmen in Anlagen, Teile 1 bis 9
0414	Meßwandler, Teile 1 bis 208
0418	Elektrizitätszähler, Teile 1 bis 101
0432 bis 0434	Hochspannungs-Prüftechnik, Teile 1 bis 5
0435	Relais
0441 bis 0471	Prüfung von Isolierstoffen und Gehäusen

DIN VDE	Titel
0472	Prüfung an Kabeln und isolierten Leitungen, Teile 1 bis 818 (auch 0473 Teil 811)
Gruppe 5	**Maschinen, Umformer**
0501	Akkumulatoren, Teile 1 bis 7
0530	Drehende elektrische Maschinen, Teile 1 bis 23
0532	Transformatoren und Drosselspulen, Teile 1 bis 31
0535	Elektrische Maschinen, Transformatoren, Drosselspulen auf Fahrzeugen
0543 bis 0545	Schweißeinrichtungen
0550	Kleintransformatoren, Teile 1 bis 6
0551	Sicherheitstransformatoren
0553	Hochspannungs-Gleichstrom
0554 bis 0559	Stromrichter
0560	Kondensatoren, Teile 1 bis 440
0565	Funk-Entstörmittel
Gruppe 6	**Installationsmaterial, Schaltgeräte**
0603	Installationskleinverteiler und Zählerplätze
0604	Elektro-Installationskanäle für Wand und Decke
0605	Installationsrohrsysteme
0606 bis 0614	Verbindungsmaterial und Klemmen
0616	Lampenfassungen, Teile 1 bis 100
0618	Betriebsmittel für den Potentialausgleich
0620 bis 0630	Stecker
0631	Regler, Automatische elektrische Regel- und Steuergeräte
0632	Schalter bis 750 V, 63 A
0633	Schaltuhren
0636	Niederspannungs-Sicherungen, Teile 1 bis 121
0641	Leitungsschutzschalter bis 63 A, Teile 1 bis 11
0660	Schaltgeräte unter 1 kV, Teile 12 bis 512
0664	Fehlerstrom-Schutzeinrichtungen
0670	Wechselstromschaltgeräte über 1 kV, Teile A 1 bis 1000
0675	Überspannungsableiter, Teile 1 bis 102

DIN VDE	Titel
0680	Körperschutzmittel, Schutzvorrichtung und Geräte, Teile 1 bis 7
0681 bis 0683	Geräte zum Abschranken etc.
0686	Elektrofischereigeräte
Gruppe 7	**Gebrauchsgeräte, Arbeitsgeräte**
0700	Sicherheit elektrischer Geräte für den Hausgebrauch, Teile 1 bis 600
0701	Instandsetzung, Änderung und Prüfung elektrischer Geräte, Teile 1 bis 260
0702	Wiederholungsprüfung an elektrischen Geräten
0710 und 0711	Leuchten, Teile 1 bis 600
0712 und 0713	Entladungslampen
0715	Glühlampen
0720 und 0721	Elektrowärmegeräte, Teile 1 bis 9012
0725 bis 0727	Elektrowärmegeräte für den Hausgebrauch
0730 bis 0737	Geräte mit elektromotorischem Antrieb für den Hausgebrauch
0740	Handgeführte Elektrowerkzeuge, Teile 1 bis 1217
0741	Schleif- und Poliermaschinen
0745	Elektrostatische Handsprüheinrichtungen
0750	Medizinische elektrische Geräte, Teile 1 bis 236
0751	Instandsetzung, Änderung und Prüfung von medizinischen elektrischen Geräten
0752 bis 0755	Sicherheit und weitere elektromedizinische Geräte
0789	Unterrichtsräume und Laboratorien

DIN VDE	Titel
Gruppe 8	**Informationstechnik**
0800	Fernmeldetechnik, Teile 1 bis 10
0804	Fernmeldetechnik; Herstellung und Prüfung der Geräte
0805	Einrichtungen der Informationstechnik und elektrische Büromaschinen
0808	Signalübertragung auf elektrischen Niederspannungsnetzen
0811 bis 0819	Leitungen und Kabel
0820	Geräteschutzeinrichtung, Teile 1 bis 22
0830 bis 0834	Signal- und Meldeanlagen
0835 und 0836	Lasereinrichtungen
0838	Funkstörung durch Hausgeräte
0839 bis 0843	Elektromagnetische Verträglichkeit, Teile 1 bis 217
0845 bis 0848	Fremdeinfluß auf Fernmeldeanlagen
0855	Kabelverteilersysteme für Ton- und Fernsehrundfunk-Signale
0860	Elektronische Geräte für den Hausgebrauch
0866	Funksender
0871 bis 0879	Funk-Entstörung von Hochfrequenzgeräten
0887	Koaxiale Hochfrequenz-Kabel
0888	Lichtwellenleiter
0891	Verwendung von Kabeln und Leitungen, Teile 1 bis 10
0899	Verwendung von Lichtwellenleiter-Fasern, Teile 1 bis 5

2 Übersicht über DIN VDE 0100 (Stand Anfang 1999)

DIN VDE	Titel
0100:1973-05	Bestimmungen für das Errichten von Starkstromanlagen-mit Nennspannungen bis 1000 V
0100g:1976-07	– Änderung g zu DIN VDE 0100:1973-05
Auszüge aus 0100:1973-05 und 0100g:1976-07	
Bbl. 1 zu 0100:1982-11	Errichten von Starkstromanlagen mit Nennspannungen bis 1000 V – Entwicklungsgang der Errichtungsbestimmungen
Bbl. 2 zu 0100:1992-10	– Verzeichnis der einschlägigen Normen
Bbl. 3 zu 0100:1983-03	– Struktur der Normenreihe
Bbl. 5 zu 0100:1995-11	– Maximal zulässige Längen von Kabeln und Leitungen unter Berücksichtigung des Schutzes bei indirektem Berühren, des Schutzes bei Kurzschluß und des Spannungsfalls
0100 Teil 100:1982-05	– Anwendungsbereich; Allgemeine Anforderungen
0100 Teil 200:1998-06	– Begriffe (siehe auch Bbl. 5: 1998-06)
0100 Teil 300:1996-01	– Bestimmungen allgemeiner Merkmale
0100 Teil 410:1997-01	– Schutzmaßnahmen; Schutz gegen elektrischen Schlag
0100 Teil 420:1991-11	– Schutz gegen thermische Einflüsse
0100 Teil 430:1991-11	– Schutz von Kabeln und Leitungen bei Überstrom
0100 Teil 442:1997-11	– Schutzmaßnahmen; Schutz bei Überspannung
0100 Teil 450:1990-03	– Schutzmaßnahmen; Schutz gegen Unterspannung
0100 Teil 460:1994-02	– Schutzmaßnahmen; Trennen und Schalten
0100 Teil 470:1996-02	– Schutzmaßnahmen; Anwendung der Schutzmaßnahmen
0100 Teil 482:1997-08	– Schutzmaßnahmen; Auswahl von Schutzmaßnahmen als Funktion
0100 Teil 510:1997-01	– Auswahl und Errichtung elektrischer Betriebsmittel; Allgemeines
0100 Teil 520:1996-01	– –; Kabel- und Leitungssysteme (-anlagen)
Bbl. 1 zu 0100 Teil 520:	– –; Kabel- und Leitungssysteme (-anlagen) (siehe auch A1: 1999-01)
1994-11	Begrenzung des Temperaturanstiegs bei Schnittstellen anschlüssen
0100 Teil 534: 1999-04	– Bestimmungen für Transduktoren
0100 Teil 537:1988-10	– Auswahl und Errichtung elektrischer Betriebsmittel; Trenn- und Schaltgeräte
0100 Teil 540:1991-11	– Erdung, Schutzleiter, Potentialausgleichsleiter

DIN VDE	Titel
0100 Teil 550:1988-04	– Auswahl und Errichtung elektrischer Betriebsmittel; Steckvorrichtungen, Schalter und Installationsgeräte
0100 Teil 551:1997-08	– Auswahl und Errichtung elektrischer Betriebsmittel; Andere Betriebsmittel …
0100 Teil 559:1983-03	– Leuchten und Beleuchtungsanlagen
0100 Teil 560:1995-07	– Elektrische Anlagen für Sicherheitszwecke
0100 Teil 610:1994-04	– Erstprüfungen
0100 Teil 701:1984-05	– Räume mit Badewanne oder Dusche
0100 Teil 702:1992-06	– Überdachte Schwimmbäder (Schwimmhallen) und Schwimmbäder im Freien
0100 Teil 703:1992-06	– Räume mit elektrischen Sauna-Heizgeräten
0100 Teil 704:1987-11	– Baustellen
0100 Teil 705:1992-10	– Landwirtschaftliche und gartenbauliche Anwesen
0100 Teil 706:1992-06	– Leitfähige Bereiche mit begrenzter Bewegungsfreiheit
0100 Teil 708:1993-10	– Elektrische Anlagen auf Campingplätzen und in Caravans
0100 Teil 721:1984-04	– Caravans, Boote und Jachten sowie ihre Stromversorgung auf Camping- bzw. an Liegeplätzen
0100 Teil 722:1984-05	– Fliegende Bauten, Wagen und Wohnwagen nach Schaustellerart
0100 Teil 723:1990-11	– Unterrichtsräume mit Experimentierständen
0100 Teil 724:1980-06	– Elektrische Anlagen in Möbeln und ähnlichen Einrichtungsgegenständen, z. B. Gardinenleisten, Dekorationsverkleidung
0100 Teil 725:1991-11	– Hilfsstromkreise
0100 Teil 726:1990-03	– Hebezeuge
0100 Teil 726/A1: 1995-04	– Änderung 1
0100 Teil 729:1986-11	– Aufstellen und Anschließen von Schaltanlagen und Verteilern
0100 Teil 731:1986-02	– Elektrische Betriebsstätten und abgeschlossene elektrische Betriebsstätten
0100 Teil 732:1995-07	– Hausanschlüsse in öffentlichen Kabelnetzen
0100 Teil 736:1983-11	– Niederspannungsstromkreise in Hochspannungsschaltfeldern
0100 Teil 737:1990-11	– Feuchte und nasse Bereiche und Räume; Anlagen im Freien …
0100 Teil 738:1988-04	– Springbrunnen
0100 Teil 739:1989-06	– Zusätzlicher Schutz bei direktem Berühren in Wohnungen

3 Verzeichnis der Unfallverhütungsvorschriften (UVV) der Berufsgenossenschaften, VBG-Vorschriften (Kurzfassung) (Stand 4.98)

VBG Nr.	Titel
1	Allgemeine Vorschriften
2	Wärmekraftwerke
3	Kohlenstaubanlagen
4	Elektrische Anlagen und Betriebsmittel
5	Kraftbetriebene Arbeitsmittel
7a bis z	Arbeitsmaschinen
8 bis 10	Fördermaschinen
11	Schienenbahnen
12	Fahrzeuge
13	Nietmaschinen
14	Hebebühnen
15	Schweißen, Schneiden usw.
16	Verdichter
20	Kälteanlagen, Wärmepumpen und Kühleinrichtungen
21	Verwenden von Flüssiggas
22	Arbeitsmaschinen der Chemischen-, Gummi- und Kunststoffindustrie
23	Verarbeiten von Beschichtungsstoffen
24	Trockner für Beschichtungsstoffe
30	Kernkraftwerke
32	Gießereien
36	Flurförderzeuge
37	Bauarbeiten
38 a	Arbeiten im Bereich von Gleisen
39	Taucherarbeiten
40	Bagger, Planiergeräte (Erdbaumaschinen) usw.
41	Rammen
43	Heiz-, Flamm- und Schmelzgeräte für Bau- und Montagearbeiten
44	Tragbare Eintreibgeräte
45	Arbeiten mit Schußapparaten
48	Strahlarbeiten
49	Schleif- und Bürstwerkzeuge
50	Arbeiten an Gasleitungen

VBG Nr.	Titel
57	Elektrolytische und chemische Oberflächenbehandlung, Galvanotechnik
57a	Wärmebehandlung von Aluminium oder -Legierungen in Salpeterbädern
61	Gase
70	Bühnen und Studios
74	Leitern und Tritte
76	Verpackungs- und Verpackungshilfsmaschinen
78	Luftfahrt
80	Bild- und Filmwiedergabe
87	Arbeiten mit Flüssigkeitsstrahlen
88	Tragbare Schußwaffen
89	Arbeiten an Masten, Freileitungen und Oberleitungsanlagen
93	Laserstrahlen
100	Arbeitsmedizinische Vorsorge
103	Gesundheitsdienst
109	Erste Hilfe
112	Silos
113	Umgang mit krebserzeugenden Gefahren
119	Gesundheitsgefährlicher mineralischer Staub
121	Lärm
122	Fachkräfte für Arbeitssicherheit
123	Betriebsärzte
125	Sicherheitskennzeichnung am Arbeitsplatz

4 Aufstellung der VDE-Bestimmungen, die in der VBG 4 herangezogen werden und auf die verwiesen wird (Kurzfassung)

Anhang zu den Durchführungsanweisungen vom April 1996 zur Unfallverhütungsvorschrift „Elektrische Anlagen und Betriebsmittel“ (VBG 4) – Ausgabe April 1996*)
Die Berufsgenossenschaft hat auf die hier aufgeführten VDE-Bestimmungen in ihrem Mitteilungsblatt verwiesen**).

DIN VDE	Titel
1000	Allgemeine Leitsätze für das sicherheitsgerechtere Gestalten technischer Erzeugnisse
0100	Bestimmungen für das Errichten von Starkstromanlagen mit Nennspannungen bis 1000 V
0100g	– Änderung zu DIN VDE 0100:1973-05
0100	Errichten von Starkstromanlagen mit Nennspannungen bis 1000 V, Teile 100 bis 739
0101	Errichten von Starkstromanlagen mit Nennspannungen über 1 kV
0104	Errichten und Betreiben von elektrischen Prüfanlagen
0105	Betrieb von Starkstromanlagen, Teile 1 bis 15
0106	Schutz gegen elektrischen Schlag, Teile 1, 100 und 101
0107	Starkstromanlagen in Krankenhäusern und medizinisch genutzten Räumen außerhalb von Krankenhäusern
0108	Starkstromanlagen und Sicherheitsversorgung in baulichen Anlagen für Menschenansammlungen, Teile 1 bis 8
0110	Isolationskoordination für elektrische Betriebsmittel in Niederspannungsanlagen
0111	Isolationskoordination für Betriebsmittel in Drehstromnetzen über 1 kV, Teile 1 und 2
0113	Sicherheit von Maschinen; elektrische Ausrüstung von Maschinen
0115	Bahnen, Teile 1 bis 3
0116	Elektrische Ausrüstungen von Feuerungsanlagen

---

*) Dieser Anhang wird jährlich neu herausgegeben. Es ist nur die jeweils von der Berufsgenossenschaft als letzte herausgegebene Übersicht maßgebend.

**) Die VDE-Bestimmungen sind zu beziehen beim VDE-VERLAG GMBH, Bismarckstr. 33, 10625 Berlin.

DIN VDE	Titel
0117	Flurförderzeuge mit batterieelektrischem Antrieb
0118	Errichten elektrischer Anlagen im Bergbau unter Tage
0122	Elektrische Ausrüstung von Elektro-Straßenfahrzeugen
0123	Stromführung im Bereich von Radsatz-Wälzlagern in Schienenfahrzeugen
0128	Errichten von Leuchtröhrenanlagen mit Nennspannungen über 1000 V
0131	Errichtung und Betrieb von Elektrozaunanlagen
0132	Brandbekämpfung im Bereich elektrischer Anlagen
0136	Errichten von Elektrofischereianlagen
0141	Erdungen für Starkstromanlagen mit Nennspannungen über 1 kV
0143	Abspritzeinrichtungen für Starkstromanlagen mit Nennspannungen über 1 kV
0146	Errichten von Elektrofilteranlagen
0147	Errichten ortsfester elektrostatischer Sprühanlagen, Teile 1 und 2
0150	Schutz gegen Korrosion durch Streuströme aus Gleichstromanlagen
0160	Ausrüstung von Starkstromanlagen mit elektronischen Betriebsmitteln
0165	Errichten elektrischer Anlagen in explosionsgefährdeten Bereichen
0166	Elektrische Anlagen und deren Betriebsmittel in explosivstoffgefährdeten Bereichen
0168	Errichten elektrischer Anlagen in Tagebauen, Steinbrüchen und ähnlichen Betrieben
0170/0171	Elektrische Betriebsmittel für explosionsgefährdete Bereiche, Teile 1 bis 10 (EN 50014 bis EN 50039)
0185	Blitzschutzanlagen (VDE-Richtlinie)
0199	Codierung von Anzeigegeräten und Bedienteilen durch Farben und ergänzende Mittel
0210	Bau von Starkstrom-Freileitungen mit Nennspannungen über 1 kV
0211	Bau von Starkstrom-Freileitungen mit Nennspannungen bis 1000 V
0212	Armaturen für Freileitungen und Schaltanlagen – Isolierverhalten von Armaturen für isolierte Freileitungen
0228	Maßnahmen bei Beeinflussung von Fernmeldeanlagen durch Starkstromanlagen, Teile 1 bis 5
0250	Isolierte Starkstromleitungen, Teile 1 bis 816
0253	Isolierte Heizleitungen
0255	Bestimmungen für Kabel mit massegetränkter Papierisolierung und Metallmantel für Starkstromanlagen (ausgenommen Gasdruck- und Ölkabel)

DIN VDE	Titel
0256	Bestimmungen für Niederdruck-Ölkabel und ihre Garnituren für Wechsel- und Drehstromanlagen mit Nennspannungen bis 275 kV
0257	Bestimmungen für Gasaußendruckkabel im Stahlrohr und ihre Garnituren für Wechsel- und Drehstromanlagen mit Nennspannungen bis 275 kV
0258	Bestimmungen für Gasinnendruckkabel und ihre Garnituren für Wechsel- und Drehstromanlagen mit Nennspannungen bis 275 kV
0262	Installationskabel mit Isolierung aus vernetztem Polyethylen und Mantel aus thermoplastischem PVC mit Nennspannung 0,1/1 kV
0263	Kabel mit Isolierung aus vernetztem Polyethylen und ihre Garnituren; Nennspannung U/U 18/30 kV bis 87/150 kV
0265	Kabel mit Kunststoffisolierung und Bleimantel für Starkstromanlagen
0271	Kabel mit Isolierung und Mantel aus thermoplastischem PVC mit Nennspannungen bis 6/10 kV
0273	Kabel mit Isolierung aus vernetztem Polyethylen; Nennspannungen: U/U 6/10 kV, 12/20 kV und 19/30 kV
0274	Isolierte Freileitungsseile mit Isolierung aus vernetztem Polyethylen; Nennspannung: U_0/U 0,6/1 kV
0276	Starkstromkabel 0,6/1 kV, Teile 603 bis 1000
0281	PVC-isolierte Starkstromleitungen mit Nennspannungen U_0/U = 0,6/1 kV, Teile 1 bis 404
0282	Gummi-isolierte Starkstromleitungen, Teile 1 bis 808
0284	Mineralisolierte Leitungen mit Nennspannungen bis 750 V
0298	Verwendung von Kabeln und isolierten Leitungen für Starkstromanlagen, Teile 1 bis 4
0303	Prüfverfahren für Elektroisolierstoffe, Teile 30 und 31
0340	VDE-Bestimmungen für selbstklebende Isolierbänder, Teil 1 – Kunststoffbänder
0373	Bestimmung für neues Schwefelhexafluorid
0403	Messen, Steuern, Regeln; Durchgangsprüfgeräte
0404	Messen, Steuern, Regeln; Geräte zur sicherheitstechnischen Prüfung von elektrischen Betriebsmitteln
0411	Sicherheitsbestimmungen für elektrische Meß-, Steuer-, Regel- und Laborgeräte, Teile 1 bis 500
0413	Messen, Steuern, Regeln; Geräte zum Prüfen der Schutzmaßnahmen in elektrischen Anlagen
0413	Teil 1 – Allgemeine Anforderungen
0413	Teil 2 – Geräte zum Überwachen von Schutzmaßnahmen; Allgemeine Anforderungen
0413	Teil 3 – Schleifenwiderstands-Meßgeräte
0413	Teil 4 – Widerstands-Meßgeräte

DIN VDE	Titel
0413	Teil 5 – Erdungs-Meßgeräte
0413	Teil 6 – Geräte zum Prüfen der Wirksamkeit von FI- und FU-Schutzeinrichtungen in TN- und TT-Systemen
0413	Teil 7 – Drehfeld-Anzeigegeräte
0413	Teil 8 – Isolations-Überwachungsgeräte zum Überwachen von Wechselspannungsnetzen mittels überlagerter Gleichspannung
0413	Teil 9 – Einrichtungen zur Isolationsfehlersuche
0414	Bestimmungen für Meßwandler, Teile 3 bis 6
0418	Bestimmungen für Elektrizitätszähler, Teile 7 bis 12
0420	Rundsteuerempfänger
0432	Hochspannungs-Prüftechnik
0435	Elektrische Relais, Teile 100 bis 3012
0470	Prüfgeräte und Prüfverfahren, Prüfung des Berührungsschutzes, Schutzarten durch Gehäuse
0471	Prüfungen zur Beurteilung der Brandgefahr; Anleitung für die Aufstellung von Anforderungen und Prüfbestimmungen zur Beurteilung der Brandgefahr von elektrischen Erzeugnissen
0472	Prüfung an Kabeln und isolierten Leitungen
0510	VDE-Bestimmungen für Akkumulatoren und Batterie-Anlagen
0525	Umlaufende elektrische Maschinen für Flurförderzeuge mit elektromotorischem Antrieb
0530	Drehende elektrische Maschinen, Teile 1 bis 8
0532	Transformatoren und Drosselspulen, Teile 1 bis 30
0535	Elektrische Maschinen, Transformatoren und Drosselspulen auf Schienen- und Straßenfahrzeugen
0540	Bestimmungen für Gleichstrom-Lichtbogen-Schweißgeneratoren und -umformer
0541	Bestimmungen für Stromquellen zum Lichtbogenschweißen mit Wechselstrom
0543	Schweißstromquellen zum Lichtbogenhandschweißen für begrenzten Betrieb
0544	Einrichtungen zum Lichtbogenschweißen, Teile 1 bis 205
0545	Widerstandsschweißeinrichtungen, Teil 1 – Sicherheitstechnische Festlegungen für die elektrische Ausrüstung von Einrichtungen für das Widerstandsschweißen
0550	Bestimmungen für Kleintransformatoren, Teile 1 bis 6
0551	Trenntransformatoren und Sicherheitstransformatoren
0552	Bestimmungen für Stelltransformatoren mit quer zur Windungsrichtung bewegten Stromabnehmern
0556	Bestimmungen für Vielkristallhalbleiter-Gleichrichter

DIN VDE	Titel
0557	Stromversorgungsgeräte für Niederspannungen mit Gleichstromausgang
0558	Halbleiter-Stromrichter, Teile 1 bis 11
0560	Kondensatoren
0565	Funk-Entstörmittel, Teile 1 und 2
0580	Elektromagnetische Geräte
0603	Installationskleinverteiler und Zählerplätze AC 400 V
0604	Elektro-Installationskanäle für Wand und Decke, Teile 1 bis 3
0605	Elektroinstallationsrohrsysteme für elektrische Installation
0606	Verbindungsmaterial bis 600 V
0609	Klemmstellen von Schraubenklemmen zum Anschließen oder Verbinden von Kupferleitern bis 240 mm^2
0611	VDE-Bestimmungen für Reihenklemmen zum Anschließen oder Verbinden von Kupferleitern bis 1000 V Wechselspannung und bis 1200 V Gleichspannung, Teile 1 und 2
0613	Verbindungsmaterial für Niederspannungs-Stromkreise für Haushalt und ähnliche Zwecke
0616	Lampenfassungen, Teile 1 bis 5
0620	Steckvorrichtungen bis 250 V 25 A
0623	Industriesteckvorrichtungen bis 200 A und 750 V, Teile 1 bis 20
0625	Gerätesteckvorrichtungen für den Hausgebrauch und ähnliche Zwecke, Teile 1 bis 10
0626	Geräteanschlußleitungen (cord sets)
0627	Steckverbinder und Steckvorrichtungen mit Bemessungsspannungen bis AC 1000 V, bis DC 1200 V und mit Bemessungsströmen bis 500 A je Kontakt
0628	Steckverbinder für Nennspannungen bis AC 380 V mit Nennstrom von 16 A
0630	Geräteschalter bis 500 V und bis 63 A, Teile 1 bis 12
0631	Temperaturregler, Temperaturbegrenzer und ähnliche Vorrichtungen
0632	Vorschriften für Schalter bis 750 V 63 A
0633	Schaltuhren
0634	Unterflur-Elektroinstallation
0635	Niederspannungssicherungen; D-Sicherungen E 16 bis 25 A, 500 V D-Sicherungen bis 100 A, 750 V D-Sicherungen bis 100 A, 500 V
0636	Niederspannungssicherungen, Teile 1 bis 108
0637	Fern- und Zeitschalter für Hausinstallationen; Schalter mit elektromagnetischer Fernbedienung, Teile 1 bis 3

DIN VDE	Titel
0638	Niederspannungs-Schaltgeräte Schalter-Sicherungs-Einheiten; DO-System
0641	Leitungsschutzschalter bis 63 A Nennstrom und bis 440 V Gleichspannung, Teil 2
0641	Leitungsschutzschalter bis 63 A Nennstrom, bis 415 V Wechselspannung, Teile 1 bis 3
0642	Geräteschutzschalter (GS)
0660	Schaltgeräte, Teile 4 bis 509
0661	Ortsveränderliche Schutzeinrichtungen zur Schutzpegelerhöhung für Nennwechselspannung U_n = 230 V, Nennstrom I_n = 16 A, Nenndifferenzstrom $I_{\Delta n} \leq 30$ mA
0664	Fehlerstrom-Schutzeinrichtungen, Teile 1 bis 3
0667	Elektrozaungeräte
0670	Wechselstromschaltgeräte für Spannungen über 1 kV, Teile 2 bis 1000
0675	Überspannungsableiter
0680	Körperschutzmittel; Schutzvorrichtungen und Geräte zum Arbeiten an unter Spannung stehenden Teilen bis 1000 V, Teile 1 bis 6
0681	VDE-Bestimmungen für Geräte zum Betätigen, Prüfen und Abschranken unter Spannung stehender Betriebsmittel mit Nennspannungen über 1 kV, Teile 1 bis 8
0682	Handwerkszeuge zum Arbeiten an unter Spannung stehenden Teilen bis AC 1000 V und DC 1500 V, Teile 201 bis 741
0683	Arbeiten unter Spannung – Erdungs- oder Erdungs- und Kurzschließvorrichtungen mit Stäben als kurzschließendes Gerät – Staberdung
0700	Sicherheit elektrischer Geräte für den Hausgebrauch und ähnliche Zwecke, Teile 1 bis 600
0701	Instandsetzung, Änderung und Prüfung elektrischer Geräte, Teile 1 bis 13 und 200 bis 260
0702	Wiederholungsprüfungen an elektrischen Geräten
0710	Vorschriften für Leuchten mit Betriebsspannungen unter 1000 V, Teile 1 bis 15
0711	Leuchten, Teile 1 bis 301 (IEC 570)
0712	VDE-Bestimmungen für Entladungslampenzubehör mit Nennspannungen bis 1000 V, Teile 1 bis 201
0713	Zubehör für Leuchtstoffröhrenanlagen über 1000 V, Teile 1 bis 6
0715	Lampen, Teile 1 bis 9
0720	Bestimmungen für Elektrowärmegeräte für den Hausgebrauch und ähnliche Zwecke, Teile 1 bis 9
0721	Bestimmungen für industrielle Elektrowärmeanlagen (Einrichtungen und deren Zubehör), Teile 1 bis 9012

DIN VDE	Titel
0722	Elektrische Ausrüstung von nicht elektrisch beheizten Wärmegeräten
0725	VDE-Bestimmungen für schmiegsame Elektrowärmegeräte für den Hausgebrauch und ähnliche Zwecke
0727	Elektrowärmegeräte für den Hausgebrauch und ähnliche Zwecke, Teile 1 und 2
0730	Bestimmungen für Geräte mit elektromotorischem Antrieb für den Hausgebrauch und ähnliche Zwecke, Teile 1 und 2 sowie 2 a bis 2 ZR
0737	Bestimmungen für Geräte mit elektromotorischem Antrieb für den Hausgebrauch und ähnliche Zwecke, Teile 1 bis 2 S
0740	Handgeführte Elektrowerkzeuge, Teile 1 bis 1000
0741	Bestimmungen für Schleif- und Poliermaschinen
0745	Bestimmungen für die Auswahl, Errichtung und Anwendung elektrostatischer Sprühanlagen für brennbare Sprühstoffe, Teile 100 bis 200
0750	Sicherheit elektromedizinischer Geräte, Teile 1 bis 233
0751	Instandsetzung, Änderung und Prüfung von medizinischen elektrischen Geräten, Teil 1 – Allgemeine Festlegungen
0753	Anwendungsregeln für Hämodialysegeräte, Teil 4
0755	Elektrische Geräte zur Schweinebetäubung
0789	Unterrichtsräume und Laboratorien; Einrichtungsgegenstände; Sicherheitsbestimmungen für energieversorgte Baueinheiten, Teil 1
0791	Sicherheit von industriell und gewerblich genutzten Maschinen; Wäschereimaschinen
0800	Fernmeldetechnik; Errichtung und Betrieb der Anlagen, Teile 1 bis 8
0804	Fernmeldetechnik; Herstellung und Prüfung der Geräte
0805	Sicherheit von Einrichtungen der Informationstechnik einschließlich elektrischer Büromaschinen
0816	Außenkabel für Fernmelde- und Informationsverarbeitungsanlagen, Teile 1 bis 3
0820	Geräteschutzsicherungen (G-Sicherungen), Teile 1 und 6
0831	Elektrische Bahn-Signalanlagen
0833	Gefahrenmeldeanlagen für Brand, Einbruch und Überfall
0835	Empfänger, Meßgeräte und Anlagen zur Messung von Leistung und Energie von Laserstrahlung
0837	Sicherheit von Laser-Einrichtungen
0838	Rückwirkungen in Stromversorgungsnetzen, die durch Haushaltsgeräte und durch ähnliche elektrische Einrichtungen verursacht werden, Teile 1 bis 3
0839	Elektromagnetische Verträglichkeit (EMV)-Umgebungsbedingungen; Verträglichkeitspegel für niederfrequente leitungsgeführte Störgrößen in Industrieanlagen, Teile 2 bis 82

DIN VDE	Titel
0843	Elektromagnetische Verträglichkeit von Meß-, Steuer- und Regeleinrichtungen in der industriellen Prozeßtechnik
0845	Schutz von Fernmeldeanlagen gegen Blitzeinwirkungen, statische Aufladungen und Überspannungen aus Starkstromanlagen
0848	Gefährdung durch elektromagnetische Felder; Schutz von Personen im Frequenzbereich von 10 kHz bis 3000 GHz, Teile 1 bis 4
0850	Ankopplungs-Einrichtungen zur Trägerfrequenz-Nachrichtenübermittlung über Hochspannungsleitungen (TFH-Anlagen)
0855	Kabelverteilersysteme für Ton- und Fernseh-Rundfunk-Signale
0866	Sicherheitsbestimmungen für Funksender
0875	Funk-Entstörung von elektrischen Betriebsmitteln und Anlagen
0875	Elektromagnetische Verträglichkeit, Störfestigkeitsanforderungen für Haushaltsgeräte, Werkzeuge und ähnliche Geräte, Teil 14
0882	Sicherheitsbestimmung für elektronische Fotoblitzgeräte
0884	Optoelektronische Koppelelemente für sichere elektrische Trennung; Anforderungen, Prüfungen
0888	Lichtwellenleiter für Fernmelde- und Informationsverarbeitungsanlagen, Teile 1 bis 5
0891	Verwendung von Kabeln und isolierten Leitungen für Fernmeldeanlagen und Informationsverarbeitungsanlagen
0899	Verwendung von Lichtwellenleiter-Fasern, -Einzeladern, -Bündeladern und -Kabeln für Fernmelde- und Informationsverarbeitungsanlagen, Teile 1 bis 5

5 Muster von Prüfprotokollen

Übergabebericht + Prüfprotokoll (Nachweise)

Blatt 1 ZVEH

Übergabebericht① **Nr.** 1040643	**Auftrag Nr.** ______
Auftraggeber② Herr / Frau / Firma ______ ______ ______	Elektroinstallationsbetrieb (Auftragnehmer) Anlagenplaner / Anlagenverantwortlicher:
Anlage: ______	Übergabebericht + Prüfprotokoll bestehend aus Blatt 1 bis ______
EVU ______ Netzspannung ______ V	Schaltungsunterlagen übergeben ☐
Netz: TN-System ☐ TT-System ☐ IT-System ☐	
Zähler-Nr. ______ Zählerstand ______	EIB-Lastenheft und -Dokumentation übergeben ☐

	Raum ③ / Anlagenteil / Anzahl der Betriebsmittel	Wohnzimmer	Schlafzimmer	Kinderzimmer	Balkon/Terrasse	Bad	Küche	Flur	Treppe	Keller	Boden	Toilette	Garage										Aufenthaltsraum	Büro	Laden	Werkstatt	Lager	Hof	Stall	Scheune
Elektroinstallation	Leuchten-Auslaß																													
	Leuchten																													
	Ausschalter																													
	Wechselschalter																													
	Serienschalter																													
	Stromstoßschalter																													
	Dimmer																													
	Taster																													
	Steckdosen 1fach																													
	Steckdosen .....fach																													
Geräte	Heizgerät																													
	Warmwasserbereiter																													
	Elektroherd																													
Elektrische Maschinen																														
	Verteiler																													

Gemäß Übergabebericht elektrische Anlage funktionsfähig übernommen:

Auftraggeber ②:

Ort ______ Datum ______ Unterschrift ______

Richard Pflaum Verlag GmbH & Co.KG · Formulardienst · Postfach 19 07 37 · 80607 München – Bestell-Nr. 997

© 1998 Zentralverband der Deutschen Elektrohandwerke (ZVEH) Bundesfachgruppe Elektroinstallation

Übergabebericht + Prüfprotokoll (Nachweise) Blatt 2 ZVEH

Prüfprotokoll① **Nr.** 1040643 **Auftrag Nr.** ______

Prüfung④ durchgeführt nach: UVV „Elektrische Anlagen und Betriebsmittel" (VBG4) ☐ ______ ☐
DIN VDE 0100-610 ☐ DIN V VDE 0829 und EN 50090 ☐

Grund der Prüfung: Neuanlage ☐ Erweiterung ☐ Änderung ☐ Instandsetzung ☐

Besichtigung:

- Richtige Auswahl der Betriebsmittel ☐
- Betriebsmittel ohne Schäden ☐
- Schutz gegen direktes Berühren ☐
- Sicherheitseinrichtungen ☐
- Brandabschottung ☐
- Wärmeerzeugende Betriebsmittel ☐
- Zielbezeichnung der Leitungen im Verteiler ☐
- Leitungsverlegung ☐
- Kleinspannung mit sicherer Trennung ☐
- Schutztrennung ☐
- Schutzisolierung ☐
- Hauptpotentialausgleich ☐
- Zusätzlicher (örtlicher) Potentialausgleich ☐
- ______ ☐
- ______ ☐
- Anordnung der Busgeräte im Stromkreisverteiler ☐
- Busleitungen/Aktoren ☐

Erprobung: Bemerkungen: ______

- Funktion der Schutz- und Überwachungseinrichtungen ☐
- Funktion der Starkstromanlage ☐
- Drehfeldrichtung der Drehstrom-Steckdosen ☐
- Drehrichtung der Motoren ☐
- Funktion der Installationsbus-Anlage *EIB* ☐
- ______ ☐

Messung: Erdungswiderstand .... Ω
Isolationswiderstand der Busleitung .... kΩ
Durchgängigkeit Schutzleiter/Potentialausgleich ☐
Durchgängigkeit/Polarität der Busleitungen ☐

Verwendete Meßgeräte nach DIN VDE	Fabrikat	Typ	Fabrikat	Typ	Fabrikat	Typ

Stromkreis Nr.	Ort/Anlagenteil	Leitung/Kabel Art	Leiter-anzahl	Quer-schnitt mm²	Überstrom-Schutzeinrichtung Art/Charak-teristik	I_n A	Z_s *) Ω oder I_k A	R_{isol} MΩ	Fehlerstrom-Schutzeinrichtung I_n/Art A	$I_{\Delta n}$ mA	I_{mess} mA	$U_L \leq$ ....V U_{mess} V
	Hauptleitung											
	Verteiler-Zuleitung											

Prüfergebnis:
Bei der Prüfung wurden keine Mängel festgestellt ☐ Prüfplakette in Stromkreisverteiler eingeklebt ☐ Nächster Prüfungstermin: ______

Unterschriften Die elektrische Anlage entspricht den anerkannten Regeln der Elektrotechnik

*) Nichtzutreffendes streichen!

Prüfer⑥ ______ Ort Datum Unterschrift

Verantwortlicher Unternehmer⑥ ______ Ort Datum Unterschrift

© 1998 Zentralverband der Deutschen Elektrohandwerke (ZVEH) Bundesfachgruppe Elektroinstallation

Richard Pflaum Verlag GmbH & Co.KG · Formulardienst · Postfach 19 07 37 · 80607 München – Bestell-Nr. 997

Prüfprotokoll für elektrische Anlagen

Bez. der Anlage:			Blatt-Nr.:
			Gesamte Blatt-Zahl:
Ort/Firma:			
Grund der Überprüfung:			
Prüfer 1:	Prüfer 2:	Anwesende:	
Netz:	Schutzmaßnahme:	Zust. EVU:	

Verteiler/Schaltschränke

Nr.	Bezeichnung/Ort	Art	Zahl der Stromkreise	Zuleitung A	Zuleitung mm²	Sonderbereiche	bes. Schutzmaßnahmen	1 ↓	2 ↓	3 ↓
								0	0	0
								0	0	0
								0	0	0

Stromkreise

Messungen nach DIN VDE 0100

Verteiler-Nr.	Stromkreis-Nr.	Stromkreis Bezeichnung Ort	Stromart	I_N Schutzorgan A	R_{iso} Mindestwiderst. MΩ	R_{iso} zwischen N-PE MΩ	R_d Durchgang PE Ω	R_A Erdungswiderstand Ω	Z_s Impedanz der Fehlerschl. oder I_k Kurzschlußstrom Ω A	U_F Fehlerspannung oder U_N Nennspannung V	Sonderbereiche ↓	besondere Schutzmaßnahmen ↓	1 Besicht.mängel ↓	2 Brandgefahr ↓	3 Lebensgefahr ↓
					0	0	0	0	0	0	0	0	0	0	0
					0	0	0	0	0	0	0	0	0	0	0
					0	0	0	0	0	0	0	0	0	0	0
					0	0	0	0	0	0	0	0	0	0	0
					0	0	0	0	0	0	0	0	0	0	0
					0	0	0	0	0	0	0	0	0	0	0
					0	0	0	0	0	0	0	0	0	0	0
					0	0	0	0	0	0	0	0	0	0	0
					0	0	0	0	0	0	0	0	0	0	0
					0	0	0	0	0	0	0	0	0	0	0
					0	0	0	0	0	0	0	0	0	0	0
					0	0	0	0	0	0	0	0	0	0	0
					0	0	0	0	0	0	0	0	0	0	0
					0	0	0	0	0	0	0	0	0	0	0
					0	0	0	0	0	0	0	0	0	0	0
					0	0	0	0	0	0	0	0	0	0	0
					0	0	0	0	0	0	0	0	0	0	0
					0	0	0	0	0	0	0	0	0	0	0
					0	0	0	0	0	0	0	0	0	0	0
					0	0	0	0	0	0	0	0	0	0	0
					0	0	0	0	0	0	0	0	0	0	0
					0	0	0	0	0	0	0	0	0	0	0
					0	0	0	0	0	0	0	0	0	0	0
					0	0	0	0	0	0	0	0	0	0	0
					0	0	0	0	0	0	0	0	0	0	0
					0	0	0	0	0	0	0	0	0	0	0

Pflaum Verlag – Formulardienst – 8000 München 19 Bestell-Nummer 940

Prüfprotokoll	Bezeichnung der Anlage	Blatt-Nr.:
		Gesamte Blatt-Zahl:

Erprobungsmängel

Stromkreis-Nr.	Art und Fehler des Schutzschalters (Codierung der Mängel: siehe Erläuterungen)

Besichtigungsmängel

Stromkreis-Nr.	Beschreibung (Codierung der Mängel: siehe Erläuterungen)
Potentialausgleich	

▮Bedeutet Mangel; ▯Kein Mangel. Auflistung der Besichtigungs- und Erprobungsmängel: Siehe oben.
Lebensgefahr: Mangel sofort beseitigen, Stromkreis außer Betrieb setzen, Beseitigung der bei Besichtigung, Erprobung und Messung festgestellten Mängel und Brandgefahren spätestens bis:

Prüfung abgeschlossen, Bericht Anlagenbenutzer ausgehändigt: Datum: Unterschriften: Stempel Prüfer 1 Prüfer 2	Empfang des Prüfprotokolls u. Unterrichtung über Mängel bestätigt: Datum: Unterschrift: Stempel Im Prüfprotokoll aufgeführte Mängel beseitigt: Datum: Unterschrift: Stempel

Pflaum Verlag – Formulardienst – 8000 München 19 Bestell-Nummer 940

Reparatur-Abnahmeprotokoll für elektrische Geräte

Firmenstempel

Geräteart:				
Typenbezeichnung:		Hersteller:		
Fabr.-Nr.:	Baujahr:	Nennspannung: V	Leistung: W	
Anlieferung am:	Reparatur am:	Abholung am:		

Name des Kunden:
Anschrift:

Kundenangaben (Fehler):

Durchgeführte Arbeiten:

Leistungsnachweis ○ **Rechnung** ○	**Einzelpreis**	**Gesamtpreis**
Arbeitszeit h min	DM	DM
Ersatzteile	DM	
		DM
sonstige Ausgaben (z.B. Fahrzeit)	DM	DM
Rechnungsbetrag (% MWSt. = DM enthalten)		DM

Prüfung nach Instandsetzung laut DIN/VDE 0701

Geräte-Schutzklasse (I) (II) (III) Besondere Bestimmung Teil:

Sichtprüfung: Isolierteile ○ Gehäuse ○ Anschlußleitung ○ Schutzleiter ○ sonstige Teile ○ in Ordnung ○

Messungen:	Meßwerte	Sollwerte	in Ordnung	nicht erforderl.	Bemerkungen
Schutzleiter-Durchgang	Ω	Ω	○	○	
Isolationswiderstand	MΩ	MΩ	○	○	
Ersatz-Ableitstrommessung	mA	mA	○	○	
Spannungsfestigkeits-Prüfung	V	V	○	○	

Funktionsprüfung am Gerät:
in Ordnung ○
Aufschriften vorhanden ○

Die Sicherheit des Gerätes wurde nach DIN/VDE 0701 geprüft ○
Das Gerät kann nicht mehr instandgesetzt werden ○
Die Sicherheit nach DIN/VDE 0701 ist nicht gegeben ○

Datum:	Gerät erhalten am:
Unterschrift des Prüfers:	Unterschrift des Kunden:

Pflaum Verlag – Formulardienst – 8000 München 19 · Bestell-Nummer 990

6 Bestätigung nach § 5 Absatz 4 der Unfallverhütungsvorschrift VBG 4

Bestätigung
nach § 5 Absatz 4 der Unfallverhütungsvorschrift
„Elektrische Anlagen und Betriebsmittel" (VBG 4)
An

(Anschrift des Auftraggebers)

Es wird bestätigt, daß die elektrische Anlage/das elektrische Betriebsmittel oder Gerät/die elektrotechnische Ausrüstung der Maschine oder Anlage

(Genaue Angaben über Art und Aufstellungsort)

den Bestimmungen der Unfallverhütungsvorschrift „Elektrische Anlagen und Betriebsmittel" (VBG 4) entsprechend beschaffen ist.
Diese Bestätigung dient ausschließlich dem Zweck, den Unternehmer davon zu entbinden, die elektrische Anlage/das elektrische Betriebsmittel/die elektrotechnische Ausrüstung der Maschine oder Anlage vor der ersten Inbetriebnahme zu prüfen bzw. prüfen zu lassen (§ 5 Abs. 1, 4 der VBG 4). Zivilrechtliche Gewährleistungs- und Haftungsansprüche werden durch diese Bestätigung nicht geregelt.

Hersteller oder Errichter der Anlage/des Betriebsmittels:
(Stempel)

(Ort und Datum) (Unterschrift)

Bestell-Nr. ZH 1/293 Nachdruck verboten
Carl Heymanns Verlag KG, Luxemburger Str. 449, 50939 Köln

7 Bestätigung über Unterweisung von Mitarbeitern

Übertragung von Unternehmerpflichten zur Arbeitssicherheit

Herrn/Frau

werden für

in der Abteilung

des Unternehmens die Pflichten des Unternehmers hinsichtlich des Arbeitsschutzes und der Unfallverhütung übertragen.

Übertragen werden insbesondere die Pflichten:

- Anordnungen zu treffen und Anweisungen zu geben,
- auf die Anwendung und Einhaltung der Sicherheitsvorschriften zu achten,
- Mitarbeiter einzusetzen, zu unterweisen, zu informieren,
- auf die Benutzung der Körperschutzmittel zu achten,
- Arbeitsplätze zu kontrollieren,
- Gefahren und Gesundheitsschäden zu melden,
- vorläufige Regelungen im Falle plötzlicher Gefahr zu treffen.

Auf die unten wiedergegebenen Vorschriften § 9 Abs. 2 und 3 OWiG, § 708 Abs. 1 RVO und § 12 UVV, Allgemeine Vorschriften, wird besonders hingewiesen.

(Unterschrift für den Bevollmächtigten) (Unterschrift des mit der Wahrnehmung der Pflichten betrauten Mitarbeiters)

§ 9 Abs. 2 und 3 des Gesetzes über Ordnungswidrigkeiten

Ist jemand vom Inhaber eines Betriebs oder einem sonst dazu Befugten

1. beauftragt, den Betrieb ganz oder zum Teil zu leiten, oder
2. ausdrücklich beauftragt, in eigener Verantwortung Pflichten zu erfüllen, die den Inhaber des Betriebs treffen, und handelt er aufgrund dieses Auftrags, so ist ein Gesetz, nach dem besondere persönliche Merkmale die Möglichkeit der Ahndung begründen, auch auf den Beauftragten anzuwenden, wenn diese Merkmale zwar nicht bei ihm, aber bei dem Inhaber des Betriebs vorliegen. Dem Betrieb im Sinne des Satzes 1 steht das Unternehmen gleich.

Handelt jemand aufgrund eines entsprechenden Auftrags für eine Stelle, die Aufgaben der öffentlichen Verwaltung wahrnimmt, so ist Satz 1 sinngemäß anzuwenden. Die Absätze 1 und 2 sind auch dann anzuwenden, wenn die Rechtshandlung, welche die Vertretungsbefugnis oder das Auftragsverhältnis begründen sollte, unwirksam ist.

§ 708 Abs. 1 Reichsversicherungsordnung

(1) Die Berufsgenossenschaften erlassen Vorschriften über:

- Einrichtungen, Anordnungen und Maßnahmen, welche die Unternehmer zur Verhütung von Arbeitsunfällen zu treffen haben, sowie die Form der Übertragung dieser Aufgaben an andere Personen,
- das Verhalten, das die Versicherten zur Verhütung von Arbeitsunfällen zu beobachten haben, ärztliche Untersuchungen von Versicherten, die vor der Beschäftigung mit Arbeiten durchzuführen sind, deren Verrichtung mit außergewöhnlichen Unfall- oder Gesundheitsgefahren für sie oder Dritte verbunden ist,
- die Maßnahmen, die der Unternehmer zur Erfüllung der sich aus dem Gesetz über Betriebsärzte, Sicherheitsingenieure und andere Fachkräfte für Arbeitssicherheit ergebenden Pflichten zu treffen hat.

§ 12 Unfallverhütungsvorschriften, Allgemeine Vorschriften

Hat der Unternehmer ihm hinsichtlich der Unfallverhütung obliegende Pflichten übertragen, so hat er dies unverzüglich schriftlich zu bestätigen. Die Bestätigung ist von dem Verpflichteten zu unterzeichnen; in ihr sind der Verantwortungsbereich und die Befugnisse zu beschreiben. Eine Ausfertigung der schriftlichen Bestätigung ist dem Verpflichteten auszuhändigen.

Erklärung für elektrotechnisch unterwiesene Personen
(nach DIN VDE 0105 Teil 1:1983-07, Abschnitt 2.5.2)

Name

Arbeitsstelle

Ich erkläre durch meine Unterschrift, daß ich vor Beginn der Arbeiten an der o.g. Arbeitsstelle über die Gefahren des elektrischen Stroms sowie über die notwendigen Schutzeinrichtungen, Schutzmaßnahmen und Sicherheitsabstände beim Arbeiten in oder an elektrischen Anlagen belehrt wurde und diese Belehrung verstanden habe.

Ich bescheinige ausdrücklich, daß ich den mir von den Vorgesetzten gegebenen Anordnungen Folge leiste und daß ich die Personen, die mir unterstellt sind bzw. die ich beaufsichtige, in gleicher Weise belehren werde oder dafür Sorge trage, daß sie von Elektrofachkräften belehrt werden.

Mit ist insbesondere bekannt, daß elektrische Betriebsstätten und Anlagen nur betreten werden dürfen, soweit dies für die aufgetragenen Arbeiten erforderlich ist und soweit die Anlagen durch eine Elektrofachkraft zur Arbeit freigegeben wurden. Bei Arbeiten in der Nähe von unter Spannung stehenden Teilen sind die mir genannten Sicherheitsabstände einzuhalten, insbesondere beim Handhaben von Metallteilen wie Drahtenden und Rohren oder von Leitern und Werkzeugen.

Eine Zweitschrift dieser Erklärung habe ich erhalten.

…………………, den ……………………………
Unterschrift (elektrotechnisch unterwiesene Person)

Unterweisung durchgeführt von: Der Vorgesetzte:

8 Literatur

[1] Egyptien, H.-H.; Schliephacke, J.; Siller, E.: Elektrische Anlagen und Betriebsmittel – VBG 4. Erläuterungen und Hinweise für den betrieblichen Praktiker zur Unfallverhütungsvorschrift. Köln: Deutscher Instituts-Verlag GmbH, 1998

[2] Gothsch, H.: VBG 4 – Elektrische Anlagen und Betriebsmittel. Hrsg.: Berufsgenossenschaft der Feinmechanik und Elektrotechnik, 50968 Köln, Gustav-Heinemann-Ufer 130, 1998
Weitere Broschüren aus der Schriftenreihe der Berufsgenossenschaft:
- Aufgaben und Leistungen der Berufsgenossenschaft
- Verantwortung für Arbeitssicherheit
- Wie handelt man verantwortungsbewußt?
- Arbeitssicherheit – eine Führungsaufgabe
- Kostensenkung durch Arbeitssicherheit
- Der Meister im Arbeitsschutz
- Zum Sicherheitsbeauftragten ernannt
- Der Sicherheitsbeauftragte kommt zur Sache
- Der Arbeitsunfall ist untersagt
- In sicherer Arbeit unterweisen
- Die Einstellung zur Arbeitssicherheit
- Wie sicher ist die Arbeit?
- Arbeitsschutz – praktisch organisiert
- Neues Recht im Arbeitsschutz
- VBG 1
- VBG 100
- Arbeitssicherheit im Handwerksbetrieb
- Sicherheit im Betrieb – Sicherheit im Straßenverkehr

[3] Blaeschke, R.; Korach, W.; Schande, D.; Stich, H.: Elektroinstallation; Messen und Prüfen. Frankfurt a. M.: Herausgeber Hartmann & Braun AG

[4] Blaeschke, R.: Schutzmaßnahmen, Prüfverfahren und Prüfgeräte. Elektro-Anzeiger (1985) H. 12, Leinfelden-Echterdingen: Konradin-Verlag

[5] Cichowsky, R. R.: Elektrische Anlagen auf Baustellen; Erläuterungen zu DIN VDE 0100 Teil 704. VDE-Schriftenreihe Band 42. Berlin und Offenbach: VDE-VERLAG, 1988

[6] Dänzet, P.: Schleifenwiderstand und Kurzschlußstrom, gemessen mit Schleifenwiderstands-Meßgeräten. etz Elektrotechn. Z. 102 (1981) H. 14, S. 762–764

[7] Egyptien, H.: Die Prüfung elektrischer Anlagen und Betriebsmittel. de/der elektromeister + deutsches elektrohandwerk (1980) H. 8, S. 539–545

[8] Ehlert, I.: Unfallverhütungsvorschrift VBG 4 für elektrische Anlagen: Gelegentliches Handhaben. de/der elektromeister + deutsches elektrohandwerk (1982) H. 5, S. 254 –250

[9] Goll, W.; Vogt, D.: Elektroinstallation von Lüftungsanlagen in Betrieben mit Intensiv-Tierhaltung. de/der elektromeister + deutsches elektrohandwerk (1984) H. 10, S. 719–722

[10] Hasse, P.; Kathrein, W.: Arbeitsschutz in elektrischen Anlagen. DIN VDE 0105, 0680, 0681, 0682 und 0683. VDE-Schriftenreihe Band 48, Berlin und Offenbach: VDE-VERLAG, 1989

[11] Haufe, H.; Nienhaus, H.; Vogt, D.: Schutz von Leitungen und Kabeln bei Überstrom. DIN VDE 0100 Teil 430 mit Beiblatt, DIN VDE 0298. VDE-Schriftenreihe Band 32. 3. Aufl., Berlin und Offenbach: VDE-VERLAG, 1992

[13] Hügin, K. H.; Pointer, F.; Vollerthun, A.; Wollenberg, K. J.: Erläuterungen zu DIN VDE 0101:1983-11; Errichten von Starkstromanlagen mit Nennspannungen über 1 kV. VDE-Schriftenreihe Band 11. Berlin und Offenbach: VDE-VERLAG, 1990

[14] Betrieb von Starkstromanlagen – Allgemeine Festlegungen – Erläuterungen zu DIN VDE 0105 Teil 1:1983-07. VDE-Schriftenreihe Band 13. Berlin und Offenbach: VDE-VERLAG, 1990

[15] Karach, W.: Prüfung der Schutzmaßnahme im TN-System durch Schleifenwiderstandsmessung. Elektro-Anzeiger (1986) H. 6. Leinfelden-Echterdingen: Konradin-Verlag

[17] Oehms, K. J.; Vogt, D.: Betriebssicherheit von FI-Schutzschalter und FI-Schutzschaltung. etz.-b Elektrotechn. Z. 30 (1978) H. 10, S. 348–350

[18] Rosenberg, W.: Messungen zur Einhaltung der Schutzmaßnahmen nach VDE 0100 und 0701. de/der elektromeister + deutsches elektrohandwerk (1975) H. 20, S. 1293 –1297

[19] Rudolph, W.: Einführung in DIN VDE 0100. Elektrische Anlagen von Gebäuden. VDE-Schriftenreihe Band 39. 2. Aufl., Berlin und Offenbach: VDE-VERLAG, 1999

[20] Sattler, J.: Erläuterungen zur VDE-Bestimmung für Leuchten mit Betriebsspannungen unter 1000 V und deren Isolation nach VDE 0701 Teile 1 bis 15. VDE-Schriftenreihe Band 12. 3. Aufl., Berlin und Offenbach:VDE-VERLAG, 1992

[21] Schwenkhagen, K. F.; Schnell, P.: Gefahrenschutz in elektrischen Anlagen. Essen: Girardet-Verlag

[22] Thierolf, H.: Meß- und Prüfgeräte in der Werkstatt des Elektroinstallateurs. de/der elektromeister + deutsches elektrohandwerk (1981) H. 16, S. 1095 – 1098

[23] Vogt, D.: Potentialausgleich, Fundamenterder, Korrosionsgefährdung (DIN VDE 0100, DIN VDE 0190 und viele mehr). VDE-Schriftenreihe Band 35. 4. Aufl., Berlin und Offenbach: VDE-VERLAG, 1996

[24] Vogt, D.: Elektro-Installationen in Wohngebäuden; Handbuch für die Installationspraxis. VDE-Schriftenreihe Band 35. 4. Aufl., Berlin und Offenbach: VDE-VERLAG, 1996

[25] Voigt, M.: Die Prüfung von Fehlerstrom-Schutzschaltungen. de/der elektromeister + deutsches elektrohandwerk (1987) H. 9, S. 623–626

[26] Warner, A.: Tabellen und Diagramme für die Elektrotechnik. Aus dem VDE-Vorschriftenwerk ausgewählt. VDE-Schriftenreihe Band 51. Berlin und Offenbach: VDE-VERLAG, 1987

[27] Winkler, A.: Zur Problematik der Prüfung von FI-Schutzschaltungen. de/der elektromeister + deutsches elektrohandwerk (1983) H. 3, S. 131–135

[28] Winkler, A.: Meßfibel – Elektroinstallation. Würzburg: Vogel-Verlag, 1994

[29] DIN-VDE-Taschenbuch 509. Elektrotechnische Sicherheitsnormen für Ämter, Behörden, Bauschaffende und Sicherheitskräfte. Teil 1: Anlagen. Berlin: Beuth-Verlag und VDE-VERLAG, 1988

[30] DIN-VDE-Taschenbuch 510. Elektrotechnische Sicherheitsnormen für Ämter, Behörden, Bauschaffende und Sicherheitskräfte. Teil 2: Geräte. Berlin: Beuth-Verlag und VDE-VERLAG, 1988

[31] DIN-VDE-Taschenbuch 511. Elektrotechnische Sicherheitsnormen für Ämter, Behörden, Bauschaffende und Sicherheitskräfte. Teil 3: Betrieb. Berlin: Beuth-Verlag und VDE-VERLAG, 1988

[32] Bödeker, K.: Prüfung ortsveränderlicher Geräte. Berlin: Verlag Technik, 1996

9 Zusammenstellung wichtiger Gesetze, Verordnungen und Vorschriften

a) Strafgesetzbuch, StGB

§ 222	Fahrlässige Tötung
§ 230	Fahrlässige Körperverletzung
§ 303	Sachbeschädigung
§ 309	Fahrlässige Brandstiftung
§ 323	Baugefährdung

b) Bürgerliches Gesetzbuch, BGB

§ 276	Haftung für Vorsatz und Fahrlässigkeit
§ 459	Haftung für Sachmängel und zugesicherte Eigenschaften
§ 633	Anspruch des Bestellers auf Mängelbeseitigung
§ 823	Schadenersatzpflicht
§ 831	Haftung für den Verrichtungsgehilfen
§ 832	Verletzung von Lebensgütern und ausschließlichen Rechten
§ 842	Umfang der Ersatzpflicht bei Verletzung von Personen
§ 843	Geldrente oder Kapitalfindung
§ 844	Ersatz für Unterhalt bei Tötung
§ 845	Ersatz für entgangene Dienste

c) Handels-Gesetzbuch, HGB

§ 62	Fürsorgepflicht des Arbeitgebers

d) Arbeitsschutzgesetz, ArbSchG
Gesetz über die Durchführung von Maßnahmen des Arbeitsschutzes zur Verbesserung der Sicherheit und des Gesundheitsschutzes am Arbeitsplatz

§ 3	Grundpflichten des Arbeitgebers
§ 4	Allgemeine Grundsätze
§ 9	Besondere Gefahren
§ 12	Unterweisung
§ 13	Verantwortliche Personen
§ 15	Pflichten der Beschäftigten

e) Gewerbeordnung, GewO

§ 36	Öffentliche Bestellung von Sachverständigen
§ 143	Straf- und Bußgeldbestimmungen und Errichten und Betreiben elektrischer Anlagen
§ 147	Verletzung der Arbeitsschutzvorschriften
§ 148 a	Strafbare Verletzung von Prüferpflichten

f) Unfallverhütungsvorschriften, UVV der Berufsgenossenschaften, VBG

VBG 1 Allgemeine Vorschriften
§ 2 Unternehmerpflicht/Unfallverhütung
§ 3 Maßnahmen für Unternehmer von Vorgesetzten zur UV
§ 7 Unfallverhütungsvorschriften
VBG 4 Elektrische Anlagen und Betriebsmittel
§ 3 Grundsätze
§ 5 Prüfungen
§ 6 Arbeiten an aktiven Teilen
§ 7 Arbeiten in der Nähe aktiver Teile
VBG 109 Erste Hilfe
VBG 1 bis 125 siehe Teil D, Anlage 3

g) Energie-Wirtschaftsgesetz, EnWG

§ 1 Abs. 2 der 2. DVO: Forderung nach Einhaltung der VDE-Bestimmungen

h) Gesetz über technische Arbeitsmittel, GSG

§3 Hersteller- und Einführerverpflichtung zur Gerätesicherheit

i) Arbeitsstättenverordnung, ArbStättV

§ 3 Allgemeine Anforderungen
§ 7 Beleuchtung
§ 27 Arbeitsplätze mit erhöhter Unfallgefahr
§ 53 Instandhaltung, Prüfungen von elektrischen Anlagen

k) Versammlungsstätten-Verordnung, VStättV

§ 103 Elektrische Anlagen
§ 104 Sicherheitsbeleuchtung
§ 105 Bühnenlichtstellwarten
§ 106 Zusätzliche Bauvorlage
§ 124 Prüfungen
§ 128 Ordnungswidrigkeiten

l) Reichsversicherungsordnung, RVO

§ 710 Ordnungswidrigkeit

m) Verband der Sachversicherer, VdS

Beispiel regionaler Verordnungen, Bayerische Bauordnung, BaBO:

n) Garagenverordnung, GaV
- § 26 Prüfungen von Garagen
- § 29 Ordnungswidrigkeiten, Strafbestimmungen

o) Warenhausverordnung, WaV
- § 8 Stufen-Haupt- und Nebengänge
- § 13 Elektrische Anlagen
- § 17 Feuermeldeeinrichtung
- § 21 Rettungswege und Verkehrswege
- § 23 Sonstige Betriebsvorschriften
- § 24 Überwachungs-Prüfung

10 Abkürzungen

10.1 Gesetze, Vorschriften, Verordnungen, Richtlinien

ArbSchG	Arbeitsschutzgesetz
AVBEltV	Verordnung über allgemeine Bedingungen für die Elektrizitätsversorgung von Tarifkunden
BetrVG	Betriebsverfassungsgesetz
BGB	Bürgerliches Gesetzbuch
BGBl.	Bundesgesetzblatt
DVO	Durchführungsverordnung
EnWG	Energie-Wirtschaftsgesetz
ETV	Elektrotechnischer Verein e. V., Berlin (Vorläufer des VDE)
GewO	Gewerbeordnung
GSG	Gerätesicherheitsgesetz
HGB	Handelsgesetzbuch
OWiG	Ordnungswidrigkeitengesetz
RGBl.	Reichsgesetzblatt
RVO	Reichsversicherungsordnung
StGB	Strafgesetzbuch
UVV	Unfallverhütungsvorschrift (von der einzelnen Berufsgenossenschaft beschlossen, lfd. Nr. ist nicht in jedem Fall mit lfd. Nr. der VBG identisch)
VBG	Vorschriftenwerk der Berufsgenossenschaften
VO	(Staatliche) Verordnung
ZH 1	Richtlinien pp., herausgegeben von der Zentralstelle für Unfallverhütung und Arbeitsmedizin beim Hauptvorstand der gewerblichen Berufsgenossenschaften e. V.

10.2 Normensetzende deutsche Organisationen, Fachverbände, Einrichtungen usw.

AD	Ausschuß für Druckbehälter, Essen
AIV	Architekten- und Ingenieurverein, Frankfurt a. M.
BA	Bundesanstalt für Arbeit, Nürnberg
BAGUV	Bundesverband der Unfallversicherungsträger der öffentlichen Hand e. V.
BASI	Bundesarbeitsgemeinschaft für Arbeitssicherheit
BAU	Bundesanstalt für Arbeitsschutz
BDB	Bund Deutscher Baumeister, Architekten und Ingenieure e. V., Bonn
BG	Berufsgenossenschaften
BIA	Berufsgenossenschaftliches Institut für Arbeitssicherheit des Hauptverbands der gewerblichen Berufsgenossenschaften e. V.
BMAS	Bundesminister für Arbeit und Sozialordnung

DG	Deutsche Gesellschaft für Galvanotechnik e. V., Düsseldorf
DGQ	Deutsche Gesellschaft für statistische Qualitätskontrolle beim Ausschuß für wirtschaftliche Fertigung e. V., Berlin
DIN	Deutsches Institut für Normung e. V., Berlin
DKE	Deutsche Elektrotechnische Kommission im DIN und VDE, Frankfurt a. M.
DVGW	Deutscher Verein des Gas- und Wasserfachs e. V., Frankfurt a. M.
DVS	Deutscher Verband für Schweißtechnik e. V., Düsseldorf
EVU	Elektrizitäts-Versorgungs-Unternehmen
HVB	Hauptverband der gewerblichen Berufsgenossenschaften e. V.
IVSS	Internationale Vereinigung für soziale Sicherheit
LiTG	Lichttechnische Gesellschaft e. V., Berlin
REFA	Verband für Arbeitsstudien e. V., Darmstadt
RKW	Rationalisierungskuratorium der Deutschen Wirtschaft e. V., Frankfurt a. M. und Berlin
TGL	Technische Güte- und Lieferbedingungen, Normen der ehemaligen DDR sind seit 1990 durch DIN und VDE ersetzt worden.
TÜV	Technischer Überwachungsverein
VBI	Verein Beratender Ingenieure e. V., Essen
VDE	Verband der Elektrotechnik Elektronik Informationstechnik e. V., Frankfurt a. M.
VDEI	Verein Deutscher Eisenbahningenieure e. V., Köln
VDEW	Vereinigung Deutscher Elektrizitätswerke e. V., Frankfurt a. M.
VDGAB	Verein Deutscher Gewerbeaufsichtsbeamter e. V.
VDI	Verein Deutscher Ingenieure e. V., Düsseldorf
VDMA	Verein Deutscher Maschinenbau-Anstalten e. V., Frankfurt a. M.
VDPI	Verband Deutscher Postingenieure e. V., Köln
VDRI	Verband Deutsche Revisionsingenieure e. V., Hannover
VDSI	Verein Deutscher Sicherheitsingenieure e. V., Bochum
ZefU	Zentralstelle für Unfallverhütung und Arbeitsmedizin des Hauptverbands der gewerblichen Berufsgenossenschaften e. V.
ZVEH	Zentralverband der Deutschen Elektrohandwerke, Frankfurt a. M.
ZVEI	Zentralverband der Elektrotechnischen Industrie, Frankfurt a. M.

10.3 Normensetzende ausländische und internationale Organisationen

AFNOR	Association française de normalisation, Paris Französisches Normeninstitut
ASB	Associated Body Zugeordnetes Gremium für die Normenerarbeitung
BR	Basic Rules Grundlegende Bestimmungen

BSI	British Standards Institution, London Britisches Normeninstitut
CDL	Comité de Lecture Redaktionsausschuß
CEN	European Committee for Standardization Europäisches Komitee für Normung, Brüssel
CENELEC	European Committee for Electrotechnical Standardization Europäisches Komitee für Elektrotechnische Normung, Brüssel
EC	European Communities Europäische Gemeinschaften (EG)
EEC	European Economic Community Europäische Wirtschaftsgemeinschaft (EWG)
EFTA	European Free Trade Association Europäische Freihandelszone (EFTA)
EN	European Standard Europäische Norm (EN)
ENV	European Prestandard Europäische Vornorm (ENV)
HD	Harmonization Document Harmonisierungsdokument
IEC	International Electrotechnical Commission Internationale Elektrotechnische Kommission, Genf
IR	Internal Regulations Interne Regeln
ISO	International Organization for Standardization Internationale Organisation für Normung, Genf
PNE	Presentation des Normes Européennes Gestaltung von Europäischen Normen (EN)
PQ	Primary Questionnaire Erstfragebogen
prEN	Draft European Standard Europäischer Norm-Entwurf
prHD	Draft Harmonization Document Entwurf zu einem Harmonisierungsdokument
RP	Rules of Procedure Verfahrensregeln
UDC	Universal Decimal Classification Dezimalklassifikation
UQ	Updating Questionnaire Fortschreibungsfragebogen
UTE	Union Technique de l'Electricité, Paris Elektrotechnische Vereinigung

Elektrotechnische Prüfzeichen verschiedener Länder

Land	Kürzel	Zeichen
Australia	SAA	
Austria	ÖVE	
Belgium	CEBEC	
Canada	CSA	
Denmark	DEMKO	
Finland	FEI	
France	UTE	
Germany	VDE	
India	ISI	
Ireland	IIRS	
Italy	IMQ	

Land	Kürzel	Zeichen
Japan	MITI	
Netherlands	KEMA	
New Zealand	SECV SECQ SECWA EANSW ETSA HECT SANZ	
Norway	NEMKO	
Republic of South Africa	SABS	
Sweden	SEMKO	
Switzerland	SEV	
United Kingdom	ASTA	
	BSI	

11 Tabellenverzeichnis

Gefahren durch elektrischen Strom – Entwicklung der Unfälle mit elektrischem Strom in der Bundesrepublik Deutschland seit 1950 (Seite 14)

Tabelle 1a	Unfälle nach Unfallursachen	S. 15
Tabelle 1b	Unfälle nach Höhe der Nennspannung	15
Tabelle 2	DIN VDE 0100; unwirksame Schutzmaßnahmen in 1000 überprüften Anwesen	16
Tabelle 3	Überblick auf Wirkungen von 50-Hz-Körperströmen in Anlehnung an Koeppen und IEC-Publikation 479. Sie gilt für dauernd anliegende Spannung ($t \geq 5$ s)	19
Tabelle 4	Herzstromfaktoren *Fl* für verschiedene Wege von Körperströmen nach IEC(Secretariat)353	22

Unfallverhütungsvorschriften – VBG 4

Tabelle 5a, b, c, d	Prüfungen elektrischer Anlagen und Betriebsmittel und Beispiele für die Prüffristen	S. 45, 46, 47, 69
Tabelle 6	Gefahrenzone in Abhängigkeit von der Nennspannung	56
Tabelle 7	Schutzabstände in Abhängigkeit von der Nennspannung bei Arbeiten im Sinne des § 3 Absatz 1 in der Nähe unter Spannung stehender aktiver Teile	56
Tabelle 8	Schutzabstände in Abhängigkeit von der Nennspannung bei Bauarbeiten und sonstigen nicht elektrotechnischen Arbeiten in der Nähe unter Spannung stehender aktiver Teile	58
Tabelle 9	Rahmenbedingungen für das Arbeiten an unter Spannung stehenden Teilen hinsichtlich der Auswahl des Personals in Abhängigkeit von der Nennspannung	63

VDE-Bestimmungen

Tabelle 10a	Schutzgrade gegen Zugang zu gefährlichen Teilen nach DIN VDE 0470 Teil 1	S. 92
Tabelle 10b	Schutzgrade gegen feste Fremdkörper nach DIN VDE 0470 Teil 1	92
Tabelle 10c	Schutzgrade für Wasserschutz nach DIN VDE 0470 Teil 1	93
Tabelle 11a	Schutzgrade gegen den Zugang zu gefährlichen Teilen durch den zusätzlichen Buchstaben	94
Tabelle 11b	Bedeutung der ergänzenden Buchstaben	94
Tabelle 12	Schutzarten nach DIN 40050 (DIN VDE 0470) im Vergleich zu denen nach DIN VDE 0701	95
Tabelle 13	Zuordnung der Mindest-Nennquerschnitte von Schutzleitern zum Nenn-Querschnitt der Außenleiter	101
Tabelle 14	Querschnitte für Potentialausgleichsleiter	102
Tabelle 15a	Nennspannungen und maximale Abschaltzeiten für TN-Systeme mit Überstromschutz	104
Tabelle 15b	*k*-Faktor verschiedener Überstrom-Schutzeinrichtungen nach der alten Fassung DIN VDE 0100:1973-05	106
Tabelle 16a	Abschaltströme I_a und maximal zulässige Schleifenwiderstände R_{Sch} bei Schutzmaßnahme TN-System mit Überstromschutz für $U_0 = 220$ V	108

Tabelle 16b	Das Verhältnis $V_I = I_a/I_n$ ist etwa konstant	S. 110
Tabelle 16c	Abschaltströme I_a und maximal zulässige Erdungswiderstände R_A bei Schutzmaßnahme TT-System mit Überstromschutz für U_L = 50 V (bei U_L = 25 V dürfen die Erdungswiderstände R_A nur halb so groß sein)	113
Tabelle 17	Maximal zulässige Erdungswiderstände R_A der FI-Schutzschaltung im TT-System bei verschiedenen Nenn-Auslöseströmen $I_{\Delta n}$ der FI-Schutzeinrichtung Bei Verwendung von zeitselektiven Fehlerstrom-Schutzeinrichtungen mit Kennzeichen [S] ist maximal nur der halbe Wert von R_A zulässig	114
Tabelle 17a	Nennspannungen und maximale Abschaltzeiten für IT-Systeme (zweiter Fehler)	116
Tabelle 17b	Auslösezeiten für verzögerte RCD, Kennzeichen [S]	119
Tabelle 18	Meßaufgabe und Normen für zugehörige Meßgeräte oder Meßanordnungen	134
Tabelle 19	Meßspannung und minimal zulässiger Isolationswiderstand	136
Tabelle 20	Hochspannungsprüfung, Spannungswerte	145
Tabelle 21	Prüfungen bei den einzelnen Schutzmaßnahmen (Tabelle 22-1 aus DIN VDE 0100g:1976-07), gültig für Anlagen, die vor November 1985 in Betrieb genommen worden sind	146 – 148
Tabelle 22	Zusammenstellung der Prüfaufgaben für die Erstprüfung (nach DIN VDE 0100 Teil 600 – 610)	149 – 154
Tabelle 23	Isolationsmeßgeräte verschiedener Hersteller	170 – 172
Tabelle 24	Maximal zulässige Erdungswiderstände gemäß DIN VDE 0100:1973-05 bzw. DIN VDE 0100g:1976-07	179
Tabelle 25	Maximal zulässiger Erdungswiderstand nach DIN VDE 0100 Teil 410	180
Tabelle 26	Mindestabmessungen und einzuhaltende Bedingungen für Erder	181
Tabelle 27	Mindestquerschnitte von Erdungsleitungen in Erde	182
Tabelle 28	Elektrochemische Werte der gebräuchlichsten Metalle im Erdboden	182
Tabelle 29	Spezifische Erdwiderstände ρ_E für verschiedene Bodenarten sowie zum Vergleich für Süßwasser	184
Tabelle 30	Ausbreitungswiderstand bei einem spezifischen Erdwiderstand von ρ_1 = 100 Ωm	184
Tabelle 31	Die wichtigsten Erderarten und die Berechnung ihrer Ausbreitungswiderstände	185
Tabelle 34	Leiterwiderstand pro Meter *R'* für Kupferleitungen bei 30 °C in Abhängigkeit vom Leiterquerschnitt *S* zur überschlägigen Berechnung von Leiterwiderständen	213
Tabelle 35	Zangenstromwandler, zulässiger Sekundärwiderstand; Multimeter, Innenwiderstände für verschiedene Meßbereiche	231
Tabelle 37	Isolationswiderstand nach Forderung von DIN VDE 0701/0702 Teil 1	243
Tabelle 38	Maximal zulässige Ersatzableitströme I_{EA} nach DIN VDE 0701 Teil 1	245
Tabelle 39	Zusatzforderungen in den Teilen 2 bis 260 gegenüber Teil 1 der DIN VDE 0701	249
Tabelle 42	Höchstwerte für Ersatzableitströme nach DIN VDE 0751	259
Tabelle 43	Prüfgeräte verschiedener Hersteller für Schutzmaßnahmen nach DIN VDE 0751	261 – 262
Tabelle 44	Grenzwerte bei der Prüfung elektrischer Geräte für Schutzleiterwiderstand, Isolationswiderstand und Ersatzableitstrom bei verschiedenen VDE-Bestimmungen	264
Tabelle 45	Zulässiger Spannungsfall am Schutzleiter bei der Prüfung nach DIN VDE 0113	265

Meßgeräte

Tabelle 23	Isolationsmeßgeräte verschiedener Hersteller	S.170 – 172
Tabelle 32	Erdungsmesser verschiedener Hersteller	198 – 199
Tabelle 33	Prüfgeräte verschiedener Hersteller für Schutzmaßnahmen nach DIN VDE 0100	206 – 211
Tabelle 36	Zangenstromwandler und Zangenstrommeßgeräte verschiedener Hersteller	232 – 235
Tabelle 40	Prüfgeräte verschiedener Hersteller für Schutzmaßnahmen nach DIN VDE 0701, 0702, 0105 und 0113	250 – 252
Tabelle 41	Prüfgeräte für Schutzmaßnahmen nach DIN VDE 0105	257
Tabelle 43	Prüfgeräte verschiedener Hersteller für Schutzmaßnahmen nach DIN VDE 0751	261 – 262
Tabelle 46	Prüftafeln und Geräte verschiedener Hersteller für Werkstattausrüstungen nach den Richtlinien des Bundes-Installateur-Ausschusses	268 – 269

Bezugsquellenverzeichnis

Nachstehend sind die Bezugsquellen der in den Durchführungsanweisungen aufgeführten Vorschriften und Regeln zusammengestellt:

1. Gesetze/Verordnungen

Bezugsquelle:
Buchhandel oder
Carl Heymanns Verlag KG, Luxemburger Straße 449, 50939 Köln

2. Unfallverhütungsvorschriften

Bezugsquelle:
Berufsgenossenschaft oder
Carl Heymanns Verlag KG, Luxemburger Straße 449, 50939 Köln

3. DIN-Normen

Bezugsquelle:
Beuth-Verlag GmbH, Burggrafenstraße 6, 10787 Berlin

4. VDE-Bestimmungen

Bezugsquelle:
VDE-VERLAG GMBH, Bismarckstraße 33, 10625 Berlin

Stichwortverzeichnis

A
Abdecken 53
Abdeckung 90
Ableitfähigkeit 174, 177
Ableitstrom 219, 227, 238, 245
Ableitwiderstand 177
Abschaltstrom 103, 108, 110, 113
Abschaltung 99
Abschaltzeit 104, 109, 116, 118
Abschranken 53
Abstand 96
Änderung 44, 238
Anerkannte Regeln der Technik 66
Anhang 2 38
Anlage 73
– besonderer Art 49
–, elektrische 30
–, nichtstationäre 51
Anlagenprüfung 165
Anpassung 37
Anzug 49
Arbeiten unter Spannung 61
Arbeitsgeber, Pflicht des 68
Arbeitsgerät 278
Arbeitsschutzgesetz (ArbSchG) 68
Arbeitsunfall 15
Aufschriften 248
Aufsicht 35, 36
Aufsichtsführung 57
Ausbildung 31
Ausbildungsdauer 31
Ausbildungsweg 34
Ausbreitungswiderstand 183, 185
Auslösekennlinie 109
Auslösestrom 107, 215
Auslösewert 215
Auslösezeit 119
Ausrüstung von Maschinen 265
AVBEltV 73

B
Backofen 248
Basisisolierung 124
Basisschutz 89
Batteriegerät 169
Bauartenprüfung 237
Beaufsichtigung 58
benachbart 54
Beratung 80
Berufsgenossenschaft 25
Berühren 42
–, direktes 42
–, indirektes 42
Berührungsspannung 17, 18, 21, 219
Berührungsstrom 246
Beschäftigter, Pflicht des 70
Besichtigen 132, 137, 139, 140, 163
Bestätigung 301
– nach § 5 299
Betriebsfrequenz 22
Betriebsmittel 73
–, elektrisches 30
Bezugserde 183
Bezugserder 17
BGB 309
Bodenart 184
Bodenbelag 177, 178
Bodenreinigungsgerät 248
Bürgerliches Gesetzbuch (BGB) 72
Bußgeld 71

C
CE-Zeichen 67
Charakteristik 108, 113

D
DA zu § 1 29
DA zu § 2 30
DA zu § 3 35, 37
DA zu § 4 40

DA zu § 5 43, 51
DA zu § 6 52, 53
DA zu § 7 55
DA zu § 8 60, 61
Datenverarbeitungseinrichtung 248
Differenzstromschalter 119
Differenzstromverfahren 246
DIN 25
DIN 51953 174
DIN EN 50014 96
DIN EN 9000 271
DIN VDE 0100 281
DIN VDE 0100 Teil 300 81, 90
DIN VDE 0100 Teil 470 86
DIN VDE 0100 Teil 520 86
DIN VDE 0100 Teil 540 102, 103
DIN VDE 0100 Teil 610 90, 105, 131
DIN VDE 0100 Teil 739 97
DIN VDE 0100g 131
DIN VDE 0104 145
DIN VDE 0105 155, 162, 263
DIN VDE 0106 89, 122, 133
DIN VDE 0113 237, 263
DIN VDE 0404 271
DIN VDE 0411 271
DIN VDE 0413 134
DIN VDE 0432 144
DIN VDE 0470 90, 91, 93
DIN VDE 0550 124
DIN VDE 0551 87, 124
DIN VDE 0636 106, 107, 117
DIN VDE 0641 108, 109, 113, 117
DIN VDE 0660 108, 113, 117
DIN VDE 0701 237, 248, 263
DIN VDE 0701/0702, Prüfung 240
DIN VDE 0702 237, 263
DIN VDE 0751 237, 256, 263
DIN VDE 0804 264
Display 225
Dokumentation 70
Drehfeld 229
Dreileiterschaltung 190
Durchführungsanweisung 29, 30, 35, 40, 43, 52, 55, 60, 61

E

Eichen 271
Eignung, fachliche 62
Einwohnerzahl 14
Elektrofachkraft 30, 32, 34, 63
– für festgelegte Tätigkeit 31, 32
Elektrowerkzeug, handgeführtes 248
Endstromkreis 104
Energieanlage 275
Energieleiter 276
Energie-Wirtschaftsgesetz (EnWG) 66
Entladungsenergie 88
EnWG 310
Erdableitwiderstand 177
Erden 53
Erder 181
Erderform 181
Erdschleife 198
Erdschluß 122
Erdspannung 18
Erdspieß 188
Erdungsmesser 198, 199
Erdungsmeßgerät 195
Erdungssystem 84
Erdungswiderstand 112– 115, 179, 184
–, räumlicher 183
Erdwiderstand, spezifischer 184, 193
Erklärung 303
Erproben 132, 133, 137, 139, 140, 156, 163
Ersatzableitstrom 245, 259
Ersatz-Ableitstrommessung 244
Erste Hilfe 62
Erstprüfung 43, 131
Explosionsschutz 96

F

Fachkraft 73
Fehlauslösung 119, 215, 227
Fehlerbedingung 86, 99

Fehlerfall 85
Fehler-Nennstrom 114
Fehlerschutz 99
Fehlerspannung 17
–, Schutzeinrichtung 120
Fehlerstatistik 16
Fehlerstrom 115, 227
–, Schutzeinrichtung 97, 114, 118, 214, 227
FELV 86, 88
Feuchtigkeit 194
FI 118, 214
FI-Fehler 227
Fingerkontakt 226
Fingersicher 42
FI-Schutzeinrichtung 114, 152
FI-Schutzschaltung 81, 148
Flimmerschwelle 20
Forderung, gesetzliche 25
Freischalten 53
Frist 43, 271
Fünf Sicherheitsregeln 53
Funktionskleinspannung 86, 88, 137, 149
Funktionsprüfung 247, 265
FU-Schutzeinrichtung 120, 121
FU-Schutzschaltung 81, 147
Fußbekleidung 50
Fußboden 174
Fußboden, isolierender 123, 174

G

GaV 311
Gebrauchsgerät 278
Gefahr, besondere 70
Gefährdung 133
Gefahrenabwehr 26
Gefahrenzone 55, 56
Geldbuße 70
Gerät
–, elektromedizinisches 256
–, netzbetriebenes elektronisches 248
Geräteanschlußleitung 247
Geräte-Sicherheitsgesetz GSG 67
Gesetz 309
Gesetzliche Unfall-Versicherung (GUV) 68
Gesichtsschutz 62
Gewerbeordnung (GewO) 67, 71, 309
Gittersymbol 91
Grenzmarkierung 59
Großküchengerät 248
Grund, zwingender 61, 64
Gruppe 0 74
Gruppe 1 Energieanlagen 74
Gruppe 2 Energieleiter 75
Gruppe 3 Isolierstoffe 76
Gruppe 4 Messen, Steuern, Prüfen 76
Gruppe 5 Maschinen, Umformer 76
Gruppe 6 Installationsmaterial, Schaltgeräte 77
Gruppe 7 Gebrauchsgeräte, Arbeitsgeräte 78
Gruppe 8 Informationstechnik 78
GSG 310
GS-Zeichen 67

H

Handbereich 96
Handrückensicher 42
Handschuh 49
Handwerksordnung 31
Hauptpotentialausgleich 102, 104, 138
Hauptprüfung 201
Hauptschutzleiter 102
Herd 248
Herzkammerflimmern 19, 20
Herzstillstand 20
Herzstromfaktor 22
HGB 309
Hilfserder 188
Hilfsmittel 47
Hindernis 96
Hochrechnung 219
Hochspannungsprüfung 144, 145

I
I/*I*-Wandler 232
I/*U*-Wandler 232
Impedanz 110
–, Fehlerschleife 103, 115
Impuls 20
Inbetriebnahme 43, 132
Informationstechnik 279
Innen widerstand 205
Installationsmaterial 277
Instandsetzung 44, 238
IP-Code 89, 91
ISO EN DIN 9001 273
Isolationsfehler 215
Isolationsmeßgerät 169
Isolations-Überwachungseinrichtung 116, 121
Isolations-Überwachungsgerät 174
Isolationswiderstand 136, 161, 166, 238, 243, 258
Isolationswiderstandsprüfung 265
Isolierstoff 122, 276
Isolierung 90
IT-System 83, 114, 127, 141, 230

J
Jahreszeit 195
Justierung 271

K
Kalibrier-Intervall 272
Kalibrierprotokoll 273
Kalibrierung 271
Kapazität 215
k-Faktor 105, 106
Kleinspannung 86, 87
Kompensationsverfahren 189
Konsequenz, rechtliche 71
Kontrolle 271
Körperdurchströmung 60
Körperstrom 17, 19, 23
Körperstromstärke 19
Körperwechselstrom 20
Körperwiderstand 17
Kundendienstmonteur 33
Kurbelinduktor 169, 197
Kurzschließen 53
Kurzschlußstrom 60, 199, 203

L
Laie, elektrotechnischer 35, 63
Leistungsschalter 117
Leiterwiderstand 213
Leitung 35, 36
Leitungsschutz 106
Leitungsschutzschalter 109, 117
Leitungswiderstand 212
Lichtbogenbildung 60
Literatur 305
Loslaßschwelle 19, 20
LS/DI-Schutzschalter 120
LS/FI 120
LS-Schalter 108, 109, 113
Luftspalt 231
Luftsprudelbadegerät 248

M
Mangel 35, 37
Maschine 277
Mehrbereichs-Prüfgerät 223, 226
Mehrfachprüfgerät 224
Meldung 99
Meßabweichung 230
Messen 132, 138 – 140, 156, 276
Meßfehler 219
Meßgerät 165, 259, 321
Meßspannung 136
Messung 133, 163, 165
Meßverfahren 186
Mindest-Qualifikation 64
Mindestquerschnitt 102

N
Nachbildung 230
Nähmaschine 248
Nennfehlerstrom 219

Nennquerschnitt 101
Nennstrom 110
Nennwechselspannung 103
Netzerdung 80
Netzform 80
Netznachbildung 229
Netzschleifenwiderstand 105
Netzsystem 80, 84
Neutralleiterschluß 228
nicht ortsfest 51
niederohmig 214, 240
Niederspannungssicherung 117
Normspanung 104
Nullung 80, 105, 147
Nullungsbedingung 105

O
Objektsonde 92
Ordnungswidrigkeit 65, 70, 71
ortsfest 45, 51
ortsveränderlich 46

P
PELV 86
PEN-Leiter 102
Person, elektrotechnisch unterwiesene 33, 63
Personenschutzautomat 120
Potential 182
Potentialausgleich 102, 104, 139
–, erdfreier örtlicher 124
–, zusätzlicher 105, 117
Probe 178
Prüfaufgabe 146, 147, 149, 150, 151
Prüfbuch 43
Prüfen 157, 276
Prüffinger 92
Prüffrist 43, 69, 163
–, weitere 51
Prüfgerät 206 – 211, 215, 222, 249
Prüfmittelüberwachung 271
Prüftafel 229
Prüftaste 120
Prüfung 129, 131, 137, 138, 146, 155, 162
– von Betriebsmitteln 237
–, sonstige 247
–, wiederkehrende 158
Prüfverfahren 146, 147, 149 – 151, 216
PTB 272
Puls-Meßgerät 217
Puls-Prüfgerät 222, 223
Pulsprüfung 217
Puls-Prüfverfahren 216, 222
Puls-Verfahren 219

Q
QS-Element 271
Qualifikation 31

R
Rasenmäher 248
Raum, nichtleitender 123, 138, 150
Raumheizgerät 248
RCD 97, 104, 118, 214
Rechtsdrehfeld 229
Rechtsvorschrift 25
Referenzkörperstrom 23
Regel, elektrotechnische 30
Regelausbildung 34
Reichsversicherungsordnung (RVO) 25, 310
Rückführbarkeit 272

S
Sauna-Einrichtung 248
Schaltgerät 277
Scheinwiderstand 110
Schlag, elektrischer 86
Schleifenimpedanz 105, 107, 199
Schleifenwiderstand 108, 111, 203
Schleifenwiderstandsmeßgerät 203
Schmelzsicherung 109
Schutz
– bei indirektem Berühren 85, 99
– gegen direktes Berühren 85, 89

– gegen elektrischen Schlag 85, 89, 99
– gegen Restspannung 265
– im Fehlerfall 85
– im normalen Betrieb 85
Schutzabstand 55, 56
Schutzart 89, 91
Schutzeinrichtung 89, 117, 215
Schutzerdung 80, 112, 146
Schutzgrad 89, 91, 92
Schutzisolierung 80, 122, 137, 148, 149
Schutzklasse 89
Schutzkleinspannung 80, 86, 137, 148, 149
Schutzleiter 99, 101, 265
Schutzleiterstrom 245
Schutzleiterwiderstand 238, 240, 258
Schutzleitungssystem 80, 147
Schutzmaßnahme 80, 89, 103, 111, 114, 215
Schutzmittel 47
Schutztrennung 80, 124, 138, 148, 150
Schutzvorrichtung 55
SELV 86
Seminar-Veranstalter 79
Sicherheitsregel 65
Sicherheitstransformator 86, 87
Sicherheitszeichen 59
Siebtes Sozialgesetzbuch 25, 26
Sonde 188
Spannungsbegrenzung 122
Spannungsfestigkeit 90
Spannungsfreiheit 53, 248
Spannungsprüfung 265
Spannungswert 145
Spritzwasser 93
Sprühwasser 93
Statistik 16
Stetig-Prüfgerät 223
Stetig-Prüfverfahren 217
Stetig-Verfahren 219
Steuern 276
Störimpuls 119
Strafgesetzbuch (StGB) 71, 309
Strahlwasser 93
Stromerzeugung 14
Strommessung 231
Strom-Spannungs-Meßverfahren 187, 188
Strom-Spannungswandler 232
Stromwandler 231
Stückprüfung 237

T

Tabellenverzeichnis 319
Tätigkeit, festgelegte 31
Teil, aktives 54
TN-C-S-System 81
TN-C-System 81
TN-S-System 81
TN-System 81, 103, 125, 139
Todesfall 13
Tropfensymbol 91
Tropfwasser 93
TT-System 83, 111, 112, 125, 140, 230

U

Übersetzungsverhältnis 231
Überstromschutz 108, 113
Überstrom-Schutzeinrichtung 105, 112, 117
Üblichkeitswert 168, 271
Umformer 277
Umhüllung 90
Unfall 13
Unfallursache 15
Unfallverhütungsvorschrift 25
Unternehmer 35
Unterweisung 70, 301
UVV 310

V

VBG 1 26
VBG 4
–, Geltungsbereich 28
–, Gliederung 27
VDE 0100 Teil 540 99

VDE 0105, Prüfung 256
VDE-Bestimmung 73, 275, 285, 319
VDE-Bildungsstelle 79
VDE-Katalog 79
VDE-Schriftenreihe 79
VDE-Vorschriftenwerk 74, 275
VdS 310
Ventilator 248
Verbrennung 19
Verfahren
–, strafrechtliches 71
–, zivilrechtliches 72
Verordnung 309
Verwenden, bestimmungsgemäßes 35
Verzeichnis UVV 283
Verzögerung 217
Vierleiterschaltung 190
Vorhofflimmern 19, 20
Vorprüfung 201
Vorschrift 309
VStättV 310

W

Wahrnehmbarkeitsschwelle 19, 20
Warmwassergerät 248
Warnzeichen 59
Wartung 271
Wasserschutz 91, 93
Wasserstrahl 95
Wassertropfen 95
WaV 311
Wenner-Verfahren 193
Werkskalibrierung 272
Werkstattausrüstung 267
Werkzeug, isoliertes 62
Wert, elektrochemischer 182
Widerstand, kapazitiver 215
Widerstandsmeßgerät 212
Wiedereinschalten sichern 53
Wiederholungsprüfung 43, 45, 48, 237

Z

Zangenstrommeßgerät 232
Zangenstromwandler 198, 231
zeitselektiv 217
Zugangssonde 92
Zusatzforderung 249
Zustand, ordnungsgemäßer 156
Zweileiterschaltung 192

Symbols

§ 1 Geltungsbereich 29
§ 2 Begriffe 30
§ 3 Grundsätze 35
§ 4 Grundsätze 39
§ 5 Prüfungen 43
§ 6 Arbeiten an aktiven Teilen 52
§ 7 Arbeiten in der Nähe aktiver Teile 55
§ 8 Zulässige Abweichungen 60
§ 9 Ordnungswidrigkeiten 65
§ 10 Inkrafttreten 65

Schutz in elektrischen Anlagen

Biegelmeier, G. / Kiefer, G. / Krefter, K.-H.

VDE-Schriftenreihe Band 80
Band 1: Gefahren durch den elektrischen Strom
1996, 105 S., DIN A5, kart.
ISBN 3-8007-2048-5
29,– DM / 26,50 sFr / 212,– öS*

Der Band 1 dieser Buchreihe behandelt die Wirkungen des elektrischen Stroms auf Menschen und Tiere. Obwohl die Elektropathologie ein Wissensgebiet darstellt, das an der Grenze zwischen Elektrotechnik und Medizin liegt, bildet es die Grundlage aller sicherheitstechnischen Überlegungen in den verantwortlichen Gremien für Normen und Vorschriften der Elektrotechnik.

VDE-Schriftenreihe Band 81
Band 2: Erdungen, Berechnung, Ausführung und Messung
1996, 100 S., DIN A5, kart.
ISBN 3-8007-2049-3
29,– DM / 26,50 sFr / 212,– öS*

In diesem Band werden neben physikalischen Grundlagen und der Stromausbreitung im Erdbereich u.a. Grundlagen der Berechnung von Erdern, Messung von Erdern und spezifischen Erdungswiderständen, Korrosionsfragen, die im Zusammenhang verschiedener Metalle im Erdbereich entstehen können, behandelt.

VDE-Schriftenreihe Band 82
Band 3: Schutz gegen gefährliche Körperströme
1998, 296 S., DIN A5, kart.
ISBN 3-8007-2050-7
34,90 DM / 32,50 sFr / 255,– öS*

Ausgehend vom Prinzip der dreifachen Sicherheit werden Basisschutz, Fehlerschutz und Zusatzschutz dargestellt. Es wird gezeigt, wie mit relativ einfachen Mitteln ein hochwirksamer Schutz erreicht werden kann. Außerdem wird erklärt, wie eine noch nicht so weit verbreitete Maßnahme – der Schutz durch Begrenzung der elektrischen Wirkungsgrößen – eingesetzt werden kann.

VDE-Schriftenreihe Band 83
Band 4: Schutz gegen Überstrom, Überspannungen, Brandschutz und Blitzschutz
1999, DIN A5, kart.
ISBN 3-8007-2051-5
ca. 29,– DM / ca. 26,50 sFr / ca. 212,– öS*

Im ersten Abschnitt wird die zulässige Belastbarkeit von Leitungen und Kabeln ermittelt. Daraus abgeleitet werden die Anforderungen zum Überlastschutz und Kurzschlußschutz. Spezielle Anforderungen aus der Praxis ergänzen die dabei entstehenden Probleme der Selektivität. Im zweiten Abschnitt wird der Überspannungsschutz in Verteilungsnetzen und Verbraucheranlagen beschrieben.

VDE-Schriftenreihe Band 84
Band 5: Schutzeinrichtungen
1999, 300 S., DIN A5, kart.
ISBN 3-8007-2052-3
36,– DM / 33,– sFr / 263,– öS*

Ein ausführliches Kapitel behandelt die Grundlagen der Schaltgerätetechnik. Niederspannungssicherungen und Leitungsschutzschalter werden vorgestellt. Auf besonderes Interesse dürften auch die Ausführungen zu den Fehlerstrom-Schutzschaltern stoßen. Umfangreiche Begriffsbestimmungen und Definitionen machen die Schriftenreihe zu einem wirklich praktischen „Ratgeber".

Bestellungen über den Buchhandel bzw. direkt beim Verlag.

*= Persönliche VDE-Mitglieder erhalten bei Bestellung unter Angabe der Mitgliedsnummer 10 % Rabatt.

Preisänderungen und Irrtümer vorbehalten.

VDE VERLAG GMBH
Postfach 12 01 43 · D-10591 Berlin
Telefon: (030) 34 80 01-0 · **Fax: (030) 341 70 93**
Internet: http://www.vde-verlag.de · e-mail: vertrieb@vde-verlag.de

Werb-Nr. 990334

Neues zum Thema „Normung“

Barz, N. / Ackers, D.
Europäische Sicherheitsvorschriften für elektrische Betriebsmittel
Leitfaden EG-Binnenmarkt
EG-Richtlinien · Zertifizierung · Normung · CE-Kennzeichnung
1999, Grundwerk: ca. 800 S.
DIN A5, Loseblattsammlung
ISBN 3-8007-2341-7
ca. 198,– DM /
ca. 176,– sFr / ca. 1445,– öS*
ca. 3 Ergänzungslieferungen im Jahr, Seitenpreis ca. 0,45 DM
(Erscheint im 2. Halbjahr 1999)

Die Loseblattsammlung ist ein an der Praxis orientierter Leitfaden, der die Ergebnisse der europäischen Diskussion nahezu tagaktuell berücksichtigt. Nach einer Einführung werden die wichtigsten Festlegungen der EG-Richtlinien und nationalen Umsetzungsvorschriften ausführlich kommentiert und anhand praktischer Beispiele verdeutlicht.

Scherer, G. A.
VDE-Kompaß
Grundwissen für das Elektrotechniker-Handwerk
1999, Grundwerk: ca. 280 S.
DIN A5, Loseblattsammlung
ISBN 3-8007-2358-1
ca. 98,– DM /
ca. 89,– sFr / ca. 715,– öS*
ca. 2 Ergänzungslieferungen im Jahr, Seitenpreis ca. 0,48 DM
(Erscheint im 2. Halbjahr 1999)

Das neue Grundlagenwerk für das Elektrotechniker-Handwerk bereitet sämtliche in der „Auswahl für das Elektrotechniker-Handwerk“ enthaltenen DIN-VDE-Normen didaktisch und methodisch gut verständlich auf. Der Einstieg in die teilweise recht komplizierte „Normenlandschaft“ wird so für jeden Anwender wesentlich vereinfacht. Zusätzlich bietet das Loseblattwerk einen vollständigen Überblick über DIN-VDE-Bestimmungen und eine praktische Basis zum Selbststudium.

CE-Kennzeichnung für Elektrotechnik und Maschinenbau
EMV-Richtlinie, Maschinenrichtlinie, Niederspannungsrichtlinie
Herausgeber: SWBC
1999, ca. 500 S., A5-Ordner
ISBN 3-8007-2329-8
ca. 248,– DM /
ca. 220,– sFr / ca. 1810,– öS*
(In Vorbereitung)

Auf den Maschinenbau und die elektrotechnische Branche wirken sich die europäischen Richtlinien nachhaltig aus. Wie können Sie sich dabei wirksam und sachgerecht helfen, und zwar ohne zeit- und kostenaufwendige Zertifizierungsverfahren? Das neue Handbuch „CE-Kennzeichnung für Elektrotechnik und Maschinenbau“ gibt auf alle Fragen eine klare Antwort. Die einzelnen Richtlinien werden anhand zahlreicher Praxisbeispiele erklärt.

Bestellungen über den Buchhandel bzw. direkt beim Verlag. Preisänderungen und Irrtümer vorbehalten.

*= Persönliche VDE-Mitglieder erhalten bei Bestellung unter Angabe der Mitgliedsnummer 10 % Rabatt.

VDE VERLAG GMBH · Postfach 12 01 43 · D-10591 Berlin
Telefon: (030) 34 80 01-0 · **Fax: (030) 341 70 93**
Internet: http://www.vde-verlag.de · e-mail: vertrieb@vde-verlag.de

Werb-Nr. 990427